DINOSAURIER

DINOSAURIER

Joachim Künzel

EDITION XXL

Inhalt

Das Leben der Dinosaurier

11

1. WAS IST EIN DINOSAURIER?

Die Dinosaurier, eine Gruppe urzeitlicher Reptilien, lebten während des Mesozoikums auf der Erde. In diesem Zeitabschnitt beherrschten sie über 165 Millionen Jahre lang unseren Planeten und traten in einer ungeheuer großen Artenvielfalt auf, die wir heute nur erahnen können. Vor 65 Millionen Jahren starben sie plötzlich und für uns nach wie vor ungeklärt wieder aus. Nur ihre versteinerten Knochenfunde überdauerten die Zeit und geben uns heute Auskunft über diese seltsamen Wirbeltiere, die zwanzig Mal länger auf der Erde lebten als wir Menschen.

Ihre Namen erhielten die seltsamen Tiere nach den ersten gewaltigen Fossilien, die der Wissenschaftler Sir Richard Owen im Jahre 1842 mit „Dinosaurier" bezeichnete, was „schreckliche" oder „gewaltige Echsen" bedeutet und auf ihre Verwandtschaft zu den Reptilien hinweist. Denn wie diese legten auch die Dinosaurier Eier, aus denen die Nachkommen schlüpften.

Reptilien bevölkern noch immer unseren Planeten – allerdings in wesentlich kleineren körperlichen Ausmaßen. Vor mehr als 200 Millionen Jahren aber traten die Dinosaurier in einer für uns unvorstellbaren Größe auf. Als bis zu 30 m lange und 50 t schwere Giganten zogen friedliche Pflanzenfresser über das Land, immer auf der Suche nach Bäumen oder Büschen, die sie abgrasen konnten. Dazwischen lauerten Raubsaurier, groß wie ein Bauwerk und ausgerüstet mit scharfen Klauen und Zähnen, auf ihre Opfer. Aber nicht alle Dinosaurier hatten diese gewaltigen Ausmaße. Unter den heute verbürgten knapp 277 Gattungen gab es Vertreter von der Größe eines Huhnes bis zu der eines mehrstöckigen Hauses. Der Unterschied zu unseren Reptilien besteht aber vor allem in ihrem Körperbau, der seine Andersartigkeit im Knochenbau, im Hüftbereich und in der Gangart zeigt. Heutige Krokodile oder Eidechsen bewegen sich auf leicht abgewinkelten Beinen fort, während die ausgestorbenen Urreptilien auf senkrecht am Hüftgelenk befestigten Gliedmaßen liefen, die einen geraden Gang ermöglichten.

Hartnäckig hält sich die Vorstellung, dass Dinosaurier träge und nicht sehr intelligente Echsen gewesen wären. Tatsächlich besaßen auch zahlreiche Arten im Vergleich zu ihrer Körpergröße außergewöhnlich kleine Gehirne, woraus sich allerdings keine fundierte Aussage über ihre Intelligenz ergibt. Gerade die räuberisch lebenden Saurier müssen sehr gute Instinkte und Fähigkeiten besessen haben, die sie zu gefährlichen, klugen und erfolgreichen Jägern machten.

„Dinosaurier" bedeutet „schreckliche" oder „gewaltige Echse". Der Name weist auf ihre Verwandtschaft zu den Reptilien hin.

Einteilung der Dinosaurier

Die Dinosaurier, die als vorherrschende Landtiergruppe während des Mesozoikums (vor 251 bis 65,5 Mio. Jahren) lebten, zählen zu den Archosauriern, den sogenannten Herrscherreptilien, die sich etwa seit dem Perm (vor 290 bis 251 Mio. Jahren) entwickelt hatten und zu denen neben den Dinosauriern auch die Pterosauria (Flugsaurier), weitere ausgestorbene Tiergruppen wie die Protosauria und Phytosauria und die noch heute lebenden Crocodilia (Krokodile) gehören. Nach der wissenschaftlichen Einteilung gibt es die Bezeichnung „Dinosaurier" im eigentlichen Sinne nicht mehr. Die Tiergruppe wird heute in zwei Ordnungen beschrieben: als Saurischier, deren Kennzeichen die echsenähnliche Hüfte ist, und als Ornithischier, deren Beckenaufbau dem der Vögel ähnelt.

Das Becken unterteilt sich bei den Reptilien in drei voneinander getrennte Knochen, die Ilium (Darmbein), Ischium (Sitzbein) und Pubis (Schambein) heißen. Ischium und Pubis nehmen bei den Dinosauriern verschiedene Stellungen ein, was die beiden Ordnungen voneinander unterscheidet. Bei den Saurischiern sind Ischium und Pubis voneinander getrennt. Das Sitzbein ist zum Schwanz hin abwärts gerichtet, während sich das Schambein nach vorne neigt und eine mehr oder weniger gebogene Spitze bildet. Bei den Ornithischiern ist das Schambein nach hinten gerichtet und mit dem Sitzbein teilweise verwachsen. Außerdem sind Sitz- und Schambein dünner ausgebildet.

Während also der Beckengürtel der Saurischier in der Struktur den Reptilien ähnlich ist, lehnt sich der Beckenaufbau der Ornithischier tatsächlich an den der heutigen Vögel an, was der Ordnung schließlich ihren Namen gab.

Die Saurischier werden heute neben den Urtümlichen Saurischiern in zwei Gruppen unterteilt, die Theropoda, zu denen die größten räuberisch lebenden Dinosaurier gehörten, und die Sauropodomorpha, deren Vertreter gewaltige Pflanzenfresser stellten.

Die Ornithischier waren vermutlich ausschließlich Pflanzenfresser, worüber sich die Wissenschaftler aber nicht einig sind. Zu ihnen werden neben den Frühen Ornithischiern drei große Gruppen gezählt, von denen viele mit Platten oder Knochenkämmen bestückt waren: die Thyreophora mit den Urtümlichen Thyreophora, den Stegosauria und Ankylosauria, die Ornithopoda sowie die Marginocephalia mit den Pachycephalosauria und Ceratopsia.

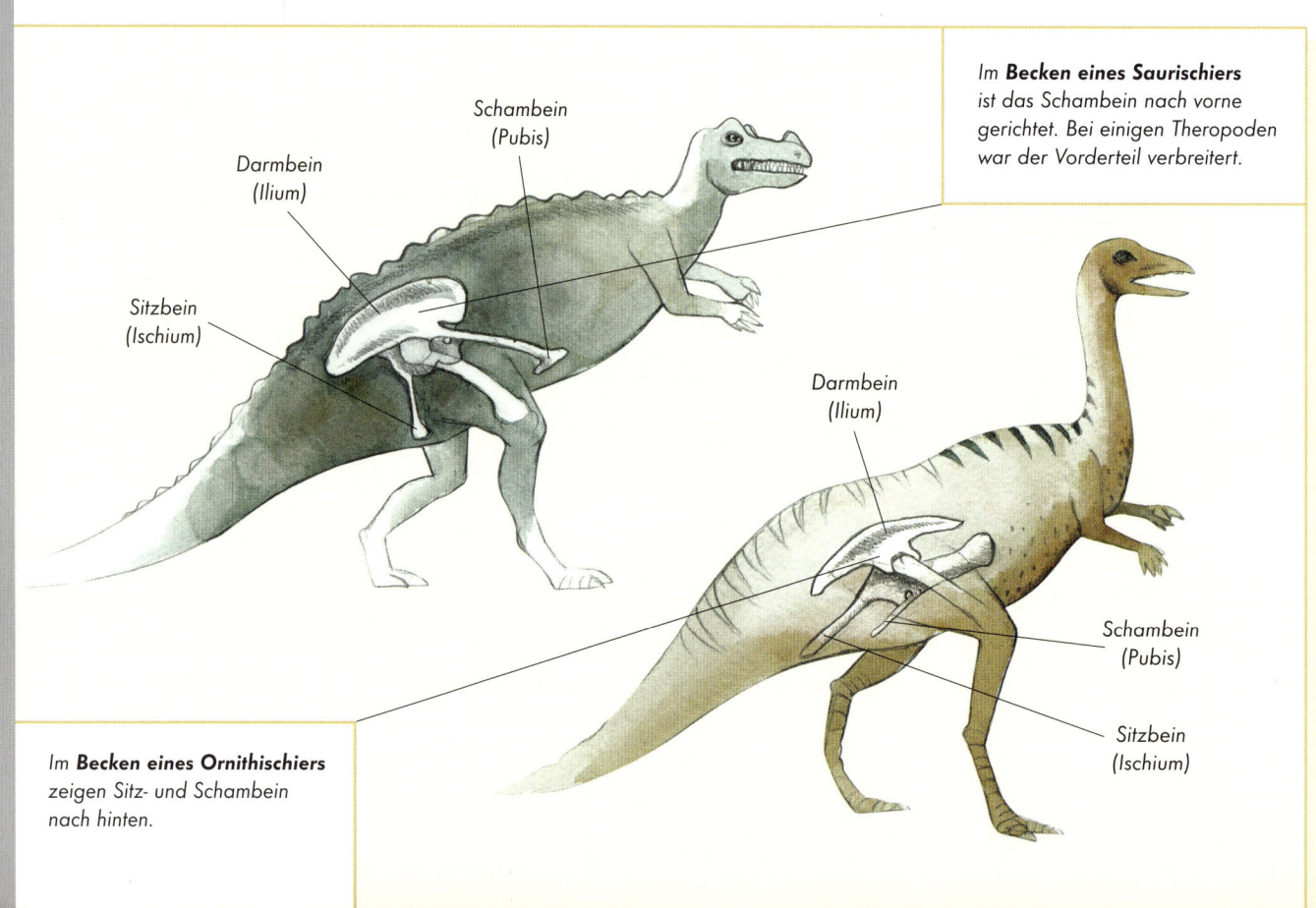

Schambein
(Pubis)

Darmbein
(Ilium)

Sitzbein
(Ischium)

Im Becken eines Saurischiers ist das Schambein nach vorne gerichtet. Bei einigen Theropoden war der Vorderteil verbreitert.

Darmbein
(Ilium)

Schambein
(Pubis)

Sitzbein
(Ischium)

Im Becken eines Ornithischiers zeigen Sitz- und Schambein nach hinten.

Merkmale

Dinosaurier besitzen einige besondere Merkmale im Körperbau. Neben dem Becken, das über drei Sakralwirbel fest mit der Wirbelsäule verbunden war und nach dem die beiden Ordnungen unterschieden werden, sind Fossilien der Dinosaurier auch an anderen Merkmalen zu identifizieren.

Dinosaurier lebten als quadrupede (vierbeinige) oder bipede (zweibeinige) Tiere, die aufrecht liefen. Charakteristisch ist, dass das Schienbein (Tibia) etwas länger als das Wadenbein (Fibula) war. Das Sprungbein endete mit seinem zapfenförmigen Ende im Schienbein. Der Fußknöchel saß weit oben. Das einfache Scharniergelenk mündete in die Mittelfußknochen, was die Dinosaurier als Zehengänger kennzeichnet. Der mittlere Zehenknochen war länger als die anderen Knochen. Daran bildeten sich Klauen oder hufähnliche Gebilde aus, ebenso kleine oder auch keine äußeren Zehen.

Der aufrechte Gang, der die Dinosaurier von den heute lebenden Reptilien unterscheidet, kam dadurch zustande, dass der Oberschenkelknochen seitlich in die Hüftgelenkpfanne einmündete, wodurch der Oberschenkel senkrecht nach unten und nicht seitwärts wie bei Krokodilen oder Eidechsen zeigte. Das durchschwingende Kniegelenk unterstützte ebenfalls den aufrechten Gang.

Am Schädel der Theropoden führten die beiden paarigen Gaumenknochen an den Antorbitalfenstern, zwei Öffnungen im Schädel, vorbei. Dieses typische Merkmal der Diapsiden, einer Landwirbelgruppe mit zwei Schädelfenstern, kennzeichnet die Dinosaurier als den Diapsiden (Diapsida) zugehörig.

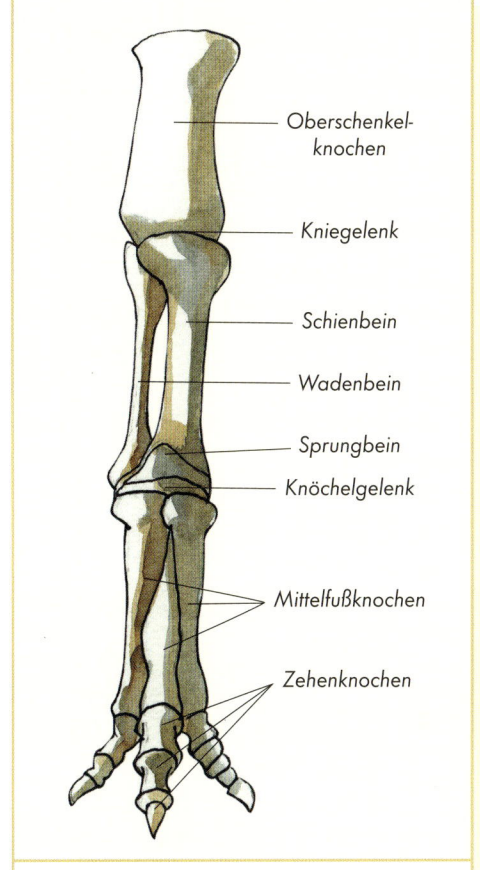

Oberschenkel-
knochen

Kniegelenk

Schienbein

Wadenbein

Sprungbein

Knöchelgelenk

Mittelfußknochen

Zehenknochen

Das **Hinterbein des Tyrannosaurus** zeigt die typischen Merkmale: Das Schienbein ist länger als das Wadenbein, der Fußknöchel liegt hoch, drei Mittelfußknochen kennzeichnen den Zehengänger.

Dinosaurier besaßen eine **Beinstellung** genau unterhalb des Körpers und nicht wie Krokodile und Eidechsen angewinkelte Extremitäten.

Anatomie

Der Körperaufbau

Dinosaurier gehörten zu den Wirbeltieren und ihr Körper funktionierte vermutlich ähnlich wie bei den heute bekannten Arten. Doch wie genau ein Dinosaurier aussah, ist allein der Erfahrung der Wissenschaftler zu entnehmen. Erhalten blieben als versteinerte Zeitzeugen nur fossile Strukturen von Haut sowie Knochen, Platten, Zähne und Eier. Die Weichteile wie Organe oder Muskeln wurden selten konserviert. Die Rekonstruktion stützt sich also vor allem auf Vermutungen. Ein Fund wie im Sommer 2000, als ein außergewöhnlich gut erhaltener Brachylophosaurus in Nordamerika zum Vorschein kam, bringt deshalb immer neue Erkenntnisse mit sich. Hier fanden sich Hautabdrücke der Rücken- und Halsmuskulatur, aber auch Innereien sowie der Magen samt Inhalt.

Der Verdauungsapparat der Pflanzenfresser füllte sicherlich den Bauchraum aus, da sie täglich enorme Pflanzenmengen aufnahmen, die zersetzt werden mussten. Der Darmtrakt der Carnivoren (Fleischfresser) bestand hingegen aus einer einfachen Röhre, die schließlich wie bei allen Dinosaurierarten gemeinsam mit dem Blasenausgang und dem Legeapparat in der Kloake endete.

Dinosaurier galten lange als kaltblütige, also wechselwarme Tiere, deren Körpertemperatur von der Temperatur der Umgebung abhängig war wie bei den heutigen Kriechtieren. Seit einiger Zeit geht man davon aus, dass es auch warmblütige Tiere gegeben haben könnte. Deren Körpertemperatur blieb wie bei den Säugetieren und Vögeln konstant.

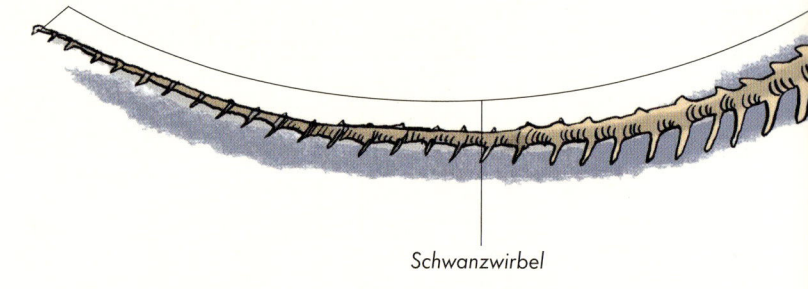

Schwanzwirbel

Das Skelett eines Dilophosaurus

Die Körperwärme beeinflusst zahlreiche Faktoren wie etwa das Fressverhalten oder die Entwicklung. Während es etwa 100 Jahre gedauert haben könnte, bis das Jungtier eines kaltblütigen Brachiosaurus ausgewachsen war, dauerte dies vermutlich bei warmblütigen Tieren nur zehn Jahre. Der vermeintliche Fund eines versteinerten Herzens mit den vier Kammern eines Warmblüters trug zu neuen Diskussionen bei. Auf jeden Fall musste das Herz der gigantischen Tiere einiges leisten. Vor allem die riesigen Pflanzenfresser benötigten einen starken Herzmuskel, der das Blut durch den langen Hals in den Kopf transportierte, während sie in großer Höhe grasten. Forscher vermuten sogar, dass dafür nicht ein Herz allein ausgereicht hätte, sondern bei großen Exemplaren mehrere hintereinander geschaltet waren.

Anhand von erhaltenem Knochengewebe ist es in manchen Fällen möglich, das Geschlecht des Tieres zu bestimmen. Ähnelt die Substanz im Mineralgehalt der eines heutigen weiblichen Vogels, handelte es sich um ein weibliches Exemplar. Das Skelett eines *Tyrannosaurus rex* aus der späten Kreidezeit konnte als weiblich identifiziert werden und unterstützt damit die These, dass die heutigen Vögel die Nachfahren der Dinosaurier sein könnten.

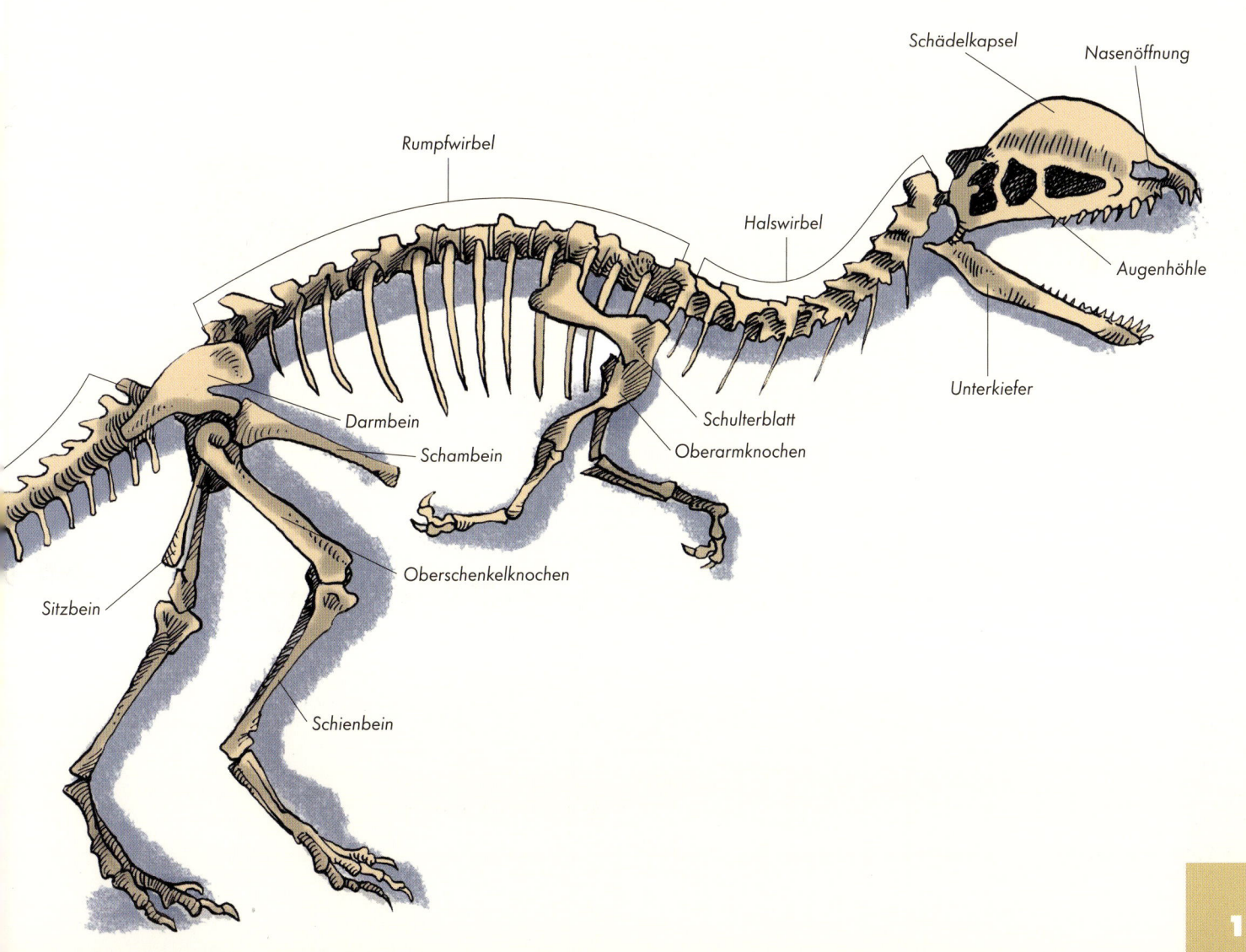

Schädelkapsel

Nasenöffnung

Rumpfwirbel

Halswirbel

Augenhöhle

Darmbein

Schambein

Schulterblatt

Oberarmknochen

Unterkiefer

Oberschenkelknochen

Sitzbein

Schienbein

Das Skelett

Das Skelett setzte sich aus einer funktionalen und beweglichen Wirbelsäule, den daran anschließenden Schulter- und Beckengürteln mit vier Extremitäten sowie aus einem knochigen Schädel zusammen. Zahlreiche Rippen schützten die inneren Organe wie Herz und Lunge.

Während die dickwandigen Beinknochen der quadrupeden Sauropoden, der gewaltigen Pflanzenfresser, vor allem dazu dienten, die massigen Körper zu stützen, waren die Knochen beispielsweise der bipeden Therapoden und einiger Ornithopoden hohl oder dünnwandig, was sie zu leichtfüßigen Jägern machte oder ihnen die Fähigkeit gab, schnell flüchten zu können.

Der Schädel wies bei den meisten Gattungen Öffnungen auf, die sogenannten Antorbital- und Schläfenfenster, die das Gewicht des massigen Schädels reduzierten. Nasen- und Augenöffnungen wurden bei manchen Arten nur von schmalen Knochenbalken begrenzt.

Der Unterkiefer war beweglich. Je nach Ernährungsart trugen die Kiefer kräftige Zähne, die sich zum Zermalmen von pflanzlicher Nahrung oder Zerteilen von Muskelmasse eigneten und sich nach ihrer Abnutzung erneuerten.

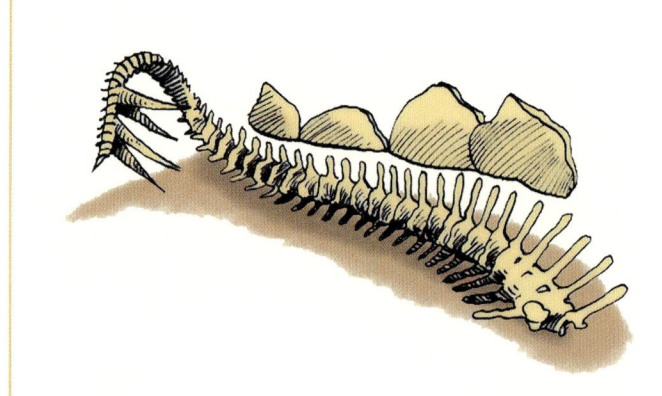

*Detail des **Schwanzskeletts eines Stegosaurus***

*Schädel eines **Plateosaurus**. Das Gebiss kennzeichnet mit seinen Zähnen den Pflanzenfresser. Der Unterkiefer ist frei beweglich. Antorbital- und Schläfenbeinfenster verringerten das Gewicht des Schädels.*

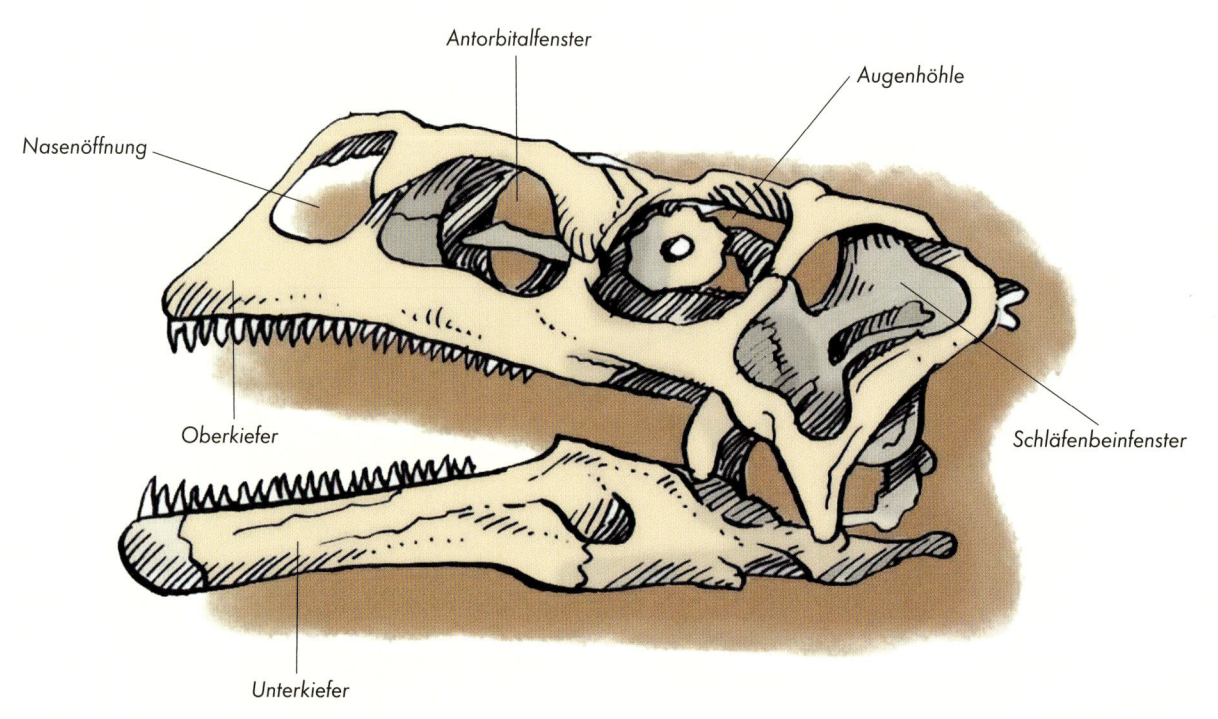

Antorbitalfenster

Augenhöhle

Nasenöffnung

Oberkiefer

Schläfenbeinfenster

Unterkiefer

Die Muskeln

Neben den Sehnen und Bändern waren auch die Muskeln am Skelett befestigt. Weichteile, zu denen die Muskeln gehören, blieben aber nicht als versteinerte Fossilien erhalten. Deren Rekonstruktion ist auf die Erfahrung der Wissenschaftler zurückzuführen. Anhand von Rillen und Leisten auf den Knochen vermuteten sie die Lage und den Ansatz der Muskelstränge.

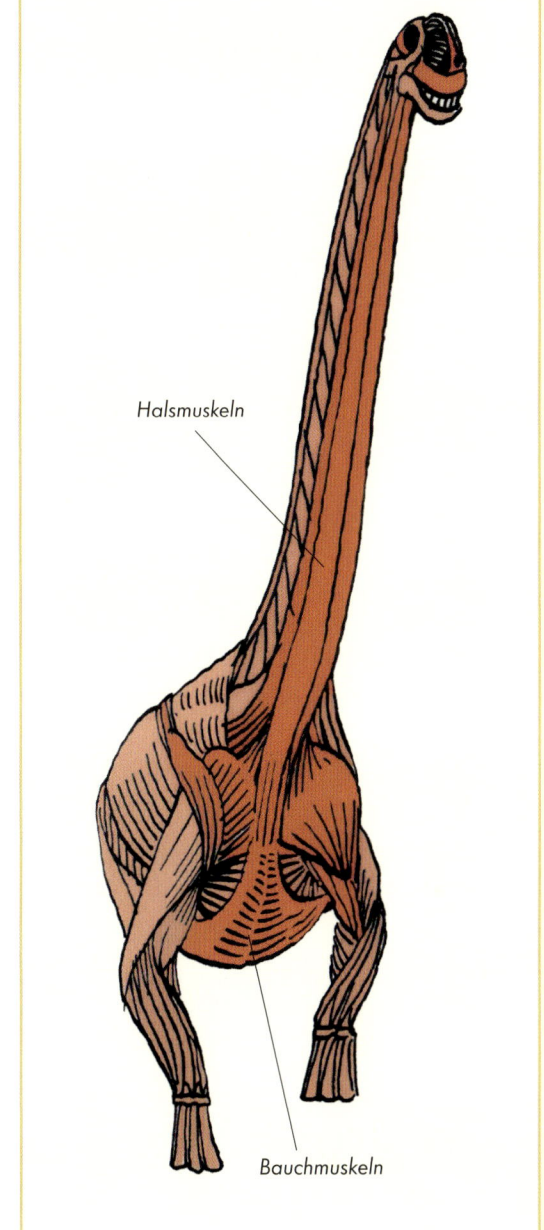

Halsmuskeln

Bauchmuskeln

Die **Muskulatur des Brachiosaurus**: Halsmuskeln, Bauchmuskeln

Das **Hinterbein des Albertosaurus** mit den verschiedenen **Muskelgruppen**

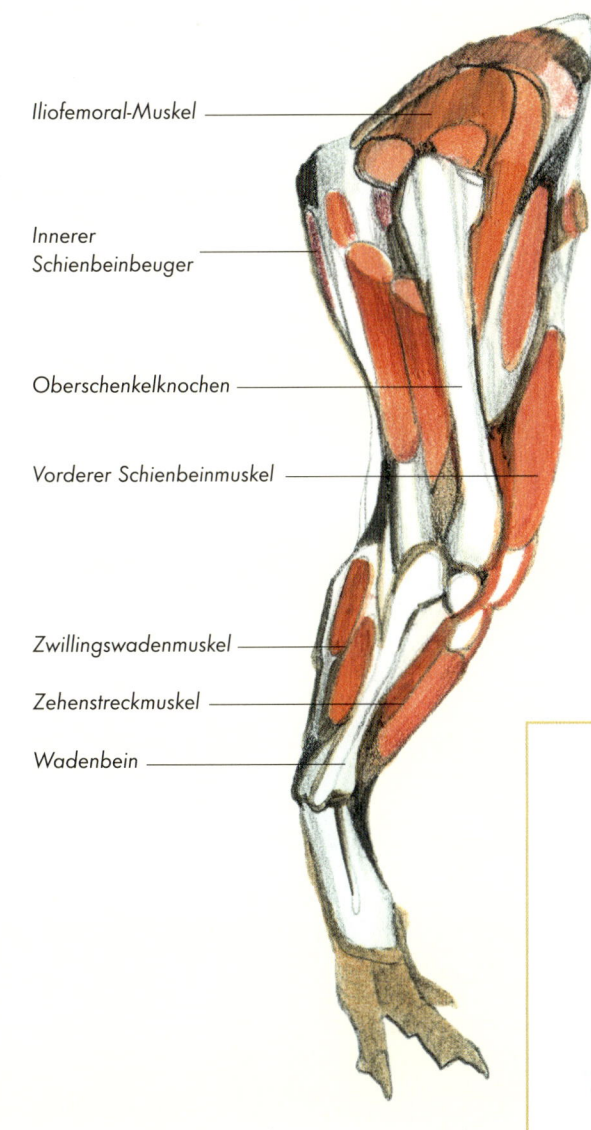

Iliofemoral-Muskel

Innerer Schienbeinbeuger

Oberschenkelknochen

Vorderer Schienbeinmuskel

Zwillingswadenmuskel

Zehenstreckmuskel

Wadenbein

Die Haut und Knochen

Fossile Hautabdrücke zeigen, dass die meisten Dinosaurier eine Schuppenhaut ähnlich der heutiger Reptilien besaßen. Farbe und Musterung sind zwar nicht mehr zu erkennen, dennoch können einige Exemplare durchaus intensive Färbungen besessen haben – sowohl zur Abschreckung als auch zur Warnung. Die meisten Tiere hatten sich aber vermutlich mit grüner bis brauner Hautfarbe der Umgebung angepasst und die kleineren Herbivoren (Pflanzenfresser) konnten durch die Tarnung verhindern, zu schnell von Carnivoren (Fleischfressern) entdeckt zu werden.

Zahlreiche herbivor lebende Ornithischier bildeten kräftige Systeme aus Knochenplatten und Panzerungen aus, die vor allem dem Schutz und der Verteidigung vor Angreifern dienten. Waren diese lebhaft gefärbt, konnten sie auch bei der Werbung und Paarung eine Rolle gespielt haben.

Andere Dinosaurier trugen ein Federkleid, das sich nicht zum Fliegen, aber zur Wärmedämmung eignete. Diese Ähnlichkeit zu den Vögeln deutet darauf hin, dass es sich hier vielleicht um wechselwarme Lebewesen handelte.

Stegosaurier im Senckenberg-Museum in Frankfurt

Sinnesorgane und Gehirn

Die Lage der Sinnesorgane wie Augen, Nase oder Ohren lassen sich heute anhand der Öffnungen im Schädel festlegen. Sicher waren die Instinkte der räuberisch lebenden Sauropoden anders ausgebildet als die der trägen Sauropodomorpha oder der mit Knochenstacheln bewaffneten Stegosaurier. Über jedes rekonstruierte Skelett lässt sich eine eigene Vermutung anstellen, wie groß die Augen und somit das Gesichtsfeld waren, wie gut der Geruchssinn funktionierte oder Muskelbewegungen koordiniert werden konnten.

Räuberisch lebende Theropoden hatten im Vergleich zur Körpermasse durchschnittlich ein größeres Gehirn als riesige Pflanzenfresser wie der Brachiosaurus. Die Nervenbahnen von manchen dieser Giganten verdickten sich auf dem Rücken, um die Steuerung der vom Kopf entfernten Körperteile zu ermöglichen. Vielfach wurde deshalb auch, allerdings eher umgangssprachlich, von einem zweiten Gehirn auf dem Rücken gesprochen.

Corythosaurus

Die große Knochenkammhöhle einiger Entenschnabel-Dinosaurier war mit der Nasenhöhle verbunden und sollte wahrscheinlich den **Geruchssinn** *verbessern, kann aber auch der* **Kommunikation** *gedient haben. Vielleicht sollten die lauten Balzrufe und intensiven Färbungen Weibchen anlocken und andere Männchen vertreiben.*

Der **Troodon** *besaß ein außergewöhnlich großes* **Gehirn** *und sehr große* **Augen** *für ein erweitertes Sichtfeld.*

2. WIE LEBTE EIN DINOSAURIER?

Bis heute sind 277 Gattungen der Ornithischier und Saurischier verbürgt, die sich äußerlich stark voneinander unterschieden. Und so verschieden sie aussahen, so unterschiedlich war auch ihre Lebensweise. Die Ernährung spielte dabei eine grundlegende Rolle. Pflanzenfresser beschäftigten sich viele Stunden am Tage damit, genügend Masse aufzunehmen, während räuberisch lebende Arten ständig nach Opfern Ausschau hielten und auf Beutefang gingen. Manche Tiere lebten in starken Verbänden zusammen, andere dagegen verbrachten ihr Dasein grundsätzlich einzelgängerisch.

Die Umwelt damals unterschied sich auch von den heutigen Bedingungen. Die Temperaturen waren um einige Grade höher und das Klima gleichmäßiger. Zu Beginn des Auftretens der Dinosaurier ragte ein einziger großer Kontinent aus dem Ozean, wodurch es den Tieren möglich war, ausgedehnt zu wandern. Riesige Farnwälder erstreckten sich in den milderen Regionen. Mit der sich verändernden Erdoberfläche traten neue Umweltbedingungen ein, welche die Lebensweise der Tiere beeinflussten. Über die 165 Millionen Jahre, in denen die Dinosaurier unseren Planeten beherrschten, bildeten sich unterschiedliche Strategien und Verhaltensweisen aus, die ausschließlich dazu dienten, die eigene Art am Leben zu erhalten.

Ernährung

Die carnivore oder herbivore Verdauung der Tiere sorgte dafür, dass sich die passenden Verdauungssysteme entwickelten. Gebiss, Zähne, Magen und Darm passten sich hervorragend an die Bedingungen an. Die gewichtigen Pflanzenfresser hatten täglich Hunderte Kilo schwer zersetzbare Fasernahrung zu verdauen. Im Magen einiger Sauropoden fanden sich Gastrolithen. Diese glatt geschliffenen Magensteine unterstützten die Magentätigkeit der Echsen – ähnlich wie die heute etwas kleineren Exemplare, die in den Mägen mancher Vögel vorkommen.

Die räuberisch lebenden Dinosaurier mussten ihre Opfer mit scharfen Zähnen und kräftigen Kiefern töten und die Muskelmasse zerteilen. Der kurze Darmtrakt stellte sicher, dass das Fleisch schneller verdaut wurde, als es verwesen konnte.

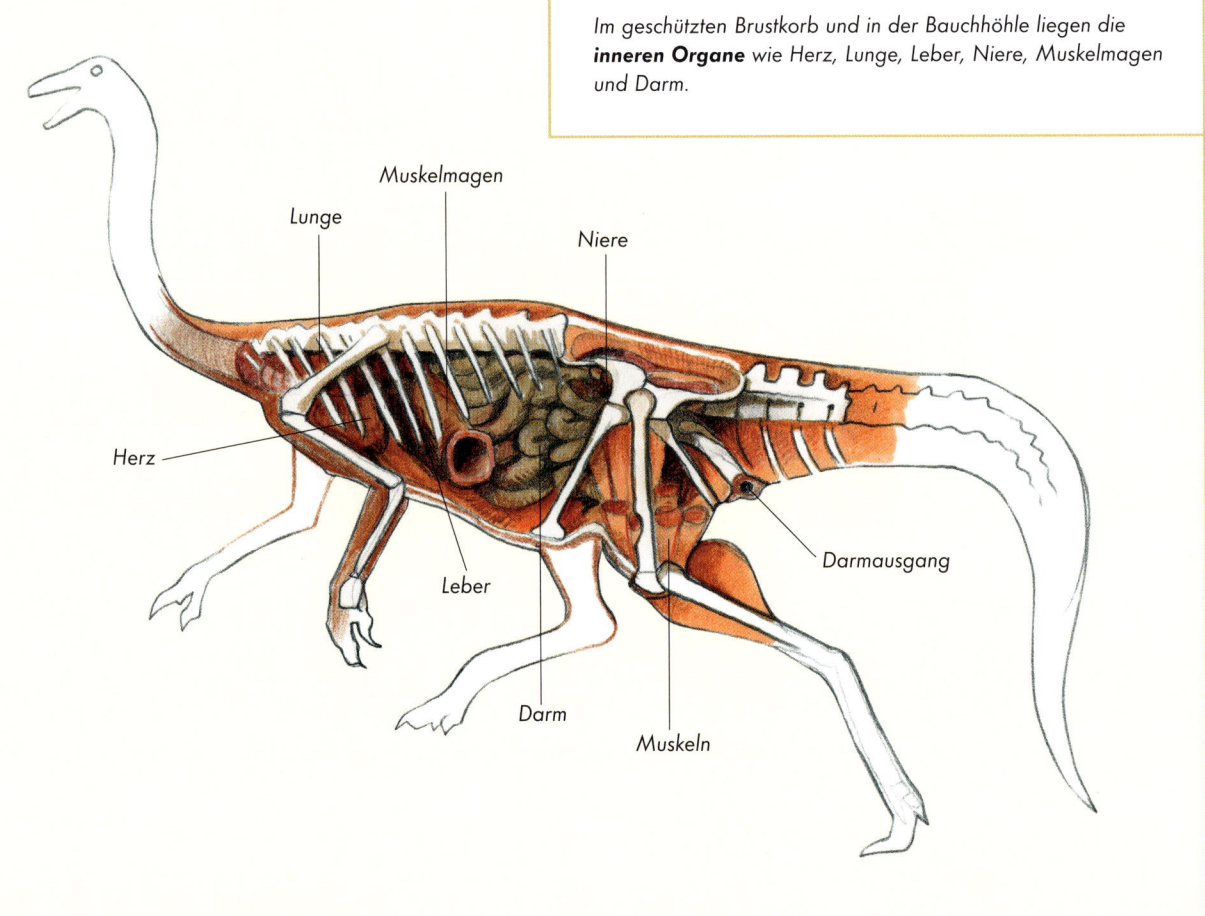

Im geschützten Brustkorb und in der Bauchhöhle liegen die **inneren Organe** wie Herz, Lunge, Leber, Niere, Muskelmagen und Darm.

Lunge

Muskelmagen

Niere

Herz

Leber

Darm

Muskeln

Darmausgang

Gebiss und Zähne

Die Nahrungswahl beeinflusste die Zahnformen, die sich im Laufe der Jahrmillionen ihrem Träger und seiner Lebensart immer besser anpassten. Theropoden, die sich carnivor ernährten, glänzten mit Gebissformen wie die des Albertosaurus, der mit seinen starken Kieferknochen und Reißzähnen Knochen und Fleisch zermalmen und auseinanderreißen konnte. Andere carnivor lebende Tiere besaßen keine Zähne, sondern Kieferformen, die sich hervorragend zum Zermalmen beispielsweise von Eiern oder Schalentieren eigneten.

Gegen Ende der Trias traten die ersten Ornithischier auf, die ausschließlich Pflanzennahrung zu sich nahmen und eigene Zahnstellungen entwickelten, mit denen die bevorzugte Nahrung zerrieben oder zerbissen werden konnte. Auch die Größe des Körpers oder die Länge des Halses entschied darüber, welche Pflanze zu sich genommen werden konnte.

Manche Vertreter der Ornithischier bildeten im Unterkiefer statt Zähnen eine Hornleiste oder Knochenplatten aus, mit denen sie die Futterpflanzen gut zerkauen konnten. Andere bildeten Zahnbatterien aus, in denen sich die Zähne selbst schärften oder nach Abnutzung durch neue ersetzt wurden.

Einige Pflanzenfresser wie die Heterodontosaurier besaßen ein gemischtes Gebiss mit großen Fangzähnen, das an einen Fleischfresser erinnerte und vermutlich dazu diente, bei Revierkämpfen mit anderen Männchen durch Imponiergehabe aufzufallen.

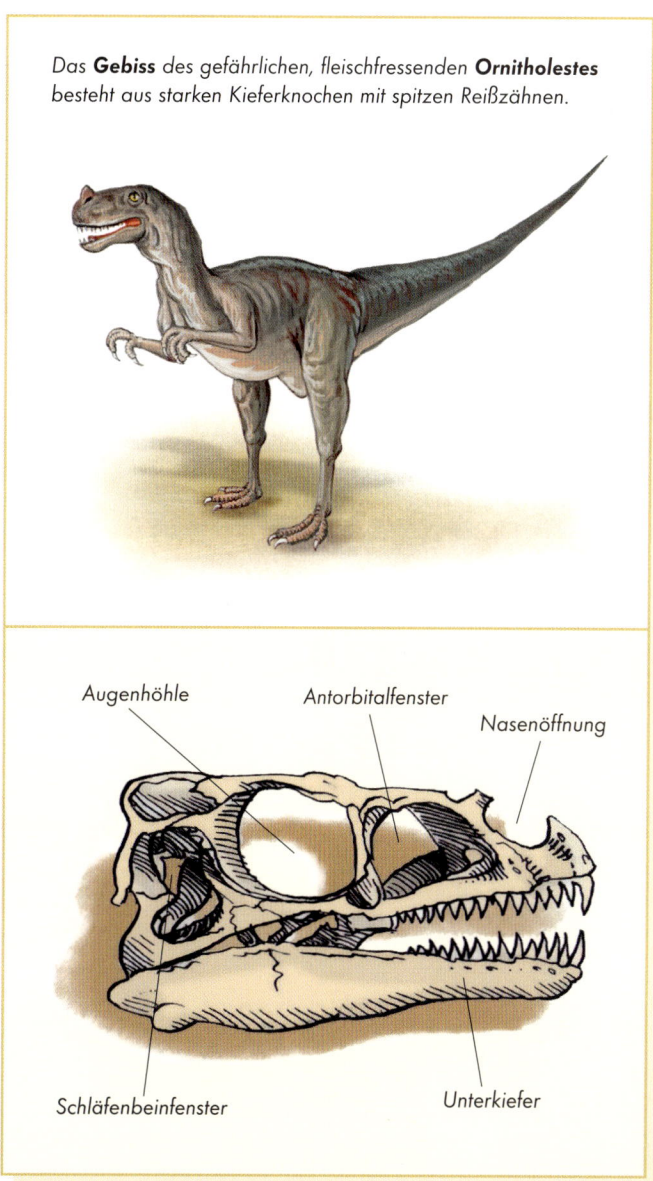

*Das **Gebiss** des gefährlichen, fleischfressenden **Ornitholestes** besteht aus starken Kieferknochen mit spitzen Reißzähnen.*

Augenhöhle   Antorbitalfenster   Nasenöffnung

Schläfenbeinfenster   Unterkiefer

Zahnbatterie eines Kritosaurus, der zu den Entenschnabel-Dinosauriern gehört. Der vordere Teil seines Schnabels war vermutlich flach, lang und abgerundet. Der Unterkiefer hatte ein Praedentale, ein nur bei den Vogelbeckensauriern vorkommender zusätzlicher Knochen im Unterkiefer, der unter den Oberkiefer passte.

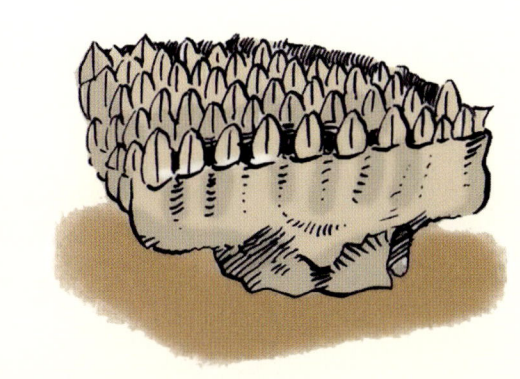

Sozialverhalten

Die Art der Nahrung bestimmte auch das Sozialverhalten der Dinosaurier. Räuberische Fleischfresser folgten einem anderen Tagesablauf als die großen Herden der Pflanzenfresser. Während die Carnivoren bis auf wenige, die im Rudel jagten, gewöhnlich einzelgängerisch lebten, zogen die meisten großen und kleinen Herbivoren in Herden über die Erde.

Brutpflege und Herdentrieb

Die Weibchen der Dinosaurier legten wie alle Reptilien Eier. Dafür bauten sie Nester oder Mulden, manche sogar an gemeinschaftlichen Nistplätzen, um das Überleben zu sichern. Das Gelege bedeckten sie mit Zweigen, um es vor Eierräubern zu schützen. Ältere Artgenossen hielten vermutlich Wache. Die Sonnen- oder Kompostierwärme brütete die Eier aus und nach einiger Zeit schlüpften die Jungtiere, von denen manche das Nest sofort verlassen konnten. Andere Arten mussten monatelang gefüttert werden. Es ist bekannt, dass einige Gattungen immer wieder zu den gleichen Nistplätzen zurückkehrten, was auf einen Orientierungssinn ähnlich dem der Vögel schließen lässt.

Hadrosaurier und Ceratopsier lebten in großen Herden, was die Massengräber wie das im kanadischen Alberta gefundene mit 300 Tieren vermuten lassen. Der Herdenverband bot den Pflanzenfressern guten Schutz vor Angreifern.

*Versteinertes **Gelege eines Protoceratops**, der die Eier in typischer Kreisform ablegte.*

Die Zweckgemeinschaften entwickelten sich aber auch außerhalb der Art. Schwache und kranke Tiere, die mit der Herde nicht mehr mitkamen, waren die bevorzugte Beute der zahlreichen Raubsaurier, die somit für ein Gleichgewicht in der Natur sorgten.

Revierkämpfe gab es in allen Gattungen. Die Tyrannosaurier beispielsweise führten erbitterte Kämpfe um Beutereste ebenso wie die Pflanzenfresser, die um Reviere oder Weibchen mit Imponiergehabe und Schaukämpfen warben. Auch der

*In Montana wurde eine **Nistkolonie der Maiasaura** entdeckt. Etwa 30 bis 40 Eier lagen in jedem Nest. Der Fund bestätigte, dass Dinosaurier Brutpflege betrieben.*

Der **Kampf zwischen einem Tyrannosaurus und einem Triceratops** konnte durchaus ungewiss enden.

lebhaft gefärbte Kopfkamm des Lambeosaurus oder Corythosaurus konnte den Männchen gleichermaßen bei der Werbung gedient haben wie die Knochenplatten eines Stegosaurus.

Angriff und Verteidigung

Die meisten Theropoden besaßen furchterregende Zähne und Klauen, mit denen sie ihre Opfer verletzen und töten konnten. Der Biss in den Hals oder das Aufschlitzen der Bauchdecke war vermutlich die beliebteste Art, sein Opfer zur Strecke zu bringen. Die meisten Raubsaurier lebten als Einzelgänger, verfolgten eine Herde und stürzten sich auf kranke, schwache oder junge Tiere, die sich von der Gemeinschaft abgesondert oder noch nicht die gewaltigen Ausmaße der erwachsenen Tiere erreicht hatten. Andere, kleinere Jäger schlossen sich zu einem Rudel zusammen, um größere Tiere anzugreifen. Die großen Sauropoden konnten sich aber unbehelligt durch die Landschaft bewegen. Einige unter ihnen, wie die Titanosaurier, trugen zusätzlich kleine, panzerartige Verdickungen auf dem Rücken, die kein Theropode durchbeißen konnte. Die meisten Fleischfresser, so vermutet man auch beim Tyrannosaurus, ernährten sich vielleicht ausschließlich von Aas, andere von Eiern oder zumindest viel kleineren Tieren.

Um sich den Angriffen der Theropoden erwehren zu können, entwickelten einige herbivore Dinosaurier beeindruckende Mittel zur Verteidigung. Bekannt sind die Schwanzkeulen der Ankylosauria, die Hörner der Ceratopsia oder die Knochenplatten der Stegosauria. Hörner, Stacheln und dicke, mit Platten besetzte Haut schützten nicht nur die Tiere, sondern lieferten ihnen auch gefährliche Waffen, die einen Angreifer in die Flucht schlagen oder sehr schwer verletzen konnten. Andere Pflanzenfresser, die nicht mit derartigen Mitteln ausgestattet waren, besaßen ausgezeichnete Instinkte, die sie befähigten, Feinde frühzeitig auszumachen – und auf ihren kräftigen Beinen schnell zu flüchten. Auch die unauffällige Tarnfärbung ermöglichte es manchem vermeintlichen Opfer, so mit der Umwelt zu verschmelzen, dass es nicht mehr wahrgenommen werden konnte. Schutz vor den Angriffen der Theropoden bot auch der Herdenverband. Kam ein Angreifer der Herde zunahe, warnten sich die Tiere über spezielle Laute. Dann bildeten sie einen Kreis um die Jungen und Schwachen und reckten ihre mit Dornen besetzten Köpfe oder Schwänze dem Eindringling entgegen.

Die Entwicklung der Dinosaurier

1. VOR DEN DINOSAURIERN

Nachdem vor etwa 4,5 Milliarden Jahren die Erde aus dem glühenden Urgestein unseres Sonnensystems entstanden war, dauerte es viele Millionen Jahre, ehe die heiße Oberfläche aus geschmolzenem Gestein abkühlte. Eine Milliarde Jahre später begann sich langsam Leben auf dem Planeten zu entwickeln. Die ersten Organismen, die zu Stoffwechsel und Vermehrung fähig waren, lebten in den Urmeeren. Mehrere Millionen Jahre lang breiteten sich niedrige Strukturen aus, bis dann vor etwa 800 Millionen Jahren die Artenvielfalt zunahm. Mehrzellige Kreaturen in unterschiedlichen Formen erschienen auf unserem Planeten zu Land, zu Wasser und in der Luft. Heute zeigen zahlreiche Fossilien und Abdrücke, welche Pflanzen und Tiere damals unsere Erde bevölkerten.

Im Paläozoikum (vor 542–251 Mio. Jahren) entwickelten sich aus skelettlosen Tieren die mit Knochenplatten bedeckten Fische, aber auch erste Haie und schließlich die Knochenfische, die noch heute unsere Ozeane bewohnen. Später kamen die Fleischflosser, die unter Wasser genauso wie über Wasser atmen konnten, und schließlich eroberten die Amphibien das Land. Sie entwickelten immer neue Formen, die sich an die trockenen Bedingungen anpassten oder sich ausschließlich von Pflanzen ernährten.

Die ersten Fußabdrücke von Wirbeltieren auf dem Land lassen sich auf die Zeit vor etwa 250 Millionen Jahren zurückdatieren, als auch die ersten Reptilien auftauchten. Bis dahin hatten sich die Kontinentalmassen zu einem einzigen Superkontinent mit Namen Pangäa geformt. Ihn durchzogen gewaltige Ströme und Meere, auf deren Böden Sedimente lagerten, die sich später durch die Erdbewegungen zu riesigen Gebirgen auftürmten.

Während des Karbons hielt eine Eiszeit große Teile der Erdmasse umklammert. Temperatur- und Klimaunterschiede sorgten für eine verschiedenartige Tierwelt, die sich an die jeweiligen Bedingungen angepasst hatte.

Gegen Ende des Paläozoikums nahm die Zahl der Reptilien zu. Im Gegensatz zu den Amphibien mussten diese ihre hartschaligen Eier nicht mehr im Wasser ablegen, sondern konnten sich den trockneren klimatischen oder kälteren Bedingungen besser anpassen. In den schneebedeckten Polarregionen lebten Tiere, die ein Haarkleid schützte und die vielleicht die ersten Warmblüter gewesen sein könnten. In den heißeren Gebieten besaßen andere Exemplare große Rückensegel, mit denen sie je nach Bedarf Wärme aufnahmen oder abgaben. Große säugetierähnliche Reptilien beherrschten das Land, doch gegen Ende des Perms vor 250 Millionen Jahren starb eine gewaltige Anzahl von Land- und Meerestieren aus.

*Vor etwa 300 Millionen Jahren traten während des Oberkarbons die ersten Reptilien auf. Einer der ältesten Vertreter ist der **Hylonomus**, der sich von Insekten ernährte.*

Trilobiten kamen im Kambrium auf, **Korallen**
und **Seeskorpione** im Ordovizium und Silur.

Nun brach das Mesozoikum (Erdmittelalter) an
und dauerte bis zum Aussterben der Dinosaurier
vor 65 Millionen Jahren. Mittlerweile hatte sich
das Klima stabilisiert. Die Pole waren nicht mehr
von Eis bedeckt, es herrschte gemäßigtes bis tropi-
sches Klima und vermutlich gab es auch wenige
jahreszeitliche Schwankungen. Zu den neuen Tieren,
die nun die Erde dominierten, gehörten die Archosaurier, jene Urreptilien, zu denen auch die Dinosaurier gehörten.

Die Tiere legten große Distanzen zurück und verbreiteten sich in allen Gebieten der Erde. Während
des Erdmittelalters drifteten die Kontinente aufgrund
der Plattentektonik langsam auseinander. Im Jura
brach Pangäa in eine nördliche und südliche Landmasse auseinander. Landbrücken ermöglichten noch,
dass sich die Tier- und Pflanzenwelt weiterhin aus-
tauschte. Bis zur Oberkreide formte sich die Oberfläche dann in der Gestalt der isolierten Kontinente,
ähnlich dem Erscheinungsbild, wie wir es heute
kennen. Die reichliche Tier- und Pflanzenwelt hatte
jedoch mit einer weiteren Katastrophe zu kämpfen.
Am Ende der Kreidezeit vor 65 Millionen Jahren
verschwanden neben den Dinosauriern mit ihren
Hunderten Gattungen auch mehr als die Hälfte aller
anderen Lebewesen für immer von unserem Planeten.

Lurche wie der 4 m lange **Eogyrinus**
*lebten während des Perm immer in
der Nähe von Wasser, wo sie ihre
Eier ablegten. Ihre Nahrung bestand
aus Insekten und Fischen.*

2. ZEITSTRAHL UND EVOLUTION

Die lithostratigraphischen Einheiten, also die Gesteinseinheiten oder Schichten, bilden die Grundlage für die abstrahierten Zeiteinheiten, die heute auch Perioden genannt werden.

Die Entwicklung der Dinosaurier

PROTERO-ZOIKUM	**PROTERO-ZOIKUM** 2500–542 Mio. Jahre	Das Leben im Meer beginnt.	*Qualle*
PALÄOZOIKUM	**KAMBRIUM** 542–505 Mio. Jahre	Im Meer leben wirbellose Tiere und Fische. Trilobiten sind die vorherrschende Gruppe.	*Trilobit*
	ORDOVIZIUM 505–443 Mio. Jahre	Erster Nautilus, Korallen und Seeigel.	*Nautilus*
	SILUR 443–408 Mio. Jahre	Große Seeskorpione, erste Landpflanzen.	*Seeskorpion*
	DEVON 408–362 Mio. Jahre	Aus Lungenfischen entwickeln sich Amphibien. Insekten und Spinnen erscheinen.	*Dunkleosteus*
	KARBON 362–290 Mio. Jahre	Aus den Amphibien entwickeln sich die Reptilien. Große Steinkohlewälder bedecken die Erde.	*Labyrinthodont*
	PERM 290–251 Mio. Jahre	Erste Panzerlurche treten auf. Viele Land- und Meerestiere sterben aus.	*Diadectes*

MESOZOIKUM		**TRIAS** 251–200 Mio. Jahre	Die Dinosaurier treten auf, ebenso Frösche und Schildkröten.	 *Herrerasaurus*
		JURA 200–145,5 Mio. Jahre	Höhepunkt der Sauropoden. Die ersten Vögel erscheinen.	 *Diplodocus*
		KREIDE 145,5–65,5 Mio. Jahre	Die ersten Säugetiere treten auf. Gegen Ende des Zeitalters sterben die Dinosaurier aus.	 *Tyrannosaurus*
KÄNOZOIKUM		**TERTIÄR** 65,5–2 Mio. Jahre	Die Säugetiere breiten sich aus. Gegen Ende entwickeln sich die ersten Hominiden.	 *Maus*
		QUARTÄR 2 Mio. Jahre bis heute	Säugetiere und Vögel beherrschen das Land. Der Homo sapiens tritt auf. Eiszeiten wechseln sich ab.	 *Mensch*

Die Trias

vor 251–200 Mio. Jahren

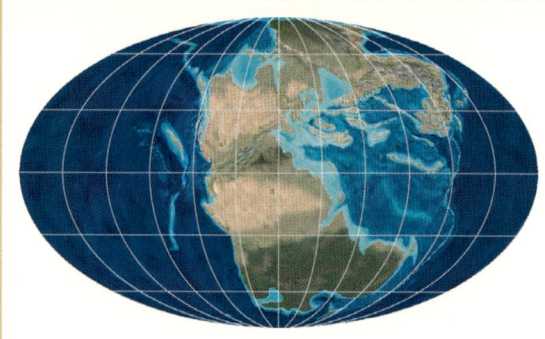

Der Superkontinent Pangäa war noch miteinander verbunden. Dazwischen lag das riesige Tethys-Meer. Starke tektonische Bewegungen kündigten die Plattenverschiebungen an, die später die Kontinente bilden sollten.

Vor 251 Millionen Jahren begann das Zeitalter der Trias und damit die Epoche des Mesozoikums. Die Kontinente ballten sich noch im einzigen Superkontinent Pangäa zusammen. Zwischen dessen Nordteil Laurasia, aus dem später Nordamerika, Europa und Asien entstanden, und dem südlichen Gondwana, woraus sich Afrika, Australien, Südamerika, Indien, die arabische Halbinsel und die Antarktis entwickelten, lag das große Tethys-Meer. Die Plattenbewegungen und zahlreichen Verschiebungen führten zu einer ständigen Veränderung der Erdoberfläche. Aus Überschwemmungen bildeten sich kleine und größere Binnenmeere.

Ein mild-warmes Klima beeinflusste das Landleben. Neben gemäßigteren Breiten überzogen die Erde große Wüstenregionen, die von zahlreichen Oasen durchsetzt waren. Samenpflanzen bestimmten die Vegetation, denn die Blütenpflanzen hatten sich noch nicht entwickelt. Nacktsamer wie Koniferen und Farnpflanzen stellten somit die Flora. Mehr oder weniger dichte Wälder aus Baumfarnen, Ginkgos und vor allem Nadelbäumen wechselten sich mit Gegenden ab, in denen großblättrige Farne oder Schachtelhalme den Boden bedeckten.

Typische Vertreter des Zeitalters der Trias

Melanorosaurus

Gegen Ende des Perms fand ein Massensterben statt, das die Tierwelt drastisch veränderte. Neue Arten begannen sich nun zu entwickeln. In den Meeren lösten Armfüßer die Trilobiten ab. Knochenflosser und die ersten Haie traten auf. Später gingen dort die Ichthyosaurier (Fischsaurier) auf Jagd.

An Land sorgten die Reptilien für reiche Artenvielfalt. Säugetierähnliche Reptilien, die Therapsiden, wie der räuberische Cynognathus, beherrschten die Erde über einen langen Zeitraum und könnten bereits Warmblüter gewesen sein. Aber eine weitere Katastrophe gegen Ende der Trias vor 200 Millionen Jahren löschte erneut mehr als die Hälfte aller Tierarten aus – und gab damit einer weiteren Tiergruppe Raum: Die Archosaurier begannen sich nun in unterschiedlicher Vielfalt auszubreiten. Zu ihnen gehörten die Thecodontier, die den Dinosauriern schon sehr ähnlich sahen, aber auch die landlebenden Krokodile und die Ornithodires. Sie waren die Urahnen der Pterosaurier, aller Vögel und schließlich auch der

Saurischia und Ornithischia, die während der Obertrias begannen, ihren Artenreichtum zu entfalten. Die ältesten Funde liefern die Saurischia, die ihr typisches Echsenbecken von den Pseudosuchia, die zu den Thecodontiern gehörten, geerbt hatten. Die zweibeinigen Jäger gehörten als Theropoden bald zu den gefürchtetsten Raubtieren des Zeitalters. Ihnen zur Seite gesellten sich die ersten Prosauropoden, eindeutige Pflanzenfresser, die bereits an die zukünftigen Giganten der Sauropoden erinnern. Gegen Ende der Trias tauchten die ersten Ornithischia auf, deren nach hinten geneigtes Schambein noch nicht im verbreiterten Knochen späterer Arten endete. Auch trugen sie anstelle von Zähnen eine Hornleiste im Unterkiefer.

Coelophysis

Plateosaurus

Palmfarne und Koniferen beherrschten die Wälder der Trias, Samenfarnpflanzen bedeckten den Boden. Später entwickelten sich die Schachtelhalme und Bärlappe und verdrängten langsam die Pteridospermen (Farnsamer).

Der Jura

vor 200–145,5 Mio. Jahren

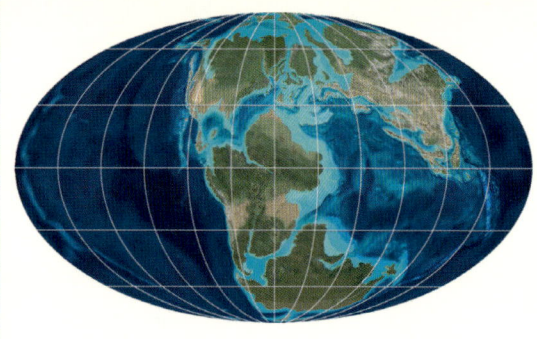

Während des Jura begannen die Kontinente auseinanderzudriften und große Meere schoben sich zwischen die Teile des einstigen Superkontinents Pangäa.

Die Zeit des Jura vor 200 bis 145,5 Millionen Jahren prägten globale Veränderungen. Plattenbewegungen verursachten den Zerfall des riesigen Kontinents Gondwana in Afrika, Südamerika, Indien, Antarktis, die arabische Halbinsel und Australien.

Heftige Vulkantätigkeit, ausfließende Lava und die Erdbewegungen führten dazu, dass gewaltige Erdspalten und Gebirge wie die Anden entstanden und sich die Kontinente verschoben. Afrika löste sich von Südamerika und driftete Richtung Südeuropa, ebenso wie Indien zu Asien. Eindringende Schelfmeere überfluteten Mitteleuropa. Warmes, ausgeglichenes, aber recht feuchtes Klima ließ eine Vegetation aus Farnen, Schachtelhalmen und Gymnospermen (Nacktsamern) gedeihen. Große, dichte Wälder aus gewaltigen Nadelbäumen überzogen die Landschaft, daneben wuchsen kleinere Palmfarne oder Sträucher von Schachtelhalmen und Farnen.

Klimaveränderungen hatten aus einer unendlichen Savannenlandschaft, die sich über das gesamte südliche Afrika, die Antarktis und Australien ausdehnte, eine Wüste von den Ausmaßen der Sahara gemacht. Hinzu kam ein intensiver Vulkanismus, der das Gebiet mit einer bis über 1000 m dicken Lavaschicht bedeckte. In Maaren, kreisförmigen oder ovalen Vertiefungen im Boden, die ein Vulkan nach einer Gasexplosion hinterließ, sammelte sich Grundwasser, das offene Seen bildete und den frühesten Dinosauriern der Erdgeschichte eine Lebensgrundlage bot.

In anderen Gegenden herrschte ein stark saisonales Klima mit feuchten, warmen Sommern und trockenen, kalten Wintern. In den Meeren

Typische Vertreter des Jura

Camptosaurus

entwickelten sich riffbildene Kieselschwämme. Die zu den Kopffüßern gehörenden Ammoniten und Belemniten erreichten den Höhepunkt ihres Auftretens. Nun tauchten auch kleine Säugetiere und erste Vögel auf.

Zu Beginn des Jura entwickelten sich Prosauropoden und kleinere Wirbeltiere an Land, doch mit der Zeit nahmen die gewaltigen Sauropoden immer mehr Raum ein, vermehrten sich rasch und erreichten ihren Höhepunkt gegen Ende der Periode. Diese quadrupeden Pflanzenfresser hatten sich an die Vegetation und den Wasserreichtum angepasst. Die für sie idealen Bedingungen führten dazu, dass die Sauropoden riesige Ausmaße und ein enormes Gewicht erreichten. Zu ihren berühmtesten Vertretern zählten Apatosaurus, Camarasaurus und Brachiosaurus, die sich die verschiedenen Regionen der Kontinente teilten.

Die Eier der Sauropoden waren recht klein im Vergleich zum Körper der ausgewachsenen Tiere, denn sie fassten höchstens 3,5 l. Die sehr kleinen Jungtiere mussten also rasch wachsen, damit sie die Herde auf ihren Wanderungen zu neuen Futterplätzen begleiten konnten. Bald ließ das schnelle Wachstum vermutlich nach und die Kolosse erreichten erst nach vielen Jahren ihre gewaltigen Ausmaße.

Aber auch die Raubsaurier machten im Jura eine gigantische Entwicklung durch. Zu den größten Vertretern unter den Theropoden zählten die Carnosaurier wie z. B. Allosaurus mit bis zu 12 m Länge, gewaltigen Klauen und einem furchterregenden Gebiss. Sie wagten es sogar allein oder im Rudel, die großen Pflanzenfresser anzugreifen.

Neben den Saurischia, die viele Arten hervorbrachten und im Jura eine Blütezeit erlebten, entwickelten sich die Ornithischia zwar weniger üppig, aber in ebenfalls interessanten Formen. Sie alle ernährten sich vermutlich ausschließlich von Pflanzen, worauf sich ihr Gebiss eingestellt hatte. Schnell suchten sie sich ihre Nischen im Ökosystem der Natur und entwickelten Strategien, um sich gegen Angreifer zu wehren. Entweder konnten sie schnell laufen und fliehen – oder sie waren mit Platten und Dornen bestückt, die sie zur Abwehr nutzten. Vertreter wie die Stegosaurier konnten sich gut verteidigen und ihren Angreifern schmerzhafte Wunden zufügen.

Brachiosaurus

Allosaurus

Die Vegetation konnte sich im gleichmäßig warm-feuchten Klima gut entwickeln. Ausgedehnte Nadelbaumwälder, Palmfarne, Farne und Schachtelhalme bedeckten den Boden.

Die Kreidezeit

vor 145,5–65,5 Mio. Jahren

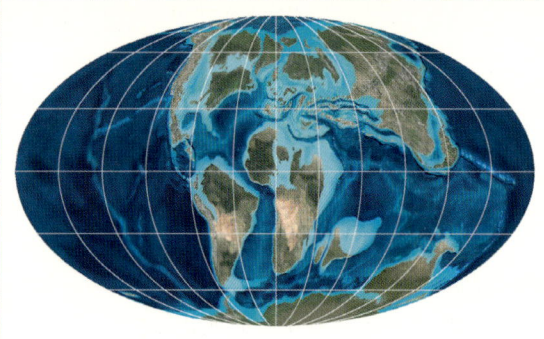

Während der Kreidezeit drifteten die Kontinente auseinander, große Meere breiteten sich aus und Flachmeere tauchten große Teile der Landmasse unter Wasser.

Die Erdbewegungen bewirkten, dass die Kontinente immer weiter auseinanderdrifteten. Dazwischen breiteten sich die großen Meere aus und überfluteten auch weite Teile Nordamerikas und Europas, das nun aus vielen kleinen Inseln bestand. Die Kontinentaldrift führte außerdem zu den starken Faltungen, die solch gewaltige Gebirge wie die Rocky Mountains oder die Alpen entstehen ließen.

Wasser, Land und Luft beherrschten nach wie vor die Reptilien, die, durch die Kontinente voneinander getrennt, eine große Artenvielfalt ausbildeten. In der letzten Periode des Mesozoikums lebten mehr Gattungen als in den Zeitaltern vorher, was jedoch nicht verhinderte, dass die Dinosaurier gegen Ende der Kreidezeit vollständig von der Erde verschwanden.

Neben den schwimmenden Reptilien entwickelten sich die Meeresbewohner wie Ammoniten, Belemniten oder Seeigel weiter, ebenso die Krokodile und Schildkröten. An Land traten die ersten Insektenfresser und Beuteltiere auf und die Säugetiere bildeten neue Arten aus. Das Klima war viel wärmer als heute, doch weniger gleichmäßig als in den Zeitaltern vorher. Während in der Region um den Äquator ein warmes, trockenes Klima herrschte, deuten die Zuwachsringe der Bäume in entfernteren Gegenden auf einen jahreszeitlichen Wechsel hin.

Typische Vertreter der Kreidezeit

Tyrannosaurus

Deinonychus

Die Temperaturen in Polarnähe waren mit über 10° C weit höher als heute und lagen in gemäßigteren Bereichen, sodass gleichmäßige Bedingungen herrschten. Während die Kontinente langsam in die heutigen Positionen drifteten, lebten auch in den Gebieten des späteren Australiens, Neuseelands und der Antarktis Dinosaurier und zogen ihre Bahnen durch Landschaften aus Wäldern und Büschen. Ob und wie sie die monatelangen Dunkelperioden überstanden, ist allerdings bis heute ungeklärt. Europa bedeckte gegen Ende der Kreidezeit ein Flachmeer, aus dem sich kleine und größere Inseln erhoben. Die hier lebenden Spezies entwickelten eine Besonderheit: Im Gegensatz zu ihren Verwandten auf dem Festland erreichten sie nur etwa ein Drittel von deren Ausmaßen und hatten sich durch Zwergenwuchs an den begrenzten Lebensraum angepasst.

Am Beginn der Kreidezeit überzogen noch große Araukarienwälder (Nadelholzgewächse), Sequioen (immergrüne Mammutbäume) und Ginkgos sowie Farne und Schachtelhalme die Kontinente, doch bald erschienen die ersten Blütenpflanzen, mit denen die Insekten eine Zweckgemeinschaft eingingen, und drängten die Nacktsamer zurück. Pappeln, Eichen, Platanen, Weiden, Nussbäume und auch Palmen breiteten sich zunehmend aus.

Auf die sich verändernde Umwelt reagierten die Dinosaurier mit einer großen Artenfülle. Die von Nordafrika bis Spitzbergen verbreiteten Iguanodons zupften auf ihren Hinterbeinen stehend die Blätter der Araukarien ab. Zu ihren Feinden gehörten die Valdoraptoren, ebenfalls auf zwei Beinen laufende Raubsaurier. Doch ihr bekanntester Vertreter war der Tyrannosaurus, einer der größten Fleischfresser, der jemals lebte und im heutigen Amerika zuhause war. Zudem entwickelten sich Omnivore (Gemischtköstler), z. B. einige Coelurosaurier, die Pflanzenfresser erlegten, auch Eier fraßen und ihre Nahrungspalette vermutlich mit Pflanzenkost ergänzten. Gegen Ende der Kreidezeit traten die Ceratopsiden auf, die mit ihren Hörnern an heutige Nashörner erinnern.

Das Zeitalter endete schließlich mit einer Katastrophe: Die Tierwelt der Dinosaurier starb komplett aus.

Saltasaurus

Nadelwälder bedeckten zu Beginn der Kreidezeit das Land. Als die Blütenpflanzen auftauchten, verdrängten sie die Nacktsamer und bestimmten bald die Vegetation.

4. DER UNTERGANG

Warum die Dinosaurier und mit ihnen alle Tiere, welche die Größe einer Dogge übertrafen, aussterben mussten, ist bis heute nicht geklärt. Viele Theorien versuchen das Massensterben plausibel zu veranschaulichen. Gendefekte, die lebensunfähige Nachkommen erzeugten, oder die Vernichtung der Tiere durch sich selbst, indem sie die Pflanzenfresser und damit ihre Nahrungsgrundlage vernichteten, gelten als unglaubwürdige Thesen. Sicher ist aber, dass die Tiere nicht an einem einzigen Tag ausstarben, sondern sich das Verschwinden über einen längeren Zeitraum erstreckte, wofür vermutlich ein Klimawandel verantwortlich war.

*Die rege **Vulkantätigkeit** gegen Ende der Kreidezeit führte dazu, dass Staubwolken den Himmel verdunkelten, das Pflanzenwachstum nachließ und die Temperaturen fielen.*

Vulkanausbruch

Durch eine vermehrte Serie von Vulkanausbrüchen kann sich das Klima der Umgebung erheblich verändern. Während der massiven Ausbrüche in der Oberkreide über einen Zeitraum von 500 000 Jahren wurden enorme Mengen an Asche und Staub in die Lufthülle geschleudert, was vielleicht eine Trübung der Atmosphäre und damit eine Verdunkelung des Himmels nach sich zog. Die Pflanzen wären aufgrund des fehlenden Sonnenlichts nicht mehr zur Photosynthese fähig gewesen. Mit dem Absterben der Pflanzen könnte den herbivoren Tieren die Nahrungsgrundlage entzogen worden sein. Deren Verschwinden führte schließlich dazu, dass auch den carnivor lebenden Tieren keine ausreichende Nahrung mehr zur Verfügung stand.

Auch ein dem Treibhauseffekt ähnlicher Zustand, vor dem Wissenschaftler heute warnen, könnte bereits damals auf der Erde eingetreten sein. Während der besonders lang anhaltenden Vulkanausbrüche am Ende der Kreidezeit im heutigen Indien gelangten mit Staub und Asche auch Kohlendioxid und Salzsäure in die Atmosphäre. Diese hätte sich über die gesamte Oberfläche verteilen und einen Treibhauseffekt, sauren Regen und vermutlich auch die Schädigung der Ozonschicht verursachen können. Das hätte Klima und Vegetation erheblich verändert und schließlich zum Aussterben der großen Lebewesen auf unserem Planeten führen können.

Globale Veränderungen

Neben großen klimatischen Veränderungen könnten auch zunehmende Erdbewegungen für ein Massensterben gesorgt haben. Gegen Ende der Kreidezeit verschwanden die Schelfmeere, die vielen Tieren als Lebensraum gedient hatten. Die Kontinente nahmen ihre heutige Position ein und wanderten damit aus den gleichmäßig warmen Breiten in kältere Gefilde, wo jahreszeitliche Schwankungen auftraten. Die Pflanzenwelt veränderte sich und damit das Nahrungsangebot. Zudem konnten sich die kaltblütigen Dinosaurier nicht mehr auf die wechselnden Temperaturen im Jahr einstellen, sondern fielen während der kühleren Zeiten in eine Kältestarre, die zum Tod führte. Niedrige Temperaturen wirkten sich auch negativ auf die Brutbedingungen aus. Die geringe Sonnen- oder Kompostierwärme reichte nicht aus, um die Eier auszubrüten.

*Die **kühleren Temperaturen**, entstanden durch übermäßige Strahlung aus dem All oder starke klimatische Veränderungen, beendeten die Herrschaft der Dinosaurier.*

Eine andere Theorie besagt, dass sich durch Meteoriteneinschläge und Vulkanausbrüche die Erdachse um etwa 20 % verschob, was katastrophale globale Veränderungen nach sich zog: Die Kontinente brachen gegen Ende des Jura so schnell auseinander, dass sich ein Großteil der Tier- und Pflanzenwelt nicht darauf einstellen konnte und verendete. Deshalb sind heute fossile Überreste der verendeten Tiere an lebensfeindlichen Orten wie etwa den Polregionen zu finden, wo weder Pflanzen noch Tiere aufgrund der monatelangen Dunkelheit überleben können.

Weitere Theorien gehen dahin, dass das Auseinanderbrechen der Kontinente, ausgelöst durch ein geophysikalisches Ereignis, wesentlich später und so rasant erfolgte und zusätzlich eine enorme Vulkantätigkeit nach sich zog, dass es die Hälfte der Tier- und Pflanzenwelt das Leben kostete.

Katastrophe aus dem All

In der Nähe unseres Sonnensystems könnte eine Supernova stattgefunden haben. Explosion und Kollaps des sterbenden Sterns setzten Gamma- und Röntgenstrahlen frei, die unsere Erde überfluteten und den Großteil der Tiere sterilisierte. Die Strahlung hätte auch die Erdatmosphäre dahin gehend stören können, dass sie eine schnellere Eiszeit auslöste, die für die großen Reptilien tödlich endete. Nur die kleineren, vor allem Pelz tragenden Säugetiere konnten die Katastrophe überstehen.

Auch könnte sich das Magnetfeld der Erde geändert haben, was von einigen Wissenschaftlern diskutiert wird. Dadurch brach das natürliche Schutzschild der Erde zusammen und die Strahlung aus dem Weltall konnte ungehindert eintreten, was ebenfalls eine Sterilisation auslöste.

Die am meisten diskutierte These der Katastrophe aus dem All ist der Einschlag eines Meteoriten in die Erdkruste nahe der Halbinsel Yucatan im Golf von Mexiko. In den Neunzigerjahren entdeckten die Forscher dort einen heute kaum noch sichtbaren Krater von 300 km Durchmesser, der sich bis weit unter das Festland erstreckt und gegen Ende der Kreidezeit entstanden sein könnte. Der Einschlag des etwa 10 km großen Asteroiden wirbelte Staubmassen auf, die den Himmel über Jahre verdunkelten und zu einer Klimakatastrophe führten. Durch die Schocktemperaturen von –40° C, die über mehrere Monate anhielten, verendeten die großen Landechsen, die sich mit ihren Körpertemperaturen nicht auf das Klima einstellen konnten.

Anschließend kam es vermutlich zu einer Erhöhung der Durchschnittstemperaturen auf der Erde und zu einer veränderten Zusammensetzung der Luft. Dadurch starben nicht nur alle flugunfähigen Dinosaurier, sondern auch etwa die Hälfte der Tier- und Pflanzenwelt aus.

Auch könnte sich nach einigen (oder mehreren tausend) Jahren ein zweiter, ebenfalls katastrophaler Meteoriteneinschlag ereignet haben, der schließlich zum endgültigen Kollaps führte.

Alle Theorien stützen sich auf eine Schicht aus Iridium, das sich im Gestein zum Zeitpunkt des Aussterbens ablagerte. Da Iridium nicht in solch großen Mengen auf der Erde vorkommt, wurde angenommen, dass dies auf einen Meteoriteneinschlag hindeutet. Nach neueren Untersuchungen scheinen dieser Einschlag und das Aussterben der Dinosaurier zeitlich jedoch nicht übereinzustimmen. Vermutlich ereignete sich die kosmische Katastrophe bereits 300 000 Jahre vor dem Tierexodus, wie Glaskügelchen, sogenannte Sperulen, die während eines Einschlags aus geschmolzenem Gestein entstehen, beweisen. Die Sperulen befanden sich weiter unten im Gestein als die Iridiumschicht. Neue Spekulationen gehen dahin, dass sich die Erde vor 65 Millionen Jahren durch eine kosmische Wolke mit hohem Iridiumanteil bewegt haben könnte.

*Ein **Meteorit** mit etwa 10 km Durchmesser schlägt vor 65 Millionen Jahren auf Teile der Halbinsel Yucatan in Mexiko ein. Fliegende Reptilien mit einer Flügelspannweite von ca. 15 m gleiten über tropische Wolken.*

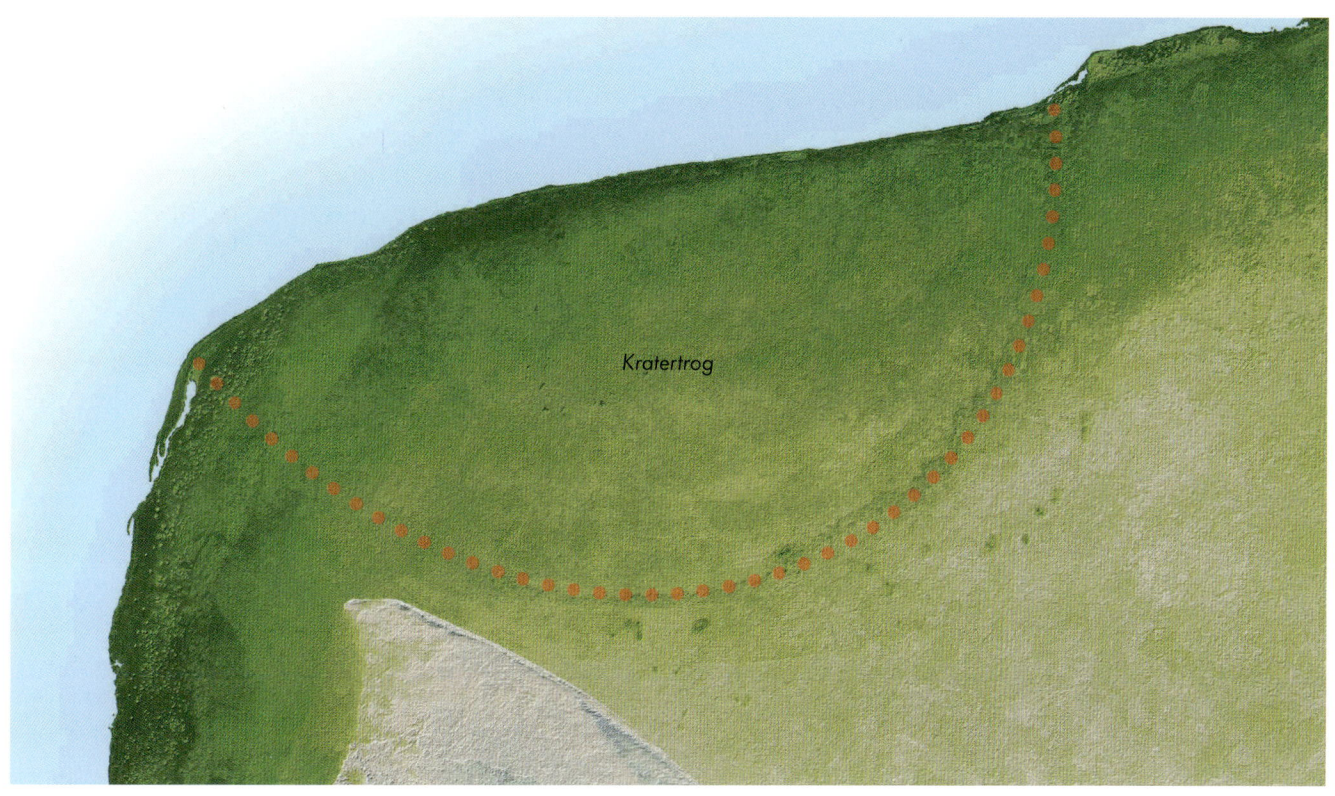

Kratertrog

Der **Einschlag eines Meteoriten** mit mehreren Kilometern Ausdehnung in die in Mexiko gelegene Halbinsel Yucatan führte zu einer Katastrophe, bei der die Temperaturen absanken. Den Klimaschock überlebten nur Tiere, die kleiner als eine Dogge waren.

Der **Chicxulub-Krater**, der nach einem mexikanischen Fischerdorf benannt wurde, ist heute kaum noch zu sehen. Satellitenbilder machen seine Ausmaße deutlich.

5. DIE NACHFAHREN

Mit dem Aussterben der Dinosaurier verschwanden auch zahlreiche andere Tiere und Pflanzen, etwa die Hälfte aller Lebewesen, vor allem aber die großen Landwirbeltiere, von unserer Erde. Zu den Überlebenden gehörten kleine, Pelz tragende Tiere, denen die Klimakatastrophe nichts anhaben konnte und die bald die Welt für sich erobern sollten. Die Säugetiere traten in den nachfolgenden Jahrtausenden die Herrschaft über die Welt an und entwickelten Formen, die in ihrer Größe und Lebensweise den Dinosauriern durchaus nahe kamen.

Die Urechsen hinterließen uns aber auch verwandte Nachkommen, zu denen jedoch nicht die heutigen Reptilien zählen. Zwar blicken beide auf die gemeinsamen Vorfahren der Cotylosaurier (Stammreptilien) zurück, dennoch entwickelten sich die Lepidosauria, zu denen heute Schlangen und Echsen gehören, bereits im Perm aus den Eosuchia (Ur-Krokodilen). Aus den Thecodontiern („Wurzelzähnern") entstand wiederum der Zweig der Archosaurier, zu denen neben den Krokodilen und Pterosauriern auch die Ornithischier und Saurischier gehörten. Heutige Krokodile und Vögel, die sich aus den Archosauriern entwickelten, gelten daher als die Nachfahren der Dinosaurier.

Im Mesozoikum entfalteten die Archosaurier eine ungeheuere Artenfülle innerhalb der Dinosaurier. Sie waren die einzigen Reptilien, die zum zweibeinigen Gehen fähig waren. Ihre Verwandten, die Krokodile, deren Schädel heute noch immer denen der Archosaurier ähnelt, stammen von den Protosuchia ab, einem Nebenzweig der Saurischia. Die Gliedmaßen der Krokodile sind seitlich am Körper befestigt, ein aufrechter Gang ist nicht möglich. Aus einem frühen zweibeinigen Theropoden entwickelte sich vermutlich der Archaeopteryx, der in seinem Körperbau einem Coelurosaurier, vor allem dem Compsognathus, ähnelte. Er lebte bereits im späten Jura und stellt möglicherweise das Bindeglied zwischen Dinosauriern und Vögeln dar. Dieser Vorfahr der Vögel besaß Federn und hohle Knochen. Ob er aber fliegen konnte, ist ungeklärt. Die Vögel zählen somit vielleicht tatsächlich zu den direkten Nachfahren der Saurischier.

*Die Vögel (im Bild ein Seeadler) zählen heute zu den einzigen, tatsächlichen, noch lebenden Verwandten und vermutlichen **Nachfahren der Dinosaurier**.*

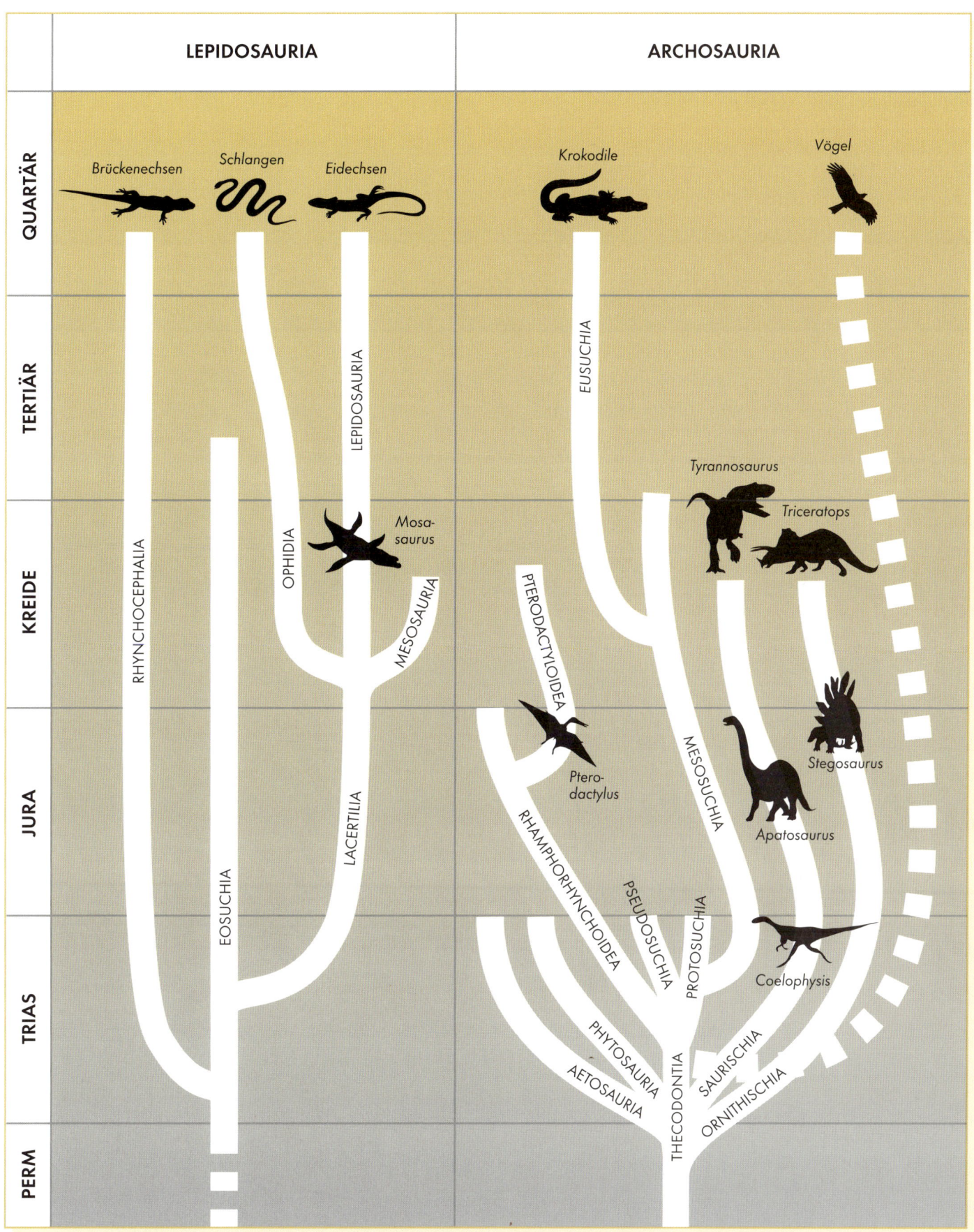

	LEPIDOSAURIA	ARCHOSAURIA

QUARTÄR · *Brückenechsen* · *Schlangen* · *Eidechsen* · *Krokodile* · *Vögel*

TERTIÄR · EUSUCHIA · LEPIDOSAURIA

KREIDE · RHYNCHOCEPHALIA · OPHIDIA · *Mosa-saurus* · MESOSAURIA · PTERODACTYLOIDEA · *Tyrannosaurus* · *Triceratops*

JURA · LACERTILIA · *Ptero-dactylus* · RHAMPHORHYNCHOIDEA · PSEUDOSUCHIA · MESOSUCHIA · PROTOSUCHIA · *Apatosaurus* · *Stegosaurus* · *Coelophysis*

TRIAS · EOSUCHIA · PHYTOSAURIA · AETOSAURIA · THECODONTIA · SAURISCHIA · ORNITHISCHIA

PERM

Im Perm entwickelten sich die beiden Gruppen
der **Lepidosaurier und Archosaurier**, die voneinander getrennte Tierstämme hervorbrachten.

43

Archaeopteryx

Der Archaeopteryx, dessen Name „sehr alter Flügel"
bedeutet, nimmt eine Zwischenstellung zu den Dinosauriern ein. Vermutlich ist er ein Bindeglied zwischen
Reptilien und Vögeln oder ein Seitenzweig im Stamm-
baum der Vögel. Zahlreiche Merkmale lassen ihn
als Coelurosaurier identifizieren, aus denen er eventuell hervorgegangen ist. Von ihnen unterscheidet er
sich durch die Federn an Schwanz und Armen, die
nun Flügel bilden, sowie durch das Gabelbein, das
sich aus den beiden verschmolzenen Schlüsselbei-
nen gebildet hatte. Diese vogeltypischen Merkmale
stehen im Gegensatz zu dem langen, knöchernen
Schwanz, den Bauchrippen und dem bezahnten,
langen Kiefer. Skelett und Habitus des Archaeopteryx sind leicht mit denen des Compsognathus zu ver-
wechseln, was die Verwandtschaft zu den Coelurosauriern verdeutlicht. Auch fehlte ihm der nach hinten
gedrehte Zeh der heutigen Vögel, der den Tieren
ermöglicht, einen Ast vollständig zu umfassen.

Archaeopteryx lebte in den Wäldern der Inseln,
die sich in der Zeit des Oberen Jura über Bayern
erstreckten. Dort konnte er auf Bäume klettern, sich
mit seinen Krallenfingern festhalten und wild mit
den Flügeln schlagend kurze Strecken flattern oder
von Bäumen und Hügeln gleiten. Die Federn waren
vermutlich weniger zum Fliegen zu gebrauchen,
sondern dienten zu Beginn ihrer Entwicklung der
Wärmeisolierung und der Brutbedeckung. Auch
haben ihn die schweren, bezahnten Kiefer am aus-
dauernden Flug gehindert. Sein relativ großes Gehirn, so vermuten einige Wissenschaftler hingegen,
hätte ihn durchaus zum Fliegen befähigen können.

Archaeopteryx besaß etwa die Größe einer
Taube. Er ernährte sich von Insekten, kleinem Was-
sergetier, Ammoniten und Würmern.

Zwischen ihm und dem ersten Vogel fehlen aber
bis heute Fossilienfunde. Primitive Vögel gab es
bereits Ende des Jura. Wenig später erschienen
auch Vögel, die keine Zähne mehr besaßen. Mit
den Dinosauriern starben schließlich auch alle
bezahnten Vögel aus.

*Der **Hoatzin** lebt heute im brasilianischen Urwald und
ähnelt in seinen Gewohnheiten vermutlich dem Archaeopteryx. Die Jungen des Urwaldvogels tragen noch
Krallen, mit denen sie sich an Ästen festhalten können.*

Oben: Der fossilisierte Abdruck des
Archaeopteryx fand sich unter anderem
in den Steinbrüchen von Solnhofen in
Süddeutschland. An ihm lassen sich
die schmalen Knochen und Federn gut
erkennen. Links: So könnte der Archaeopteryx ausgesehen haben.

45

6. DIE FOSSILIEN

Tier- oder Pflanzenkadaver zersetzen sich in der Regel vollständig. Nur unter bestimmten Bedingungen bleibt organisches Material oder dessen Form erhalten. Fossilien, die uns heute etwas über die Geschichte vergangener Zeiträume und deren Organismen erzählen, sind derartige Überreste der lebendigen Natur. Ihre Konservierung vollzog sich unter besonderen Umweltbedingungen. In den meisten Fällen wurden die toten Körper von Sedimenten bedeckt, die den Zersetzungsprozess verhinderten. Unter dem enorm hohen Druck und der entstehenden Hitze versteinerten die Überreste und geben uns heute Auskunft über Lebewesen, die unseren Planeten bereits vor Jahrmillionen bewohnten. Im Sedimentgestein aus dem Erdmittelalter lassen sich die meisten Fossilien finden. Auf der Suche nach Fossilien geben geologische Karten Auskunft, wo sich die betreffenden Gesteinsschichten befinden.

Fossilien unterteilen sich in:

- direkt erhaltene Fossilien von harten Skelettteilen, deren chemische Zusammensetzung nachweisbar ist.
- Versteinerungen, d. h. mineralisierte Knochen, in deren Hohlräumen und Markkanälen sich weitere Mineralien abgelagert haben.
- natürliche Steinkerne und Abdrücke, die durch eingesickertes saures Grundwasser entstehen, das die eigentlichen Knochen auflöst und nur Abdrücke oder Hohlräume im Gestein hinterlässt. Füllen den Hohlraum neue Mineralien, kann es zu einer Steinkopie kommen. Leere Hohlräume werden ausgefüllt, um eine Form des Knochens zu erhalten.
- Mumifizierungen, bei denen Hautstrukturen und andere weiche Gewebeteile erhalten bleiben können.
- fossile Spuren wie Fraßspuren, Fußabdrücke sowie Spuren, die auf Krankheiten und Verletzungen hinweisen.

Bildung der Fossilien

Fossilien werden heute vorwiegend in Sand- und Kalkstein gefunden, da dort die Knochen rasch bedeckt wurden. Andere Gesteinsschichten, die zum Beispiel aus lockerem Kieselgefüge bestanden, zerrieben dagegen die Knochen. Basaltformationen oder Granite, die aus vulkanischer Tätigkeit an die Oberfläche gelangten und das magmatische Gestein bildeten, tragen ebenfalls keine Fossilien.

Starb ein Tier in der Nähe von Wasser oder Wüste, zersetzten sich die Weichteile schnell, während Sedimente die übrig gebliebenen Knochen allmählich umhüllten. Damit wurde den Bakterien der für die Zersetzung notwendige Sauerstoff entzogen. Schicht um Schicht von Sand und Schlamm lagerte sich nun über dem Skelett ab. Mit der Zeit sickerte mineralhaltiges Wasser in die Poren der Knochen und härtete diese mit Kalzit, Quarz und Eisensulfat aus: sie versteinerten.

Der gewaltige Druck darüber liegender Schichten konnte bewirken, das kleinere Knochen barsten oder Skelette auseinanderfielen. Auch lösten sich manche Knochen, von denen nur die inneren Hohlräume versteinert waren, später auf und hinterließen eine leere Form im Gestein, die heute genau den Umrissen des Knochens entspricht. Der übrig gebliebene Steinkern gibt den Paläontologen ebenfalls Auskunft über die Größe und Beschaffenheit des gestorbenen Tieres.

Das Sichern von Fossilien

- Ein Dinosaurier verendet am Flussufer. Der tote Körper wird in den Fluss gespült, wo die Weichteile verrotten und Sedimente das Skelett bedecken.
- Sand und Schlamm lagern sich in Schichten über dem Skelett ab. Der hohe Druck und das mineralhaltige Wasser, das in Hohlräume und Poren eindringt, härten die Knochen über einen langen Zeitraum zu Gestein aus.
- Millionen Jahre später fegen Wind und Erosion die Fossilien frei.
- Wissenschaftler graben den Fund vorsichtig aus (rechts), sichern ihn und zeichnen einen genauen Plan der Knochenlage (unten). Eine Gipshülle schützt die Fossilien vor Beschädigungen.
- Die Knochen werden von Präparatoren von der Gipshülle befreit, gereinigt und klassifiziert.
- Paläontologen setzen das Skelett zusammen.

Die Entdecker und ihre Funde

1. DIE ERSTEN DINOSAURIERFUNDE

Die wohl ältesten Aufzeichnungen über fossile Funde stammen aus China. Darin wird von Knochen berichtet, die mehr als tausend Jahre alt sind und von ausgestorbenen Drachen stammen. Was lange Zeit als Legende galt, bekam mit der Rekonstruktion der Dinosaurier eine neue Dimension. Betrachten wir uns die riesigen Echsen näher, so liegt der Vergleich mit den einstigen Fabeltieren gar nicht so fern.

Fossile Knochen wurden auch in Europa und Amerika gefunden – und oftmals ebenso falsch interpretiert. So fertigte der englische Professor Robert Plot im Jahre 1677 die Zeichnung eines Knochens an, der seiner Meinung nach nur einem Elefanten zuzuschreiben war. Tatsächlich handelte es sich aber um ein Teilstück des Oberschenkels eines Megalosaurus.

Im Jahre 1802 machte der Bauer Pliny Moody im Staat Massachusetts (USA) eine unglaubliche Entdeckung: Er stieß beim Pflügen seines Ackers auf den Abdruck eines gewaltigen, dreizehigen Fußes. Nach reiflichen Überlegungen kam man dort zu

dem Schluss, dass es sich um den Fußabdruck von Noahs Rabe handeln musste, den das Tier in die Erde drückte, als es die Arche verließ.

Der erste gesicherte amerikanische Fund stammt aus dem Jahre 1818. In East Windsor in Connecticut konnte allerdings niemand die Knochen einordnen. Jahre später waren Spezialisten in der Lage, die Überreste dem Anchisaurus zuzusprechen.

Die wirkliche Entdeckung der Ursaurier begann dann im Jahre 1822. Die Frau des englischen Arztes Gideon Mantell fand Zähne im Straßensplitt, die sie ihrem Mann, einem leidenschaftlichen Fossiliensammler, zeigte. Mantell forschte im Steinbruch bei Cuckfield nach, woher der Straßensplitt kam, und entdeckte dort zahlreiche weitere Knochen. Die Funde verglich er mit Zähnen im Anatomiemuseum in London und erkannte, dass es sich nicht um die Überreste eines Säugetiers handelte, wie andere Wissenschaftler glaubten, sondern um die eines großen Reptils. Er gab dem Tier seinen bis heute bekannten Namen: Iguanodon.

Robert Plot fertigte im Jahre 1677 die Zeichnung eines fossilen Knochens an, von dem er dachte, es handele sich um den Knochen eines Elefanten. Tatsächlich ist das Teilstück dem Oberschenkel des **Megalosaurus** zuzuschreiben.

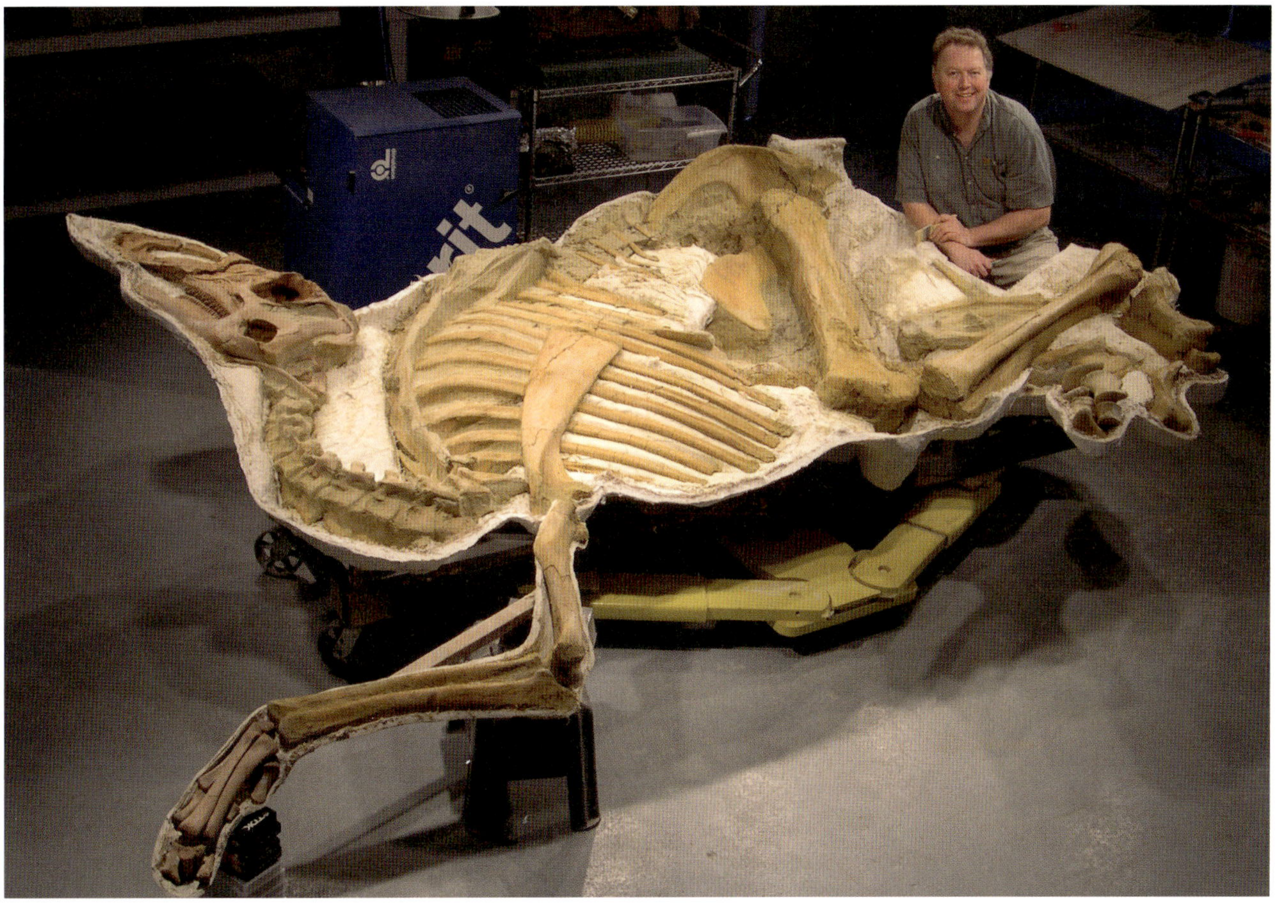

Zur gleichen Zeit wurden im Steinbruch von
Oxford große Knochen mit einem mächtigen Kiefer
und scharfen Zähnen gefunden. William Buckland
besah sich die fossilen Knochen und stellte nach
hartnäckigen Untersuchungen und Vergleichen fest,
dass es sich um ein großes Reptil handeln musste.
Er nannte das Tier 1824 in seiner Veröffentlichung
„Megalosaurus".

1842 unterbreitete schließlich Sir Richard Owen
den Vorschlag, die Reptilien „Dinosaurier" zu nen-
nen, und gab ihnen den Namen, unter dem sie
noch heute bekannt, aber nicht klassifiziert sind.

*Der Fossiliensammler Gideon
Mantell fand in einem Steinbruch einige Knochen und
nannte das dazugehörige
Tier **Iguanodon**.*

2. DIE GROSSEN PALÄONTOLOGEN UND DINOSAURIERJÄGER

1842 prägte **Sir Richard Owen** (1804–1892), der 1. Direktor des National History Museum London, den Begriff „Dinosaurier" für die Tiergruppe. Er setzte das Wort aus den griechischen Wörtern „deinos" (schreckenerregend) und „sauria" (Echse) zusammen. Anlässlich eines Treffens der Mitglieder der Britischen Gesellschaft zur Förderung der Wissenschaften stellte er den Begriff vor, der auch angenommen wurde.

Sir Richard Owen

Joseph Leidy (1823–1891) untersuchte die Funde in den USA. 1856 benannte er den Troodon und 1858 den Hadrosaurus.

Zwischen den Paläontologen **Edward Drinker Cope** (1840–1897) und **Othniel Charles Marsh** (1831–1899) entbrannten die „Knochenkriege". Die beiden hervorragend ausgebildeten Wissenschaftler führten Expeditionen durch, die zu legendären Ergebnissen führten. Während ihrer Ausgrabungen verfeindeten sie sich zunehmend und kämpften um den Rekord der am meisten entdeckten Saurier. Cope entdeckte viele Arten, so etwa Amphicoelias und Coelophysis, Marsh unter anderem Allosaurus, Camptosaurus, Diplodocus, Stegosaurus und Triceratops.

Edward Drinker Cope

Othniel Charles Marsh

Der englische Professor **Harry Govier Seeley** (1839–1909) untersuchte die unterschiedlichen Beckenstrukturen der Dinosaurier und ordnete sie 1887 in Ornithischier und Saurischier, womit er die heute übliche Klassifizierung schuf.

Der große Paläontologe **Henry Fairfield Osborn** (1857–1935) organisierte 1897 im Auftrag des Amerikanischen Museums für Naturgeschichte in New York eine Expedition nach Como in Wyoming. Dort fanden sich bei Grabungen große Felder mit verstreuten Knochen. Osborn richtete ein Grabungszentrum mit Teams vor Ort ein und organisierte Eisenbahnwaggons, welche die gewichtige Ladung nach New York brachten, wo sie von Spezialisten gereinigt und klassifiziert wurden.

Henry Fairfield Osborn

Walter Granger (1872–1941), in der Crew um Osborn, entdeckte im Jahre 1898 das berühmte Skelett des Apatosaurus (damals noch Brontosaurus genannt), das nach mühevoller Rekonstruktion 1905 in New York ausgestellt werden konnte und zum berühmtesten Skelett aufstieg.

Zu Beginn arbeitete **Charles Hazelius Sternberg** (1850–1943) als Copes Helfer, später gelangte er selbst zu Ruhm. Anfang des 20. Jahrhunderts beauftragte ihn die kanadische Regierung, gemeinsam mit seinen drei Söhnen und dem Experten Barnum Brown verschiedene Grabungen durchzuführen. Zwischen 1912 und 1917 gelang es ihm dann auch, die meisten Dinosaurierskelette in Alberta zu entdecken.

Expeditionen führten **Barnum Brown** (1873–1963) über die ganze Welt. Ende des 19. Jahrhunderts hatte ihn das American Museum of Natural History mit Ausgrabungen beauftragt. Brown kann auf die meisten Entdeckungen verweisen, die jemals einem Dinosaurierexperten gelangen. Zu seinen Trophäen gehörte der Tyrannosaurus.

Der deutsche **Ernst Stromer von Reichenbach** (1870–1952) gilt als ein Pionier der Paläontologie und ist einer der bedeutendsten Dinosaurierforscher der Welt. Zwischen 1911 und 1914 entdeckte er ägyptische Dinosaurier während seiner Grabungen in den Baharija-Oasen südwestlich von Kairo. Er benannte zahlreiche neue Arten, so auch Aegyptosaurus, Bahariasaurus, Carcharodontosaurus und Spinosaurus.

Einer der größten europäischen Entdecker war der deutsche Paläontologe **Friedrich von Huene** (1875–1969). Er fand unter anderem Antarctosaurus, Cetiosauriscus, Proceratosaurus und Saltopus.

Ende des 19. Jahrhunderts fanden dann auch Expeditionen in andere Erdteile statt. Zu den spektakulärsten Dinosaurierjägern gehörte der amerikanische Biologe **Roy Chapman Andrews** (1884–1960). Auf seinen fünf Expeditionen in die mongolische Wüste Gobi fand er unter anderem die ersten Dinosauriereier.

Der rumänische Paläontologe **Franz Baron Nopcsa** (1877–1933) galt als eine der schillerndsten Figuren in der Dinosaurier-Forschung. Er schrieb zahlreiche Abhandlungen über die Dinosaurier aus der Kreidezeit in Rumänien, arbeitete im Ersten Weltkrieg unter falschem Namen als Spion, bemühte sich um den Thron von Albanien und beging schließlich Selbstmord: Zuerst erschoss er seinen Sekretär, dann sich selbst.

Der Paläontologe **Robert T. Bakker** (*1945) tritt immer mit Hut und Bart auf. Er unterstützt die Theorie, nach der Dinosaurier Warmblüter waren.

Der Kurator des Royal Tyrrell Museum of Paleontology im kanadischen Alberta, **Philipp Currie** (*1949), gilt als einer der führenden Paläontologen der Welt. Er entdeckte zahlreiche Arten, so auch den Bambiraptor. Er vertritt die These, dass die Vögel von den Dinosauriern abstammen.

Der Paläontologe und Professor an der Universität von Chicago, **Paul Sereno** (*1957), entdeckte eine Reihe neuer Dinosaurier wie Eoraptor, Suchomimus und Rajasaurus auf den verschiedenen Kontinenten und gehört heute zu den bekanntesten Dinosaurierforschern der Gegenwart ebenso wie **José F. Bonaparte** (*1928) aus Argentinien und **Xing Xu** aus China.

Paul Sereno

José F. Bonaparte

3. DINOSAURIERFUNDE AUF DER ERDE

Seitdem die ersten Dinosaurierknochen zu Beginn des 19. Jahrhunderts identifiziert wurden, begann eine bis heute anhaltende Suche nach fossilen Resten der gigantischen Echsen. Mit 110 Neuentdeckungen wurden die meisten Gattungen bisher in den USA gefunden, gefolgt von Asien mit 90 Gattungen. Auch in der Antarktis und in Spitzbergen gab es Dinosaurier, wie die eindeutigen Funde beweisen. Bis heute werden Skelette oder versteinerte Trittsiegel überall auf der Welt entdeckt.

In Europa

Bereits 1837 wurde ein Plateosaurier von Hermann von Meyer in der Nähe von Nürnberg beschrieben. In einem Steinbruch im bayerischen Solnhofen fand sich auch die spektakuläre Platte mit dem Abdruck des Archaeopteryx mit Federn, Zähnen und Krallen. Meyer benannte 1861 den Archaeopteryx, der als Verwandter der Dinosaurier gilt.

Skelettfunde von Iguanodons in Belgien und Gelege in Südfrankreich stammen wie die meisten Dinosaurierfossilien Europas aus der Unteren Kreide.

In Afrika

Erst im zwanzigsten Jahrhundert begannen die Grabungen außerhalb Europas und Amerikas. Bisher führten Expeditionen in Marokko, Tansania und auch Südafrika zu neuen Funden.

In Nordafrika wurden Carnosaurier und Coelurosaurier entdeckt. In der Unterkreide lebten neben dem riesigen Brachiosaurus auch andere Sauropoden im Gondwanaland und verbreiteten sich Richtung der Flussgebiete Ostasiens. Berühmt sind die Grabungen des deutschen Forschers Ernst Stromer von Reichenbach 1911 bis 1914 in den Baharija-Oasen rund 240 km südwestlich von Kairo.

1954 führte der französische Geologe Hugues Faure mehrere Grabungen in der Tenéré-Wüste durch und machte die wissenschaftliche Welt auf einen sensationellen Fund aufmerksam. Tendaguru in Ostafrika spiegelt die Tierlandschaft der amerikanischen Morrison-Formation wider. Hier lebten im späten Jura die großen Sauropoden wie Brachiosaurus und Barosaurus sowie der Stegosaurier Kentrosaurus und der kleine Ornithopode Dryosaurus.

Fossilien von Dinosauriern fanden sich bisher auf allen Kontinenten.

Die verschiedenfarbigen Punkte markieren die spektakulärsten Fundstellen aus den Erdzeiten:

● Trias
● Jura
● Kreide

In Asien

Die ersten Funde Asiens stammen aus der Wüste Gobi. Der amerikanische Biologe Roy Chapman Andrews fand hier bereits Anfang des 20. Jahrhunderts die ersten Dinosauriereier und eine reichhaltige Sammlung an Skeletten. Später holten sich berühmte Entdecker wie C. C. Young oder Dong Zhiming in ihren Grabungen in der Mongolei und in China im 20. Jahrhundert den zweiten Platz hinter den USA: Über 90 Gattungen wurden in Asien entdeckt. Eine der berühmtesten Regionen liegt in der chinesischen Provinz Sichuan.

In Nordamerika

Spektakuläre Dinosaurierfriedhöfe und Fundstätten wie die Morrison Formation bei Canyon City in Colorado mit den zahlreichen Allosaurierfunden, die Bone Cabin Quarry in Como Bluff, Wyoming

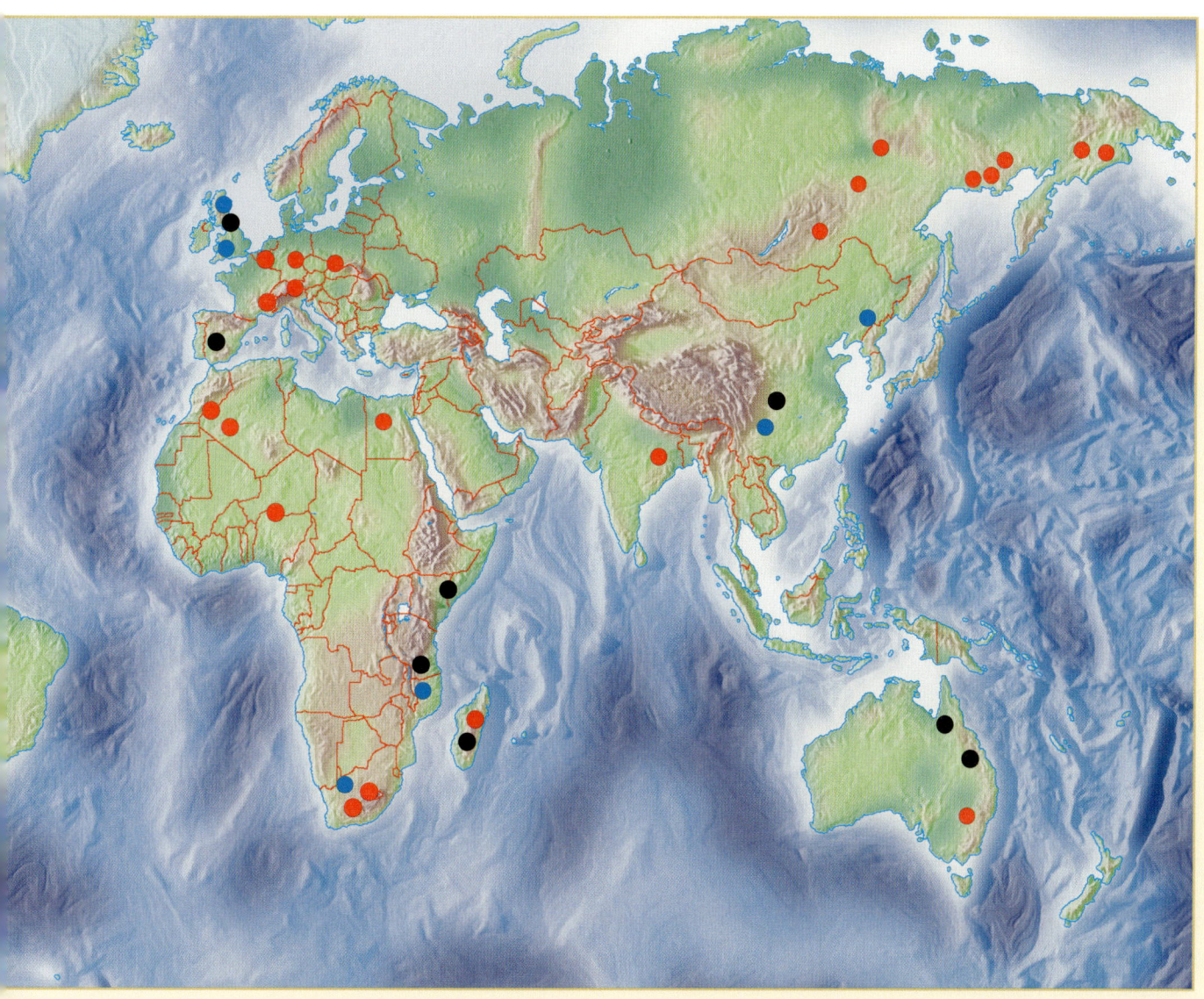

oder die Hell Creek Formation sorgen seit dem 19. Jahrhundert für eine rege Grabungstätigkeit. Eine bekannte Fundstätte ist heute auch der Ghost Ranch Quarry in New Mexico. Im Dinosaurier-Provinzpark im kanadischen Alberta werden bis heute intensive Grabungen durchgeführt. 1884 wurde hier zum ersten Mal an den Ufern des Red River der erste Schädel eines Dinosauriers entdeckt und das Tier mit Albertosaurus nach seinem Fundort benannt.

In Süd- und Mittelamerika

Weniger Dinosaurier als im ehemaligen Laurasia-Gebiet wurden bisher im ehemaligen Gondwana gefunden. Die meisten Funde stammen aus Argentinien. Auch in Brasilien fanden sich Skelette. Vor allem die Expeditionen des argentinischen Forschers José F. Bonaparte brachten einige spektakuläre

Entdeckungen zutage, so auch 1993 den Argentinosaurus. Als eines der größten Landtiere der Erde brachte es das Tier auf 35–40 m Länge, 8–9 m Höhe sowie auf ein Gewicht von möglicherweise 100 t.

In Australien, Neuseeland und in der Antarktis

Erst seit den Achtzigerjahren des vergangenen Jahrhunderts kann die wissenschaftliche Welt auf Funde aus der Antarktis und Australien verweisen. So wurden in der Antarktis Iguanodon, Mosasaurus, Ankylosaurier sowie Mitglieder der Familien Iguanodontia und Hadrosauridae aufgespürt.

Den ersten Dinosaurier Neuseelands, einen Theropoden, fand die Hobby-Paläontologin Joan Wiffen.

Das Studium der Dinosaurier

1. EIN DINOSAURIERSKELETT WIRD ...

... entdeckt und ausgegraben

Fossilien finden sich hauptsächlich im mesozoischen Sedimentgestein. Dieses aus Ufersedimenten stammende Gestein eignete sich hervorragend zur Fossilisierung. Tritt das Gestein nach Jahrmillionen wieder an die Oberfläche, kann es Fossilien der Dinosaurier enthalten. Auch in verschiedenen kargen Landstrichen wie z. B. Wüsten kommen Funde zum Vorschein. Die meisten fossilientragenden Gesteine liegen jedoch noch immer weit unter der Oberfläche.

Zahlreiche Fossilien wurden durch Zufall von Amateuren entdeckt. Meist geht einem Fund jedoch die genaue Überlegung eines Wissenschaftlers voraus. Neben Steinbrüchen und Klippen eignen sich Hänge und Flusstäler zum Aufspüren der Versteinerungen. Das systematische Suchen kann allerdings sehr mühsam sein. Ragt ein Knochen oder Teilstück aus dem Fels, beginnt für die Experten die eigentliche Arbeit. Sie tragen zunächst die oberste Deckschicht ab und gehen dann je nach Gesteinsart und Fossilienzustand mit verschiedenen Methoden vor. Bei lockerem Gestein sind Spitzhacke und Schaufel angebracht. Lehme und Tone lassen sich mit Wasser ausspülen. Bei massiven Felsüberbauten ist manchmal die Sprengung nötig.

Liegt der Ausgrabungsbereich frei, wird er mit einem Gitternetz markiert, fotografiert und kartiert. Eine genaue Zeichnung hält die Position der Knochen fest und hilft später beim Zusammensetzen des Skeletts. Auch geben Zeichnung und Fotografie der Position und des Fundorts Auskunft darüber, auf welche Art und Weise der Dinosaurier zu Tode kam.

Mit kleinen Werkzeugen und Pinseln wird anschließend das Skelett freigelegt, ohne dabei die zerbrechlichen Knochen zu berühren. Farbe oder aushärtende Flüssigkeiten schützen die Fossilien vor dem Bruch. Zum vollständigen Freilegen können verschiedene Methoden angewendet werden. Eine Möglichkeit ist, die Fossilien zunächst fast vollständig bis auf wenige stützende Sockel vom umliegenden Gestein zu befreien.

Das zum Transport freigelegte Stück kann mit gipsgetränkten Tüchern oder Isolierschaum geschützt werden. Größere Stücke erhalten ein Holzgestell, das mit in die Hülle eingegipst werden kann und sich so besser zum Befördern eignet. Ziffern auf dem Mantel helfen, das Fundstück nach dem Transport entsprechend zuzuordnen.

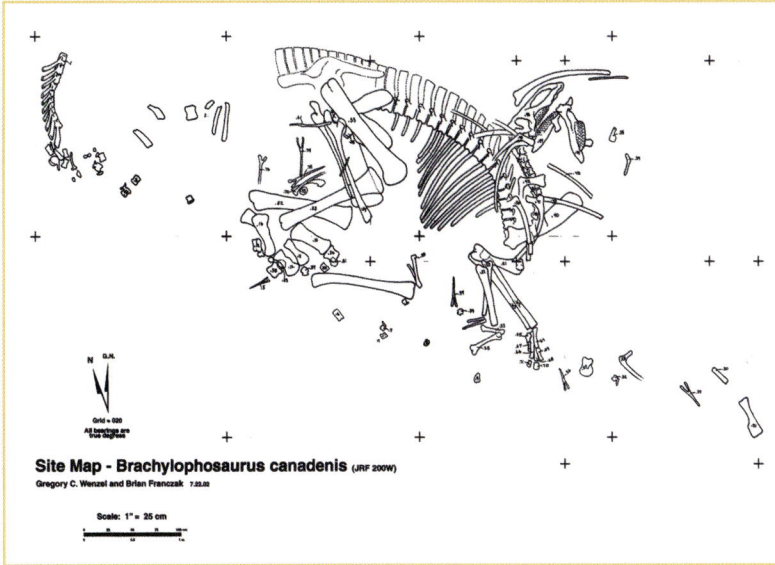

*Haben die Experten einen Fundort (links) entdeckt, tragen sie zunächst die oberste **Deckschicht** ab. Dann wird der Ausgrabungsbereich **markiert, fotografiert, kartiert und gezeichnet** (oben rechts). Mit kleinen Werkzeugen und Pinseln wird anschließend das **Skelett freigelegt** (rechts). Dann werden die Fundstücke für den Transport **in Gips gegossen** (unten).*

... präpariert und montiert

In den Museen werden die mit Gips oder anderen Schutzschichten versehenen Fossilien von ihren Umhüllungen befreit. Dazu benutzen die Präparatoren je nach Materialart der Hülle unterschiedliche Methoden. Ist das Fossil von einer Gesteinsmatrix umgeben, werden dafür Hammer und Meißel benutzt. Mit dem sogenannten „Shot-Blasting-Verfahren", bei dem kleine Geschosskugeln das Material zertrümmern, lassen sich weichere Gesteine entfernen. Mit Essigsäure wird eine härtere Kalkhülle entfernt. Zusätzlich können die Knochen mit chemischen Härtungsmitteln gefestigt werden.

Liegt das Fossil schließlich frei, beginnt die Arbeit des Präparators, die mehrere Jahre in Anspruch nehmen kann. Mit kleinen Werkzeugen wird das Objekt vollständig von Gesteinsrückständen befreit. Röntgenaufnahmen, Mikroskop und Computerverfahren ermöglichen, in das Fossil hineinzuschauen.

Datieren von Fossilien

Das ungefähre Alter der Fossilien kann mit der sogenannten „relativen Methode" bestimmt werden. Da sich die Gesteinsschichten übereinander ablagerten, sprechen die Wissenschaftler von verschiedenen geologischen Zeitaltern. Die einzelnen Perioden werden mithilfe der Leitfossilien näher beschrieben und ihre Abfolge in Zeiträumen festgelegt. Das Dinosaurierfossil kann also anhand des ihn umgebenden Gesteins in einen erdgeschichtlichen Abschnitt eingeordnet werden.

Die „absolute Methode" der Altersbestimmung mithilfe der Radiokarbonmethode ist seit Mitte des letzten Jahrhunderts durchführbar. Dabei werden die radioaktiven Mineralien und deren Zerfallsdaten im Gestein bestimmt. Da diese Mineralien nicht im fossilientragenden Sedimentgestein vorkommen, sondern nur in magmatischen Gesteinen, bedarf es einer angrenzenden, aussagekräftigen Schicht. Die Datierung ist auf diesem Wege auf 1 Million Jahre genau möglich.

Der Präparator untersucht das Fundstück.

Genauere Untersuchungen dienen der Klassifizierung. Schädel, Knochen, Gliedmaßen und Zähne werden vermessen und der Tiergattung zugeordnet, der sie entsprechen. Das Alter kann bis auf 1 Million Jahre genau bestimmt werden.

Weichen Strukturen oder Skelettteile in der Anatomie von denen der bisher bekannten Tiere ab, kann es sich um eine neue Art oder sogar Gattung handeln. Die Wissenschaftler untersuchen nun das Skelett dahin gehend genauer, indem sie sämtliche Abweichungen optisch darstellen und sie wissenschaftlich beschreiben. Schließlich wird das Tier einer Familie zugeordnet und benannt.

Um ein Skelett zu montieren, müssen die fehlenden Teile nachmodelliert werden. In den meisten Fällen wird nicht das Originalskelett aufgestellt, sondern ein Modell aus Fiberglas. Stahlverschweißungen halten die einzelnen Teile zusammen.

In den Museen werden in der Regel Modelle der Dinosaurier aus Fiberglas ausgestellt. Oben ein **Triceratops** und unten ein **Euoplocephalus** im Senckenberg-Museum in Frankfurt.

2. DINOSAURIER-MODELLE

Neben Skeletten und deren Nachbildungen werden auch rekonstruierte Modelle der Dinosaurier in Museen gezeigt. Dazu ist es notwendig, das Skelett mit Organen, Muskeln, Haut und Sinnesorganen auszustatten. Von all diesen blieb aber fast nichts erhalten. Versteinerungen zeigen häufig nur die Knochen, in seltenen Fällen Haut-, Eier- oder Kotreste. Die Form der Sinnesorgane, inneren Organe, des Fleisches und der Muskeln kann nur anhand der heute lebenden Tiere sowie nach bestimmten Ansatzspuren von Muskelfasern am Knochen und der Lage des verendeten Tieres nachgebildet werden.

Bei vielen Gattungen ist nicht nur die Haltung während der Jagd oder des Fressens, sondern auch die vollständige Größe, das Gewicht und die Gestalt unklar. Ebenso ungewiss sind die Augenstellungen, Weichteile der Nase und anderer Sinnesorgane, Hautfalten, Fettschichten oder Färbungen.

Im Laufe der Entdeckungsgeschichte der Dinosaurier wurden die Form und Gestalt der einzelnen Arten mehrfach verändert und den neuesten wissenschaftlichen Forschungen angepasst.

*Ein Modell aus Polyesterharz des **Pentaceratops** im Royal Tyrrell Museum in Alberta (Kanada)*

*Das Modell des **Seismosaurus** im Dino-Park Münchehagen*

Als Sir Richard Owen im Jahre 1854 eine Ausstellung mit Modellen aus Beton und Stein anfertigen ließ, wurden Iguanodon und Megalosaurus noch als quadrupede, also auf vier Beinen laufende, Tiere interpretiert. In den Zeichnungen schleiften auch zahlreiche Dinosaurier ähnlich den Reptilien ihren Schwanz hinter sich her. Die verknöcherten Sehnen an den Schwanzwirbeln brachten die Wissenschaftler erst später darauf, dass die meisten Ornithischier einen steifen Schwanz besaßen, den sie waagrecht trugen. Auch die Haltung des *Tyrannosaurus rex* änderte sich in den vergangenen Jahren. Während er in zahlreichen Publikationen noch komplett aufgerichtet dargestellt wurde, geht nun die Tendenz dahin, ihn in einer waagrechten Position zu zeigen.

Ein Modell gestalten

Bei der Erstellung eines Modells arbeiten Biologen, Grafiker und Bildhauer zusammen, um eine möglichst genaue Rekonstruktion des Dinosauriers zu erhalten. Zunächst wird die Anatomie anhand heute lebender Tiere festgelegt, ebenso die Färbung der Haut. Die Muster des Grafikers setzt der Bildhauer in verschiedenen Schritten um. Zunächst wird ein Gerüst aus Holz und Draht gefertigt und daran die Knochen aus Ton befestigt. Modelliermasse und Ton geben dem Tier die Form und dienen als Vorlage für eine Hohlform. Die Hohlform aus Plastik wird nun mit Polyesterharz ausgegossen und mit Kohlefasern verstärkt. Das Modell erhält anschließend seine Farbe durch die Hand des Künstlers, der dem Tier sein authentisches Äußeres verleiht.

3. TAXONOMIE UND SYSTEMATIK

Die Systematik der Dinosaurier erfuhr in den letzten Jahren einige Neuerungen. Es gibt zahlreiche sogenannte Kladogramme, nach denen die Herkunft und Zugehörigkeit der Dinosaurier geordnet ist.

Auch werden Diskussionen darüber geführt, ob die Dinosaurier den Reptilien zuzuordnen sind oder innerhalb der Wirbeltiere in einer eigenen Klasse beschrieben werden sollten, was die Legitimisierung des Begriffs „Dinosaurier" nach sich ziehen könnte. In den mehr als 150 Stammbäumen sind zahlreiche Lücken zu finden und es fehlt weiterhin an Bindegliedern. Neben den Unterschieden im Skelettaufbau,

nach dem die Tiere derzeit in Ornithischier und Saurischier gegliedert werden, ist es auch erforderlich, stammesgeschichtliche Beziehungen zu berücksichtigen. Doch bei vielen Dinosaurierarten ist gerade die Abstammung nicht nachvollziehbar.

Nach neueren Modellen sind derzeit 277 Gattungen verbürgt mit mehr als 700 Arten, deren wissenschaftliche Einordnung allerdings nicht immer geklärt ist. Zusätze im Namen mit „nomen dubium" weisen darauf hin, dass die Systematik umstritten ist, die Bezeichnung „nomen nudum", dass es sich um keinen wissenschaftlichen Namen handelt.

SAURISCHIA

Urtümliche Saurischia	THEROPODA				SAUROPODOMORPHA	
	Ceratosauria	Tetanurae	Ornithomimosauria	Maniraptora	Prosauropoda	Sauropoda
Herrerasauridae Basale Saurischia ohne fam. Zuordnung	Coelophysoidea Neoceratosauria Ceratosaurier ohne fam. Zuordnung	Megalosauridae Spinosauridae Basale Tetanurae ohne fam. Zuordnung Avetheropoda Carnosauria Coelurosauria Avetheropoda ohne fam. Zuordnung	Ornithomimidae Ornithomimosauria ohne fam. Zuordnung	Oviraptorosauria Troodontidae Dromaeosauridae Avialae		Eusauropoda Neosauropoda Macronaria Titanosauria Sauropoda ohne fam. Zuordnung

ORNITHISCHIA

Frühe Ornithischia	THYREOPHORA			ORNITHOPODA	MARGINOCEPHALIA	
	Urtümliche Thyreophora	Stegosauria	Ankylosauria	Ornithopoda	Pachycephalosauria	Ceratopsia
	Vermutlich Urtümliche Thyreophora	Huayangosauridae Stegosauridae	Ankylosauridae Nodosauridae Ankylosaurier ohne fam. Zuordnung	Heterodontosauridae Euornithopoda Iguanodontia Hadrosauridae	Goyocephala Homalocephaloidea Pachycephalosauridae Pachycephalosaurier ohne fam. Zuordnung	Psittacosauridae Neoceratopsia

4. AUSFÜHRLICHE SYSTEMATIK

SAURISCHIA

1 Urtümliche Saurischia
1.1 Herrerasauridae
1.2 Basale Saurischia ohne fam. Zuordnung

THEROPODA

2 Ceratosauria
2.1 Coelophysoidae
2.2 Neoceratosauria
2.3 Ceratosaurier ohne fam. Zuordnung

3 Tetanurae
3.1 Megalosauridae
3.2 Spinosauridae
3.3 Basale Tetanurae ohne fam. Zuordnung
3.4 Avetheropoda
3.5 Carnosauria
3.5.1 Allosauridae
3.5.2 Sinraptoridae
3.5.3 Carcharodontosauridae
3.6 Coelurosauria
3.6.1 Compsognathidae
3.6.2 Tyrannosauridae
3.6.2.1 Tyrannosaurier ohne fam. Zuordnung
3.6.3 Therizinosauridae
3.6.3.1 Therizinosaurier ohne fam. Zuordnung
3.6.4 Coelurosaurier ohne fam. Zuordnung
3.7 Avetheropoda ohne fam. Zuordnung

4 Ornithomimosauria
4.1 Ornithomimidae
4.2 Ornithomimosauria ohne fam. Zuordnung

5 Maniraptora
5.1 Oviraptorosauria
5.1.1 Caenagnathoidae
5.1.2 Oviraptoridae
5.1.3 Oviraptorosaurier ohne fam. Zuordnung
5.2 Troodontidae
5.3 Dromaeosauridae
5.3.1 Dromaeosaurier ohne fam. Zuordnung
5.4 Avialae

SAUROPODOMORPHA

6 Prosauropoda

7 Sauropoda
7.1 Eusauropoda
7.1.1 Cetiosauridae
7.1.2 Eusauropoden ohne fam. Zuordnung
7.2 Neosauropoda
7.2.1 Rebbachisauridae
7.2.2 Dicraeosauridae
7.2.3 Diplodocidae
7.3 Macronaria
7.3.1 Camarasauridae
7.3.2 Brachiosauridae
7.4 Titanosauria
7.4.1 Saltasauridae
7.5 Sauropoda ohne fam. Zuordnung

ORNITHISCHIA

8 Frühe Ornithischia

THYREOPHORA

9 Urtümliche Thyreophora
9.1. Vermutlich Urtümliche Thyreophora

10 Stegosauria
10.1 Huayangosauridae
10.2 Stegosauridae

11 Ankylosauria
11.1 Ankylosauridae
11.2 Nodosauridae
11.3 Ankylosaurier ohne fam. Zuordnung

ORNITHOPODA

12 Ornithopoda
12.1 Heterodontosauridae
12.2 Euornithopoda
12.3 Iguanodontia
12.3.1 Iguanodontiden ohne fam. Zuordnung
12.3.2 Dryosauridae
12.3.3 Ankylopollexia
12.4 Hadrosauridae

MARGINOCEPHALIA

13 Pachycephalosauria
13.1 Goyocephala
13.2 Homalocephaloidea
13.3 Pachycephalosauridae
13.4 Pachycephalosaurier ohne fam. Zuordnung

14 Ceratopsia
14.1 Psittacosauridae
14.2 Neoceratopsia

Saurischia

Saurischia, die große Gruppe der Echsenbecken-Dinosaurier, die als erste vor etwa 200 Millionen Jahren diesen Erdball betraten, unterteilt sich in die fleischfressenden Theropoda und die herbivor lebenden Sauropodomorpha. Beide Tiergruppen unterscheiden sich aber nicht nur in ihren Nahrungsgewohnheiten, sondern auch in Körperbau, Statur und Verhaltensweisen.

Urtümliche Saurischia

Zu den urtümlichen Saurischia, deren stammesgeschichtliche Einordnung noch unklar ist, zählen heute die ältesten Funde von Staurikosaurus, Herrerasaurus und Eoraptor, die in den ca. 225 Millionen Jahre alten Schichten der Ischigualasto Formation und der Santa Maria Formation (in Argentinien und Brasilien) entdeckt wurden. Die Überreste sind weder den Theropoda noch den Sauropodomorpha zuzuordnen, weshalb sie aufgrund der unterschiedlichen wissenschaftlichen Klassifizierung hier außerhalb als urtümliche Saurischia stehen. Sie gehören zu den ersten Dinosauriern und stimmen in vielen Merkmalen mit den später auftretenden Formen überein, weichen dann allerdings wieder in anderen Charakteristika ab. Sie trugen teilweise noch typische primitive Merkmale wie z. B. fünf Finger und liefen vermutlich als Erste auf zwei Beinen. Während ihrer Lebenszeit dominierten sie noch keineswegs die Fauna. Nachfolgende Massensterben unter den Tetrapoden, an Land wohnenden Vierfüßern wie z. B. Reptilien und Amphibien, ließen dann aber die Saurischia zu den am weitesten verbreiteten, räuberischen Landtieren für Jahrmillionen werden.

Dilophosaurus

Ceratosaurus

Allosaurus

Eoraptor

Urtümliche Saurischia

Ordnung: Saurischia
Unterordnung: Theropoda
Familie: Herrerasauridae

Höhe: 0,30 m
Länge: 1 m
Gewicht: 10 kg
Jahr: Sereno, Forster,
Rogers und
Monetta, 1993
Ort: Südamerika: Ischigua-
lasto Formation, San
Juan, Argentinien
Zeit: Mittlere bis
Obere Trias,
vor ca. 228 Mio.
Jahren
Nahrung: Carnivor

SÜDAMERIKA

Argentinien

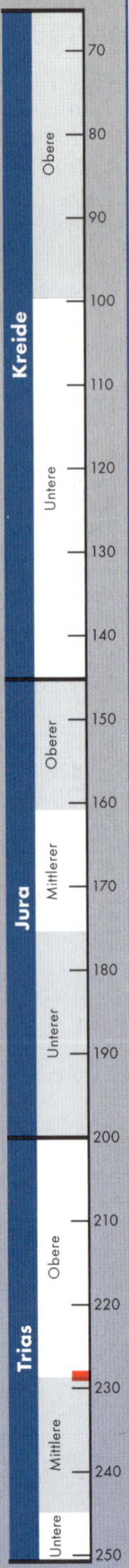

Als einer der ältesten, bisher gefundenen Dinosaurier lebte der Eoraptor in der Oberen Trias. Als kleiner, leicht gebauter Zweibeiner mit hohlen Knochen konnte er vermutlich schnell laufen. Seine langen Beine waren etwa doppelt so lang wie seine Arme. In seinen Kiefern steckten unterschiedlich große, spitze Zähne. Er kann sowohl im Rudel gejagt als sich auch von Aas ernährt haben. Die Namensgeber glaubten jedenfalls an ein räuberisches Leben des Eoraptors, da sein Name so viel wie „Angreifer der Morgendämmerung" bedeutet, wobei die griechische Göttin der Morgenröte, Eos, hier als Patronin fungierte.

Der kleine, etwa 10 kg schwere Eoraptor lebte und ernährte sich vermutlich räuberisch. Die langen flinken Beine besaßen starke Muskeln, die ihm schnelle Sprints ermöglichten.

Kreide

Obere

Untere

70

Jura

Oberer

Mittlerer

Unterer

Trias

Obere

Mittlere

Untere

Herrerasaurus

Herrerasaurus gehört zu den ältesten bisher gefundenen Saurischia. Seine anatomischen Merkmale ließen zunächst vermuten, dass es sich um einen Vorfahren der Dinosaurier handelte. Sein Schädel wies ihn aber als recht gefährlichen Raubsaurier aus. Die beweglich angebrachten Kiefer mit den nach hinten gebogenen, scharfen Zähnen dienten zum Erlegen der Beute, die er mit den großen, krallenbewehrten Händen festhalten konnte.

An den Füßen saßen drei nach vorne und eine kleinere, nach hinten gerichtete Zehe, die in kräftigen Klauen endeten. Die muskulösen Laufbeine verliehen ihm die Schnelligkeit, andere bipede Tiere wie die Pisanosaurier zu erlegen. Aber auch die schweinsgroßen Rhynchosaurier, eine ausgestorbene Reptiliengruppe aus der Trias, gehörten zu seinen Opfern.

Sein Name wurde ihm nach seinem Entdecker verliehen, dem Bauern Victorino Herrera, der förmlich über die Fossilien gestolpert sein soll.

Urtümliche Saurischia

Ordnung:	Saurischia
Unterordnung:	Theropoda
Familie:	Herrerasauridae

Höhe:	1,20 m
Länge:	3 m
Gewicht:	200 kg
Jahr:	Reig, 1963
Ort:	Südamerika: Ischigualasto Formation, Aguada de la Peña, Argentinien
Zeit:	Obere Trias, vor 228–223 Mio. Jahren
Nahrung:	Carnivor

SÜDAMERIKA

Argentinien

Herrerasaurus lebte in der Oberen Trias. Der mittelgroße Fleischfresser verfolgte seine Beute auf langen Beinen und erlegte sie mit den zahnbesetzten, starken Kiefern.

Staurikosaurus lebte in der Trias und gilt als einer der ältesten gefundenen Dinosaurier. Genau wie der Lagosuchus, von dem angenommen wird, dass sich aus seiner Linie die Dinosaurier entwickelten, bewohnte er das heutige Südamerika, von wo aus sich die Saurischier bis gegen Ende der Trias über Pangäa verteilt haben könnten. Die Übergangsform nach Lagosuchus ist jedoch bisher nicht entdeckt worden.

Der etwa 2 m lange Staurikosaurus gehörte zu den primitiven Dinosauriern. Er trug noch fünf Finger an den Händen und hatte wenig ausgebildete Hüftgelenkspfannen.

Staurikosaurus

Staurikosaurus erreichte eine Länge von 2 m und konnte bereits auf zwei Beinen laufen. Die Ausbildung der Hüftgelenkspfanne steht bei ihm noch am Anfang der Entwicklung und zeigt frühe Merkmale der Saurischier.

Die Hände tragen noch fünf Finger, ein typisches Merkmal primitiver Saurier. Die spitzen Zähne deuten auf eine carnivore Lebensweise hin.

Urtümliche Saurischia

Ordnung: Saurischia
Unterordnung: Theropoda
Familie: Herrerasauridae

Höhe: 0,80 m
Länge: 2 m
Gewicht: 25 kg
Jahr: Colbert, 1970
Ort: Südamerika:
          1. Argentinien
          2. Santa Maria
          Formation,
          Rio Grande do Sul,
          Brasilien
Zeit: Obere Trias,
          vor 223 Mio. Jahren
Nahrung: Carnivor

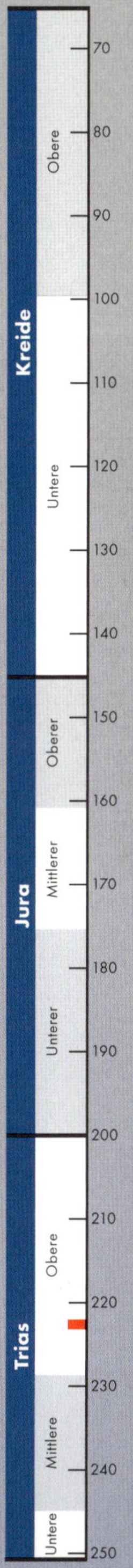

SÜDAMERIKA

Brasilien

Argentinien

Kreide
Obere
Untere

Jura
Oberer
Mittlerer
Unterer

Trias
Obere
Mittlere
Untere

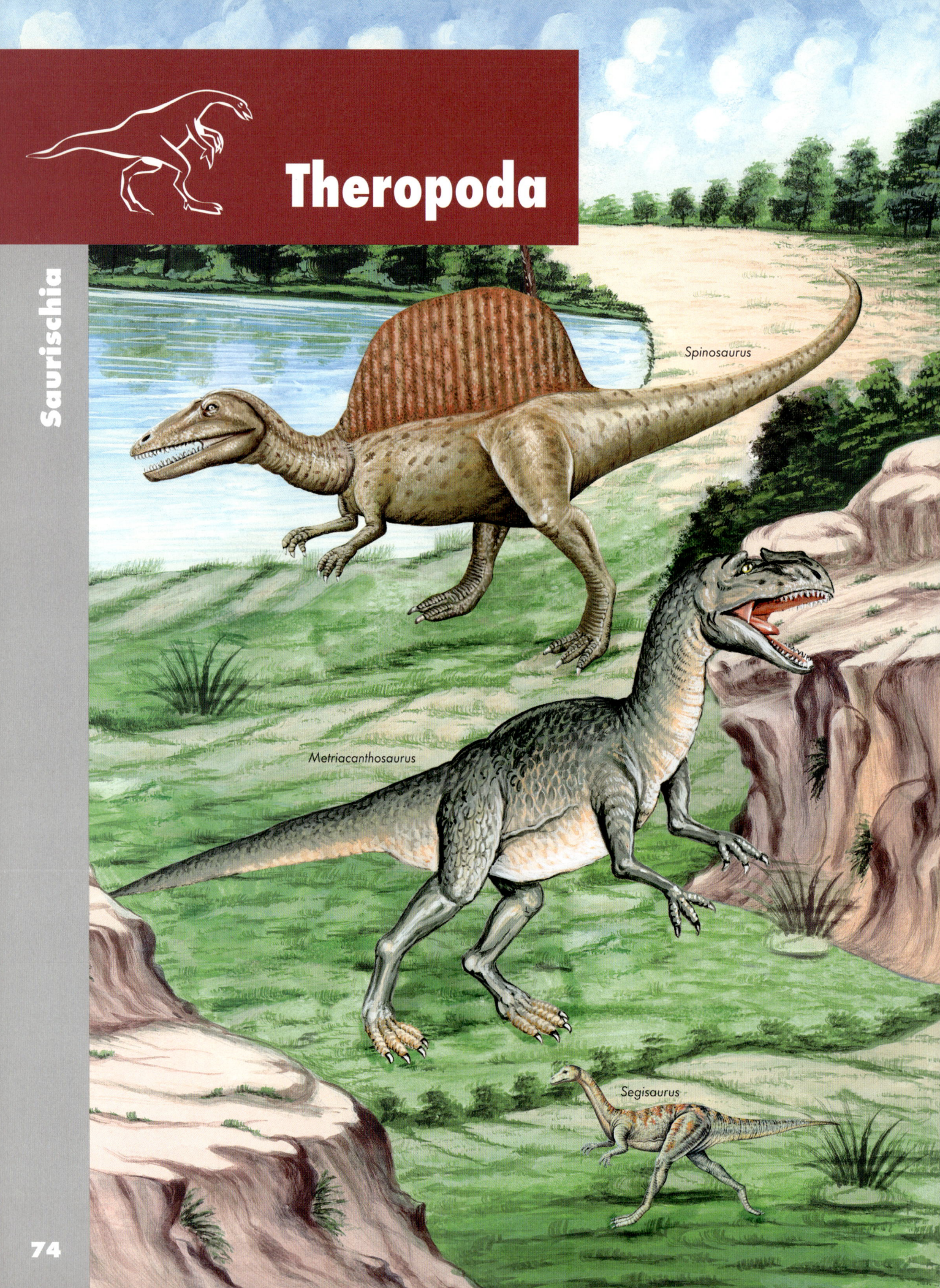

Theropoda

Spinosaurus

Metriacanthosaurus

Segisaurus

Theropoda („Raubtierfüßige") beherrschten von den frühen Anfängen der Dinosaurier in der Oberen Trias bis zu deren Ende vor 65 Millionen Jahren große Teile der Erde. Sie stellten die ersten kleinen Vertreter, aus denen sich doggengroße Dinosaurier, vogelähnliche, geschwinde Läufer bis hin zu riesigen Landraubtieren entwickelten. Einige besaßen ein Federkleid, das der Wärmeisolierung diente, andere lebten wahrscheinlich als Warmblüter oder ernährten sich omnivor. Die Augenstellung und ein starker Sehnerv ermöglichten es manchen Tieren, die Umwelt dreidimensional zu betrachten. Andere verfügten außerdem über ein ungewöhnlich großes Gehirn, was sie zu intelligenten Jägern machte. Und während kleinere Raubtiere sich zum Rudel zusammenschlossen, um gemeinsam einer Beute nachzustellen, jagten große Theropoden allein und beherrschten ein riesiges Territorium, in dem sie die jungen, kranken oder abgesonderten Tiere töteten und somit ihren Platz im Kreislauf der Natur einnahmen.

Die Vertreter der Theropoda liefen auf zwei Beinen, ihre vorderen Gliedmaßen waren oftmals stark verkürzt. Im Becken saß bei ihnen das typische, nach vorne gerichtete Schambein der Saurischia, das sich im Vorderteil bei einigen Vertretern noch verbreitert hatte. Ihr Schienbein (Tibia) war länger als das reduzierte Wadenbein (Fibula). Der Fußknöchel saß weit oben. Theropoden waren Zehengänger. An den Hinterbeinen trugen sie drei Zehen mit scharfen Krallen. Bei einigen Vertretern, wie den Dromaeosauriden, hatte sich die zweite Kralle zu einer gefährlichen Sichelklaue umgebildet, die als tödliche Waffe dienen konnte. Die hohlen Knochen vieler Theropoden reduzierten das Gewicht, ebenso die großen Fenster im Schädel. Ihre Unterkiefer waren beweglich und das Maul je nach Art und Ernährungsweise mit riesigen, dolchartigen Zähnen bestückt. Von den kleinsten Vertretern der Maniraptoren bis hin zu den gewaltigen, haushohen Raubtieren hatten die Tiere aber nur eines im Sinn: Beute zu schlagen oder frisches Aas zu finden.

Die Theropoden unterteilten sich in vier Gruppen: Ceratosauria, Tetanurae, Ornithomimosauria und Maniraptora.

Zu den **Ceratosauria** gehörten kleine bis große, massiv gebaute, fleischfressende, früheste Dinosaurier, von denen einige Vertreter einen Knochenkamm auf der Schnauze trugen. Vielleicht stellten sie die Vorfahren, aus denen sich alle anderen Theropoden und auch die Vögel entwickelten. Die ersten Vertreter erschienen vor ca. 225 Millionen Jahren. Die Knochen vieler Ceratosaurier waren hohl, um das Gewicht zu reduzieren, und ihre Nacken s-förmig gebogen. Ober- und Unterkiefer hatten sich locker verbunden und in eine Kerbe im Oberkiefer passte ein langer Zahn aus dem Unterkiefer.

Typische Vertreter dieser Merkmale waren Coelophysis und Dilophosaurus, die den Coelophysoidea zugeordnet werden. Hier fanden sich leicht gebaute Theropoden, die sich von der Oberen Trias bis zum Unteren Jura über die Erde verbreitet hatten. Zu der anderen Überfamilie der Ceratosauria, den Neoceratosauria, gehörten große Raubsaurier wie der Carnotaurus oder der Ceratosaurus, nach dem die Ceratosauria benannt wurden.

Die **Tetanurae** vereinten sehr unterschiedliche Gruppen. Zu ihnen gehörten z. B. die großen Megalosauriden und die Spinosauriden mit dem bisher größten Landraubtier, dem Spinosaurus. Die Carnosauria stellten massige Räuber wie den Allosaurus, der im Oberen Jura Nordamerika beherrschte. Sie besaßen längere Arme, mit denen sie greifen konnten, ganz im Gegensatz zu den verkümmerten Vordergliedmaßen der Tyrannosaurier, die Millionen Jahre nach den Carnosauriern Nordamerika und große Teile der restlichen Welt dominierten. Die Familie der Tyrannosauriden gehörte zu einer weiteren Gruppe der Tetanurae, den Coelurosauria, deren Mitglieder hohle Knochen kennzeichneten.

Vogelähnliche Dinosaurier bildeten die Gruppe der **Ornithomimosauria**. Berühmte Vertreter wie Gallimimus oder Ornithomimus ähnelten in ihrem schlanken, leicht gebauten Habitus den laufunfähigen Straußenvögeln von heute. Sie besaßen lange, schlanke Beine und etwas kürzere Arme, an denen gut ausgebildete Hände saßen. Der lange, gebogene Hals endete in einem kleinen Kopf mit Schnabel. Vermutlich ernährten sich einige von ihnen omnivor und fraßen neben Insekten und Kleintieren auch verschiedene Pflanzen oder Beeren. Die meisten Ornithomimiden lebten vom späten Jura bis zum Ende der Kreidezeit.

Die **Maniraptora** scheinen äußerlich verschieden zu sein, dennoch stimmten sie in einigen Merkmalen des Körperbaus überein. Ihre Ähnlichkeit zu den Vögeln lässt vermuten, dass sie womöglich deren Vorfahren stellten. Einige ihrer Vertreter vor allem in Asien trugen das erste Federkleid, das allerdings damals nicht dem Fliegen, sondern der Wärmeisolierung diente. Brust- und Schlüsselbein waren miteinander verschmolzen, das Schambein zeigte nach unten und nicht, wie sonst bei den Saurischia üblich, nach vorne. Sie trugen einen kurzen, steifen Schwanz und lange Arme mit oftmals größeren Händen als Füßen. Vertreter wie der Troodon verfügten außerdem über ein außergewöhnlich großes Gehirn, das sie zum intelligenten Jagen befähigte. Die Dromaeosauridae waren mit einer mörderischen Sichelkralle an der zweiten Zehe ausgestattet. Schlossen sich diese kleineren Theropoden zu einem Rudel zusammen, konnten sie auch größere Tiere erlegen.

Abelisaurus

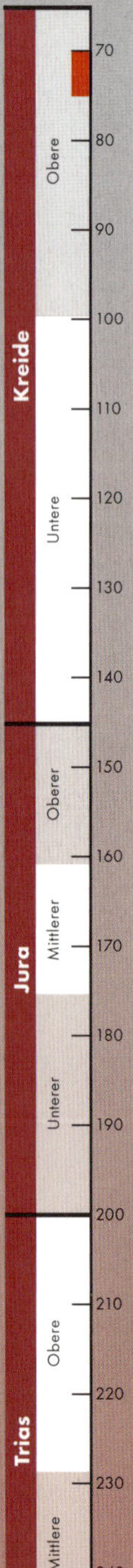

Ordnung: Saurischia
Unterordnung: Theropoda
Infraordnung: Ceratosauria
Familie: Abelisauridae

Höhe: 4,50 m
Länge: 9 m
Gewicht: 1,5 t
Jahr: Bonaparte und Novas, 1985
Ort: Südamerika: Rio Colorado Formation, Rio Negro, Argentinien
Zeit: Obere Kreide, vor 75–70 Mio. Jahren
Nahrung: Carnivor

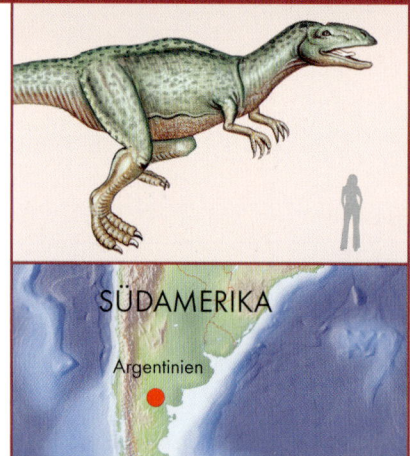

SÜDAMERIKA

Argentinien

Im Jahre 1985 entdeckte der Direktor des Museo de Cipolletti, Robert Abel, einen 85 cm langen Schädel in der argentinischen Provinz Rio Negro, der ihm zu Ehren Abelisaurus genannt wurde. Den Schädel kennzeichnen neben den Schläfengruben eine große Antorbitalöffnung. Vermutlich besaß der Abelisaurus eine längliche Nase und starke Kiefer mit vielen kleinen Zähnen. Ähnlichkeiten im Schädel weisen auf eine Verwandtschaft zum Carnotaurus hin. Abelisaurus gilt als primitiver Zeitgenosse, der bereits vor dem Aussterben der Dinosaurier von unserem Erdball verschwand.

Abelisaurus konnte eine Länge von mehr als 9 m erreichen und gehörte zu den gefährlichen Ceratosauriern. Bisherige Überreste fanden sich ausschließlich in Südamerika.

Kreide
Obere
70
80
90
100
Untere
110
120
130
140

Jura
Oberer
150
160
Mittlerer
170
Unterer
180
190
200

Trias
Obere
210
220
230
Mittlere
240
Untere
250

Carnotaurus wurde von dem berühmten argentinischen Paläontologen José Bonaparte beschrieben. Im Jahre 1985 stellte er den neuen Vertreter der Abelisauriden vor, einer Gruppe von Theropoden, die einst über Gondwanaland verbreitet gelebt haben. Den Saurischier kennzeichneten ein kurzer, gedrungener Schädel, zwei kleine, spitze Höcker an der Stirn sowie extrem kurze Stummelärmchen. Die gut erhaltenen fossilen Überreste der Haut zeigten, dass sein Rücken mit einer auffälligen Schuppenhaut überzogen war, auf der sich napfförmige Verdickungen aneinanderreihten.

Seine Gestalt war eher schlank, ebenso die Beine. Seiner bulligen Kopfform verdankt er den Namen, denn Carnotaurus bedeutet „Fleisch-Stier". Die Stummelarme halfen ihm wenig bei der Jagd, sodass er vermutlich allein mit dem Maul nach seiner Beute schnappte, die aus kleinen oder jungen Dinosauriern oder vielleicht Aas bestand.

Ceratosauria

Ordnung:	**Saurischia**
Unterordnung:	**Theropoda**
Infraordnung:	**Ceratosauria**
Familie:	**Abelisauridae**

Höhe:	3 m
Länge:	7 m
Gewicht:	1 t
Jahr:	Bonaparte, 1985
Ort:	Südamerika: Gorro Frigio Formation, Chubut, Argentinien
Zeit:	Obere Kreide, vor 100–95 Mio. Jahren
Nahrung:	Carnivor

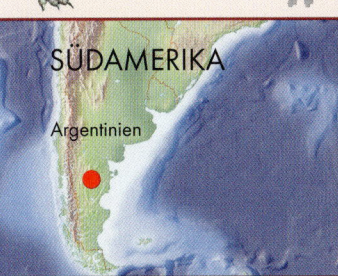

SÜDAMERIKA

Argentinien

Carnotaurus kennzeichneten zwei spitze Stirnhöcker auf einem bulligen Schädel. Vermutlich ernährte sich der Fleischfresser, dessen Stummelarme nicht zum Jagen taugten, auch von Aas.

Ceratosaurus

Ceratosauria

Ordnung:	**Saurischia**
Unterordnung:	**Theropoda**
Infraordnung:	**Ceratosauria**
Familie:	**Neoceratosauria ohne fam. Zuordnung**

Höhe: 2,50 m
Länge: 4–6 m
Gewicht: 1 t
Jahr: Marsh, 1884
Ort: Nordamerika:
  1. Morrison Formation, Utah, USA
  2. Morrison Formation, Wyoming, USA
  3. Morrison Formation, Colorado, USA
  Afrika: 4. Tansania
Zeit: Oberer Jura, vor 147 Mio. Jahren
Nahrung: Carnivor

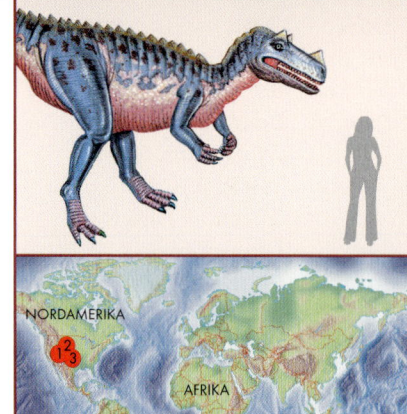

NORDAMERIKA

AFRIKA

Die knöchernen Höcker über den Augen und das Horn auf der Nase gaben dem Ceratosaurus („Horn-Echse") den Namen. Da sich die Funktion des Horns nicht erklären lässt, ist es möglich, dass es nur die Männchen trugen und als Mittel der Brautwerbung oder als Symbol bei ritualisierten Balzkämpfen einsetzten, denn für den vollen Gebrauch schien es nicht nur schlecht platziert, sondern auch zu klein zu sein. Sicher besaß es eine wichtige Bestimmung, denn das Horn erhöhte das Gewicht des Schädels.

Ceratosaurus war insgesamt von schlankerer Gestalt als Allosaurus, jedoch ein ebenso gefährlicher Räuber, der schnelle Spurts hinlegen konnte. An den kurzen Armen saßen vier Finger mit kräftigen Krallen, an den Hinterbeinen die typischen drei Zehen. Der Schwanz war lang und kräftig und nur in der Nähe des Rumpfes versteift. Die kurzen Knochenplatten am Rücken bildeten eine Art Kamm und dienten vermutlich der Panzerung.

Zwar fanden sich Fußspuren mehrerer Tiere an einem Ort, was darauf hinweist, dass die Tiere im Rudel jagten. Jedoch ließen sich die Spuren nicht mit Bestimmtheit Ceratosaurus zuordnen und bisher kamen auch nur einzelne fossile Skelette zum Vorschein.

Höcker auf Rücken und Stirn bis zur Nase verhalfen Ceratosaurus, der „Horn-Echse", zu seinem Namen. Ob die Höcker zur Abwehr, Jagd oder vielleicht dem Balzverhalten dienten, ist unbekannt.

Coelophysis

Der Name des Coelophysis („Hohle Form") geht auf den Bau seiner Knochen zurück. Die hohle Bauweise brachte ihm in seiner räuberischen Lebensweise starke Vorteile. Als schneller, aggressiver Jäger stellte er im Rudel anderen Tieren nach. Dabei halfen ihm die großen Augen, kleine Tiere und Echsen aufzuspüren. Mit seiner schlanken Statur, den langen Beinen, den Greifhänden mit vier Fingern, von denen sich nur drei zum Ergreifen eigneten, sowie dem langen Hals und Schwanz war er ausgezeichnet auf die Jagd eingestellt. Aber auch die Ähnlichkeit mit der Anatomie der Vögel ist beachtlich, denn wie diese besaß Coelophysis hohle, leichte Knochen.

Der Fossilienjäger Edward Drinker Cope beschrieb den Raubsaurier im Jahre 1889 anhand einiger weniger Knochen. Der größte Fund gelang dann 1947, als über einhundert Skelette in einem Massengrab auf dem Gelände der „Geister-Ranch" („Ghost Ranch") in New Mexico zum Vorschein kamen. 1982 wurden im „Versteinerten Wald" in Arizona weitere fossile Reste entdeckt. Coelophysis

Ceratosauria	
Ordnung:	**Saurischia**
Unterordnung:	**Theropoda**
Infraordnung:	**Ceratosauria**
Familie:	**Coelophysoidea ohne fam. Zuordnung**

Höhe:	1 m
Länge:	3 m
Gewicht:	45 kg
Jahr:	Cope, 1889
Ort:	Nordamerika:
	1. Arizona, USA
	2. Chinle Formation, New Mexico, USA
Zeit:	Obere Trias, vor 225–210 Mio. Jahren
Nahrung:	Carnivor

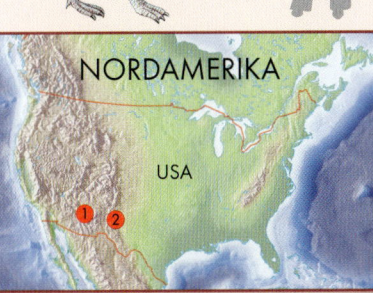

NORDAMERIKA

USA

war einer der ältesten Dinosaurier und lebte im Obertrias. Lange wurde angenommen, dass Coelophysis auch Artgenossen fraß. Die im Verdauungsbereich gefundenen Überreste stammen entgegen früherer Annahmen jedoch nicht von einem Jungtier der eigenen Art, sondern von Vorfahren der Krokodile.

Die leichten, hohlen Knochen von Coelophysis ermöglichten dem Räuber, seiner Beute flink nachzustellen. Seine Anatomie ähnelt stark der heutiger Vögel.

Dilophosaurus

Ceratosauria

Ordnung:	**Saurischia**
Unterordnung:	**Theropoda**
Infraordnung:	**Ceratosauria**
Familie:	**Coelophysoidae ohne fam. Zuordnung**

Höhe: 2,50 m
Länge: 6 m
Gewicht: 500 kg
Jahr: Welles, 1970
Ort: 1. Nordamerika:
Kayenta Formation,
Arizona, USA
2. Asien: Lufeng
Formation, Yunann,
China
Zeit: Unterer Jura,
vor 200–191 Mio.
Jahren
Nahrung: Carnivor

Bereits 1942 entdeckte ein Wissenschaftlerteam unter Führung eines Navajo-Indianers die Fossilien des Dilophosaurus. Eine Eigenart im Knochenbau gab ihm seinen Namen („Echse mit zwei Kämmen"), denn der Schädel trug einen parallelen Doppelkamm, den vertikale Knochenstäbe verdickten und der sich am Ende zu einem Dorn verjüngte. Die Funktion der Kämme ist allerdings unklar. Sie konnten als Symbol für Drohgebärden oder für die Brunft gedient haben, weshalb sie vielleicht lebhafte Färbungen aufwiesen.

Die gesamte Statur des Tieres war schlank und ähnelte der des Coelophysis. Die krallenbewehrten Beine eigneten sich gut für die Jagd. Die schwachen Kiefer deuten aber eher darauf hin, dass sich der Dilophosaurus von Aas ernährte. Auch standen die zerbrechlichen Kämme dem Kampf mit einem Beutetier eher im Wege, als dass sie nutzten.

Die Knochenkämme des Dilophosaurus gaben ihm seinen Namen, waren aber so zerbrechlich, dass sie vermutlich nicht zur Jagd eingesetzt werden konnten, sondern eher dem Balzverhalten dienten.

Der sehr lange und dünne Elaphrosaurus gehörte vermutlich zu den Neoceratosauria und war ein guter Jäger. Das ältere, in Afrika gefundene Skelett besaß leider keinen Schädel und lässt daher die Klassifizierung offen. Es fanden sich zwar Zähne, die aber nicht unbedingt zum Skelett dieses Tieres gehören müssen. Der neuere Fund im amerikanischen Colorado lässt zwar weiterhin viele Fragen über die Statur und Lebensweise des Tieres offen, scheint aber zu beweisen, dass zu seiner Zeit noch Landbrücken die Erdteile verbunden haben müssen, worüber sich die Gattung über große Gebiete verbreitete.

Elaphrosaurus war dünner und leichter als ähnliche Theropoden, was ihm vielleicht bei der Jagd diente und ihn zu einem schnellen, flinken Räuber machte.

Ceratosauria

Ordnung:	**Saurischia**
Unterordnung:	**Theropoda**
Infraordnung:	**Ceratosauria**
Familie:	**Neoceratosauria ohne fam. Zuordnung**

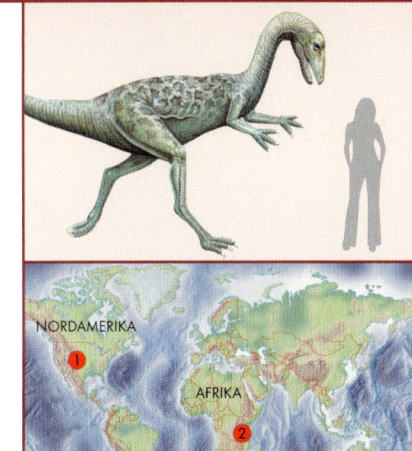

Höhe:	2 m
Länge:	6 m
Gewicht:	200 kg
Jahr:	Janesch, 1920
Ort:	1. Nordamerika: Colorado, USA
	2. Afrika: Tendaguru Beds, Tansania
Zeit:	Oberer Jura bis Untere Kreide, vor 152–140 Mio. Jahren
Nahrung:	Carnivor oder omnivor

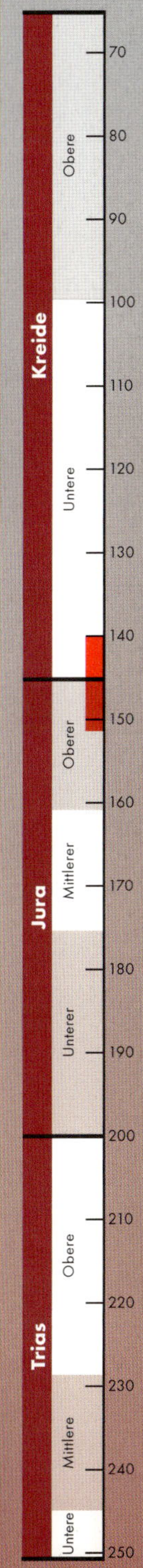

Bis heute ist die genaue Klassifizierung des Elaphrosaurus nicht abgeschlossen. Der lange und dünne Fleischfresser lebte in Teilen des heutigen Afrikas und Amerikas.

Ligabueino

Ceratosauria

Ordnung:	**Saurischia**
Unterordnung:	**Theropoda**
Infraordnung:	**Ceratosauria**
Familie:	**Neoceratosauria o. fam. Z.**

Höhe:	0,30 m
Länge:	0,70 m
Gewicht:	500 g
Jahr:	Bonaparte, 1995
Ort:	Südamerika: La Amarga Formation, Neuquén, Argentinien
Zeit:	Untere Kreide, vor 129 Mio. Jahren
Nahrung:	Carnivor

SÜDAMERIKA

Argentinien

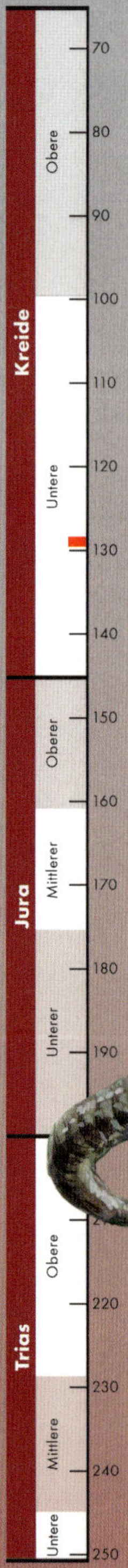

Dieser Theropode gehört mit der Größe eines Huhnes zu den kleinsten gefundenen Vertretern der bipeden Fleischfresser. In Südamerika kamen von ihm bisher Becken-, Wirbel- und Beinknochen zum Vorschein. Inwiefern die Funde einem jungen Abelisaurier zugerechnet werden könnten, ist umstritten.

Der berühmte argentinische Paläontologe Bonaparte beschrieb Ligabueino im Jahre 1995 und benannte ihn nach Dr. Giancario Ligabue in Anerkennung seiner Verdienste zur Erforschung Patagoniens.

Ligabueino besaß relativ lange Vorderbeine sowie einen langen, dicken Hals, auf dem der gedrungene, kräftige Kopf ruhte. Er war sicher ein flinker Räuber, der sich von Insekten und Kleingetier ernährte.

Überreste des Ligabueino fanden sich bisher ausschließlich in Südamerika. Er lebte räuberisch und ernährte sich vermutlich vorwiegend von kleineren Tieren.

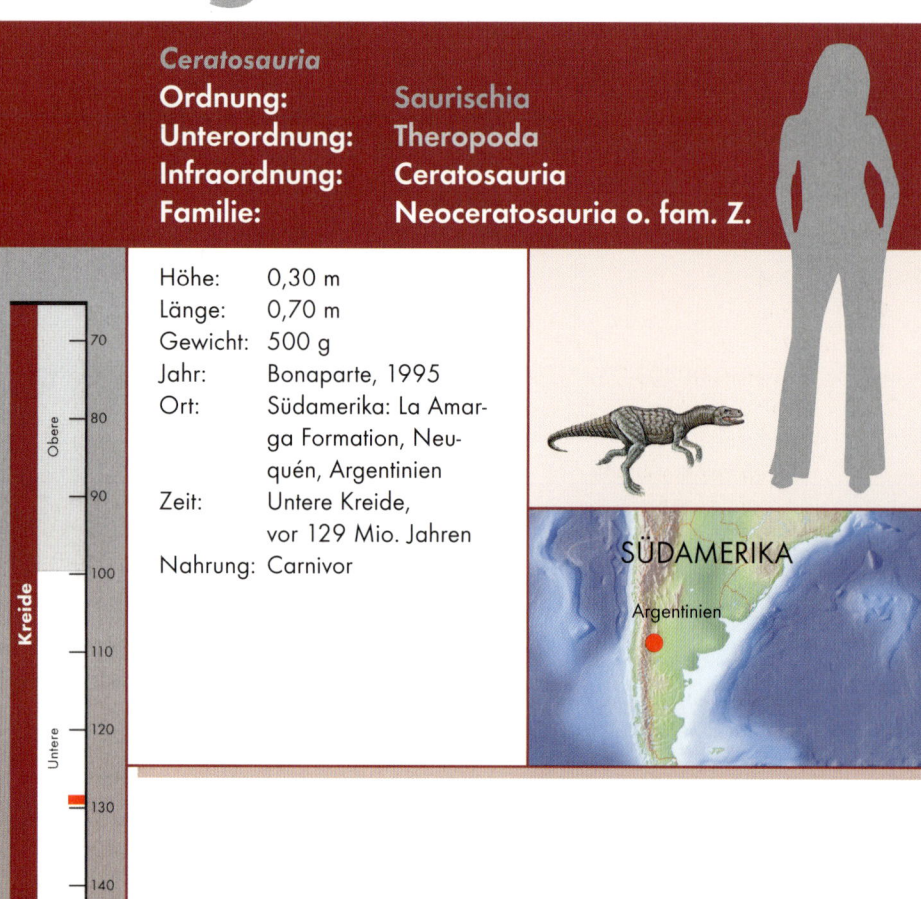

Liliensternus

Liliensternus wurde 1906 entdeckt und gehörte zu den wenigen Dinosauriern, die in Deutschland zum Vorschein kamen. Aufgrund der beiden unvollständigen Skelette, die in Sachsen-Anhalt gefunden wurden, galt er anfänglich als Halticosaurus mit der Speziesbezeichnung „Liliensternus". Später identifizierte und beschrieb von Huene ihn als eigene Gattung.

Als leichter, schlanker, bipeder Räuber mit relativ langem Hals und Schwanz gilt er als frühes Mitglied der Coelophysoidea. An den Armen saßen mehrere Finger, die ebenfalls wie die Zehen Krallen trugen. Seinen Namen erhielt er nach dem Paläontologen Lilienstern.

Ceratosauria

Ordnung:	**Saurischia**
Unterordnung:	**Theropoda**
Infraordnung:	**Ceratosauria**
Familie:	**Coelophysoidea ohne fam. Zuordnung**

Höhe: 2 m
Länge: 5 m
Gewicht: 400 kg
Jahr: von Huene, 1934
Ort: Europa: 1. Normandie, Frankreich
          2. Keuper Formation, Knollenmergel, Sachsen-Anhalt, Deutschland
          3. Trossingen Formation, Baden-Württemberg, Deutschland
Zeit: Obere Trias, vor 225–213 Mio. Jahren
Nahrung: Carnivor

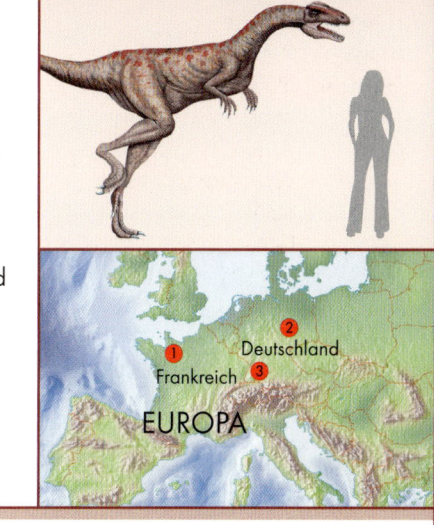

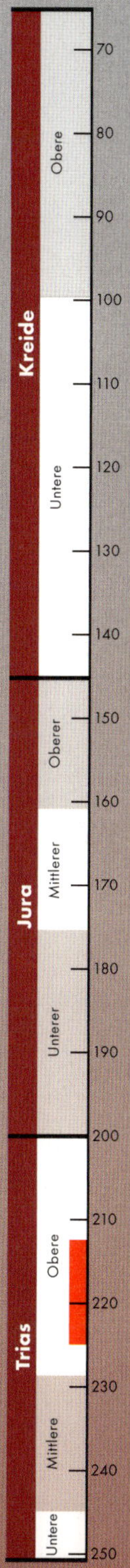

Der zu den Ceratosauriern zählende Liliensternus kam unter anderem im heutigen Deutschland zum Vorschein. Er lebte in der Oberen Trias und gehört zu den ältesten Dinosauriern der Erde.

Lukousaurus

Ceratosauria

Ordnung: Saurischia
Unterordnung: Theropoda
Infraordnung: Ceratosauria
Familie: Ohne fam. Zuordnung

Höhe: 0,80 m
Länge: 2 m
Gewicht: 30 kg
Jahr: Yang, 1948
Ort: Asien: Dull Purplish Beds, Fengjiahe Formation, Yunnan, China
Zeit: Obere Trias bis Unterer Jura, vor 203–191 Mio. Jahren
Nahrung: Carnivor

ASIEN
China

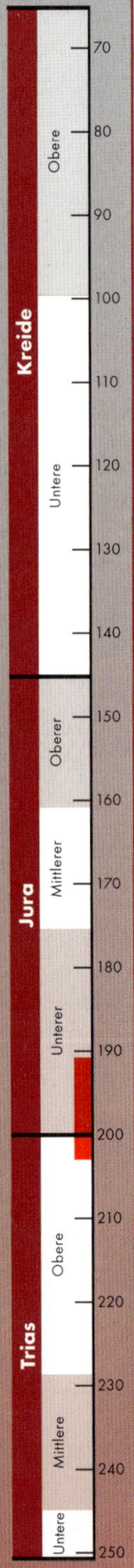

Bisher wurden von Lukousaurus nur drei Schädel in China gefunden, was seine Einordnung erschwert. Die Schädel trugen kleine Höcker über den Augen. Zunächst galt er als Coelurosaurier, doch neue Untersuchungen ergaben, dass er den Cerato- und Abelisauriern ähnelt oder als deren Vorläufer, vielleicht sogar noch als primitiver Archosaurier, gesehen werden muss.

Lukousaurus erhielt seinen Namen nach einer Brücke am Fundort. Vermutlich ernährte er sich von Insekten und Eidechsen.

Die spärlichen, in China gefundenen Überreste ließen bisher eine genaue Einordnung des Lukousaurus nicht zu. Das in der Oberen Trias und im Unteren Jura lebende, fleischfressende Tier kann auch zu den primitiven Archosauriern gehört haben und damit ein Vorfahre der Ceratosauria gewesen sein.

Majungatholus

Der auf Madagaskar gefundene Majungatholus erhielt seinen Namen nach dem Fundort. Er gehört zu den Ceratosauriern, den großen, bipeden, fleischfressenden Dinosauriern, die zur gleichen Zeit in Südamerika und Indien lebten, denn vermutlich waren die Kontinente während der Oberkreide mit einer Landbrücke untereinander verbunden, was die Wanderung und Ausbreitung der Tiere ermöglichte.

Aufgrund der anfangs entdeckten Schädelfragmente nahm man zunächst an, dass Majungatholus zu den Ornithischiern gehörte.

Als dolchartige, gezackte Zähne zum Vorschein kamen, konnte er den Raubsauriern zugerechnet werden. Weitere Fossilienfunde ermöglichten es, Majungatholus gut zu rekonstruieren, so auch einen kompletten Schädel. Bissspuren und bestimmte Knochenansammlungen deuten darauf hin, dass Majungatholus in Zeiten der Nahrungsknappheit kannibalisch gelebt haben könnte.

Ceratosauria

Ordnung:	Saurischia
Unterordnung:	Theropoda
Infraordnung:	Ceratosauria
Familie:	Neoceratosauria ohne fam. Zuordnung

Höhe:	2,50 m
Länge:	7–9 m
Gewicht:	800 kg
Jahr:	Sues und Taquet, 1979
Ort	Afrika: Grès de Maevarano, Majunga, Madagaskar
Zeit:	Obere Kreide, vor 83–71 Mio. Jahren
Nahrung:	Carnivor

AFRIKA

Madagaskar

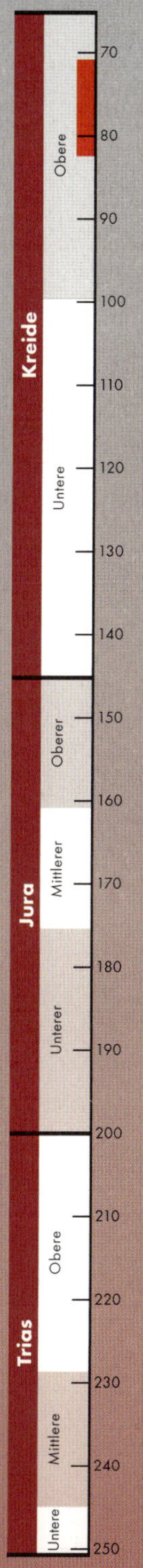

Majungatholus kam in Madagaskar ans Tageslicht, wo er während der Oberkreide räuberisch – vielleicht sogar kannibalisch – lebte.

Masiakasaurus

Ordnung: Saurischia
Unterordnung: Theropoda
Infraordnung: Ceratosauria
Familie: Neoceratosauria ohne fam. Zuordnung

Höhe: 1,50 m
Länge: 2 m
Gewicht: 35 kg
Jahr: Sampson, Carrano und Forster, 2001
Ort: Afrika: Madagaskar
Zeit: Obere Kreide, vor 71–65 Mio. Jahren
Nahrung: Carnivor

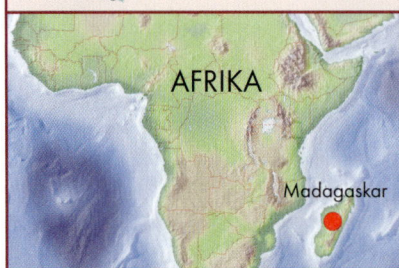

AFRIKA

Madagaskar

Der erst 2001 in Madagaskar gefundene Masiakasaurus lebte als kleiner, bipeder Fleischfresser. Die Schädelfragmente lassen eine kräftige Schnauze und ungewöhnlich nach vorne ragende Vorderzähne im Unterkiefer erkennen, was die Vermutung nahelegt, dass sich Masiakasaurus von Insekten ernährte. Ebenso könnten Schlangen und Fische zu seinen Beutetieren gehört haben, die er im Wasser mit den Zähnen durchbohrte. Dass er räuberisch lebte, erklärt sein Name Masiakasaurus, was „bösartige Echse" bedeutet.

Rund 40 % des Skeletts konnten bisher geborgen werden. Daran ist zu erkennen, dass das Tier kurze Vorderarme, einen langen Schwanz und einen langen Hals besaß. Da während der Grabungsarbeiten Musik der „Dire Straits" lief, gaben die Paläontologen zu Ehren des Bandgründers Mark Knopfler der Spezies den Namen *Masiakasaurus knopfleri*.

Masiakasaurus, ein gefährlicher Fleischfresser, lebte gegen Ende der Kreidezeit im Gebiet des heutigen Madagaskar. Sein hervorstechendes Merkmal waren die nach vorne gebogenen, langen, spitzen Zähne im Unterkiefer, mit denen er vermutlich Fische jagte.

Kreide: Obere 70, 80, 90, 100; Untere 110, 120, 130, 140
Jura: Oberer 150, 160; Mittlerer 170; Unterer 180, 190, 200
Trias: Obere 210, 220, 230; Mittlere 240; Untere 250

Noasaurus

Über die genaue Klassifizierung dieses kleinen, bipeden Fleischfressers herrscht noch immer Uneinigkeit. Aufgrund seiner Kieferstruktur ordnen ihn einige Paläontologen den Abelisauriden zu. Eine scharfe Sichelkralle, die am Fundort zum Vorschein kam und vielleicht mit einem Muskelansatz am Bein in Verbindung stand, ist allerdings nicht genau zuzuordnen. Saß sie am Fuß, legt sie eine Verwandtschaft zu den Dromeosauriden oder Troodontiden nahe, deren Fußklauen allerdings keinen Muskelansatz wie der Noasaurus besaßen.

Scharfe Zähne im Kiefer machten Noasaurus zudem zu einem gefährlichen Räuber seiner Zeit. Jagten die Tiere im Rudel, konnten sie größere Pflanzenfresser zur Strecke bringen.

Der Name Noasaurus deutet auf seinen Fundort hin, wobei „Noa" für Nordwestargentinien steht.

Ceratosauria

Ordnung:	Saurischia
Unterordnung:	Theropoda
Infraordnung:	Ceratosauria
Familie:	Neoceratosauria o. fam. Zuordn.

Höhe:	0,70 m
Länge:	2 m
Gewicht:	70 kg
Jahr:	Bonaparte und J. E. Powell, 1980
Ort:	Südamerika: Lecho Formation, Salta, Argentinien
Zeit:	Obere Kreide, vor 73–70 Mio. Jahren
Nahrung:	Carnivor

SÜDAMERIKA

Argentinien

Die genaue Einordnung des Noasaurus, eines Theropoden aus Südamerika, ist bis heute nicht möglich. Der kleine, gefährliche Räuber besaß eine Fußkralle wie die Dromeosauriden, allerdings den schweren Knochenbau der Ceratosaurier.

Kreide

Obere

Untere

Jura

Oberer

Mittlerer

Unterer

Trias

Obere

Mittlere

Untere

70
80
90
100
110
120
130
140
150
160
170
180
190
200
210
220
230
240
250

Procompsognathus

Ceratosauria
Ordnung: Saurischia
Unterordnung: Theropoda
Infraordnung: Ceratosauria
Familie: Coelophysoidea o. fam. Zuordn.

Höhe: 0,40 m
Länge: 1,20 m
Gewicht: 1 kg
Jahr: Fraas, 1914
Ort: Europa: Pfaffenhofen, Baden-Württemberg, Deutschland
Zeit: Obere Trias, vor 222–211 Mio. Jahren
Nahrung: Carnivor

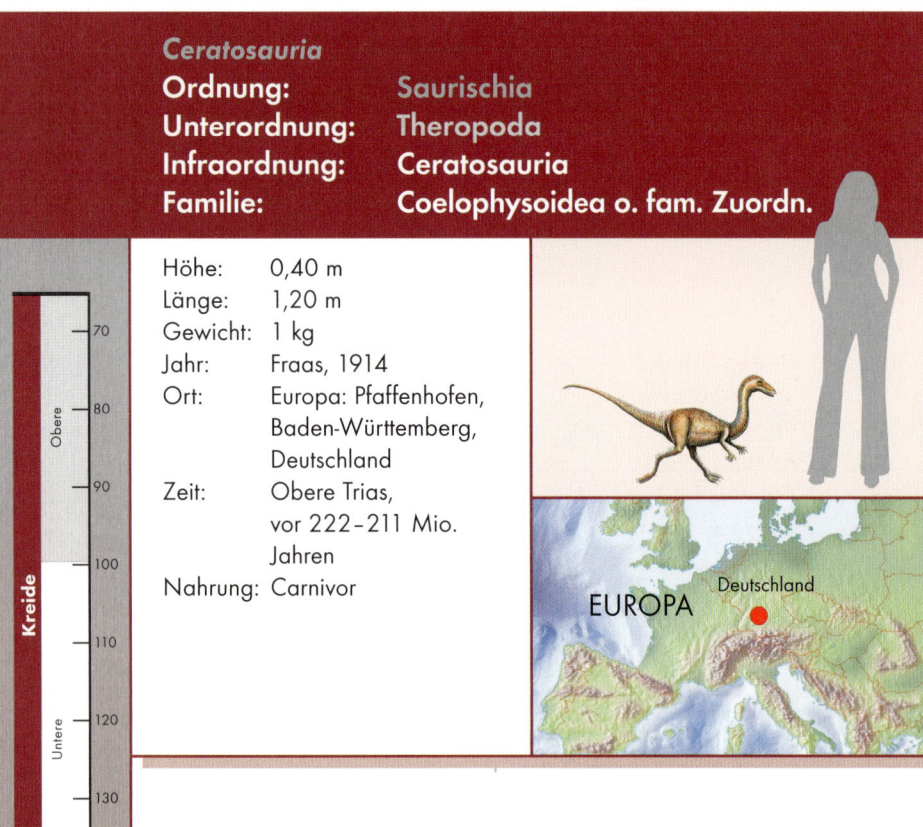

EUROPA   Deutschland

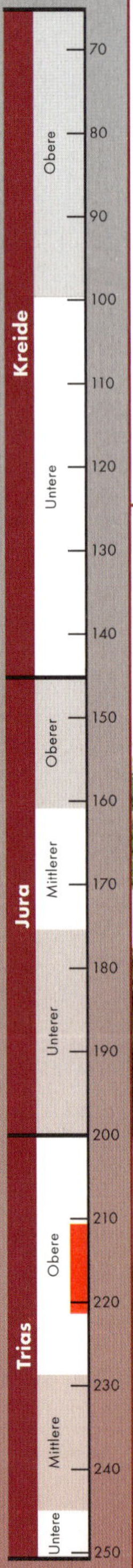

Dieser kleine Ceratosaurier, der in Deutschland auftauchte, gilt als Vorfahre des Compsognathus, worauf auch sein Name hinweist. Zwar von der gleichen Größe, jedoch etwas leichter, machte sich Procompsognathus vermutlich ebenfalls im Rudel auf die Jagd nach Eidechsen, kleinen Reptilien und Säugetieren. Zudem fraß er große Insekten, die er mit den Händen ergreifen und mit den kleinen, scharfen Zähnen totbeißen konnte.

Seine Hände besaßen noch vier oder fünf Finger, im Gegensatz zu den höher entwickelten Tieren, deren Fingeranzahl abnahm. Procompsognathus war sicher ein wendiger Jäger, der sich laufend oder sogar hüpfend fortbewegte. In Zeiten der Nahrungsknappheit kann er sich kannibalisch ernährt haben.

Der in Deutschland gefundene Procompsognathus lebte während der Oberen Trias und gilt als Vorfahre des Compsognathus.

70
80
90
100
110
120
130
140
150
160
170
180
190
200
210
220
230
240
250

Kreide — Obere
Kreide — Untere
Jura — Oberer
Jura — Mittlerer
Jura — Unterer
Trias — Obere
Trias — Mittlere
Trias — Untere

Rajasaurus

Der in Indien von einem indisch-amerikanischen Forscherteam neu entdeckte Ceratosaurier trug zwei kleine Hörner auf dem Kopf. Er lebte zur selben Zeit wie der in Nordamerika verbreitete *Tyrannosaurus rex* und nahm vermutlich dessen exponierte Stellung in Indien ein, worauf sein Name hindeutet, denn „raja" heißt so viel wie „König". Sein Lebensraum erstreckte sich vielleicht entlang des Flusses Narmada.

Rajasaurus besaß einen kräftigen, starken Körper. Zu seinen Beutetieren gehörten sicherlich die großen Ornithischier, die zur gleichen Zeit im westlichen Indien lebten.

Ceratosauria

Ordnung:	**Saurischia**
Unterordnung:	**Theropoda**
Infraordnung:	**Ceratosauria**
Familie:	**Neoceratosauria ohne fam. Zuordnung**

Höhe:	3 m
Länge:	9 m
Gewicht:	1 t
Jahr:	Wilson, Sereno, Srivastava, Bhatt und Sahni, 2003
Ort:	Asien: Lameta Formation, Kheda District, Gujarat, Indien
Zeit:	Obere Kreide, vor 65 Mio. Jahren
Nahrung:	Carnivor

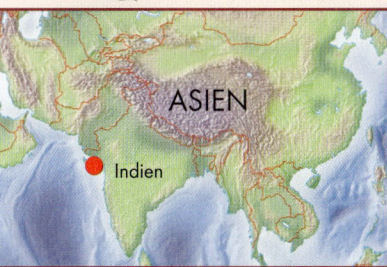

ASIEN

Indien

Der große, in Indien lebende Rajasaurus erhielt seinen Namen, genau wie der ebenfalls solitär lebende, gefährliche Tyrannosaurus rex aus Nordamerika, nach seiner einzigartigen Stellung: als König der Fleischfresser.

Saltopus

Ceratosauria

Ordnung:	**Saurischia**
Unterordnung:	**Theropoda**
Infraordnung:	**Ceratosauria**
Überfamilie:	**Coelophysoidea o. fam. Z.**

Höhe: 0,30 m
Länge: 1 m
Gewicht: 8 kg
Jahr: von Huene, 1910
Ort: Europa: Lossieemouth Sandstone Formation, Schottland
Zeit: Obere Trias, vor 218–211 Mio. Jahren
Nahrung: Carnivor

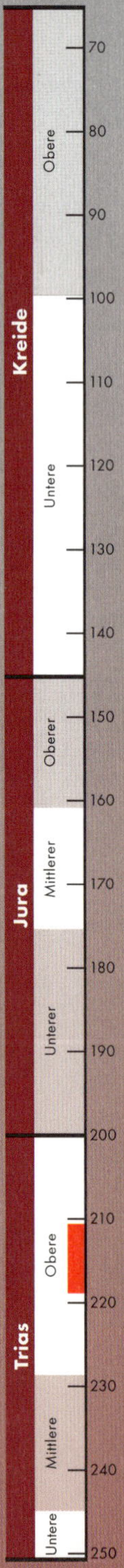

Schottland

EUROPA

Saltopus gehörte zu den frühesten Dinosauriern, da er Merkmale von Dinosauriern und Reptilien aufzuweisen hat. An seinen vorderen Gliedmaßen finden sich noch fünf Finger, ein Zeichen primitiver Saurischia. In seinem Körperbau erinnert Saltopus zwar an Procompsognathus, war aber in der Ausbildung des Beckengürtels bereits höher entwickelt.

Der kleine Saurischia Saltopus lebte während der Oberen Trias. Seine fünf Finger an den Händen kennzeichnen ihn als frühen Dinosaurier. In seiner langen Schnauze saßen spitze, gefährliche Zähne.

Saltopus rannte auf seinen Hinterbeinen, ergriff mit den Händen seine Beute und biss sie mit den scharfen Zähnen in der langen Schnauze tot. Die Klauen an den Händen eigneten sich aber auch zum Graben. Seinen langen Schwanz trug er vermutlich abgespreizt über den Boden. Während ähnliche Vertreter in den südlichen Regionen Pangäas gefunden wurden, gibt dieser so weit nördlich gefundene, primitive Vorfahr noch Rätsel auf.

Segisaurus

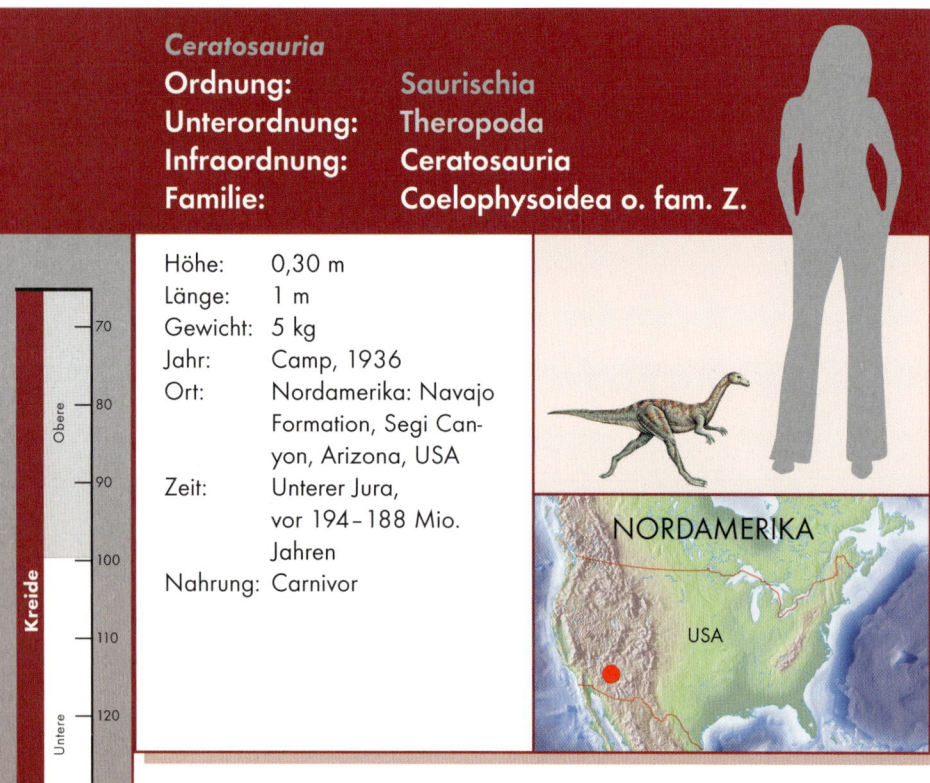

Ceratosauria

Ordnung:	Saurischia
Unterordnung:	Theropoda
Infraordnung:	Ceratosauria
Familie:	Coelophysoidea o. fam. Z.

Höhe:	0,30 m
Länge:	1 m
Gewicht:	5 kg
Jahr:	Camp, 1936
Ort:	Nordamerika: Navajo Formation, Segi Canyon, Arizona, USA
Zeit:	Unterer Jura, vor 194–188 Mio. Jahren
Nahrung:	Carnivor

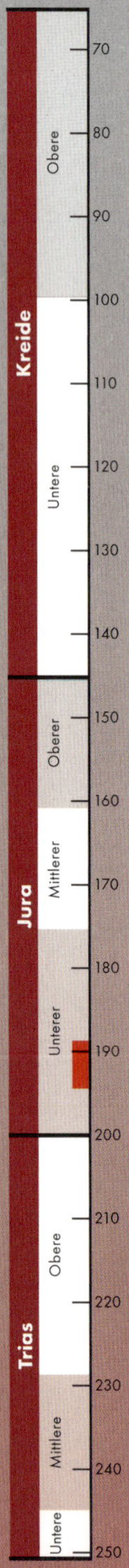

NORDAMERIKA

USA

Der vermutlich zu den Coelophysoiden gehörende Segisaurus ähnelte in seiner Gestalt dem Procompsognathus, unterscheidet sich von ihm aber im Knochenbau. Segisaurus' Knochen waren nicht hohl, sondern dickwandig. Zur eindeutigen Klassifizierung fehlt allerdings der fossilisierte Schädel.

Segisaurus besaß lange Beine. An seinen kürzeren Vordergliedmaßen saßen scharfe Krallen. Er lebte in trockenen Regionen und ernährte sich wahrscheinlich von kleinen Echsen und Insekten.

Segisaurus' Einordnung ist noch nicht endgültig abgeschlossen. Im Gegensatz zu seinen Verwandten besaß er keine hohlen, sondern dickwandige Knochen.

Kreide
Obere
70
80
90
100
Untere
110
120
130
140

Jura
Oberer
150
160
Mittlerer
170
180
Unterer
190
200

Trias
Obere
210
220
230
Mittlere
240
Untere
250

Xenotarsosaurus

Xenotarsosaurus ist nur durch wenige fossilisierte Knochen der Wirbel und Hinterbeine bekannt, wodurch sich der Raubsaurier bis heute nur schwer einordnen lässt.

Xenotarsosaurus lebte im Gebiet des heutigen Argentiniens, vermutlich während der Oberen Kreidezeit, doch auch die genaue Zeitspanne ist nicht geklärt. Sein Name bezieht sich auf den Fund, bei dem Sprung- und Fersenbein miteinander verschmolzen sind, denn Xenotarsosaurus heißt „Echse mit sonderbaren Fußknöcheln". Seinen Artnamen bonapartei erhielt er zu Ehren des berühmten argentinischen Paläontologen José Bonaparte.

Ceratosauria	
Ordnung:	Saurischia
Unterordnung:	Theropoda
Infraordnung:	Ceratosauria
Familie:	Neoceratosauria ohne fam. Zuordnung

Höhe:	4 m
Länge:	8 m
Gewicht:	1 t
Jahr:	Martinez, Giminez, Rodriguez und Bochatey, 1986
Ort:	Südamerika: Bajo Barreal Formation, Chubut, Argentinien
Zeit:	Obere Kreide, vor 83–65 Mio. Jahren
Nahrung:	Carnivor

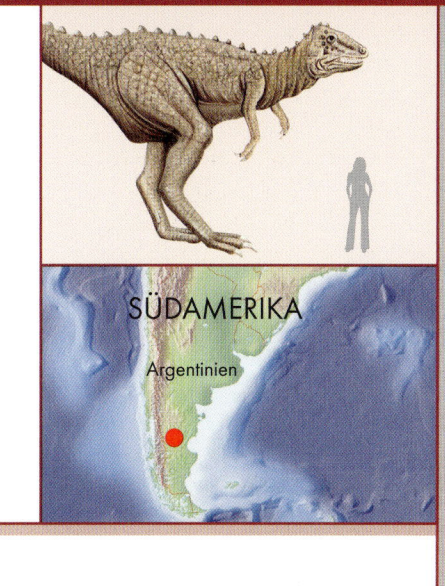

SÜDAMERIKA

Argentinien

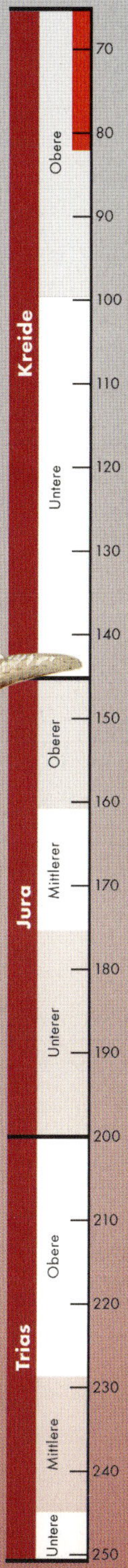

Der große, fleischfressende Xenotarsosaurus ist nur durch wenige Funde bekannt. Auffällig ist, dass sein Sprung- und Fersenbein miteinander verbunden sind.

Kreide
Obere
70
80
90
100
Untere
110
120
130
140

Jura
Oberer
150
160
Mittlerer
170
Unterer
180
190
200

Trias
Obere
210
220
Mittlere
230
240
Untere
250

Acrocanthosaurus

Tetanurae

Ordnung:	Saurischia
Unterordnung:	Theropoda
Infraordnung:	Tetanurae
Familie:	Carcharodontosauridae

Der Raubdinosaurier Acrocanthosaurus wurde in Nordamerika gefunden. Sein Name bezieht sich auf die bis 30 cm langen Dornfortsätze der Rückenwirbel, zwischen denen sich eine Wulst oder ein Hautsegel spannte, das relativ klein im Vergleich zum Spinosaurus ausfiel.

Höhe: 4–5 m
Länge: 13 m
Gewicht: 12 t
Jahr: Stovall und Langston, 1950
Ort: Nordamerika:
1. Cedar Mountain Formation, Utah, USA
2. Antlers Formation, Texas, USA
3. Antlers Formation, Oklahoma, USA
Zeit: Untere Kreide, vor 110–100 Mio. Jahren
Nahrung: Carnivor

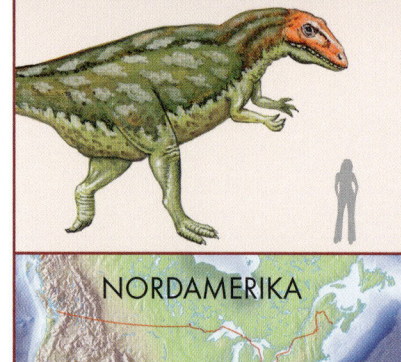

NORDAMERIKA

USA

Auffällig ist außerdem sein besonders kurzer Hals, auf dem der 1,40 m lange Schädel saß. Seine Hinterbeine waren kräftig, seine Arme kurz und stummelartig. Acrocanthosaurus gilt als Fleisch- und Aasfresser. Die genaue Einordnung sieht Acrocanthosaurus als frühen Carcharodontosaurier.

Acrocanthosaurus gehörte zu den auffälligen Dinosauriern, die ein Rückensegel trugen. 68 Zähne saßen in seinen schmalen Kiefern.

Albertosaurus

Tetanurae
Ordnung: Saurischia
Unterordnung: Theropoda
Infraordnung: Tetanurae
Familie: Tyrannosauridae

Der amerikanische Paläontologe Henry Fairfield Osborn benannte das Skelett des Theropoden im kanadischen Alberta nach seinem Fundort (Albertosaurus = „Echse aus Alberta"). Das Tier zeigt alle Merkmale seiner Familie: eine massige Statur mit kräftigen Hinterbeinen, die in drei Zehen enden. Der gewaltige Kopf mit seinen mächtigen, zahnbestückten Kiefern saß auf einem kurzen Rumpf. Bauchrippen (Gastralia) dienten vermutlich dazu, die inneren Organe zu schützen, während der Albertosaurus auf dem Bauch liegend ruhte.

Die vorderen Gliedmaßen, die nicht einmal bis zum Maul reichten, geben den Wissenschaftlern bis heute Rätsel auf. Vielleicht halfen sie dem Albertosaurus, nicht nach vorne zu kippen, während er sich aus der liegenden Position aufrichtete. Oder die Männchen hielten sich während der Paarung damit am Weibchen fest. Zu den Beutetieren des gefährlichen Räubers gehörten vermutlich Entenschnabel-Dinosaurier.

Höhe: 4 m
Länge: 9 m
Gewicht: 2–3 t
Jahr: Osborn, 1905
Ort: Nordamerika:
1. Horseshoe Canyon Formation, Alberta, Kanada
2. Judith River Group, Montana, USA
Zeit: Obere Kreide, vor 90–65 Mio. Jahren
Nahrung: Carnivor

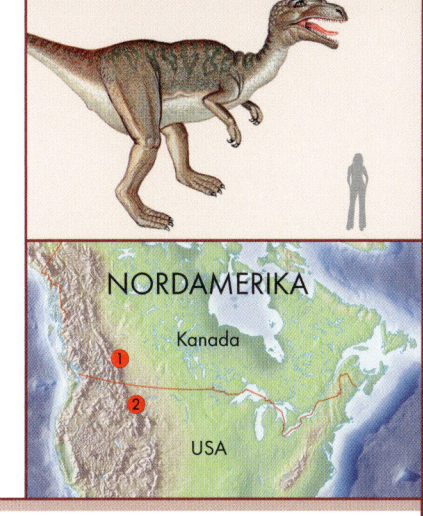

NORDAMERIKA

Kanada

USA

Albertosaurus lebte über einen Zeitraum von mehr als 25 Millionen Jahren während der Oberen Kreide. Sein Fundort, Alberta, gab ihm seinen Namen.

Kreide
Obere
Untere
Jura
Oberer
Mittlerer
Unterer
Trias
Obere
Mittlere
Untere

70
80
90
100
110
120
130
140
150
160
170
180
190
200
210
220
230
240
250

Alioramus

Tetanurae

Ordnung:	**Saurischia**
Unterordnung:	**Theropoda**
Infraordnung:	**Tetanurae**
Familie:	**Tyrannosaurier ohne fam. Zuordnung**

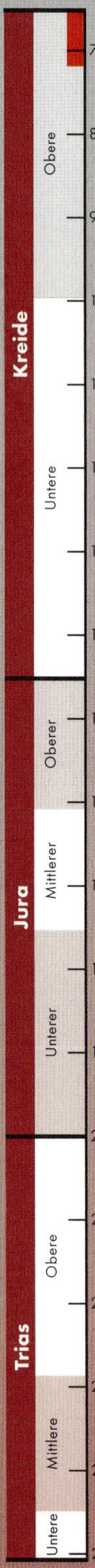

Höhe: 3–4 m
Länge: 6 m
Gewicht: 1 t
Jahr: Kurzanov, 1976
Ort: Asien: Nogon Tsav, Bayankhongor, Mongolei
Zeit: Obere Kreide, vor ca. 73–65 Mio. Jahren
Nahrung: Carnivor

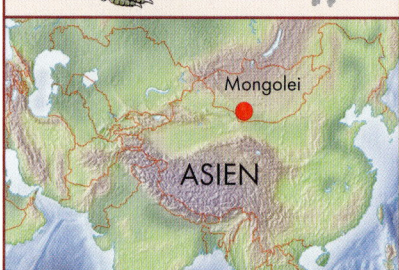

Mongolei

ASIEN

Alioramus zählt zu einem Nebenzweig der Tyrannosauriden, da er einen niedrigeren Schädel und eine längere Schnauze mit mehr Zähnen als seine Verwandten besaß. Zusätzlich kennzeichneten ihn sechs Knochenhöcker auf der Schnauze.

Mit seinen 3–4 m Höhe und bis zu 6 m Länge war er ein kleinerer Verwandter der Tyrannosauriden. Seine Fossilien wurden in Asien gefunden. Vermutlich lebte Alioramus bis zum Ende der Kreidezeit und starb mit allen anderen Theropoden aus.

Alioramus, der kleine Verwandte des Tyrannosaurus, lebte gegen Ende der Kreidezeit in Asien. Fossile Überreste wurden in der Mongolei gefunden.

Allosaurus

Allosaurus gehört zu den bekanntesten Raubsauriern. Der amerikanische Paläontologe Othniel Charles Marsh entdeckte ihn 1877 und nannte ihn Allosaurus („seltsame Echse"). 44 Skelette fanden sich allein in der Morrison Formation in den USA. Der Allosaurus nahm in der Jurazeit die Stellung des gefährlichsten Räubers Nordamerikas ein, erst 50 Millionen Jahre später sollte die Familie der Tyrannosauriden dort auftauchen und die Region beherrschen. Knöcherne Höcker über den Augen und ein Grat über der Schnauze kennzeichneten Allosaurus, außerdem ein s-förmig gebogener Hals. Ein langer Schwanz balancierte den massigen Rumpf aus.

Wie andere Carnosaurier war sein riesiger Schädel durch mehrere Fenster unterbrochen, um das Gewicht zu verringern. Sein schwerer Körper kann ihn möglicherweise daran gehindert haben, andere Dinosaurier zu jagen, weshalb einige Paläontologen davon ausgehen, dass er sich von Aas ernährte. Anderen Theorien zufolge soll er durchaus hohe Geschwindigkeiten

Tetanurae	
Ordnung:	**Saurischia**
Unterordnung:	**Theropoda**
Infraordnung:	**Tetanurae**
Familie:	**Allosauridae**

Höhe:	4 m
Länge:	8–12 m
Gewicht:	1 t
Jahr:	Marsh, 1877
Ort:	Nordamerika, USA: 1. Morrison Formation, Utah; 2. Morrison Formation, Wyoming; 3. Morrison Formation, Colorado 4. Afrika: Tansania 5. Australien
Zeit:	Oberer Jura, vor 147 Mio. Jahren
Nahrung:	Carnivor

zurückgelegt und sogar im Rudel die großen, pflanzenfressenden Dinosaurier angegriffen haben. Verheilte Rippenbrüche, die sich an einigen Fossilien fanden, deuten darauf hin, dass das Tier beim schnellen Lauf niederschlug und sich derartige Verletzungen zuzog. Allosaurus teilte sich mit dem etwas kleineren Ceratosaurus den Lebensraum.

Der gewaltige und gefährliche Allosaurus besaß einen mächtigen Schädel mit starken Kiefern und kräftigen Zähnen. Er beherrschte den Norden Amerikas lange bevor der Tyrannosaurus dort auftauchte.

Archaeornithoides

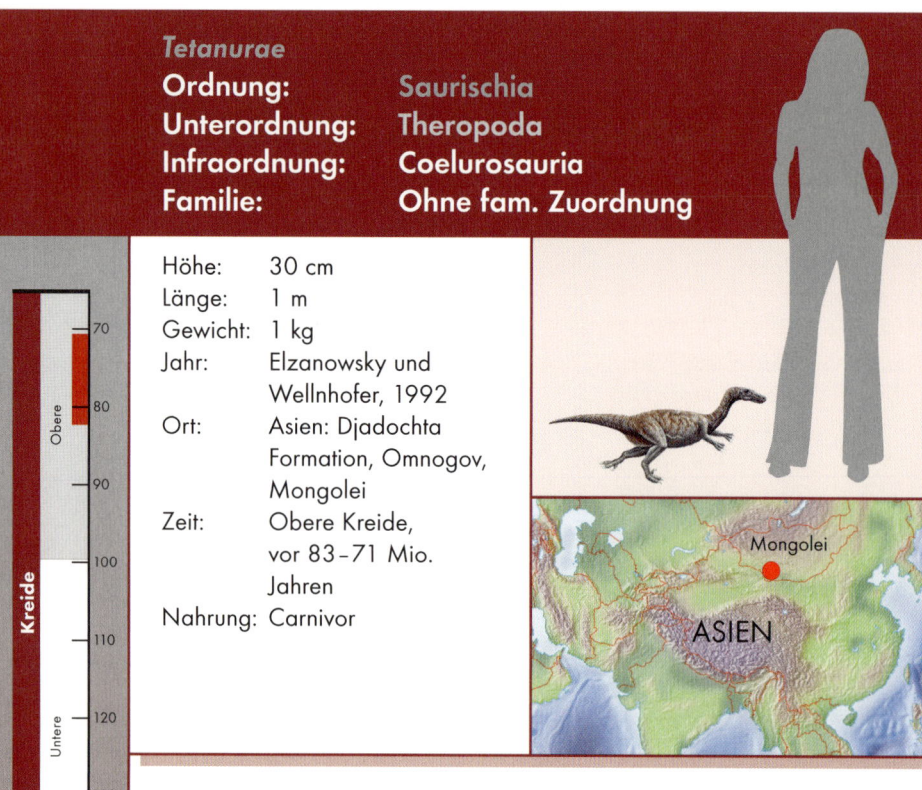

Tetanurae

Ordnung:	Saurischia
Unterordnung:	Theropoda
Infraordnung:	Coelurosauria
Familie:	Ohne fam. Zuordnung

Höhe:	30 cm
Länge:	1 m
Gewicht:	1 kg
Jahr:	Elzanowsky und Wellnhofer, 1992
Ort:	Asien: Djadochta Formation, Omnogov, Mongolei
Zeit:	Obere Kreide, vor 83–71 Mio. Jahren
Nahrung:	Carnivor

Mongolei

ASIEN

Der in der Mongolei 1965 entdeckte und 1992 beschriebene Archaeornithoides ist einer der kleinsten Vertreter der Theropoden und ähnelte äußerlich im Schädelaufbau mit seiner länglichen Schnauze dem Troodon sowie dem Baryonyx. Die bisher entdeckten Funde gehörten Jungtieren, weshalb die Größe eines ausgewachsenen Tieres nur angenommen werden kann.

Archaeornithoides stellt vermutlich eine der engsten Verbindungen zwischen Theropoden und Vögeln dar, deren Abstammung weiterhin diskutiert wird. Seine hohlen Knochen und der Habitus lassen ihn als Coelurosaurier erkennen, die Familienzuordnung ist allerdings noch ungeklärt.

Der kleine Archaeornithoides besaß einen schlanken Körper, dessen hohle Knochen ihn als Leichtgewicht klassifizieren. Fossile Überreste fanden sich bisher nur in der Mongolei.

Bagaraatan

Der 1996 in der Mongolei entdeckte
Bagaraatan ist durch Unterkiefer-
knochen, Teile des Beckens und der
Hintergliedmaßen sowie Rücken- und
Schwanzwirbel bekannt.

Sein Name heißt übersetzt „kleiner Jäger". Der bipede Räuber, der
erstmals 1996 beschrieben wurde,
gehörte zu den Coelurosauriern
und besaß wie die anderen Vertreter hohle Knochen, die ihn zu einem
schnellen, flinken Läufer machten.
Noch ist seine Familienzuordnung
ungeklärt. Auch kann sein Gewicht
nur geschätzt werden. Vermutlich
ernährte sich Bagaraatan carnivor
von Insekten und Kleintieren.

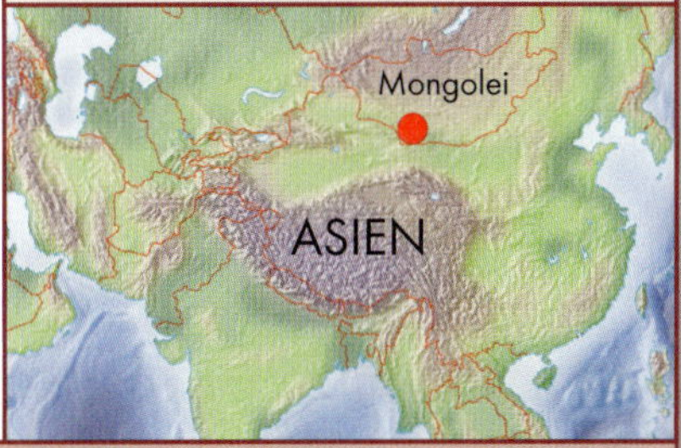

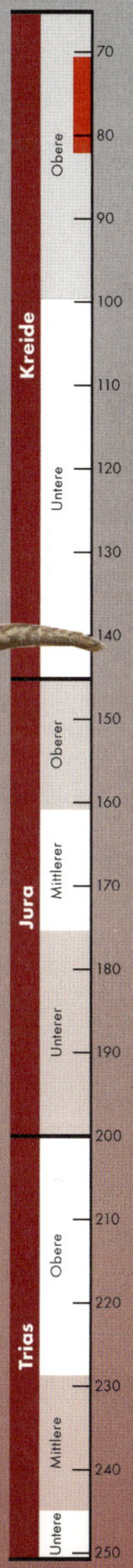

*Die wenigen Überreste des Bagaraatan
lassen seine Verwandtschaft zu den
Tyrannosauriern erkennen. Der kleine
Fleischfresser lebte während der Oberen
Kreide in Asien und starb bereits vor
dem Verschwinden der Dinosaurier aus.*

Tetanurae

Ordnung:	**Saurischia**
Unterordnung:	**Theropoda**
Infraordnung:	**Coelurosauria**
Familie:	**Tyrannosaurier ohne fam. Zuordnung**

Höhe:	1,50 m
Länge:	3 m
Gewicht:	50 kg
Jahr:	Osmólska, 1996
Ort:	Asien: Nemegt For-mation, Omnogov, Mongolei
Zeit:	Obere Kreide, vor 83–71 Mio. Jahren
Nahrung:	Carnivor

Bahariasaurus

Tetanurae
Ordnung:	**Saurischia**
Unterordnung:	**Theropoda**
Infraordnung:	**Tetanurae**
Familie:	**Ohne familiäre Zuordnung**

Höhe:	5 m
Länge:	8–12 m
Gewicht:	12 t
Jahr:	Stromer von Reichenbach, 1934
Ort:	Afrika: 1. Farak Formation, Niger 2. Baharija Formation, Ägypten
Zeit:	Obere Kreide, vor 100–95 Mio. Jahren
Nahrung:	Carnivor

Der deutsche Paläontologe Ernst Stromer von Reichenbach entdeckte die wenigen Überreste in der Baharija-Oase in Ägypten und benannte das Tier daraufhin Bahariasaurier, was „Echse aus Baharija" heißt. Die Fossilien fanden in München ihren Aufbewahrungsort, wo sie im Zweiten Weltkrieg jedoch zerstört wurden. Der familiäre Status ist noch unklar.

Der Bahariasaurier ähnelte vermutlich dem Allosaurus oder dem Carcharodontosaurus, der im gleichen Gebiet Nordafrikas lebte.

Als großer, auf zwei Beinen laufender, fleischfressender Raubsaurier ging er hier auf Beutejagd. Seine Rekonstruktion ist eher spekulativ.

Die fossilen Überreste des Bahariasaurus, die der deutsche Paläontologe Ernst Stromer von Reichenbach fand, gingen während des Zweiten Weltkriegs verloren.

Die tödliche, etwa 30 cm lange Daumenkralle gab dem Raubsaurier seinen Namen, denn Baryonyx heißt „schwere Kralle". 1983 fand der Hobbysammler William Walker in einer Tongrube in der englischen Grafschaft Surrey zunächst diese Kralle, später mithilfe der Spezialisten aus London das gut erhaltene Skelett.

Da die Überreste dort gefunden wurden, wo sich in der Unteren Kreidezeit Flussniederungen zwischen dem heutigen Südengland und Belgien erstreckten, befand sich hier vermutlich der Lebensraum dieser Gattung. Die doppelte Anzahl der Zähne und auch die ungewöhnliche Form des Halses, der es dem Baryonyx nicht ermöglichte, ihn in der Art der Theropoden s-förmig zu biegen, deuten darauf hin, dass er mit gesenktem Kopf am Wasser entlang auf Jagd ging. Vermutlich folgte der Baryonyx dem Flusslauf und fing mit seinem spitzen, krokodilähnlichen, zahnbesetzten Maul Fische, ernährte sich aber wohl auch von anderen Dinosauriern oder Kadavern.

Tetanurae	
Ordnung:	Saurischia
Unterordnung:	Theropoda
Infraordnung:	Tetanurae
Familie:	Spinosauridae

Höhe:	2,50 m
Länge:	8–10 m
Gewicht:	2 t
Jahr:	Charig und Milner, 1986
Ort:	Europa: Wessex Formation, Surrey, England
Zeit:	Untere Kreide, vor 124–120 Mio. Jahren
Nahrung:	Carnivor

Baryonyx besaß eine gefährliche Daumenkralle, mit der er die Leiber seiner Opfer aufschlitzen konnte. Der gefährliche Räuber lebte in der Gegend des heutigen Europa.

Carcharodontosaurus

Ordnung:	Saurischia
Unterordnung:	Theropoda
Infraordnung:	Tetanurae
Familie:	Carcharodontosauridae

Höhe:	6 m
Länge:	13 m
Gewicht:	8 t
Jahr:	Depéret und Savornin, 1925
Ort:	Afrika:
	1. Tegana Form., Marokko
	2. Continental intercalare, Algerien
	3. Chenini Form., Tunesien
	4. Baharija Form., Ägypten
	5. Libyen
	6. Niger
Zeit:	Untere und Obere Kreide, vor 110–95 Mio. Jahren
Nahrung:	Carnivor

Der gewaltige, seiner Familie der Carcharodontosauridae den Namen gebende Raubsaurier lebte in Nordafrika. Allein der Schädel nahm mit seiner Länge bis zu 1,80 m schon die Maße eines Menschen an, weshalb der Carcharodontosaurus wohl zu den größten Raubsauriern gezählt werden muss. Seine bis zu 20 cm langen Zähne gaben ihm auch seinen Namen, denn Carcharodontosaurus heißt „riesiges Haizahn-Reptil".

Im Verhältnis zur Schädellänge besaß er einen kurzen, für Carnosaurier typischen Hals. Den kräftigen Körper stützten starke Beine.

Carcharodontosaurus wird auch als afrikanischer Tyrannosaurus bezeichnet, hatte aber im Gegensatz zu diesem wohl längere Arme, die vermutlich auch beim Zupacken, ebenso wie die mit scharfen Krallen besetzten Finger, halfen.

Der gewaltige Carcharodontosaurus gehörte zu den größten Fleischfressern, die jemals auf der Erde lebten. Während der Unteren und Oberen Kreidezeit beherrschte er die Gegenden des heutigen Nordafrika.

Coelurus

Der Coelurus gehörte zu den Coelurosauriern, den Raubsauriern, deren hohle Knochen das Gewicht reduzierten. Seine Statur erinnert an die von Ornitholestes, dem er auch in der Größe ähnelte und mit dem er zur selben Zeit in der gleichen Region lebte. Heute ist man der Ansicht, dass der Coelurus ein leichtes Federkleid zur Wärmeisolierung getragen haben könnte oder – wie einige Wissenschaftler annehmen – zum Abdecken und Wärmen des Geleges.

Seine hohlen Knochen, seine guten Augen und Instinkte halfen ihm bei der Jagd und machten ihn zu einem schnellen Läufer. Coelurus lebte in den flachen Ebenen des heutigen Nordamerikas, wo er Kleintiere wie Echsen oder Säuger erbeutete.

Tetanurae

Ordnung:	Saurischia
Unterordnung:	Theropoda
Infraordnung:	Tetanurae
Familie:	Coelurosaurier ohne fam. Zuordnung

Höhe:	1 m
Länge:	2 m
Gewicht:	20 kg
Jahr:	Marsh, 1879
Ort:	Nordamerika: Morrison Formation, Wyoming, USA
Zeit:	Oberer Jura, vor 155–145 Mio. Jahren
Nahrung:	Carnivor

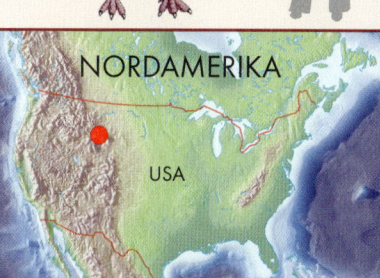

NORDAMERIKA

USA

Der kleine Coelurus wurde in der Morrison Formation in Nordamerika gefunden. Seine hohlen Knochen kennzeichnen ihn und seine Verwandten, die Coelurosauria.

Compsognathus

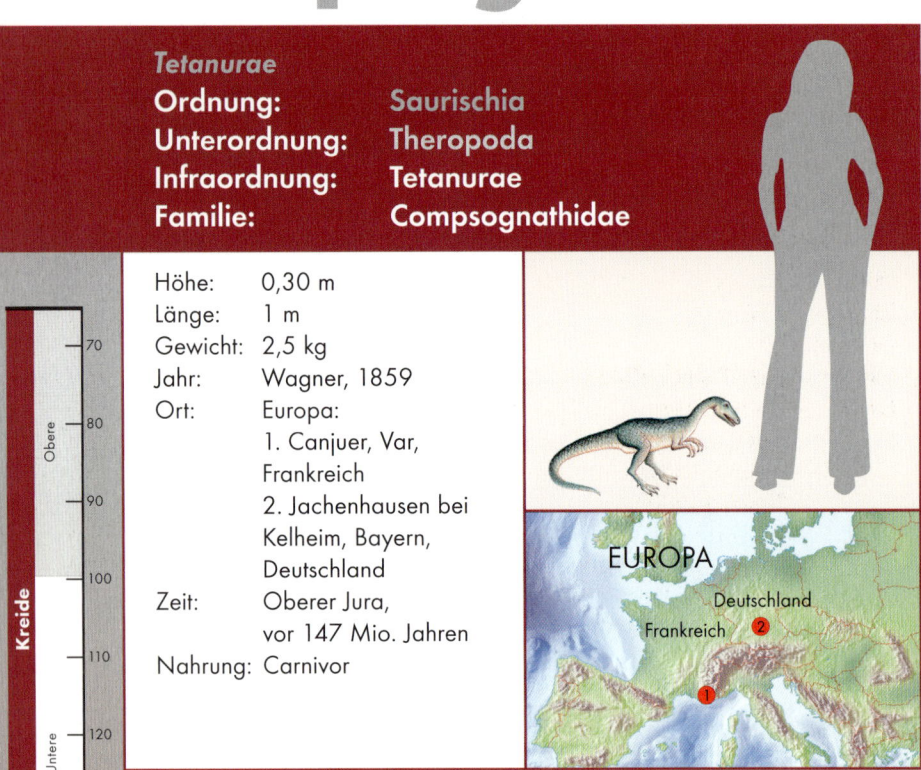

Tetanurae

Ordnung:	Saurischia
Unterordnung:	Theropoda
Infraordnung:	Tetanurae
Familie:	Compsognathidae

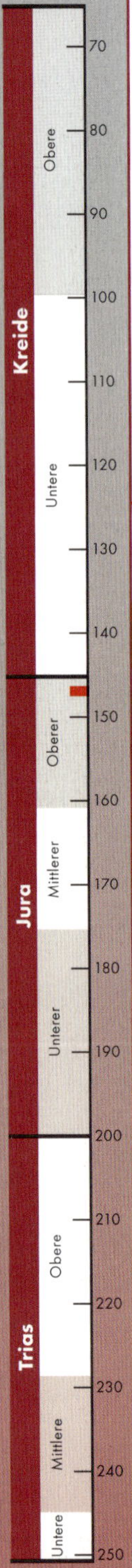

Höhe:	0,30 m
Länge:	1 m
Gewicht:	2,5 kg
Jahr:	Wagner, 1859
Ort:	Europa:
	1. Canjuer, Var, Frankreich
	2. Jachenhausen bei Kelheim, Bayern, Deutschland
Zeit:	Oberer Jura, vor 147 Mio. Jahren
Nahrung:	Carnivor

EUROPA

Deutschland
Frankreich

Der in Deutschland gefundene, kleine Compsognathus war ein erfolgreicher Jäger. Mit seiner zierlichen Statur und dem vogelähnlichen Knochenbau der Coelurosaurier war es ihm möglich, als flinker Jäger kleinen Tieren nachzustellen. Der lange Schwanz stabilisierte das Gleichgewicht. Am schlank zulaufenden Kopf saßen die mit spitzen Zähnen bestückten Kiefer, die ihm seinen Namen gaben, denn Compsognathus bedeutet „zarter Kiefer".

Seine beiden eher dünnen Arme endeten in zwei mit Krallen besetzten Fingern, die für die später auftretenden Tyrannosauriden typisch waren. Die kräftigen, schlanken Hinterbeine besaßen drei nach vorne und eine wesentlich kleinere, nach hinten gerichtete Zehe. Compsognathus lebte zur selben Zeit und in der gleichen Region wie der Archaeopteryx, der ihm sehr ähnlich sah.

Der kleine Compsognathus, der seiner Familie den Namen gab, wurde auch in Deutschland gefunden. Er lebte während des Oberen Jura und ernährte sich von Kleintieren.

Kreide	Obere 70, 80, 90
	100
	Untere 110, 120, 130, 140
Jura	Oberer 150, 160
	Mittlerer 170, 180
	Unterer 190, 200
Trias	Obere 210, 220, 230
	Mittlere 240
	Untere 250

Daspletosaurus

Der Daspletosaurus wurde 1921 am Red River gefunden und lebte als Nachfolger des großen Räubers Allosaurus in Nordamerika.

Zunächst galt er als Gorgosaurus und konnte erst 1970 als Daspletosaurus beschrieben werden. Sein Name, der übersetzt „furcherregende Echse" bedeutet, hat er aufgrund seiner riesigen Zähne bekommen. Die kräftige Statur und das enorme Gewicht machten ihn zu einem der gefährlichsten Räuber seiner Zeit, der Horn- und Entenschnabel-Dinosaurier erlegte. Seine mit zwei Fingern besetzten Hände gelten als typisches Merkmal der Tyrannosauriden. Jedoch besaß er zwar weniger, dafür aber größere und mit scharfen, gezackten Kanten versehene Zähne als seine Verwandten.

Tetanurae

Ordnung:	Saurischia
Unterordnung:	Theropoda
Infraordnung:	Tetanurae
Familie:	Tyrannosauridae

Höhe:	4,50 m
Länge:	8–9 m
Gewicht:	3 t
Jahr:	D. A. Russell, 1970
Ort:	Nordamerika:
	1. Judith River Group, Alberta, Kanada
	2. Judith River Formation, Montana, USA
Zeit:	Obere Kreide, vor 83–71 Mio. Jahren
Nahrung:	Carnivor

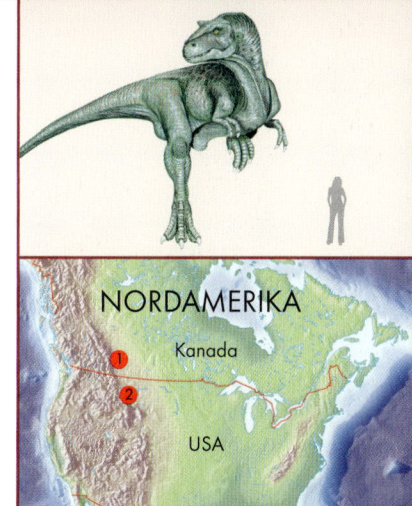

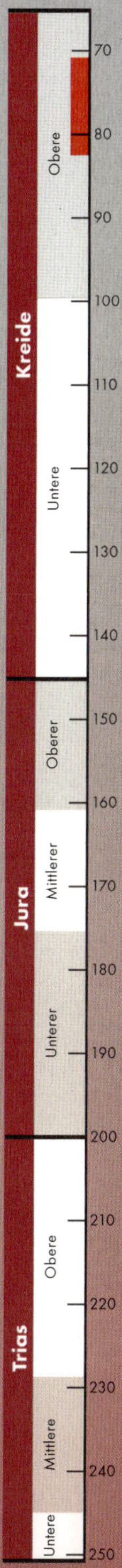

NORDAMERIKA

Kanada

USA

Daspletosaurus, ein großer Fleischfresser aus der Familie der Tyrannosauriden, lebte während der Oberen Kreide in Nordamerika.

Kreide
Obere
Untere

Jura
Oberer
Mittlerer
Unterer

Trias
Obere
Mittlere
Untere

70 80 90 100 110 120 130 140 150 160 170 180 190 200 210 220 230 240 250

Dryptosaurus

Tetanurae
Ordnung: Saurischia
Unterordnung: Theropoda
Infraordnung: Tetanurae
Familie: Tyrannosaurier ohne fam. Zuordnung

Höhe: 2,50 m
Länge: 6 m
Gewicht: 1,5 t
Jahr: Marsh, 1877
Ort: Nordamerika:
New Egypt Formation,
New Jersey, USA
Zeit: Obere Kreide,
vor 69–65 Mio.
Jahren
Nahrung: Carnivor

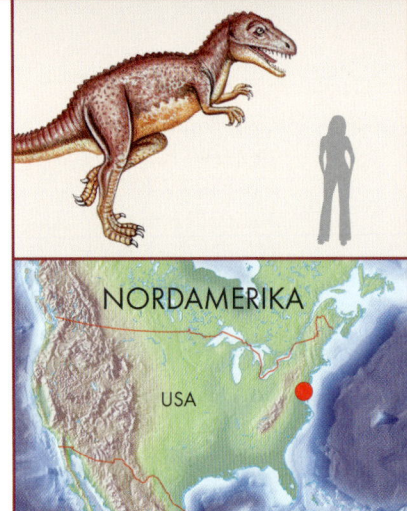

NORDAMERIKA

USA

Zwar identifizierte der berühmte nordamerikanische Paläontologe Edward Drinker Cope diesen Dinosaurier, doch gab er ihm zunächst den Namen Laelaps, der bereits besetzt war. Erst Othniel Charles Marsh, ein ebenso berühmter Fossilienjäger, beschrieb ihn schließlich unter seinem endgültigen Namen Dryptosaurus.

Der Fleischfresser besaß schlanke Beine und starke Krallen an den Händen, mit denen er seine Beute aufschlitzen konnte. Die ungewöhnlichen Klauen des primitiven, mehrfingrigen Vertreters führten dann auch zu seinem Namen, der „verwundende Echse" bedeutet. Aufgrund der stark fragmentierten Fossilien ist seine familiäre Zuordnung aber bis heute nicht möglich.

Dryptosaurus, der zu den Tyrannosauriden gehörte, lebte gegen Ende der Kreidezeit in Nordamerika. Von ihm wurden nur wenige spärliche Überreste gefunden.

Eotyrannus

Vor der britischen Südküste auf der Isle of Wight fand der Fossiliensammler Gavin Leng 1997 das Skelett eines Raubsauriers. Vier Jahre später wurde es beschrieben und zu Ehren seines Finders mit dem Artnamen bedacht (*Eotyrannus lengi*).

Die Form des Schädels und des Schultergürtels von Eotyrannus entspricht einem Vertreter der Tyrannosaurier-Familie, die verhältnismäßig langen Arme und Hände erinnern aber auch an den Velociraptor. Eotyrannus gilt als ein Vorfahr des *Tyrannosaurus rex*.

Sein Name bedeutet „Tyrann der Morgendämmerung", wobei auch bei ihm die griechische Göttin der Morgenröte, Eos, als Namensgeberin fungierte. Eotyrannus lebte wie seine gefährlichen Nachfahren räuberisch.

Tetanurae	
Ordnung:	**Saurischia**
Unterordnung:	**Theropoda**
Infraordnung:	**Tetanurae**
Familie:	**Tyrannosaurier ohne fam. Zuordnung**

Höhe:	2 m
Länge:	4,50 m
Gewicht:	200 kg
Jahr:	Hutt, Naish, Martill, Barker und Newbery, 2001
Ort:	Europa: Wessex Formation, Isle of Wight, England
Zeit:	Untere Kreide, vor 124 Mio. Jahren
Nahrung:	Carnivor

England

EUROPA

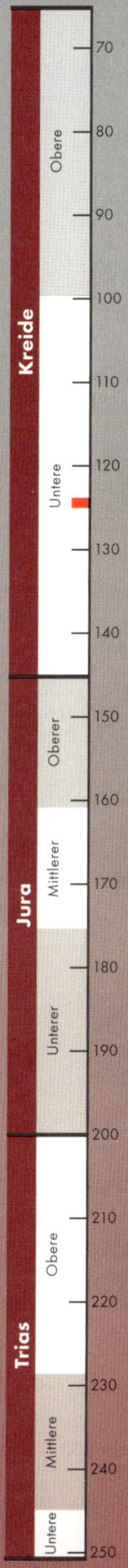

Eotyrannus gehörte zu den Tyrannosauriden. Er besaß verhältnismäßig lange Arme, mit denen er im Gegensatz zu seinen größeren Verwandten seine Beutetiere festhalten konnte.

Kreide

Obere

Untere

Jura

Oberer

Mittlerer

Unterer

Trias

Obere

Mittlere

Untere

Eustreptospondylus

Tetanurae
Ordnung: Saurischia
Unterordnung: Theropoda
Infraordnung: Tetanurae
Familie: Megalosauridae

Höhe: 2,50 m
Länge: 7 m
Gewicht: 220 kg
Jahr: C. A. Walker, 1964
Ort: Europa: Middle Oxford Clay Formation, England
Zeit: Mittlerer Jura, vor 165–162 Mio. Jahren
Nahrung: Carnivor

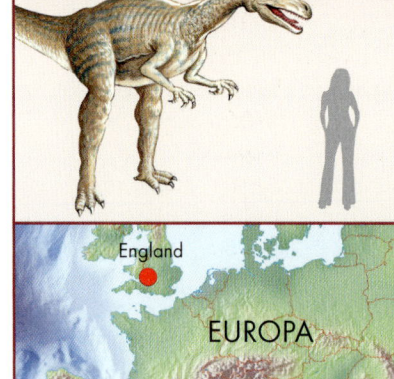

England

EUROPA

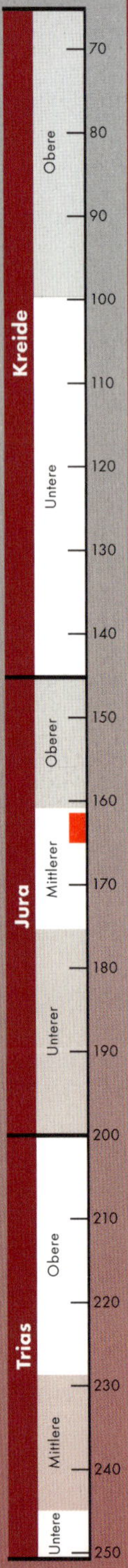

Der Fund dieses Skeletts in England galt zunächst als Megalosaurier. Doch die kleinen Unterschiede zeigten bald, dass es sich um eine eigene Gattung handelte. Eustreptospondylus kennzeichnen kurze Arme, die typischen dickwandigen Beinknochen sowie ein Dornfortsatz am Halswirbel, was vermutlich zur Namensgebung führte, denn Eustreptospondylus bedeutet „gut gebogener Wirbel".

Der Erstbeschreiber C. A. Walker musste die Silbe „eu" (= gut) vor den Namen setzen, den er ausgesucht hatte, da Streptospondylus bereits durch eine Krokodilgattung besetzt war.

Eustreptospondylus lebte als ein gefährlicher Räuber, der die größeren Pflanzenfresser wie Cetiosaurier oder Hypsilophodonten der Region erlegte. Er besaß besonders große, fensterartige Öffnungen im Schädel, die das Gewicht reduzieren sollten.

Eustreptospondylus konnte eine Länge von 7 m erreichen. Seinen langen Schwanz trug er waagrecht. Ein Dornfortsatz am Halswirbel verhalf ihm zu seinem Namen, der so viel wie „gut gebogener Wirbel" heißt.

Kreide
Obere
Untere

Jura
Oberer
Mittlerer
Unterer

Trias
Obere
Mittlere
Untere

70
80
90
100
110
120
130
140
150
160
170
180
190
200
210
220
230
240
250

Gasosaurus

Die fossilen Reste des bipeden, mittelgroßen Fleischfressers Gasosaurus wurden in China gefunden. Seinen Namen erhielt er nach der Ölgesellschaft, bei deren Erdarbeiten das bisher einzige Exemplar zum Vorschein kam (gas = engl. für Benzin). Die Funde zeigen Oberschenkel- und Beckenknochen sowie einige Wirbel, die Ähnlichkeiten zum Megalosaurus aufweisen. Schließlich konnte Gasosaurus den Avetheropoda zugeordnet werden. Seine genaue Klassifizierung ist allerdings bis heute ungeklärt. Die fossilen Überreste zählen einige Wissenschaftler Kaijiangosaurus zu.

Tetanurae
Ordnung: Saurischia
Unterordnung: Theropoda
Infraordnung: Tetanurae
Familie: Avetheropoda ohne fam. Zuordnung

Höhe:	1,40 m
Länge:	3,50 m
Gewicht:	150 kg
Jahr:	Dong und Tang, 1985
Ort:	Asien: Xiashaximiao Formation, Sichuan, China
Zeit:	Mittlerer Jura, vor 165–161 Mio. Jahren
Nahrung:	Carnivor

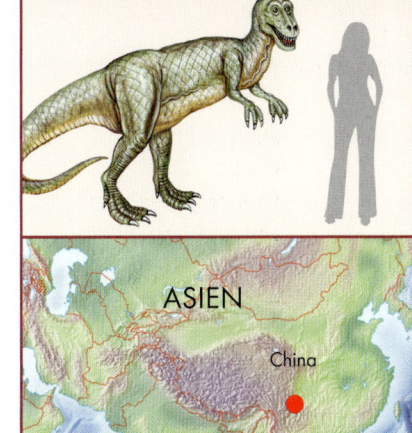

ASIEN

China

Die Überreste des fleischfressenden Gasosaurus fanden sich in Ostasien. Der recht kleine Raubsaurier besaß kräftige Hinterbeine.

Kreide
Obere
Untere

Jura
Oberer
Mittlerer
Unterer

Trias
Obere
Mittlere
Untere

70
80
90
100
110
120
130
140
150
160
170
180
190
200
210
220
230
240
250

109

Giganotosaurus

Tetanurae

Ordnung:	**Saurischia**
Unterordnung:	**Theropoda**
Infraordnung:	**Tetanurae**
Familie:	**Carcharodontosauridae**

Höhe:	5–7 m
Länge:	14 m
Gewicht:	8 t
Jahr:	Coria und Salgado, 1995
Ort:	Südamerika: Rio Limay Formation, Neuquén, Argentinien
Zeit:	Obere Kreide, vor 100–95 Mio. Jahren
Nahrung:	Carnivor

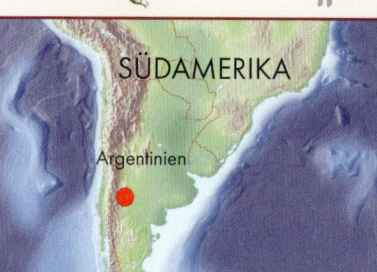

SÜDAMERIKA

Argentinien

Der Giganotosaurus, dessen Name „gigantische südliche Echse" bedeutet, gehörte zu den größten fleischfressenden Dinosauriern der Erde und übertraf sogar in Ausmaß und Gewicht den später lebenden *Tyrannosaurus rex*. Schon der Schädel erreichte mit 1,80 m die Höhe eines Menschen. In seinen gewaltigen Kiefern steckten 20 cm lange, gezackte Zähne, die sich bestens zum Herausreißen von Fleischbrocken eigneten.

Als Carnosaurier nahm er lange vor den Tyrannosauriden deren Platz in der Nahrungskette ein. Auch er jagte die riesigen Pflanzenfresser seiner Zeit und wagte sich vermutlich an weit größere Tiere als sein berühmter Nachfahre. Bereits 1984 entdeckte der Hobbysammler Ruben Carolini die Überreste des gigantischen Fleischfressers, der seinem Finder zu Ehren den Artnamen *Giganotosaurus carolinii* erhielt.

Der riesige Giganotosaurus besaß entsprechend seines Namens gewaltige Ausmaße und konnte eine Höhe von bis zu 7 m erreichen. Damit gehörte er zu den größten Raubsauriern Südamerikas.

Gorgosaurus

Der Gorgosaurus war ein gefährlicher Jäger, der den großen Pflanzenfressern seiner Zeit nachstellte. Er besaß starke, muskulöse Beine, einen kräftigen Schwanz und ausladende Kiefer. Seine großen, messerscharfen Zähne waren wie dafür geschaffen, Fleisch aus seiner Beute zu reißen. Die vorderen Extremitäten wirkten, wie bei allen Tyrannosauriden, im Vergleich zu den wuchtigen Beinen verkümmert. Alle Gliedmaßen trugen Krallen.

Seinen Namen erhielt der Theropode nach den drei furchtbaren Schwestern in der griechischen Mythologie, den Gorgonen, die als grässliche Ungeheuer galten.

Die Ähnlichkeit zum Albertosaurier ist so groß, dass er anfangs als dessen Spezies beschrieben wurde. Auch gilt er als möglicherweise naher Zeitgenosse des Daspletosaurus, der zwar auf dem gleichen Erdteil, wohl aber räumlich getrennt von ihm lebte.

Tetanurae	
Ordnung:	Saurischia
Unterordnung:	Theropoda
Infraordnung:	Tetanurae
Familie:	Tyrannosauridae

Höhe:	3–4 m
Länge:	8–9 m
Gewicht:	2,5 t
Jahr:	Lambe, 1914
Ort:	Nordamerika:
	1. Judith River Group, Alberta, Kanada
	2. Judith River Formation, Montana; USA
	3. New Mexico, USA
Zeit:	Obere Kreide, vor 77–74 Mio. Jahren
Nahrung:	Carnivor

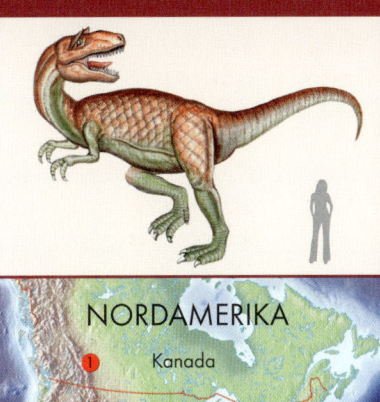

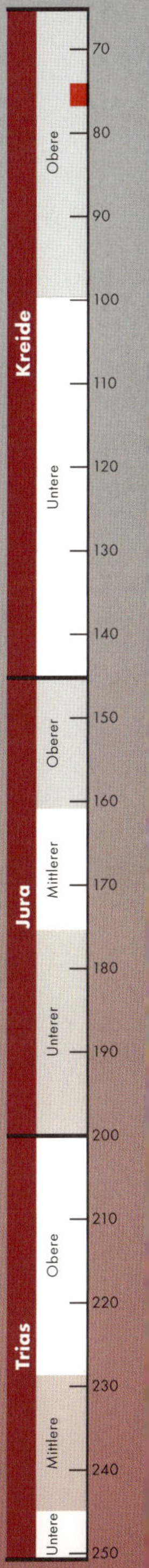

NORDAMERIKA

Kanada

USA

Gorgosaurus erhielt seinen Namen aufgrund seines furchteinflößenden Äußeren nach den Gorgonen, den gefährlichen Schwestern aus der griechischen Mythologie.

Kreide

Obere

Untere

Jura

Oberer

Mittlerer

Unterer

Trias

Obere

Mittlere

Untere

70
80
90
100
110
120
130
140
150
160
170
180
190
200
210
220
230
240
250

Halticosaurus

Tetanurae
Ordnung: Saurischia
Unterordnung: Theropoda
Infraordnung: Coelurosauria
Familie: Ohne familiäre Zuordnung

Höhe: 2,50 m
Länge: 5,50 m
Gewicht: unbekannt
Jahr: von Huene, 1908
Ort: Europa: Halberstadt,
            Sachsen-Anhalt,
            Deutschland
Zeit: Obere Trias,
            vor 222 Mio. Jahren
Nahrung: Carnivor

Deutschland

EUROPA

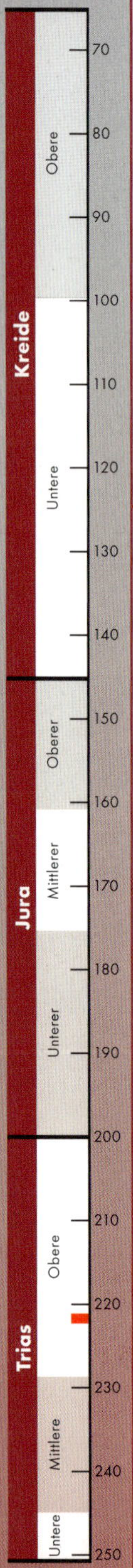

Halticosaurus wurde im deutschen Gebiet um Halberstadt gefunden. Friedrich von Huene beschrieb ihn 1908. Doch der schlechte Zustand der Fossilien erschwerte die Einordnung. Vermutlich gehörte der Halticosaurus zu den Coelurosauriern, deren Merkmal die hohle Bauweise der Knochen war. Er lebte vor etwa 222 Millionen Jahren in der Oberen Trias in Mitteleuropa. Die Hinterbeine waren relativ kurz, auch saßen fünf Finger – ein Zeichen primitiver Entwicklung – an seinen Händen. Halticosaurus war wohl ein Einzelgänger, konnte sich vielleicht aber mit anderen Artgenossen zusammenschließen, um die größeren Pflanzenfresser wie beispielsweise Plateosaurus im Rudel zu erlegen.

Sein Name bezeichnet ihn als „flinke Echse", was darauf hindeutet, dass er schnell laufen konnte.

Halticosaurus gehört zu den ältesten Dinosauriern. Er lebte während der Oberen Trias vor mehr als 220 Millionen Jahren in den Gebieten, die heute zu Deutschland gehören.

Kreide
Obere
Untere
70
80
90
100
110
120
130
140

Jura
Oberer
Mittlerer
Unterer
150
160
170
180
190
200

Trias
Obere
Mittlere
Untere
210
220
230
240
250

Dieser bipede, fleischfressende Räuber wird als frühes Mitglied der Spinosauriden gesehen. Er trug einen kleinen Kamm auf dem Kopf. Der fast komplette Schädel, der in Brasilien zum Vorschein kam, wurde anfangs äußerst schlecht präpariert und rekonstruiert. Erst in mehreren Anläufen konnten die Wissenschaftler den Schaden beheben und es ergab sich das heutige Bild. Die irritierende Arbeit spiegelt sich nun in seinem Namen „Irritator" wider.

Der Schädel hatte etwa eine Länge von 80 cm, was auf eine Gesamtlänge des Tieres von etwa 8 m hindeutet. Vermutlich ähnelte das Tier den anderen Spinosauriden und besaß relativ lange Vorderbeine, die in drei Fingern endeten. Die Hinterbeine waren kräftig und der wuchtige Körper wurde vom Schwanz ausbalanciert. Im langen, schlanken Kiefer saßen spitze Zähne, mit denen er kleine Tiere oder Fische mühelos durchbohren konnte.

Tetanurae

Ordnung:	**Saurischia**
Unterordnung:	**Theropoda**
Infraordnung:	**Tetanurae**
Familie:	**Spinosauridae**

Höhe:	3 m
Länge:	8 m
Gewicht:	1 t
Jahr:	Martill, Cruikshank, Frey, Small und Clarke, 1996
Ort:	Südamerika: Santana Formation, Ceará, Brasilien
Zeit:	Untere Kreide, vor 116 Mio. Jahren
Nahrung:	Carnivor

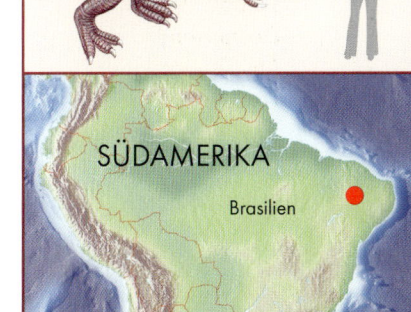

SÜDAMERIKA

Brasilien

Irritator lebte während der Unteren Kreidezeit in Südamerika. Sein Fund rief einige Irritationen und Fehlbestimmungen hervor, woraus sein Name entstand.

Kreide	Obere	70
		80
		90
		100
	Untere	110
		120
		130
		140
Jura	Oberer	150
		160
	Mittlerer	170
		180
	Unterer	190
		200
Trias	Obere	210
		220
		230
	Mittlere	240
	Untere	250

113

Juravenator

Tetanurae

Ordnung:	Saurischia
Unterordnung:	Theropoda
Infraordnung:	Tetanurae
Familie:	Compsognathidae

Höhe: 0,25 m
Länge: 0,80 m
Gewicht: 2 kg
Jahr: Göhlich und Chiappe, 1998
Ort: Europa: Solnhofener Plattenkalk, Schamhaupten, Bayern, Deutschland
Zeit: Oberer Jura, vor 152 Mio. Jahren
Nahrung: Carnivor

Deutschland

EUROPA

Kreide
Obere
Untere

70
80
90
100
110
120
130
140

Jura
Oberer
Mittlerer
Unterer

150
160
170
180
190
200

Trias
Obere
Mittlere
Untere

210
220
230
240
250

Juravenator, dessen Name „Jurajäger" heißt, lebte im Gebiet des heutigen Mitteleuropa zur Zeit des Oberen Jura. Seine fossilen Überreste stammen von einem Jungtier und sind die am besten erhaltenen, die jemals in Deutschland gefunden wurden. Entdeckt wurden sie von den Gebrüdern Weiss aus dem Altmühltal. Da die Fossilien stark verkieselt waren, dauerte die Freilegung aus dem harten Gestein allerdings mehrere Jahre.

Die hohlen Knochen und der Körperbau ergaben, dass es sich bei Juravenator um einen Coelurosaurier aus der Familie der Compsognathiden handelte. Mit seinen 25 cm Höhe gehörte er außerdem zu den kleinsten Dinosauriern und ernährte sich vermutlich von Insekten und Kleingetier. Seinen Artnamen (*Juravenator starki*) erhielt das Tier zu Ehren der Familie Stark, in deren Besitz der Steinbruch ist.

Der in Deutschland gefundene Juravenator lebte als kleiner, flinker Räuber. An seinen Fossilien fanden sich auch erhaltene Weichteile, die allerdings keine Hinweise auf ein Federkleid ergaben. Bisher hatten die Forscher angenommen, dass der Großteil der Coelurosaurier gefiedert war.

Kaijiangosaurus

Vom Kaijiangosaurus konnten bisher nur Wirbelknochen zweier verschiedener Tiere identifiziert werden, was die Einordnung erschwert. Sicher ist, dass er als bipeder, carnivorer Theropode im Mittleren Jura lebte und vermutlich eine Länge von 8 m erreichte.

Die in China gefundenen Fossilien des wesentlich kleineren Gasosaurus könnten ebenfalls einem Kaijiangosaurus gehören. Aufgrund seiner Gemeinsamkeiten mit dem Xuanhanosaurus wird auch seine Zugehörigkeit zu diesem Theropoden diskutiert. Vermutlich besaß Kaijiangosaurus massige Hinterbeine und scharfe Eckzähne und ähnelte den Megalosauriden, den gewaltigen Fleischfressern, deren Verwandten in Nordeuropa und Nordamerika lebten.

Tetanurae

Ordnung:	Saurischia
Unterordnung:	Theropoda
Infraordnung:	Tetanurae
Familie:	Basale Tetanurae ohne fam. Zuordnung

Höhe:	3 m
Länge:	8 m
Gewicht:	1 t
Jahr:	He, 1984
Ort:	Asien: Xiashaximiao Formation, Sichuan, China
Zeit:	Mittlerer Jura, vor 165–161 Mio. Jahren
Nahrung:	Carnivor

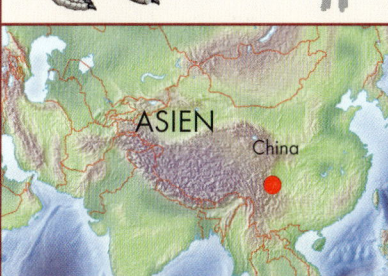

ASIEN

China

Kaijiangosaurus lebte während der Jurazeit in Asien und gehörte dort zu den gefährlichsten Raubtieren. Massige Hinterbeine und starke Kiefer mit großen Zähnen gehörten sicher ebenso zu seinem Erscheinungsbild wie bei seinen Verwandten.

Kakuru

Tetanurae

Ordnung:	Saurischia
Unterordnung:	Theropoda
Infraordnung:	Coelurosauria
Familie:	Coelurosaurier ohne fam. Zuordnung

Höhe:	1 m
Länge:	2,50 m
Gewicht:	30 kg
Jahr:	Molnar und Pledge, 1980
Ort:	Australien: Maree Formation, Südaustralien
Zeit:	Untere Kreide, vor 116 Mio. Jahren
Nahrung:	Carnivor

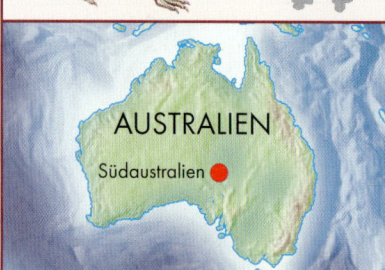

AUSTRALIEN

Südaustralien

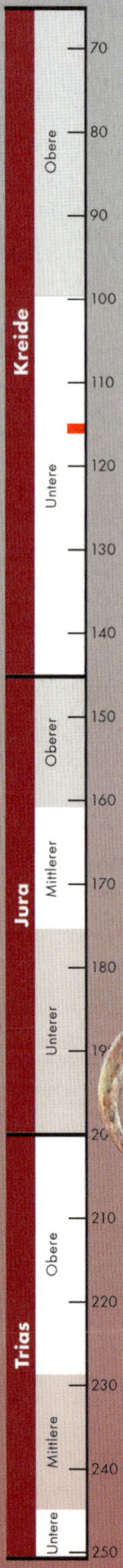

Die Funde des in Australien entdeckten Kakuru galten als äußerst spektakulär, da sie zu Opal versteinerten und ihm zu seinem Namen verhalfen, der so viel wie „Regenbogen-Serpentin" oder „Regenbogen-Schlange" bedeutet. Gefunden wurden bisher nur eine Fußklaue und ein Schienbeinknochen, was seine genaue systematische Einordnung erschwert.

Der Kakuru wird zu den Coelurosauriern gezählt, deren Vertreter hohle Knochen besaßen, wodurch sich ihr Gewicht verringerte. Beim Kakuru ähnelten die Form und Proportionen des Schienbeins Ornitholestes, ebenso aber auch den Maniraptoren Avimimus und Ingenia, was die Rekonstruktion der Gestalt verkomplizierte. Kakuru wird auch als Federn tragender Coelurosaurier dargestellt, der seine Vorderarme wie Flügel an den Körper presste. Die Federn dienten dabei vermutlich der Wärmeisolierung.

Kakuru war ein kleinerer Coelurosaurier mit hohlen Knochen, einer schlanken Erscheinung und langen Laufbeinen. Vermutlich besaß er ein Federkleid, um die Wärme zu isolieren.

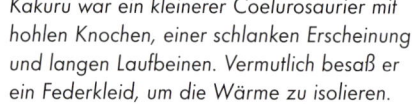

Labocania

Von Labocania, dem nach seinem Fundort in Mexiko benannten Theropoden, konnte bisher nur ein unvollständiges Skelett geborgen werden, was die eindeutige Klassifizierung erschwert. Heute gilt er als kleiner, vermutlicher Vertreter der Tyrannosaurier. Mit seinen 6–9 m Länge erreichte er zwar nicht die Größe des prominenten *Tyrannosaurus rex*, schien aber einen längeren und dickeren Kopf besessen zu haben.

Er war ein gefährlicher Räuber mit scharfen, gesägten Zähnen. Über kurze Strecken konnte er möglicherweise bis zu 40 km/h zurücklegen. Sein Körper thronte auf den massiven Hinterbeinen, die vorderen Extremitäten hatten sich nur als kurze Arme ausgebildet.

Tetanurae

Ordnung:	**Saurischia**
Unterordnung:	**Theropoda**
Infraordnung:	**Coelurosauria**
Familie:	**Vermutl. Tyrannosaurier o. fam. Zuordn.**

Höhe:	4,50 m
Länge:	6–9 m
Gewicht:	1,5 t
Jahr:	Molnar, 1974
Ort:	Nordamerika: La Bocana Roja Formation, Baja California, Mexiko
Zeit:	Obere Kreide, vor 83–73 Mio. Jahren
Nahrung:	Carnivor

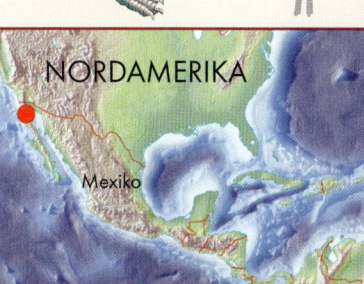

NORDAMERIKA

Mexiko

Labocania besaß einen länglichen Kopf und starke Beine. In den Kiefern steckten kräftige Zähne, mit denen er aufgrund seiner enormen Größe vielen Tieren seiner Zeit gefährlich werden konnte.

Marshosaurus

Ordnung: Saurischia
Unterordnung: Theropoda
Infraordnung: Tetanurae
Familie: Avetheropoda ohne fam. Zuordnung

Höhe: 1,80 m
Länge: 5 m
Gewicht: 250 kg
Jahr: Madsen, 1976
Ort: Nordamerika: Morrison
          Formation, Cleveland-
          Lloyd Dinosaur Quarry,
          Utah, USA
Zeit: Oberer Jura bis
          Untere Kreide,
          vor 151–142 Mio.
          Jahren
Nahrung: Carnivor

NORDAMERIKA

USA

Der bipede, carnivor lebende Marshosaurus bekam seinen Namen nach dem großen Paläontologen Othniel Charles Marsh (1831 – 1899). Entdeckt wurde er im Dinosauriersteinbruch von Cleveland-Lloyd, wo auch zahlreiche Allosaurierarten zum Vorschein kamen. Der etwa mannshohe Theropode besaß eine kräftige Statur mit starken Hinterbeinen, kurzen Armen, einem kräftigen Hals und großen Kopf. Er führte sicher ein räuberisches Leben und erlegte kleinere Wirbeltiere. Seine Einordnung ist noch nicht abgeschlossen.

Marshosaurus lebte während des Oberen Jura und der Unterkreide in den Gebieten Nordamerikas. Als mittelgroßes Raubtier mit kräftigen Beinen und scharfen Zähnen ging er auf die Jagd nach kleinen Tieren.

Beim ersten Dinosaurier, der 1677 gefunden wurde, handelte es sich bereits um einen Megalosaurus, jenen riesigen, fleischfressenden Raubsaurier, der in Europa über 50 Millionen Jahre lang lebte. Doch im 17. Jahrhundert erkannten die Wissenschaftler nicht, dass er zu jenen Echsen gehörte, die später Dinosaurier genannt werden sollten. Erst 1824 wurde dem fossilen Fund die Ehre zuteil, als erster Dinosaurier wissenschaftlich beschrieben zu werden. William Buckland nannte ihn Megalosaurus, was „große Echse" bedeutet. Ausschlag dazu gab ein Unterkieferfragment, dessen riesige Zähne die räuberische Lebensweise des Tieres verdeutlichten. Der Name wurde in den kommenden Jahren auf zahlreiche Dinosaurier angewandt, was lange Zeit zu taxonomischen Verwicklungen führte.

Bis heute kamen mehrere Arten des Megalosaurus in Europa zum Vorschein. Als kräftig gebautes Tier besaß er einen kurzen, muskulösen Hals mit schwerem Schädel.

Tetanurae	
Ordnung:	**Saurischia**
Unterordnung:	**Theropoda**
Infraordnung:	**Tetanurae**
Familie:	**Megalosauridae**

Höhe:	3,50 m
Länge:	6–9 m
Gewicht:	1,5 t
Jahr:	Buckland, 1824
Ort:	Europa:
	1. Oxford, Oxfordshire, England
	2. Bedfordshire, England
	3. Indre, Frankreich
Zeit:	Unterer Jura bis Untere Kreide, vor 184–136 Mio. Jahren
Nahrung:	Carnivor

An den kurzen Armen saßen drei Finger, an den Füßen vier Zehen, die alle Krallen trugen. Fossile Fußspuren in Südengland ergaben, dass Megalosaurus auf zwei Beinen lief.

Megalosaurus kam in mehreren Arten in den Gebieten des heutigen Europas vor, wo er als räuberischer Dinosaurier über 50 Millionen Jahre lebte und die Region dominiert haben könnte.

Metriacanthosaurus

Tetanurae
Ordnung:	**Saurischia**
Unterordnung:	**Theropoda**
Infraordnung:	**Tetanurae**
Familie:	**Basale Tetanurae o. fam. Zuordnung**

Höhe: 2,80 m
Länge: 7–8 m
Gewicht: 1 t
Jahr: Walker, 1964
Ort: Europa: Corallian
           Oolite Formation,
           Dorset, England
Zeit: Oberer Jura,
           vor 160–154 Mio.
           Jahren
Nahrung: Carnivor

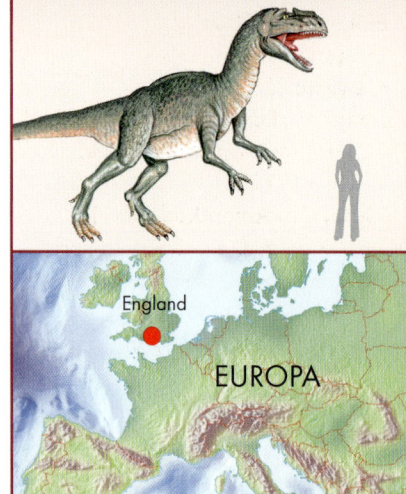

England

EUROPA

Dieser große, bipede Fleischfresser lebte gegen Ende des Jura in Europa. Bisher wurde nur ein Skelett ohne Kopf gefunden, weshalb er zunächst aufgrund des spärlichen Fossilfundes als *Megalosaurus parkeri* eingeordnet wurde. Die bis zu 26 cm langen Dornfortsätze auf dem Rücken weisen aber darauf hin, dass es sich um einen Verwandten der Spinosauriden handeln könnte. Deren Vertreter traten in der späteren Kreidezeit mit Rückensegeln in Erscheinung. Ihre krokodilartigen Schnauzen waren mit spitzen Zähnen besetzt. Metriacanthosaurus ist einer der wenigen Tetanurae Europas in der Jurazeit.

Metriacanthosaurus wurde in Großbritannien gefunden, wo er während des Oberen Jura lebte. Seine Dornfortsätze an den Wirbeln deuten auf eine Verwandtschaft zu den Spinosauriden hin.

Mononykus

Das in der Mongolei gefundene Skelett von Mononykus weist besonders kurze, aber kräftige Stummelarme auf, an deren Ende Stummelfinger saßen, von denen einer als kräftiger Sporn ausgebildet war. Starke Muskeln befanden sich zudem an Armen und Brustkorb.

Im Gegensatz dazu wirkten der lange Hals und Schwanz sowie die langen Hinterbeine seltsam unproportional. Paläontologen vermuten daher, dass Mononykus seinen kräftigen Oberkörper dazu nutzte, um Termitenbauten aufzubrechen oder Rinde von Bäumen abzuschälen, um an darunter gelegene Insekten zu gelangen. Vermutlich besaß er ein Federkleid, das ihn allerdings nicht zum Fliegen befähigte, sondern wie bei anderen Zeitgenossen der Wärmeisolierung diente.

Tetanurae	
Ordnung:	**Saurischia**
Unterordnung:	**Theropoda**
Infraordnung:	**Tetanurae**
Familie:	**Ohne fam. Zuordnung**

Höhe:	0,50 m
Länge:	1 m
Gewicht:	3 kg
Jahr:	Perle, Norrell, Chiappe und Clark, 1993
Ort:	Asien: Diadochta Formation, Ukhaa Tolgod, Mongolei
Zeit:	Obere Kreide, vor 80–65 Mio. Jahren
Nahrung:	Carnivor

Der kleine, räuberisch lebende Mononykus wurde in der Mongolei gefunden. Seine Statur erscheint seltsam unproportional. Auch die Stummelfinger scheinen verkümmert, endeten aber in einem kräftigen Sporn.

Nanotyrannus

Tetanurae

Ordnung:	Saurischia
Unterordnung:	Theropoda
Infraordnung:	Coelurosauria
Familie:	Tyrannosauridae

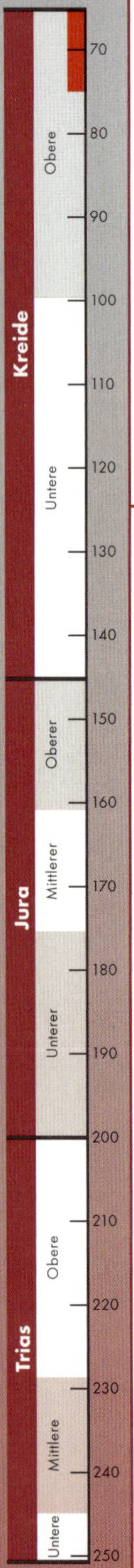

Höhe: 2 m
Länge: 5 m
Gewicht: 500 kg
Jahr: Bakker, Currie und Williams, 1988
Ort: 1. Nordamerika: Hell Creek Formation, Montana, USA
2. Australien: Queensland
Zeit: Obere Kreide, vor 75–65 Mio. Jahren
Nahrung: Carnivor

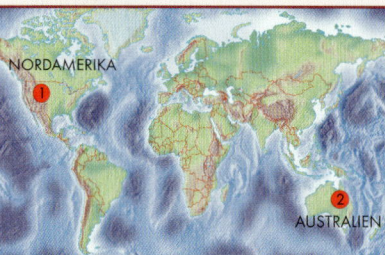

Nanotyrannus war ein kleiner Verwandter des *Tyrannosaurus rex*, was auch sein Name besagt, der so viel wie „kleiner Tyrann" bedeutet.

Bei dem in Australien gefundenen Schädel kann es sich auch um einen jungen Tyrannosaurus handeln. Funde wurden in der Geschichte ebenso mit Gorgosaurus, einem anderen Tyrannosauriden, verwechselt.

Nanotyrannus erreichte nur etwa ein Drittel der Größe seines berühmten Verwandten. Seinen Schädel durchzogen Luftkanäle. Auch konnte er aufgrund seiner Augenstellung vermutlich räumlich sehen und dadurch Größe und Abstand seiner Opfer aus der Entfernung genau einschätzen. Sicher gehörte er zu den gefährlichen Räubern seiner Zeit und jagte mit Vorliebe junge Hadrosaurier. Gegen Ende der Kreidezeit starb er wie seine großen Familienmitglieder aus.

Nanotyrannus, ein kleiner Verwandter der Tyrannosauriden, erreichte nur etwa ein Drittel der Größe seines berühmten Verwandten, dem Tyrannosaurus rex, wurde aber kleineren Dinosauriern ebenso gefährlich.

Ornitholestes

Bereits im Jahre 1900 fand der Paläontologe Henry Fairfield Osborn das bisher einzige Skelett dieses leichtgewichtigen Coelurosauriden. Auffällig war sein langer, peitschenförmiger Schwanz, der fast die Hälfte der Körperlänge einnahm. Ornitholestes besaß zudem schlanke, lange Hinterbeine mit kräftigen Fußkrallen, relativ lange Arme mit drei ebenfalls Krallen tragenden Fingern sowie einen kräftigen Schädel mit starken Kiefern, die im Vorderteil mit spitzen Zähnen bewaffnet waren. Auf dem Schädel saß vermutlich ein Nasenkamm.

Als flinker und gefährlicher Räuber durchstreifte Ornitholestes die Wälder und Farndickichte, den langen Schwanz als Gegengewicht zum angespannten Körper schräg nach oben gereckt, den Kopf auf dem s-förmig gebogenen Hals zum Angriff bereit. Seine Beutetiere packte er mit den Händen, biss sie mit den spitzen, scharfen Zähnen zu Tode oder verschluckte sie im Ganzen. Zu seinen Opfern zählten vermutlich kleine Säuger, Saurierjunge, Eidechsen und große Insekten. Schlossen sich mehrere Tiere zu einem Rudel zusammen, konnten sie durchaus größere Ornithopoden erlegen.

Ernährte sich Ornitholestes aber von Aas, wie einige Wissenschaftler annehmen, dann kann er neben einem großen Carnosaurier an einem frisch erlegten Sauropoden gefressen haben, denn als flinker Sprinter brauchte er die behäbigeren Rivalen nicht zu fürchten.

Seinen Namen erhielt Ornitholestes (= „Vogelfänger") nach der Annahme, dass sich auch Archaeopteryx auf seinem Speisezettel befand, der zur gleichen Zeit in der Region gelebt haben könnte.

Tetanurae	
Ordnung:	**Saurischia**
Unterordnung:	**Theropoda**
Infraordnung:	**Coelurosauria**
Familie:	**Coelurosauria ohne fam. Zuordnung**

Höhe:	0,80 m
Länge:	2 m
Gewicht:	13 kg
Jahr:	Osborn, 1903
Ort:	Nordamerika:
	1. Morrison Formation, Utah, USA
	2. Morrison Formation, Wyoming, USA
Zeit:	Oberer Jura, vor 155–145 Mio. Jahren
Nahrung:	Carnivor

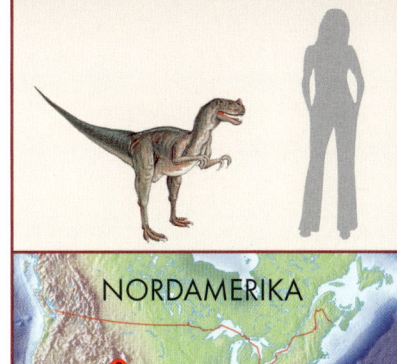

NORDAMERIKA

USA

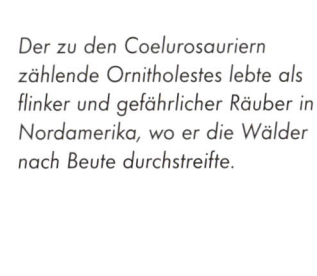

Der zu den Coelurosauriern zählende Ornitholestes lebte als flinker und gefährlicher Räuber in Nordamerika, wo er die Wälder nach Beute durchstreifte.

Kreide — Obere — 70, 80, 90
Kreide — Untere — 100, 110, 120, 130, 140
Jura — Oberer — 150, 160
Jura — Mittlerer — 170, 180
Jura — Unterer — 190, 200
Trias — Obere — 210, 220, 230
Trias — Mittlere — 240
Trias — Untere — 250

Piatnitzkysaurus

Tetanurae

Ordnung:	**Saurischia**
Unterordnung:	**Theropoda**
Infraordnung:	**Tetanurae**
Familie:	**Megalosauridae**

Höhe: 2 m
Länge: 4–6 m
Gewicht: 400 kg
Jahr: Bonaparte, 1979
Ort: Südamerika: Canadon Asfalto Formation, Chubut, Argentinien
Zeit: Mittlerer und Oberer Jura, vor 164–154 Mio. Jahren
Nahrung: Carnivor

SÜDAMERIKA

Argentinien

Piatnitzkysaurus, den der argentinische Paläontologe José Bonaparte entdeckte, war ein kleinerer Vertreter seiner Familie. Mit seinen langen, spitzen Zähnen, im Habitus und mit seiner Schädelform erinnert er auch an die gewaltigen Carnosaurier. Piatnitzkysaurus besaß einen ebenso kräftigen Körper, starke Hinterbeine mit drei großen und einer nach hinten gerichteten Krallen-Zehe. An den kurzen Armen saßen drei Finger, die ebenfalls kräftige Krallen trugen. Zu seinen Opfern zählten vermutlich kleine Säuger und Reptilien.

Piatnitzkysaurus kam in Südamerika zum Vorschein. Für einen Verwandten der Megalosauriden besaß er allerdings eine kleinere Größe. Seine Füße und Hände waren mit scharfen Krallen ausgestattet, sein Kiefer mit kräftigen Zähnen.

Dieser primitive und älteste bekannte Coelurosaurier ist nur durch einen Schädelfund bekannt. Er trug ein Horn auf der Schnauze, das ihn von den anderen Verwandten unterschied und den Paläontologen Friedrich von Huene dazu veranlasste, Proceratosaurus als Vorläufer der Ceratosaurier zu sehen, was sein Name besagt. Die genaue systematische Stellung von Proceratosaurus ist bis heute unsicher. Vermutlich verfügte Proceratosaurus über einen kräftigen Körper mit einem langen Schwanz, kurzen, krallenbewehrten Händen sowie dreizehigen Füßen.

Tetanurae

Ordnung:	**Saurischia**
Unterordnung:	**Theropoda**
Infraordnung:	**Tetanurae**
Familie:	**Coelurosauria ohne fam. Zuordnung**

Höhe:	1,50–2 m
Länge:	5 m
Gewicht:	100 kg
Jahr:	Woodward (1910), von Huene (1926)
Ort:	Europa: Great Oolite, Gloucestershire, England
Zeit:	Mittlerer Jura, vor 167 Mio. Jahren
Nahrung:	Carnivor

England

EUROPA

Proceratosaurus gehörte zu den primitiveren Sauriern und gilt als der älteste bekannte Coelurosaurier. Er ist allerdings bisher nur aufgrund eines Schädelfundes bestimmt worden.

125

Rugops

Tetanurae

Ordnung:	Saurischia
Unterordnung:	Theropoda
Infraordnung:	Tetanurae
Familie:	Ohne fam. Zuordnung

Höhe: 4,50 m
Länge: 9 m
Gewicht: 1,5 t
Jahr: Sereno, Wilson und
Conrad, 2004
Ort: Afrika: Wüste
Sahara, Niger
Zeit: Obere Kreide,
vor 95 Mio. Jahren
Nahrung: Carnivor

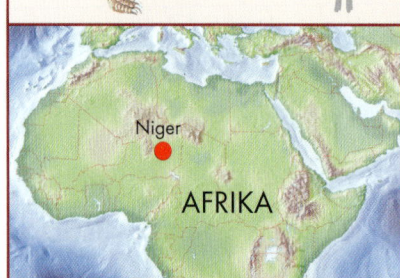

Niger

AFRIKA

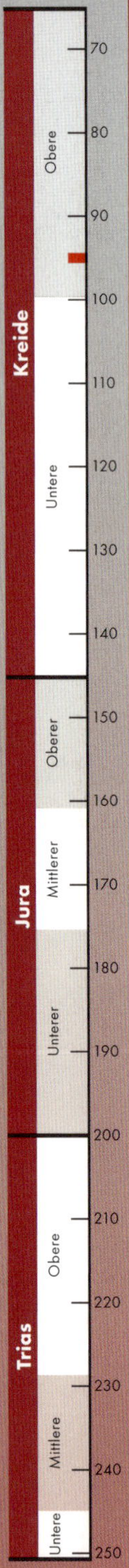

Im Jahre 2000 fand das Forscherteam um Paul Sereno im afrikanischen Niger den fossilisierten Schädel eines neuen Dinosauriers, der vielleicht einige Lücken in der Entwicklungsgeschichte der Carnosaurier in Afrika füllt, aber auch neue Aufschlüsse über die Kontinentaldrift zulässt. Wird Rugops zu den Carnosauriern gezählt, separierte sich Afrika von Gondwana nicht vor 120, sondern erst vor 100 Millionen Jahren.

Die schuppige Oberfläche des Schädels führte zur Bezeichnung des Rugops als „Runzelgesicht". Der Schädel eignete sich weniger zum Angriff und Kampf, da Kanäle von Venen und Arterien die Knochen durchzogen. Zudem besaß er eine kurze, runde Schnauze mit schwachen Zähnen, die nahelegen, dass sich Rugops von Aas ernährte.

Rugops, der erst zur Jahrtausendwende in Afrika gefunden wurde, besaß einen schuppigen Schädel. In den Kiefern saßen nur kurze, schwache Zähne.

Santanaraptor

Dieser kleine, schnell laufende Fleischfresser wurde nach dem Fundort benannt, dem Santana-Gebirgszug im nordöstlichen Brasilien. Der Fund markierte einen Meilenstein in der Paläontologie, denn erstmals wurden neben Teilen des Skeletts und fossilisierter Haut auch Blutgefäße und sogar Muskeln entdeckt. Der Wissenschaftler Alexander Kellner restaurierte das Skelett des Santanaraptors und ordnete ihn als Vorfahr des *Tyrannosaurus rex* ein, was einen neuen Blick auf die Entwicklungsgeschichte der Tyrannosauriden wirft.

Während Santanaraptors Lebenszeit löste sich Südamerika von Afrika, was nun bedeutet, dass die Wurzeln des Tyrannosaurus vermutlich in der südlichen Hemisphäre liegen könnten. Der Santanaraptor erreichte ungefähr die Größe eines Schäferhundes und maß in der Länge bis zu 1,80 m.

Tetanurae

Ordnung:	**Saurischia**
Unterordnung:	**Theropoda**
Infraordnung:	**Tetanurae**
Familie:	**Verm. Tyrannosaurier o. fam. Z.**

Höhe:	0,75 m
Länge:	1,80 m
Gewicht:	30 kg
Jahr:	Kellner, 1999
Ort:	Südamerika: Santana Formation, Ceará, Brasilien
Zeit:	Untere und Obere Kreide, vor 112–99 Mio. Jahren
Nahrung:	Carnivor

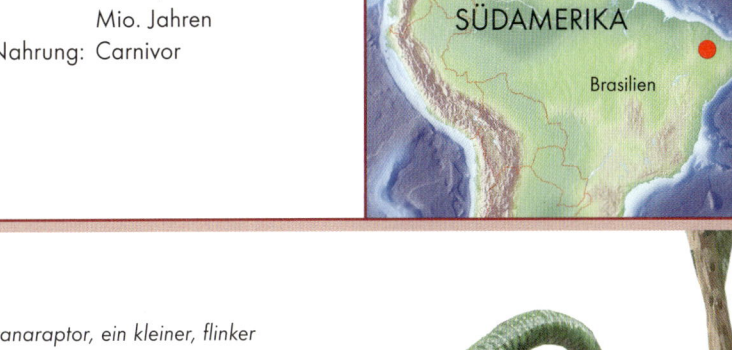

SÜDAMERIKA

Brasilien

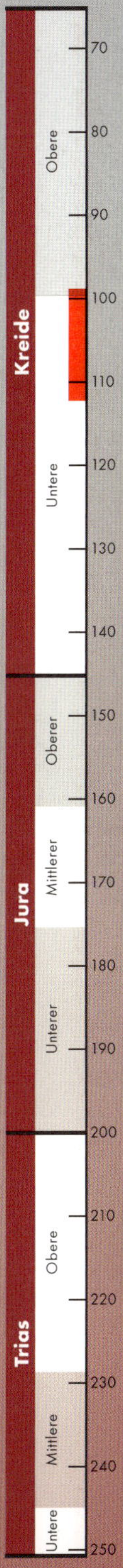

Santanaraptor, ein kleiner, flinker Coelurosaurier, besaß wie seine Verwandten hohle Knochen, die ihm durch ihr geringes Gewicht schnelle Sprints ermöglichten.

		70
Kreide	Obere	80
		90
		100
	Untere	110
		120
		130
		140
Jura	Oberer	150
		160
	Mittlerer	170
	Unterer	180
		190
		200
Trias	Obere	210
		220
	Mittlere	230
		240
	Untere	250

Saurophaganax

Tetanurae
Ordnung: **Saurischia**
Unterordnung: **Theropoda**
Infraordnung: **Carnosauria**
Familie: **Allosauridae**

Höhe: 5 m
Länge: 15 m
Gewicht: 5,5 t
Jahr: Chure, 1995
Ort: Nordamerika:
Morrison Formation,
Colorado, USA
Zeit: Oberer Jura,
vor 157–145 Mio.
Jahren
Nahrung: Carnivor

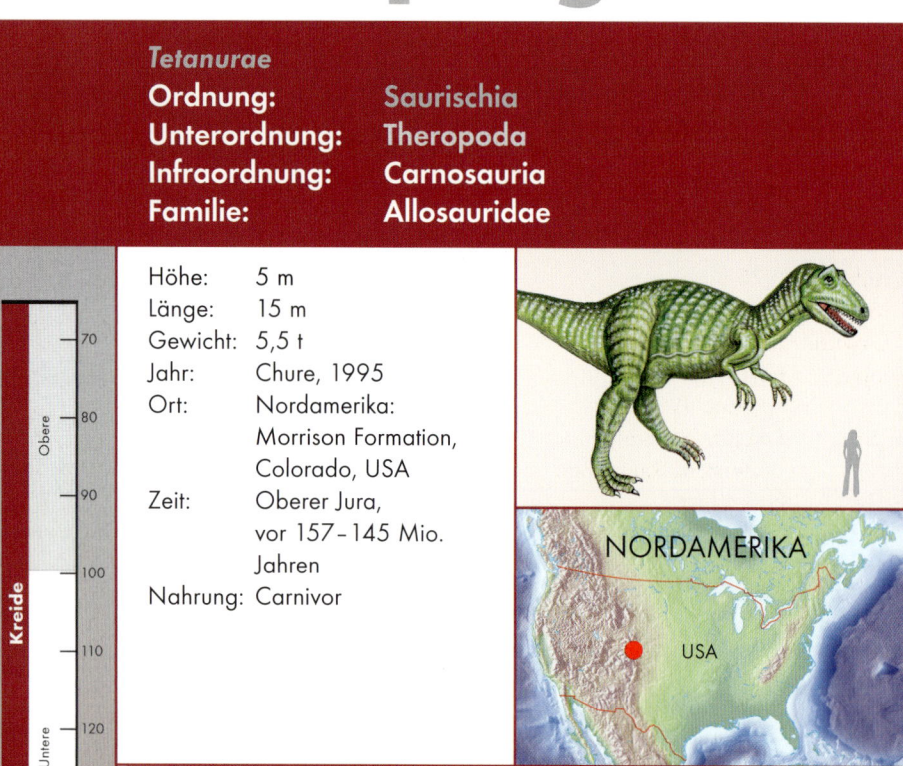

NORDAMERIKA

USA

Gegen Ende des Jura beherrschte Saurophaganax als der größte Vertreter der Allosauriden die Regionen Nordamerikas. Jedoch wurden bisher nur wenige Fossilien dieses bipeden, gewaltigen Fleischfressers gefunden, was Diskussionen auslöste, ob Saurophaganax tatsächlich eine eigene Gattung oder eine Spezies des Allosaurus sei. Die Größenordnung der Fossilien lässt auf eines der größten Landraubtiere aller Zeiten schließen, denn mit seinen bis zu 15 m Länge dürfte der Saurophaganax sogar den Allosaurus übertroffen haben. Sein Name bedeutet daher auch so viel wie „König der Echsenfresser".

Drei recht große Finger saßen an den Armen, mit denen Saurophaganax zupacken konnte. An den kräftigen Beinen hatte er drei ebenso krallenbewehrte Zehen.

Saurophaganax lebte im Norden Amerikas gegen Ende des Jura über einen Zeitraum von mindestens 12 Millionen Jahren. Seine anatomische Nähe zum Allosaurus löst bis heute Diskussionen seiner Zuordnung aus.

Scipionyx

Der Hobbypaläontologe Giovanni Todesco fand 1981 im Pietraroia-Plattenkalk den ersten Dinosaurier in Italien, der auch der einzige Fund des Scipionyx blieb. Zudem handelte es sich um ein etwa 24 cm großes Baby. Die Ausmaße eines ausgewachsenen Tieres konnten deshalb bisher nur geschätzt werden.

Das durch den Kalkstein hervorragend konservierte Fossil ist einzigartig, da eine besonders große Leber, Därme, Lunge und Muskelgewebe gut zu erkennen sind. Außerdem besaß Scipionyx noch etwas Besonderes: ein außergewöhnliches Zwerchfell, das vermutlich für Energiestöße verantwortlich war, die dem Tier bei der Jagd halfen. Die Organe deuten darauf hin, dass das Tier zwar ein Kaltblüter war, aber seinen Energiehaushalt kontrollieren konnte. Das ermöglichte ihm, seine Kräfte im Ruhezustand zu schonen, um sie im richtigen Moment zu mobilisieren und einzusetzen. Seinen Namen erhielt das Tier nach dem römischen General Scipio.

Tetanurae

Ordnung:	*Saurischia*
Unterordnung:	**Theropoda**
Infraordnung:	**Coelurosauria**
Familie:	**Coelurosauria ohne fam. Zuordnung**

Höhe:	0,70 m
Länge:	2–3 m
Gewicht:	30 kg
Jahr:	dal Sasso und Signore, 1998
Ort:	Europa: Pietraroia Plattenkalk, Benevento, Italien
Zeit:	Untere Kreide, vor 119–113 Mio. Jahren
Nahrung:	Carnivor

EUROPA

Italien

Von Scipionyx, einem kleinen Coelurosaurier, blieb ein außergewöhnlich gutes Fossil erhalten, an dem innere Organe und das Zwerchfell zu erkennen waren. Scipionyx konnte vermutlich aufgrund seiner besonderen Struktur hervorragend sprinten oder springen.

Segnosaurus

Tetanurae

Ordnung:	**Saurischia**
Unterordnung:	**Theropoda**
Infraordnung:	**Coelurosauria**
Familie:	**Therizinosauridae**

Höhe:	3 m
Länge:	6–8 m
Gewicht:	4 t
Jahr:	Perle, 1979
Ort:	Asien: 1. Baynshirens-kaya Svita, Omnogov, Mongolei
	2. Iren Dabasu Forma-tion, Innere Mongolei (A. G.), China
Zeit:	Obere Kreide, vor 98–89 Mio. Jahren
Nahrung:	Carnivor oder omnivor

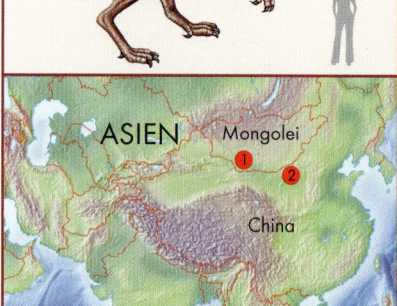

ASIEN
Mongolei
China

Segnosaurus besaß als Therizino-sauride lange, kräftige Arme mit drei gewaltigen Krallen, die sich hervorra-gend zum Graben oder Aufbrechen von Termitenhügeln eigneten. Doch bis heute ist den Wissenschaftlern die Lebensweise dieses Theropoden nicht klar. Er besaß kleine, vierzehige, bekrallte Füße, die mit Schwimmhäu-ten ausgestattet gewesen sein könn-ten. Den Hinweis darauf liefern Fuß-abdrücke in der Nähe eines Skeletts, die deutliche Schwimmhäute zeigen. Segnosaurus könnte im Wasser ge-schwommen sein und Fische gefan-gen haben.

Der Aufbau von Maul und Zähnen stellte dies allerdings wiederum in-frage. Die Position der Beckenkno-chen und der große Raum für die Leibeshöhle deuten auf eine herbi-vore Ernährung hin, die wohl für einen Theropoden ungewöhnlich wäre. Segnosaurus konnte aufgrund seiner langen Oberschenkelknochen nicht schnell laufen, was sich in seinem Namen, der „langsame Echse" bedeutet, widerspiegelt.

Segnosaurus besaß eine Anatomie, die ihm nicht das schnelle Laufen ermöglichte. Seine Überreste wurden bisher in der Mongolei und China gefunden, seine Lebensweise ist aller-dings bis heute unbekannt.

Kreide
Obere
70
80
90
100
Untere
110
120
130
140
Jura
Oberer
150
160
Mittlerer
170
Unterer
180
190
200
Trias
Obere
210
220
230
Mittlere
240
Untere
250

Sinosauropteryx

Sinosauropteryx gehörte zu den bipeden, carnivoren Coelurosauriern. Im Darm zweier Funde entdeckten die Wissenschaftler eine Eidechse und Überreste eines kleinen Säugetiers. Zudem fanden sich Hautabdrücke mit kleinen, federartigen Strukturen, was auf die Möglichkeit hindeutet, dass Sinosauropteryx Federn besessen haben könnte. Ähnliche Abdrücke fanden sich bei Sinornithosaurus, Caudipteryx und Beipiaosaurus.

Sinosauropteryx wird aufgrund bestimmter Merkmale wie den drei Fingern an seinen Händen den Compsognathidae zugeordnet. Zu seinen Besonderheiten zählte der Schwanz, der sich aus 64 Wirbeln zusammensetzte und zu den längsten unter den Theropoden gehörte.

Tetanurae

Ordnung:	**Saurischia**
Unterordnung:	**Theropoda**
Infraordnung:	**Coelurosauria**
Familie:	**Compsognathidae**

Höhe:	0,50 m
Länge:	0,70–1,30 m
Gewicht:	15 kg
Jahr:	Ji Quiang und Ji Shuan, 1996
Ort:	Asien: Yixian Formation, Liaoning, China
Zeit:	Untere Kreide, vor 124–122 Mio. Jahren
Nahrung:	Carnivor

ASIEN

China

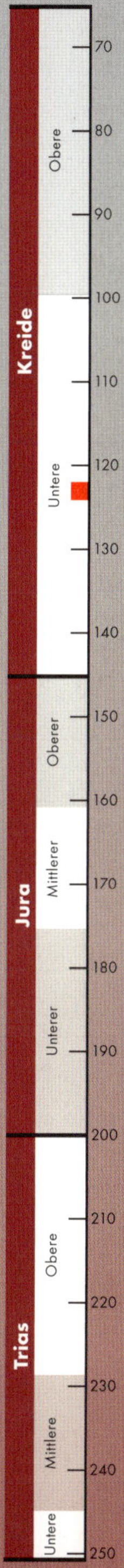

Kreide

Obere

70

80

90

100

Untere

110

120

130

140

Jura

Oberer

150

160

Mittlerer

170

Unterer

180

190

200

Trias

Obere

210

220

Mittlere

230

240

Untere

250

Der kleine Coelurosaurier besaß wie seine Verwandten leichte, hohle Knochen und zudem ein Federkleid. Abdrücke an seinen fossilen Überresten deuten darauf hin. Fliegen war Sinosauropteryx allerdings unmöglich, die Federn dienten lediglich der Wärmeisolierung.

Sinraptor

Tetanurae

Ordnung: Saurischia
Unterordnung: Theropoda
Infraordnung: Tetanurae
Familie: Sinraptoridae

Höhe: 3 m
Länge: 7 – 8 m
Gewicht: 1 t
Jahr: Currie und Zhao, 1994
Ort: Asien: Shishugou Formation, Sinkiang, China
Zeit: Oberer Jura bis Untere Kreide, vor 155 – 144 Mio. Jahren
Nahrung: Carnivor

ASIEN

China

Das 1987 entdeckte Skelett des Sinraptors weist Ähnlichkeit zu dem in China gefundenen Yangchuanosaurus auf, mit dem er heute eine eigene Familie bildet. Äußerlich schien er leichter und schneller als sein Verwandter zu sein. Einige seiner messerförmigen, beidseitig gesägten Zähne fanden sich bei einem fossilisierten Fund eines großen Sauropoden.

Sinraptor nahm sicher die gleiche Stellung wie der Allosaurus in Nordamerika ein und galt als gefährlichster Jäger seiner Zeit. Dabei halfen ihm seine beweglichen Kiefer und die krallenbewehrten Gliedmaßen. Ging er im Rudel auf Jagd, so konnte er möglicherweise größere Pflanzenfresser erlegen.

Der gegen Ende des Jura lebende Sinraptor gehörte zu den gefährlichen Theropoden, die zu seiner Zeit den asiatischen Raum dominierten. Seine Stellung in Asien ist etwa mit der des Allosaurus in Nordamerika zu vergleichen.

Kreide — Obere: 70, 80, 90, 100, 110 — Untere: 120, 130, 140
Jura — Oberer: 150, 160 — Mittlerer: 170, 180 — Unterer: 190
Trias — Obere: 210, 220 — Mittlere: 230, 240 — Untere: 250

Suchomimus

Suchomimus besaß sehr lang gestreckte Kiefer mit hunderten kleiner, kegelförmiger Zähne, die an ein Krokodil erinnern und für seinen Namen verantwortlich sind („Krokodil-Imitator"). Sein Lebensraum lag vermutlich an Flüssen, wo er Fische jagte, indem er sie mit den Zähnen durchbohrte. Die Kiefer standen sich so gegenüber, dass sie ein Zerreißen der Beute erschwerten, weshalb er sie wohl nach dem Fangen verschluckte.

Die kräftigen Arme, deren Finger lange Klauen aufwiesen – die Daumenkralle konnte z. B. bis zu 40 cm lang sein –, waren beim Jagen sicher behilflich. Neben Fischen konnte der Raubsaurier so auch Landtiere überwältigen und töten. Wie alle Mitglieder seiner Familie der Spinosauriden verfügte auch Suchomimus über verlängerte Dornfortsätze an den Wirbeln. Vermutlich trug auch er ein Hautsegel auf dem Rücken, das ihn zu einer besseren Wärmeregulierung befähigte, oder einen Höcker mit Fettpolstern, die eine Wassereinlagerung und somit das Überleben in Trockenzonen oder -perioden ermöglichen konnten. Suchomimus

ähnelt mehr den europäischen Spinosauriden als den afrikanischen, was darauf hindeuten kann, dass seine Vorfahren anscheinend in Europa lebten und über eine Landbrücke nach Afrika gelangt waren.

Tetanurae

Ordnung:	Saurischia
Unterordnung:	Theropoda
Infraordnung:	Tetanurae
Familie:	Spinosauridae

Höhe:	4 m
Länge:	11 – 12 m
Gewicht:	5 t
Jahr:	Sereno, Beck, Dutheil, Gado, Larsson, Lyon, Rauhhut, Sadleir, Sidor, Varricchio, G. P. Wilson und J. A. Wilson, 1998
Ort:	Afrika: Elrhaz Formation, Tenere Wüste, Niger
Zeit:	Untere Kreide, vor 106 Mio. Jahren
Nahrung:	Carnivor

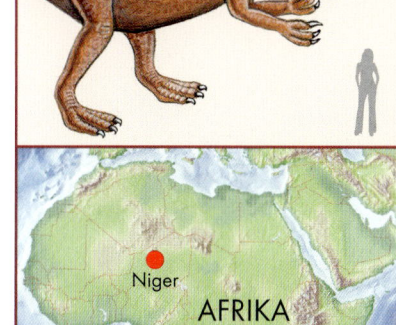

Niger
AFRIKA

Suchomimus trug über den verlängerten Dornfortsätzen an den Wirbeln vermutlich ein Hautsegel, das ihn als Spinosauriden kennzeichnet und eventuell der Wärmeregulierung gedient haben könnte. Möglich ist auch, dass das Tier eine Art Fetthöcker trug, der ihm das Überleben in den heißen Trockenzonen ermöglichte.

Kreide	Obere	70
		80
		90
		100
	Untere	110
		120
		130
		140
Jura	Oberer	150
		160
	Mittlerer	170
		180
	Unterer	190
		200
Trias	Obere	210
		220
		230
	Mittlere	240
	Untere	250

Spinosaurus

Tetanurae

Ordnung:	**Saurischia**
Unterordnung:	**Theropoda**
Infraordnung:	**Tetanurae**
Familie:	**Spinosauridae**

Höhe: 5 m
Länge: 12–17 m
Gewicht: 7–9 t
Jahr: Stromer von Reichenbach, 1915
Ort: Afrika:
1. Kem Kem Formation, Marokko
2. Algerien
3. Tunesien
4. Niger
5. Baharija-Oase, Ägypten
Zeit: Untere und Obere Kreide, vor 100–95 Mio. Jahren
Nahrung: Carnivor

Marokko
Algerien
Tunesien
Ägypten
Niger
AFRIKA

Kreide
Obere
Untere
70
80
90
100
110
120
130
140

Jura
Oberer
Mittlerer
Unterer
150
160
170
180
190
200

Trias
Obere
Mittlere
Untere
210
220
230
240
250

Spinosaurus gehörte zu den größten Fleischfressern der Erde und schien Tyrannosaurus um Einiges überragt zu haben. Auf seinem Rücken saß ein großes Segel, das sich über die bis zu 1,80 m langen, mannshohen Dornfortsätze der Rückenwirbel spannte. Segel besaßen auch die anderen Spinosauriden, bei Spinosaurus fiel es aber am größten aus.

Die genaue Funktion ist jedoch noch ungeklärt, vermutlich diente es dem Wärmeaustausch im heißen Klima Afrikas. Drehte Spinosaurus das Segel in die Sonne, konnte er schnell Wärme aufnehmen, hielt er es in den

Spinosaurus gilt heute als das größte landlebende Raubtier und wurde mit bis zu 17 m Länge deutlich größer als Tyrannosaurus rex. Er lebte vor etwa 100 Millionen Jahren in Afrika und wurde erstmals vom deutschen Paläontologen Ernst Stromer von Reichenbach beschrieben. Neuere Untersuchungen des italienischen Paläontologen Cristiano Dal Sasso ergaben, dass es sich bei dem Theropoden vermutlich um den wahren König der Raubsaurier handelte.

Wind, so war es möglich, Wärme abzugeben. Es kann aber auch bei Balzritualen eine Rolle gespielt haben.

Da es bei der Jagd nach anderen großen Dinosauriern eher im Wege stand, ernährte sich Spinosaurus vermutlich von kleineren Tieren. Die schmale, krokodilähnliche Schnauze mit den spitzen, dicht stehenden, geraden Zähnen deutet darauf hin, dass der Raubsaurier ähnlich dem Baryonyx auch im Wasser auf Fischfang gegangen sein könnte. Die Schnauzenform und Zahnstellung legen auch eine Lebensweise als Aasfresser nahe. Außerdem könnte

Spinosaurus statt des Segels auch einen Fetthöcker besessen haben, der ihm als Wasserspeicher in längeren Trockenperioden diente und dann auch weniger bei der Jagd behindert hätte. Spinosaurus lief auf zwei Beinen, konnte sich aber auch auf allen Vieren fortbewegen, obwohl seine vorderen Gliedmaßen kürzer waren als die hinteren.

Der Münchner Paläontologe Ernst Stromer von Reichenbach (1871–1952) entdeckte den Raubsaurier 1912 in der ägyptischen Baharija-Oase und nannte ihn Spinosaurus („Dornenechse").

Tarbosaurus

Tetanurae

Ordnung:	**Saurischia**
Unterordnung:	**Theropoda**
Infraordnung:	**Tetanurae**
Familie:	**Tyrannosauridae**

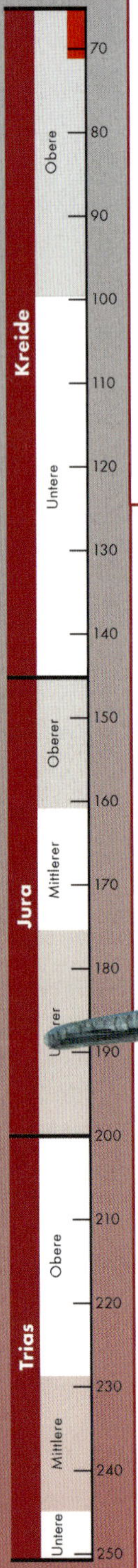

Höhe: 6 m
Länge: 12–14 m
Gewicht: 5 t
Jahr: Maleev, 1955
Ort: Asien:
        1. Subashi Formation
        u. a., Sinkiang, China
        2. Nemegt Formation
        u. a., Omnogov, Mon-
        golei
Zeit: Obere Kreide,
        vor 71–65 Mio.
        Jahren
Nahrung: Carnivor

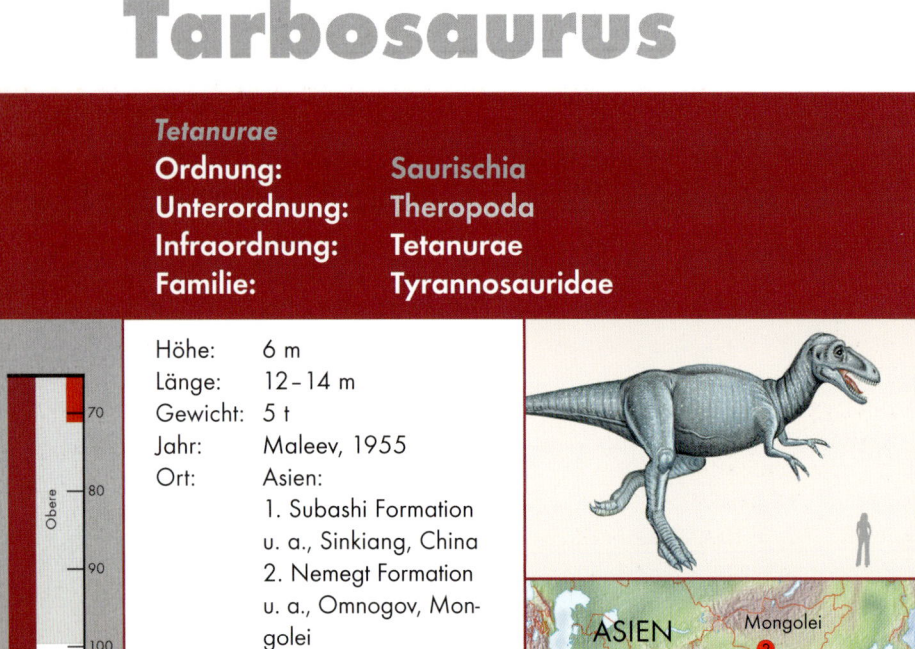

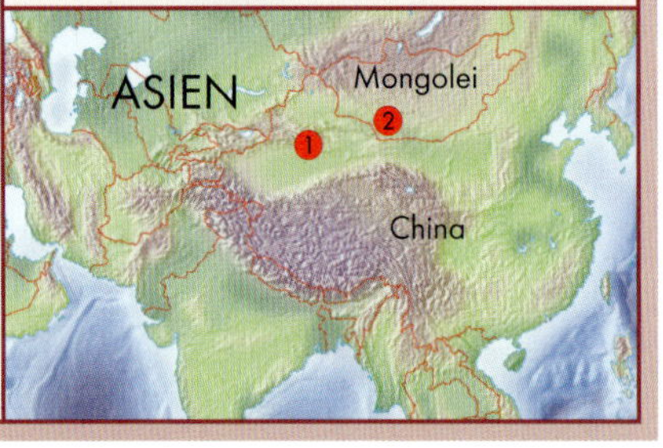

ASIEN   Mongolei   China

Die „furchtbare Echse" lebte in der Kreidezeit in Asien, ist aber seinem nordamerikanischen Verwandten, dem *Tyrannosaurus rex* sehr ähnlich. Mit einer Gesamtlänge von bis zu 14 m und der Höhe von 6 m übertraf Tarbosaurus den Tyrannosaurus etwas und nahm ihm bis zur Entdeckung des Giganotosaurus den Titel des größten Landraubtiers aller Zeiten ab.

Tarbosaurus besaß zwei starke Beine und die typischen, verkümmerten, mit zwei Fingern besetzten Arme der Tyrannosauriden. Beeindruckend waren auch seine großen, dolchartigen Zähne in den riesigen Kiefern.

Sein Schädel, auf dessen Schnauzenspitze Knochenauswüchse saßen, war länger und schlanker als der des Tyrannosaurus. Zu seiner Beute gehörten vermutlich die mittelgroßen Pflanzenfresser seiner Region und Zeit wie z. B. die Entenschnabel- und auch Panzer-Dinosaurier.

Tarbosaurus lebte gegen Ende der Kreidezeit in Asien und gehörte zu den größten Landraubtieren der Erde. In seiner Länge übertraf er minimal den Tyrannosaurus aus Nordamerika.

Kreide

Obere

Untere

Jura

Oberer

Mittlerer

Unterer

Trias

Obere

Mittlere

Untere

70
80
90
100
110
120
130
140
150
160
170
180
190
200
210
220
230
240
250

Therizinosaurus besaß mit 60 cm die längsten Krallen, die jemals an einem Tier gefunden wurden. Aber auch die Arme nahmen mit 2,50 m gewaltige Ausmaße an, weshalb das Tier zu Recht den Namen Therizinosaurus = „Sensen-Echse" bekam.

Bisher wurden jedoch nur wenige andere Knochen von Bein, Schulter-gürtel und Fuß sowie von den Zäh-nen gefunden, weshalb Habitus und Lebensweise des großen Coeluro-sauriers noch unklar sind. Wissen-schaftler nehmen heute an, dass sich Therizinosaurus omnivor ernähr-te. Seine Klauen könnten ihm beim Öffnen der Termitenhügel, beim Fangen von Beutetieren oder auch beim Abreißen pflanzlicher Nahrung geholfen haben. Die langen Daumen-krallen dienten ihm vielleicht zusätz-lich als gefährliche Waffe.

Die Rekonstruktion des Tieres er-folgte auf Vermutungen. So sehen einige Paläontologen Therizinosau-rus als langhälsigen Theropoden auf vier Krallenzehen, während an-dere ihn als plumpen Zweibeiner mit Federkleid darstellen.

Tetanurae

Ordnung:	Saurischia
Unterordnung:	Theropoda
Infraordnung:	Tetanurae
Familie:	Therizinosauridae

Höhe:	2,50 m
Länge:	8–12 m
Gewicht:	3–6 t
Jahr:	Maleev, 1954
Ort:	Asien:
	1. Kasachstan
	2. Nemegt Formation, Omnogov, Mongolei
	3. Sibirien
Zeit:	Obere Kreide, vor 80–65 Mio. Jahren
Nahrung:	Omnivor

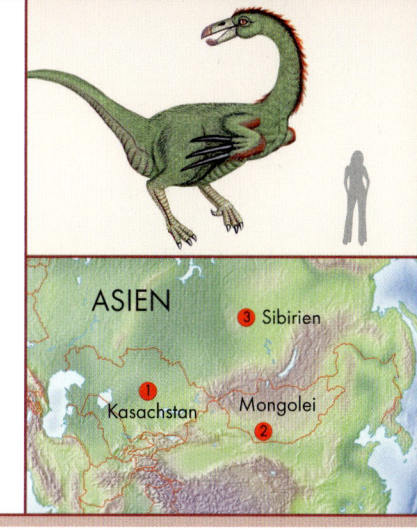

ASIEN

3 Sibirien

1 Kasachstan   Mongolei
2

Therizinosaurus besaß die größ-ten Krallen, die jemals bei einem Tier gefunden wurden. Mit einer Höhe von 2,50 m war er größer als jeder Mensch.

Kreide
Obere
Untere

Jura
Oberer
Mittlerer
Unterer

Trias
Obere
Mittlere
Untere

70
80
90
100
110
120
130
140
150
160
170
180
190
200
210
220
230
240
250

Timimus

Tetanurae

Ordnung:	Saurischia
Unterordnung:	Theropoda
Infraordnung:	Tetanurae oder Ornithomimosauria
Familie:	Ohne familiäre Zuordnung

Höhe:	1,80 m
Länge:	3,50 m
Gewicht:	170 kg
Jahr:	Rich und Vickers-Rich, 1994
Ort:	Australien: Otway Group, Dinosaur Cove, Victoria
Zeit:	Untere Kreide, vor 119–113 Mio. Jahren
Nahrung:	Omnivor

AUSTRALIEN

Victoria

Von Timimus wurden nur zwei Oberschenkel und wenige Wirbel gefunden, nach denen er zu den Coelurosauriern gehört haben könnte. Er besaß ungewöhnlich schlanke Beine, womit er sicher hohe Geschwindigkeiten während des Laufens erreichte.

Auch scheint er den Ornithomimiden zu ähneln. Auf deren langen, aufrechten Hälsen saßen kleine Köpfe mit hoch sitzenden Augen, die einen Panoramablick freigaben. Mit ihren zahnlosen Schnäbeln ernährten sie sich sowohl von kleinen Tieren als auch von Insekten, aber auch von Pflanzen und Früchten. Timimus unterscheidet sich von den Ornithomimiden durch das Fehlen einer Furche im Femur (Oberschenkelknochen). Auch zeigt er große Ähnlichkeit mit dem afrikanischen Elaphrosaurus, der heute als Neoceratosaurier gilt.

Von Timimus wurden bisher nur wenige fossile Überreste gefunden. Vermutlich lebte der Theropode in einem Gebiet, das während der Kreidezeit das heutige Australien bildete.

Torvosaurus

Torvosaurus ist der bisher größte Raub-Dinosaurier, der in der nordamerikanischen Morrison Formation zum Vorschein kam. 1972 wurde dort sein 1,20 m langer Schädel entdeckt. Torvosaurus besaß kurze Arme, die in drei Krallen tragenden Fingern endeten, wobei ihm die Daumenkralle sicher ebenso wie seine langen, scharfen Zähne beim Erlegen der Beute dienlich gewesen sein können.

Zu seinen Opfern gehörten die großen Pflanzenfresser der Region, die Stegosaurier und Sauropoden. Mit seinem Zeitgenossen, dem Allosaurus, war er sicher einer der gefährlichsten Räuber des Oberjura. Äußerlich ähnelte er dem europäischen Megalosaurus. Sein Name bedeutet „wilde Echse".

Tetanurae
Ordnung:	**Saurischia**
Unterordnung:	**Theropoda**
Infraordnung:	**Tetanurae**
Familie:	**Megalosauridae**

Höhe:	3 m
Länge:	10–12 m
Gewicht:	3–5 t
Jahr:	Galton und Jensen, 1979
Ort:	Nordamerika: Morrison Formation, Dry Mesa Quarry, Colorado, USA
Zeit:	Oberer Jura bis Untere Kreide, vor 156–144 Mio. Jahren
Nahrung:	Carnivor

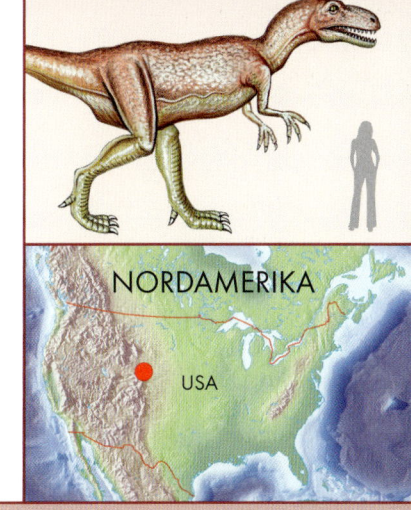

NORDAMERIKA

USA

Torvosaurus überragte mit seinen bis zu 12 m Länge jedes Raubtier seiner Zeit. Gegen Ende des Jura beherrschte er gemeinsam mit dem Allosaurus den Norden Amerikas.

Tyrannosaurus

Der „König der Tyrannenechsen", was *Tyrannosaurus rex* bedeutet, ist sicher der bekannteste Dinosaurier. Er wurde bereits 1902 gefunden und drei Jahre später vom amerikanischen Paläontologen Henry Fairfield Osborn beschrieben. Bis zur Entdeckung des Giganotosaurus galt er als das größte an Land lebende Raubtier aller Zeiten.

Mit seinen gewaltigen Ausmaßen, den mächtigen Kiefern und vor allem den 15 cm langen, dolchartigen Zähnen, die sich nach der Abnutzung automatisch durch neue ersetzten, konnte er Hadrosaurier und Ceratopsier jagen und sie mit einem Biss niederreißen.

Seine langen Beinknochen waren hohl und damit leichter, als sie aussahen, was Tyrannosaurus vielleicht zu einem schnellen Läufer machte. Noch sind sich die Wissenschaftler nicht einig, ob *Tyrannosaurus rex* überhaupt fähig war, schnell und lange zu laufen. Das Gewicht

Tetanurae

Ordnung:	Saurischia
Unterordnung:	Theropoda
Infraordnung:	Coelurosauria
Familie:	Tyrannosauridae

Höhe: 6 m
Länge: 12–13 m
Gewicht: 7 t
Jahr: Osborn, 1905
Ort: Nordamerika, USA:
  1. Javelina Formation, Texas
  2. Lance Form., Wyoming
  3. Hell Creek Formation, Süd-Dakota
  4. Livingstone Formation, Montana
  Nordamerika, Kanada:
  5. Willow Creek Formation, Alberta
  6. Frenchman Formation, Saskatchewan
Zeit: Obere Kreide, vor 80–65 Mio. Jahren
Nahrung: Carnivor

NORDAMERIKA

Kanada

USA

Tyrannosaurus lebte gegen Ende der Kreidezeit und gilt als der König der Landraubtiere. Er bestach durch gewaltige Hinterbeine und Kiefer, besaß jedoch Stummelärmchen, deren Zweck unbekannt ist. In der Größe wurde Tyrannosaurus nur von Tarbosaurus, Giganotosaurus und Spinosaurus übertroffen.

des Kolosses hätte ihm angeblich bei einem Sturz zum Verhängnis werden können. Ungeklärt ist auch, ob er tatsächlich Jagd auf andere Dinosaurier machte oder nur als Aasfresser umherzog und sich von verendeten Tieren ernährte.

Sein großes Gehirn und die hoch sitzenden Augen ermöglichten ihm vielleicht ein räumliches Sehen, wodurch er seine Opfer gezielt aus dem Hinterhalt hätte angreifen können, ohne lange Spurts hinlegen zu müssen. Im Gegensatz zu seinen starken Beinen, an denen drei mit Krallen versehene Zehen saßen, wirkten seine kurzen Stummelarme winzig. Die beiden Finger trugen ebenfalls Krallen, ihre Funktion ist jedoch unklar. Die Arme reichten weder zum Maul, noch dienten sie dazu Beute festzuhalten.

Tyrannotitan

Tetanurae

Ordnung:	Saurischia
Unterordnung:	Theropoda
Infraordnung:	Tetanurae
Familie:	Carcharodontosauridae

Höhe:	4,50 m
Länge:	13 m
Gewicht:	6–7 t
Jahr:	Novas, de Valais, Vickers-Rich und Rich, 2005
Ort:	Südamerika: Cerro Barcino Formation, Chubut, Argentinien
Zeit:	Untere Kreide, vor 116 Mio. Jahren
Nahrung:	Carnivor

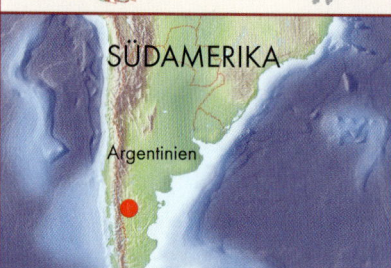

SÜDAMERIKA

Argentinien

Die Carcharodontosauriden, zu denen Tyrannotitan gehörte, verbreiteten sich während ihres Auftretens in der Unteren Kreidezeit über Südamerika. Die Verwandtschaft mit dem ebenfalls in Südamerika gefundenen Giganotosaurus und dem Carcharodontosaurus, der in Nordafrika entdeckt wurde, ist Tyrannotitan anzusehen.

Die Carcharodontosauriden der Kreidezeit sind nicht nur die letzten Carnosaurier, die auftraten, sondern auch die größten Raubsaurier. Sicherlich beherrschten sie den Kontinent, eventuell gemeinsam mit den Spinosauriden, bis sie zu Beginn der Oberkreide ausstarben. Ihren Platz nahmen dann die etwas kleineren Abelisauriden ein. Die ersten Funde von Tyrannotitan kamen bereits 1975 in Patagonien zum Vorschein. Nach weiteren Entdeckungen erhielt der Theropode aufgrund seiner gewaltigen Ausmaße den Namen „Riesentyrann".

Tyrannotitan lebte während der Unteren Kreidezeit in Südamerika und war mit dem afrikanischen Carcharodontosaurus verwandt. Seine kräftigen Hinterbeine, der massive Körper und die starken Kiefer und Zähne machten ihn zu einem gefährlichen Raubsaurier seiner Zeit.

Er besaß kurze, kräftige Arme und massive Hinterbeine, die allerdings ein klein wenig kürzer als die des Giganotosaurus ausfielen. Wie dieser jagte er sicher die riesigen Pflanzenfresser seiner Zeit und dominierte als gefährlicher Raubsaurier die Region.

Yangchuanosaurus

Dieser bipede, carnivore Raubsaurier lebte im Oberjura etwa zur gleichen Zeit wie sein Verwandter, der Sinraptor, mit dem er eine eigene Familie bildet. Yangchuanosaurus besaß einen massigen Körper, kurze Vorderarme mit drei Fingern, einen kräftigen Hals und einen länglichen Schädel, dessen Kiefer mit großen, nach hinten gebogenen und beidseitig gezackten Zähnen besetzt waren.

Der Fleischfresser war sicher der gefährlichste Räuber seiner Zeit in China. Sein mächtiger Körper ruhte auf den beiden säulenartigen Beinen, die in drei nach vorne gerichteten Zehen endeten. Eine vierte, kleinere zeigte wie bei seinen Verwandten nach hinten. Von diesen unterschied ihn ein Knochenhöcker auf der Schnauze. Auch besaß er mehr Zähne im vorderen Kieferteil.

Tetanurae

Ordnung:	**Saurischia**
Unterordnung:	**Theropoda**
Infraordnung:	**Tetanurae**
Familie:	**Sinraptoridae**

Höhe:	2,50 m
Länge:	10 m
Gewicht:	3,5 t
Jahr:	Dong, Chang, Li und Zou, 1978
Ort:	Asien: Shangshaximiao Formation, Sichuan, China
Zeit:	Oberer Jura, vor 156 Mio. Jahren
Nahrung:	Carnivor

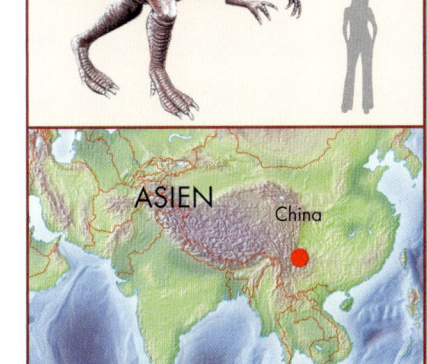

ASIEN
China

Wenn Yangchuanosaurus auf seinen beiden Beinen lief, hielt er den seitlich abgeflachten Schwanz waagrecht, damit dieser das Körpergewicht ausbalancierte. Seinen Namen erhielt er nach seinem Fundort: „Echse aus Yangchuan".

Die große chinesische Echse lebte während der oberen Jurazeit vor etwa 156 Millionen Jahren. Ihre kräftigen Zähne waren nach hinten gebogen und an beiden Seiten gezackt.

Archaeornithomimus

Ornithomimosauria

Ordnung:	Saurischia
Unterordnung:	Theropoda
Infraordnung:	Ornithomimosauria
Familie:	Ornithomimidae

Höhe:	1,50 m
Länge:	3,50 m
Gewicht:	90 kg
Jahr:	Russell, 1972
Ort:	Asien:
	1. Bissekt Formation, Dzhira-Khuduk, Usbekistan
	2. Iren Dabasu Formation, Innere Mongolei (A.G.), China
Zeit:	Untere Kreide, vor 100 Mio. Jahren
Nahrung:	Carnivor/omnivor

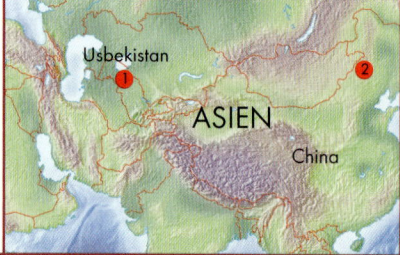

Usbekistan 1

ASIEN

China 2

Der älteste bisher gefundene Ornithomimide lebte in der Unteren Kreidezeit und gilt als deren primitivster Vertreter. Die schlanke, vogelähnliche Gestalt und seine Stellung in der Tierwelt gab ihm auch seinen Namen, der „alter Vogelnachahmer" bedeutet. Seine Verwandtschaft zum ebenfalls chinesischen Gallimimus und dem nordamerikanischen Struthiomimus, die erst ungefähr 30 Millionen Jahre später lebten, zeigte sich im Äußeren durch den langen Hals und Schwanz. An den Armen schlossen sich nur kurze Handknochen an, vor allem ein kurzer dritter Finger, der ihn von den anderen Ornithomiden unterscheidet. Gerade Krallen saßen an den Händen, gekrümmte Klauen an den Zehen. Wie seine Verwandten ernährte sich Archaeornithomimus vermutlich von Insekten und Kleingetier, aber auch von Pflanzen und Beeren.

Archaeornithomimus lebte während der Unteren Kreide in Asien. Der kleine Ornithomimide ernährte sich vermutlich von Kleingetier und Insekten.

Bisher wurden nur zwei über 2 m lange Arme mit riesigen Klauen von bis zu 30 cm Länge von diesem Saurier gefunden. Sie gaben ihm seinen Namen („schreckliche Hand"), klären aber nicht die Verwendung oder Gestalt des Tieres. Die ebenfalls entdeckten Rippen und Rückenwirbel sind nicht eindeutig dem Fund zuzuordnen. Da es sich aufgrund des Knochenbaus vermutlich um einen Ornithomimiden handelt, schließen die Armlängen, in die typischen Proportionen gesetzt, auf einen sehr großen, auf zwei Beinen laufenden Räuber. Der Habitus erinnert an einen übergroßen Gallimimus mit riesigen Klauen. Die gewaltigen Krallen können zum Greifen der Beute gedient haben. Unklar ist, ob sich Deinocheirus carnivor oder herbivor ernährte.

Ornithomimosauria

Ordnung:	Saurischia
Unterordnung:	Theropoda
Infraordnung:	Ornithomimosauria
Familie:	Ohne familiäre Zuordnung

Höhe:	3,50 m
Länge:	10–15 m
Gewicht:	750 kg
Jahr:	Osmolska und Roniewicz, 1970
Ort:	Asien: Nemegt Formation, Omnogov, Mongolei
Zeit:	Obere Kreide, vor 83–65 Mio. Jahren
Nahrung:	Carnivor oder herbivor

Deinocheirus trug gewaltige Krallen an seinen Händen, mit denen er seine Beute fassen und töten konnte. Kennzeichnend waren auch seine besonders langen Beine.

Dromiceiomimus

Ornithomimosauria

Ordnung: Saurischia
Unterordnung: Theropoda
Infraordnung: Ornithomimosauria
Familie: Ornithomimidae

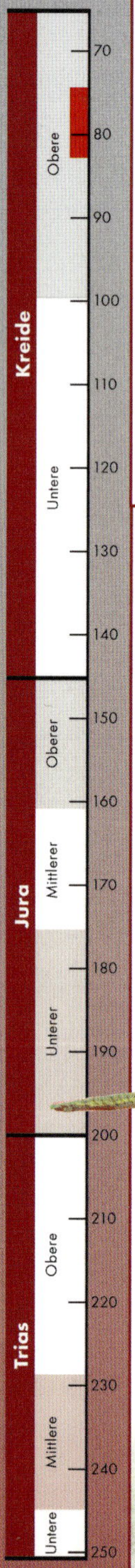

Höhe: 1,70 m
Länge: 3,50 m
Gewicht: 100 kg
Jahr: D. A. Russell, 1972
Ort: 1. Nordamerika:
Horseshoe Canyon
Formation, Alberta,
Kanada
2. Asien: Khuren Dukh
Formation, Dundgov,
Mongolei
Zeit: Obere Kreide,
vor 83–74 Mio.
Jahren
Nahrung: Carnivor

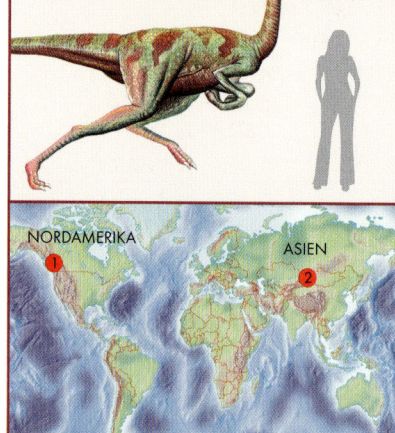

NORDAMERIKA ASIEN

Dromiceiomimus gehörte zu den schnellen Räubern. Seine Laufbeine und besonders die sehr langen Schienbeine zeigen die typischen Proportionen, die dafür notwendig sind, um schnell hohe Geschwindigkeiten zu erreichen. Auch seine leichte Statur machte das Tier zu einem flinken Jäger. Zudem besaß der Dromiceiomimus, wie die Maße seines Schädels verdeutlichen, ein sehr großes Gehirn und ebenfalls außergewöhnlich große Augen, die ihm vielleicht die Jagd in der Dämmerung erleichterten. Zu seinen Beutetieren zählten dann kleine, nachtaktive Wirbeltiere. Dromiceiomimus war mit Struthiomimus verwandt, der ebenfalls in Kanada lebte.

Dromiceiomimus besaß lange Beine, mit denen er hohe Geschwindigkeiten erreichte, und außergewöhnlich große Augen, die ihm bei der nächtlichen Jagd gedient haben könnten.

Kreide
Obere
70
80
90
100
Untere
110
120
130
140

Jura
Oberer
150
160
Mittlerer
170
Unterer
180
190

Trias
Obere
200
210
220
Mittlere
230
240
Untere
250

Die Ähnlichkeit zu den Vögeln gab diesem größten bisher bekannten Vertreter der Ornithomimiden seinen Namen, denn Gallimimus heißt „Hühner-Imitator" oder „Hahn-Nachahmer". Von den anderen Verwandten, dem Ornithomimus und dem Struthiomimus, unterschied ihn vor allem seine in einem zahnlosen Schnabel endende Schnauze.

Dadurch war es ihm unmöglich, größere Fleischstücke zu reißen oder zu kauen, weshalb lange angenommen wurde, dass sich der Gallimimus herbivor ernährte. Heute geht man davon aus, dass er Insekten, Larven und Kleintiere fraß, die er ohne zu kauen hinunterschluckte. Seine Hände waren sicher auch dazu geeignet, Dinosauriereier auszugraben, die er mit dem Schnabel aufhackte. Er lebte in der Nähe von Flüssen und konnte ebenso Algen aus dem Wasser filtern. Obwohl er eine stattliche Länge von bis zu 6 m erreichte, machten der gefährliche Deinonychus und auch Carnosaurier auf ihn Jagd.

Ornithomimosauria

Ordnung:	**Saurischia**
Unterordnung:	**Theropoda**
Infraordnung:	**Ornithomimosauria**
Familie:	**Ornithomimidae**

Höhe:	3 m
Länge:	4–6 m
Gewicht:	400 kg
Jahr:	Osmólska, Roniewicz und Barsbold, 1972
Ort:	Asien: Nemegt Formation, Omnogov, Mongolei
Zeit:	Obere Kreide, vor 74–65 Mio. Jahren
Nahrung:	Omnivor

Gallimimus konnte jedoch schnell rennen, bis zu 80 km/h, und seine hoch am Kopf sitzenden Augen unterstützten zwar nicht das räumliche Sehen, gaben aber einen weiten Panoramablick auf seine Feinde frei.

Gallimimus glich äußerlich den heute lebenden flugunfähigen Straußenvögeln und konnte enorme Geschwindigkeiten erreichen.

Harpymimus

Ornithomimosauria

Ordnung: Saurischia
Unterordnung: Theropoda
Infraordnung: Ornithomimosauria
Familie: Ohne familiäre Zuordnung

Höhe:	0,80–1 m
Länge:	2 m
Gewicht:	50–100 kg
Jahr:	Barsbold und Perle, 1984
Ort:	Asien: Khuren Dukh Formation, Dundgov, Mongolei
Zeit:	Untere bis Obere Kreide, vor 119–98 Mio. Jahren
Nahrung:	Carnivor oder omnivor

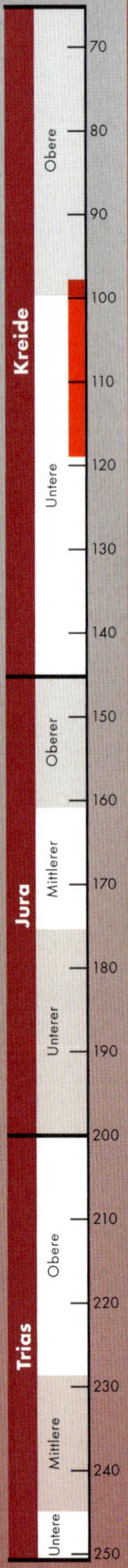

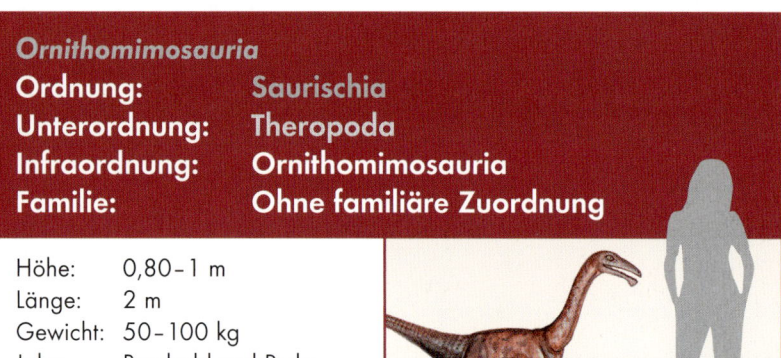

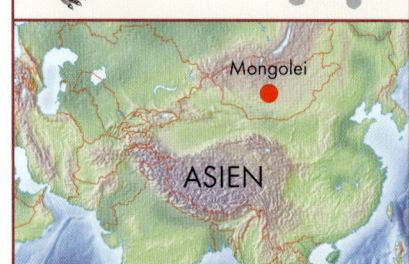

Mongolei

ASIEN

Harpymimus erhielt seinen Namen nach den mystischen Fabelwesen der griechischen Mythologie, den Harpien, die als hässliche Riesenvögel ihr Unwesen trieben. Seine Gestalt, vor allem der dünne Hals und die schlanken Beine, die lange Schnauze sowie der kurze Hinterkopf, zeichnen ihn als Ornithomimosaurier aus. Allerdings saßen im Unterkiefer des Harpymimus Zähne, was ihn von den zahnlosen Ornithomimiden unterschied. Seine Sinne waren bestens ausgebildet, wodurch ihm die Jagd auf Eidechsen und Insekten leicht fiel. Vermutlich ernährte er sich zudem herbivor und nahm neben Kleingetier auch Pflanzen und Beeren zu sich.

Harpymimus bestach durch ein außergewöhnliches Äußeres und scharfe Zähne in der Schnauze, was ihn von den anderen Ornithomimiden unterschied.

Kreide

Obere

Untere

Jura

Oberer

Mittlerer

Unterer

Trias

Obere

Mittlere

Untere

70
80
90
100
110
120
130
140
150
160
170
180
190
200
210
220
230
240
250

Khaan

Der erst 2001 beschriebene Oviraptor mit Namen Khaan tauchte in der Wüste Gobi gemeinsam mit anderen Raptoren auf, die in der Kreidezeit im Gebiet der heutigen Mongolei lebten. Zunächst wurde er als Ingenia eingeordnet, später jedoch als eigene Gattung erkannt und beschrieben.

Mit seinen langen, kräftigen Beinen, die ihn zu einem guten Läufer machten, ging er auf die Jagd nach kleinen Wirbeltieren wie Säugern, Eidechsen, eventuell auch Dinosaurierjungen. Dabei hielt er die gefiederten Arme leicht vom Körper gespreizt, denn vermutlich besaß auch er ein Federkleid zur Wärmeisolierung.

Ornithomimosauria

Ordnung:	**Saurischia**
Unterordnung:	**Theropoda**
Infraordnung:	**Maniraptora**
Familie:	**Oviraptoridae**

Höhe:	0,90 m
Länge:	2 m
Gewicht:	40 kg
Jahr:	Clark, Norell und Barsbold, 2001
Ort:	Asien: Djadokhta Formation, Omnogov, Mongolei
Zeit:	Obere Kreide, vor 83–71 Mio. Jahren
Nahrung:	Carnivor

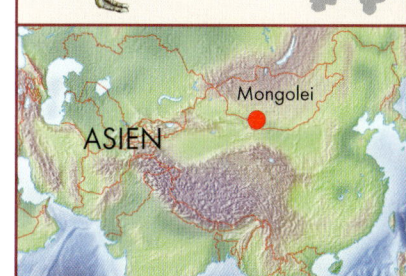

ASIEN

Mongolei

Khaan lebte während der Oberen Kreide in Asien, besaß ein Federkleid zur Wärmeisolierung und war ein ausgezeichneter Läufer.

Ornithomimus

Ornithomimosauria

Ordnung:	Saurischia
Unterordnung:	Theropoda
Infraordnung:	Ornithomimosauria
Familie:	Ornithomimidae

Höhe:	1,20 m
Länge:	3,50 m
Gewicht:	120 kg
Jahr:	Marsh, 1890
Ort:	Nordamerika:
	1. Horseshoe Canyon Formation, Alberta, Kanada
	2. Eagle Sandstone Formation, Montana, USA
	3. Denver Formation, Colorado, USA
Zeit:	Obere Kreide, vor 76–65 Mio. Jahren
Nahrung:	Omnivor

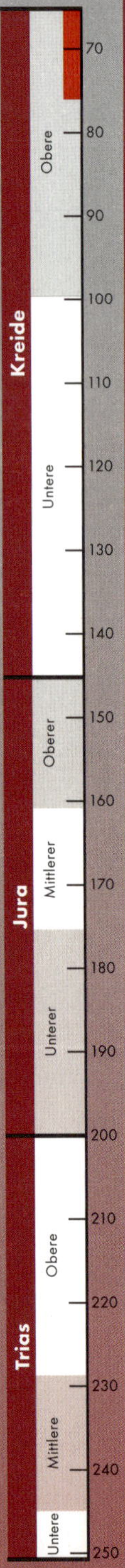

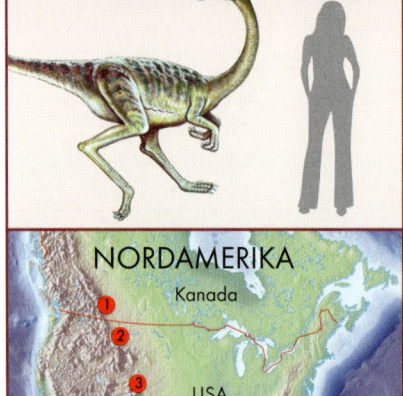

NORDAMERIKA

Kanada

USA

Ornithomimus war ein schneller Läufer, der bis zu 50 km/h zurücklegen konnte. Die langen Beine, der relativ kleine Kopf mit einem recht großen Gehirn und der gedrungene Körper erinnern an den Habitus der Vögel, wonach der flinke Räuber seinen Namen erhielt, denn Ornithomimus bedeutet „Vogel-Nachahmer".

Die Hände, die er nicht zum Laufen benutzte, waren dafür geeignet, seine Beute festzuhalten, die aus kleinen Säugern und Eidechsen bestanden haben könnte. Vermutlich plünderte er auch Nester und fraß Dinosauriereier, die er mit dem harten, zahnlosen Schnabel aufpicken konnte und die ihm in den trockenen Regionen Flüssigkeit lieferten. Zusätzlich nahm er wie die anderen Vertreter seiner Familie, der er den Namen gab, auch pflanzliche Nahrung wie Samen oder Beeren zu sich.

Fossile Überreste von Ornithomimus, der seiner Familie den Namen gab, kamen in Nordamerika zum Vorschein. Er konnte schnelle Sprints hinlegen und ernährte sich vermutlich omnivor.

Kreide
Obere
Untere
Jura
Oberer
Mittlerer
Unterer
Trias
Obere
Mittlere
Untere

70
80
90
100
110
120
130
140
150
160
170
180
190
200
210
220
230
240
250

Pelecanimimus

Pelecanimimus besaß vermutlich einen Hautsack am Hals, einen kleinen Kehlsack ähnlich dem der Pelikane, der beim Fischen half. Am Hinterkopf saß ein Hautkamm, dessen Funktion ebenfalls ungeklärt ist. Ansonsten ähnelte Pelecanimimus in der äußeren Gestalt durchaus den Ornithomimiden. Das gut erhaltene Fossil legte anfangs die Vermutung nahe, dass Pelecanimimus behaart gewesen wäre. Heute ist jedoch sicher, dass das Tier eine besonders glatte Haut ohne Schuppen, Federn oder Haare besaß.

Da in der Las Hoyas Formation nur Fische, Krustentiere, Insekten und Pflanzen, aber keine anderen räuberisch lebenden Dinosaurier fossilisiert wurden, gilt der Pelecanimimus bisher

Ornithomimosauria

Ordnung:	Saurischia
Unterordnung:	Theropoda
Infraordnung:	Ornithomimosauria
Familie:	Ohne familiäre Zuordnung

Höhe:	1 m
Länge:	2 m
Gewicht:	25 kg
Jahr:	Perez-Moreno, Sanz, Buscalloni, Moratalla, Ortega und Rasskin-Gutman, 1994
Ort:	Europa: Las Hoyas Formation, Cuenca, Spanien
Zeit:	Obere Kreide, vor 85–73 Mio. Jahren
Nahrung:	Carnivor

EUROPA

Spanien

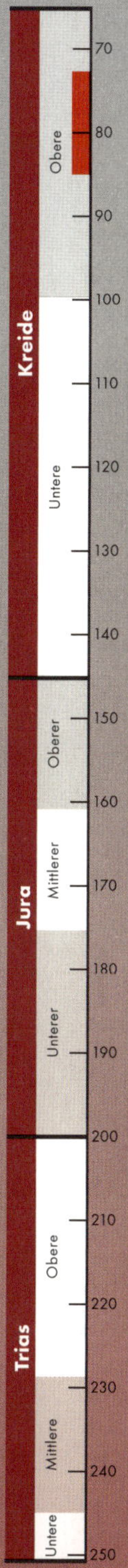

als einziger Jäger seiner Region und als erster gefundener Ornithomimosauria Europas. Zudem besaß er eine wirkliche Besonderheit: etwa 220 sehr kleine Zähne und damit die meiste Anzahl an Zähnen aller bisher gefundenen Theropoden.

Pelecanimimus wurde in Spanien gefunden. Die fossilen Überreste zeigen, dass er vermutlich einen Hautsack und einen Hautkamm besessen hat.

Kreide
Obere
Untere

Jura
Oberer
Mittlerer
Unterer

Trias
Obere
Mittlere
Untere

70
80
90
100
110
120
130
140
150
160
170
180
190
200
210
220
230
240
250

Shuvosaurus

Ornithomimosauria

Ordnung: **Saurischia**
Unterordnung: **Theropoda**
Infraordnung: **Ornithomimosauria**
Familie: **Ohne familiäre Zuordnung**

Höhe: 1,50 m
Länge: 3 m
Gewicht: 120 kg
Jahr: Chatterjee, 1993
Ort: Nordamerika:
Dockum Group,
Texas, USA
Zeit: Obere Trias,
vor 223 Mio. Jahren
Nahrung: Carnivor

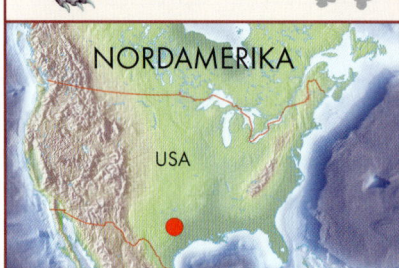

NORDAMERIKA

USA

Shuvosaurus heißt „Shuvos Echse" und geht auf den Entdecker zurück, der den Fund nach seinem Sohn benannte. Äußerlich ähnelte das Tier den heutigen Laufvögeln und gehörte wohl zu den frühen Ornithomimiden, auf jeden Fall zu den ersten zahnlosen, Schnabel tragenden Dinosauriern. Sein spitzer Schnabel war sehr hart und bestens geeignet, Nüsse aufzubrechen oder Fleisch herauszureißen. Neben dem Schädel fanden sich nur wenige Knochen. Einige erinnern in ihrer Struktur an einen Archosaurus, weshalb die Einordnung unter Paläontologen noch diskutiert wird. In Anlehnung an die ersten Dinosaurier wird er als kleiner, zweibeiniger, schneller Jäger dargestellt.

Shuvosaurus gehört zu den ältesten Theropoden. Seine fossilen Überreste lassen sich auf die Zeit der Oberen Trias vor 223 Millionen Jahren zurückdatieren.

Sinornithomimus

Sinornithomimus lebte vermutlich im Herdenverband, denn es fanden sich 14 Skelette an einem Ort, von denen elf Jungtieren gehörten. Er ähnelte in der Statur wie die anderen Mitglieder seiner Familie den laufunfähigen Vögeln von heute, dennoch unterschied er sich auch von ihnen. So ist er weiter entwickelt als Archaeornithomimus, jedoch weniger als die anderen Verwandten wie Gallimimus oder Struthiomimus. Zudem besaß er einen relativ kurzen Hals und Schwanz. Sein Name verweist auf seine Familie der Ornithomimiden sowie auf seine Gestalt und den Fundort und bedeutet „chinesischer Vogel-Nachahmer".

Ornithomimosauria

Ordnung:	**Saurischia**
Unterordnung:	**Theropoda**
Infraordnung:	**Ornithomimosauria**
Familie:	**Ornithomimidae**

Höhe:	1 m
Länge:	2,30 m
Gewicht:	40 kg
Jahr:	Kobayashi und Lü, 2003
Ort:	Asien: Ulan Suhai Formation, Innere Mongolei (A. G.), China
Zeit:	Obere Kreide, vor 85–71 Mio. Jahren
Nahrung:	Omnivor

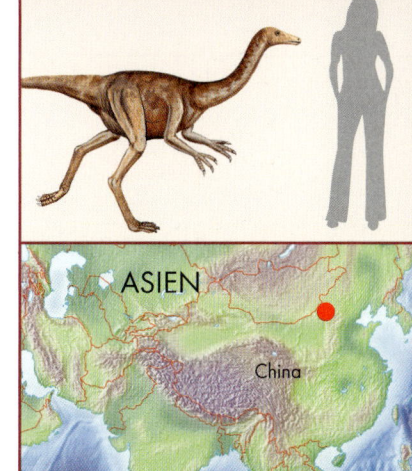

ASIEN

China

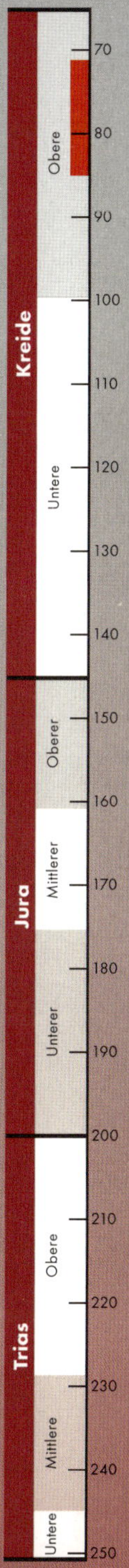

Sinornithomimus, ein Ornithomimide, der in China gefunden wurde, lebte vermutlich im Herdenverband.

Struthiomimus

Ornithomimosauria

Ordnung:	**Saurischia**
Unterordnung:	**Theropoda**
Infraordnung:	**Ornithomimosauria**
Familie:	**Ornithomimidae**

Höhe: 2,30 m
Länge: 3,50–4 m
Gewicht: 250 kg
Jahr: Osborn (1917),
          Lambe (1902)
Ort: Nordamerika:
          Oldman Formation,
          Kanada
Zeit: Obere Kreide,
          vor 83–65 Mio.
          Jahren
Nahrung: Omnivor

NORDAMERIKA

Kanada

Erst 1972 stellte sich heraus, dass Struthiomimus eine eigene Gattung bildete. Bis dahin galt er mit dem Ornithomimus als identisch. Von diesem unterschieden ihn aber vor allem seine längeren Arme und stärkeren, gekrümmten Krallen an den Fingern. Auch lebte er etwas früher während der Zeit der Oberen Kreide.

Sein Name („Strauß-Imitator") erinnert an
die Ähnlichkeit zum Laufvogel Strauß, mit
dem er die Körperhaltung, den langen
Hals, den aufrecht getragenen Kopf, die langen,
kräftigen Laufbeine und auch die Proportionen teilt.

Struthiomimus war ein sehr schneller Läufer und erreichte
Geschwindigkeiten bis zu 80 km/h, was ihm dabei half,
vor seinen Feinden zu flüchten. Dabei schlug er Haken,
die er mit dem langen Schwanz ausbalancierte.

Seine Nahrung bestand vermutlich aus Nüssen und
Früchten, die er mit seinem beweglichen, zahnlosen Hornschnabel sogar schälen konnte, außerdem aus Kleintieren
und Insekten, die er mit den Händen fasste. Vermutlich
lebte er in Herden.

*Struthiomimus glich äußerlich den
heutigen laufunfähigen Vögeln, was
ihm auch zu seinem Namen verhalf,
der „Strauß-Imitator" bedeutet.*

155

Achillobator

Maniraptora

Ordnung: Saurischia
Unterordnung: Theropoda
Infraordnung: Maniraptora
Familie: Dromaeosauridae

Höhe:	1,50 m
Länge:	5 m
Gewicht:	100 kg
Jahr:	Perle, Norell und Clark, 1999
Ort:	Asien: Bayan Shireh Formation, Burkhant, Mongolei
Zeit:	Obere Kreide, vor 85–71 Mio. Jahren
Nahrung:	Carnivor

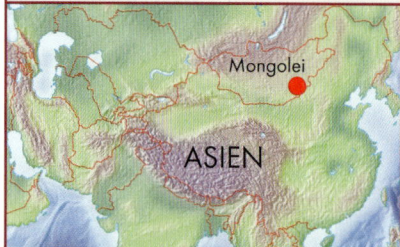

Mongolei

ASIEN

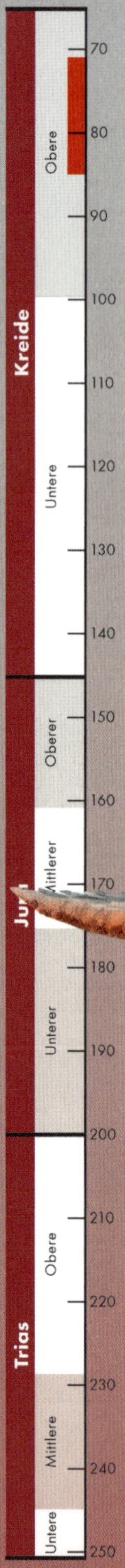

Erst 1999 wurde der Achillobator in der Bayan Shireh Formation in der Mongolei gefunden. Vermutlich war er einer der gefährlichsten Räuber seiner Zeit in Asien. Die Funde deuten auf eine Verwandtschaft zum Dromaeosaurus hin, den er aber in der Größe übertraf und somit dem amerikanischen Utahraptor ähnelte, einem ebenso gefährlichen Raubsaurier. Achillobator trug als Mitglied der Dromaeosauriden vielleicht ebenfalls eine Sichelkralle am Zeh, die ihm als Waffe diente.

Die Benennung Achillobator entstand aus dem Namen des griechischen Helden „Achilles", der als nahezu unverwundbar galt, und der mongolischen Bezeichnung „bator", die „Held" bedeutet.

Achillobator lebte in der Oberen Kreidezeit in Asien, wo er als mittelgroßer Raubsaurier auf Beutejagd ging und zu einem gefährlichen Angreifer werden konnte.

Avimimus

Der Name Avimimus, der „Vogelnach-ahmer" heißt, deutet schon auf die Gestalt des Tieres hin. Bisher scheint er der einzige Vertreter seiner Familie der Avimimiden zu sein. Der leicht gebaute Raubsaurier bewegte sich flink auf seinen langen, vogelähnlichen Beinen und soll Geschwindigkeiten bis 70 km/h erreicht haben. Bemerkenswert waren seine ausgeprägten, großen Augen, der zahnlose Schnabel und der kurze, kräftige Schädel, der ein relativ großes Gehirn barg. An den vorderen Glied-maßen fand sich eine Leiste, die der Ansatzleiste der heutigen Vögel ähnelt und vielleicht als Ansatzpunkt von Schwungfedern gedient haben könnte. Wenn Avimimus Federn trug, dann als Wärmeschutz ähnlich den flugunfähi-gen, heute lebenden Vögeln. Auch die verwachsenen Fußknochen erinnern an die Anatomie eines Vogels.

Maniraptora

Ordnung:	Saurischia
Unterordnung:	Theropoda
Infraordnung:	Maniraptora
Familie:	Avimimidae

Höhe:	60 cm
Länge:	1,50 m
Gewicht:	15 kg
Jahr:	Kurzanov, 1981
Ort:	Asien: Djadockhta Svita, Ovorkhangai, Mongolei
Zeit:	Obere Kreide, vor 85–75 Mio. Jahren
Nahrung:	Carnivor oder omnivor

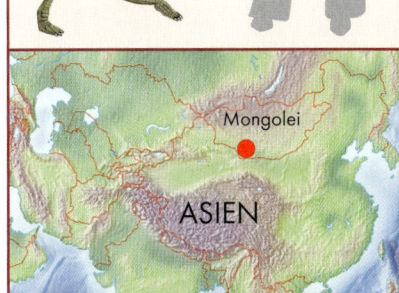

Mongolei

ASIEN

Gemeinsam mit anderen Dinosauriern wie dem Gallimimus, dem vielleicht eben-falls gefiederten Velociraptor und dem Pro-toceratops lebte der Avimimus während der Oberen Kreidezeit in der Mongolei, ernähr-te sich von kleinen Tieren, Insekten, Eiern und – falls omnivor – zusätzlich von bestimmten Pflanzen.

Avimimus gilt bisher als einziger Vertreter seiner Familie. Der klei-ne Raubsaurier war sicher ein flinker Läufer und ernährte sich von Insekten oder Kleingetier.

Bambiraptor

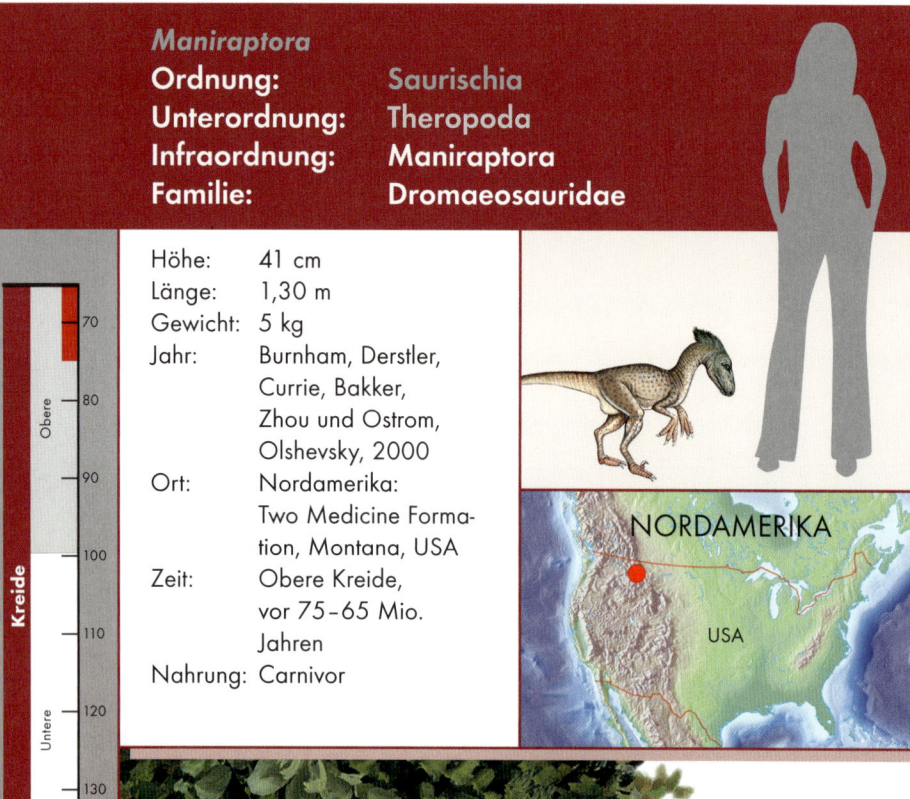

Maniraptora

Ordnung:	**Saurischia**
Unterordnung:	**Theropoda**
Infraordnung:	**Maniraptora**
Familie:	**Dromaeosauridae**

Höhe:	41 cm
Länge:	1,30 m
Gewicht:	5 kg
Jahr:	Burnham, Derstler, Currie, Bakker, Zhou und Ostrom, Olshevsky, 2000
Ort:	Nordamerika: Two Medicine Formation, Montana, USA
Zeit:	Obere Kreide, vor 75–65 Mio. Jahren
Nahrung:	Carnivor

NORDAMERIKA

USA

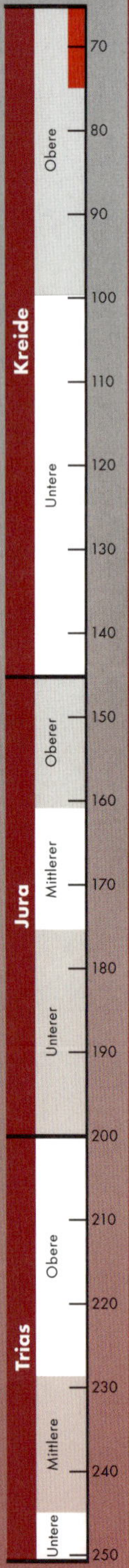

Dem 14-jährigen Wes Linster gelang im Jahre 1994 auf seinem Streifzug nahe des Gletscher-Nationalparks in Montana ein spektakulärer Fund. Auf der Jagd nach Fossilien entdeckte er Überreste dieses vogelähnlichen Dinosauriers. Zunächst glaubte man, dass es sich um einen jungen Velociraptor handelte. Der Bambiraptor besaß vermutlich – wie auch andere Dromaeosauriden – ein Federkleid zur Wärmeisolierung. Zudem war er mit einem ungewöhnlich großen Gehirn versehen, was ihm die Lebensweise eines geschickten Jägers ermöglichte. Die Zähne deuten auf die carnivore Lebensweise hin. Sein Name, der übersetzt „Rehkitz-Räuber" heißt, ebenfalls.

Bambiraptor konnte vielleicht bereits zwei seiner drei Finger wie eine Pinzette zusammenkneifen, was bisher erst den nachfolgenden Primaten zugeschrieben wurde. Auch konnte er mit den Armen und Händen kräftig zupacken und seine Beute, vor allem kleine Tiere, fassen und töten.

Kreide

Jura

Trias

Obere

Untere

Oberer

Mittlerer

Unterer

Obere

Mittlere

Untere

70
80
90
100
110
120
130
140
150
160
170
180
190
200
210
220
230
240
250

Citipati

Der zu den Oviraptoren gehörende Citipati, was aus dem Mongolischen übertragen „Herr des Scheiterhaufens" heißt, erhielt seinen Namen nach den tanzenden Skeletten der Friedhofsdämonen in der buddhistischen Mythologie, wenn die Leichname verbrannt werden. Das nahezu vollständige Skelett aus dem Fund in der Mongolei zeigt einen etwa 2 m langen, vermutlich flinken Räuber, der einen kräftigen Hornschnabel trug. Oviraptoriden ernährten sich je nach Lebensraum auch von den Eiern anderer Dinosaurier oder Reptilien, die in den trockeneren Regionen gleichzeitig als Flüssigkeitslieferant dienten, ansonsten wohl eher von Beeren. In Wassernähe fraßen sie vielleicht auch Muscheln und Schnecken.

Maniraptora

Ordnung:	**Saurischia**
Unterordnung:	**Theropoda**
Infraordnung:	**Maniraptora**
Familie:	**Oviraptoridae**

Höhe:	1,30 m
Länge:	bis 3 m
Gewicht:	50 kg
Jahr:	Clark, Norell und Barsbold, 2001
Ort:	Asien: Djadochta Formation, Ukhaa Tolgod, Mongolei
Zeit:	Obere Kreide, vor 83–71 Mio. Jahren
Nahrung:	Carnivor oder omnivor

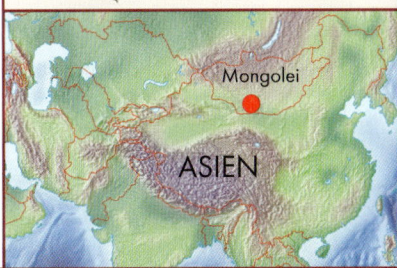

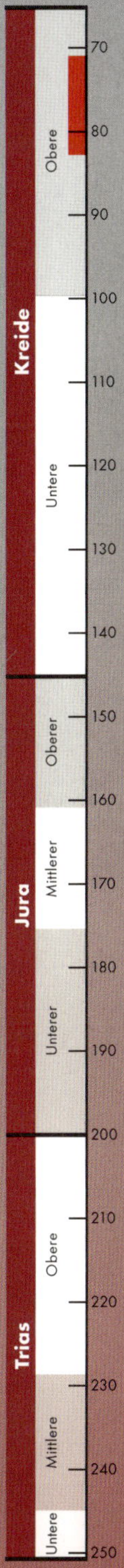

Citipati lebte während der Oberen Kreide in Asien, wo er als Oviraptoride vermutlich ebenso nach Kleintieren, als auch nach Eiern anderer Dinosaurier Ausschau hielt.

Deinonychus

Maniraptora

Ordnung:	**Saurischia**
Unterordnung:	**Theropoda**
Infraordnung:	**Maniraptora**
Familie:	**Dromaeosauridae**

Höhe: 1,50–3 m
Länge: 2,50 m
Gewicht: 80 kg
Jahr: Ostrom, 1969
Ort: Nordamerika:
          1. Cloverly Formation,
          Montana, USA
          2. Cloverly Formation,
          Wyoming, USA
          3. Antlers Formation,
          Oklahoma, USA
Zeit: Untere bis Obere Kreide,
          vor 113–97 Mio.
          Jahren
Nahrung: Carnivor

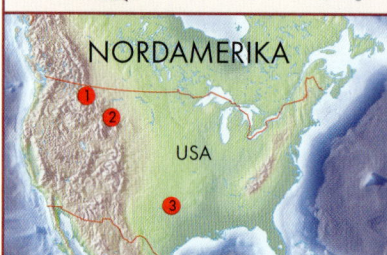

NORDAMERIKA

USA

Die 13 cm lange Raubkralle an der Mittelzehe jedes Fußes gab dem schnellen und gefährlichen Räuber seinen Namen, denn Deinonychus heißt „schreckliche Kralle".

Die Gestalt des Dromaeosauriers war vorzüglich an die Jagd angepasst. Er besaß lange, kräftige Beine, mit Krallen besetzte Zehen und Finger, gute Augen und ein Maul voller kräftiger, spitzer Zähne. Im Rudel konnten die Räuber große Ornithopoden erlegen, die sie selbst an Größe um das Zwei- bis Dreifache überragten, indem sie gemeinsam mit ihrer Kralle auf das Opfer einstachen. Bei ihren wendigen Bewegungen und schnellen Angriffen balancierten sie den Körper mit ihrem versteiften, langen Schwanz aus. Die nach hinten gekrümmten Zähne waren außerdem bestens geeignet, große Fleischstücke aus dem Körper ihrer Opfer zu reißen. Um die Angriffe koordinieren zu können, verfügte Deinonychus über ein großes Gehirn. Sein vogelähnlicher Körperbau, der aufrechte Gang und das Jagdverhalten deuten auch darauf hin, dass er zu den Warmblütern gehört haben könnte, wodurch seine Körpertemperatur nicht mehr von der Umgebung abhängig war.

Deinonychus lebte als mittelgroßer, flinker Jäger im Norden Amerikas, wo er im Rudel auf die Jagd nach größeren Ornithopoden ging. Seine Sichelklaue am Fuß half ihm dabei, die Beute zu erlegen.

Kreide — Obere: 70, 80, 90 / 100, 110 Untere: 120, 130, 140

Jura — Oberer: 150, 160 Mittlerer: 170 Unterer: 180, 190

Trias — Obere: 200, 210, 220 Mittlere: 230, 240 Untere: 250

Dromaeosaurus

Als einer der kleinsten Theropoden, die bisher beschrieben wurden, lebte der Dromaeosaurus während der Oberen Kreidezeit in Nordamerika. Er wurde hier erstmals 1914 entdeckt und gab später der Familie den Namen, der „rennende Echse" bedeutet, denn vermutlich konnte Dromaeosaurus schnell laufen. Die Vertreter der Familie vereinen die Merkmale der Coelurosaurier und der Carnosaurier. Die Kralle am zweiten Zeh des Fußes weist auf die räuberische Lebensweise des bipeden Jägers hin. Die bisher nur aus Schädel und einigen Knochen bestehenden Funde wurden 2001 von einem vollständig erhalten gebliebenen Skelett in China ergänzt. Hier fanden sich zudem Federn an den Gliedmaßen und am Schwanz, was darauf hindeutet, dass Dromaeosaurus ein Federkleid besessen haben könnte. Vermutlich befähigten ihn die Federn aber nicht zum Fliegen, sondern sollten den Wärmehaushalt regulieren.

Maniraptora	
Ordnung:	Saurischia
Unterordnung:	Theropoda
Infraordnung:	Maniraptora
Familie:	Dromaeosauridae

Höhe:	0,60–1,80 m
Länge:	2 m
Gewicht:	15 kg
Jahr:	Matthew und Brown, 1922
Ort:	Nordamerika: 1. Judith River Group, Alberta, Kanada; 2. Judith River Formation, Montana, USA
	Asien: 3. Jiufotang-Formation, Liaoning, China
Zeit:	Obere Kreide, vor 83–74 Mio. Jahren
Nahrung:	Carnivor

Dromaeosaurus trug am Zeh eine tödliche Sichelkralle und gab seiner Familie, die ähnliche Kennzeichen aufwiesen, den Namen.

161

Heptasteornis

Maniraptora

Ordnung: Saurischia
Unterordnung: Theropoda
Infraordnung: Maniraptora
Familie: Ohne fam. Zuordnung

Höhe:	0,50 m
Länge:	1 m
Gewicht:	5 kg
Jahr:	Harrison und Walker, 1975
Ort:	Europa: Sânpetru Formation, Rumänien
Zeit:	Obere Kreide, vor 71–65 Mio. Jahren
Nahrung:	Carnivor

EUROPA

Rumänien

Um die genaue Einordnung und den Namen des 1975 erstmals beschriebenen Heptasteornis gab es bisher einige Probleme. Da zunächst nur Beinknochen des schlanken Theropoden gefunden wurden, nahm man an, dass es sich um einen Vogel handelte. Später wurde Heptasteornis als große Eule klassifiziert, schließlich als Elopteryx, einem bis heute umstrittenen möglichen Coelurosaurier, bis Heptasteornis als eigene Spezies erkannt wurde. Er besaß einen schmalen Kopf und kurze, aber kräftige Arme. Vermutlich war er teilweise gefiedert. Die Federn dienten aber auch bei ihm eher dem Wärmeschutz und Brüten als dem Fliegen. Heptasteornis lebte gegen Ende der Kreidezeit und starb trotz seiner geringen Größe vermutlich zusammen mit den anderen Dinosauriern aus.

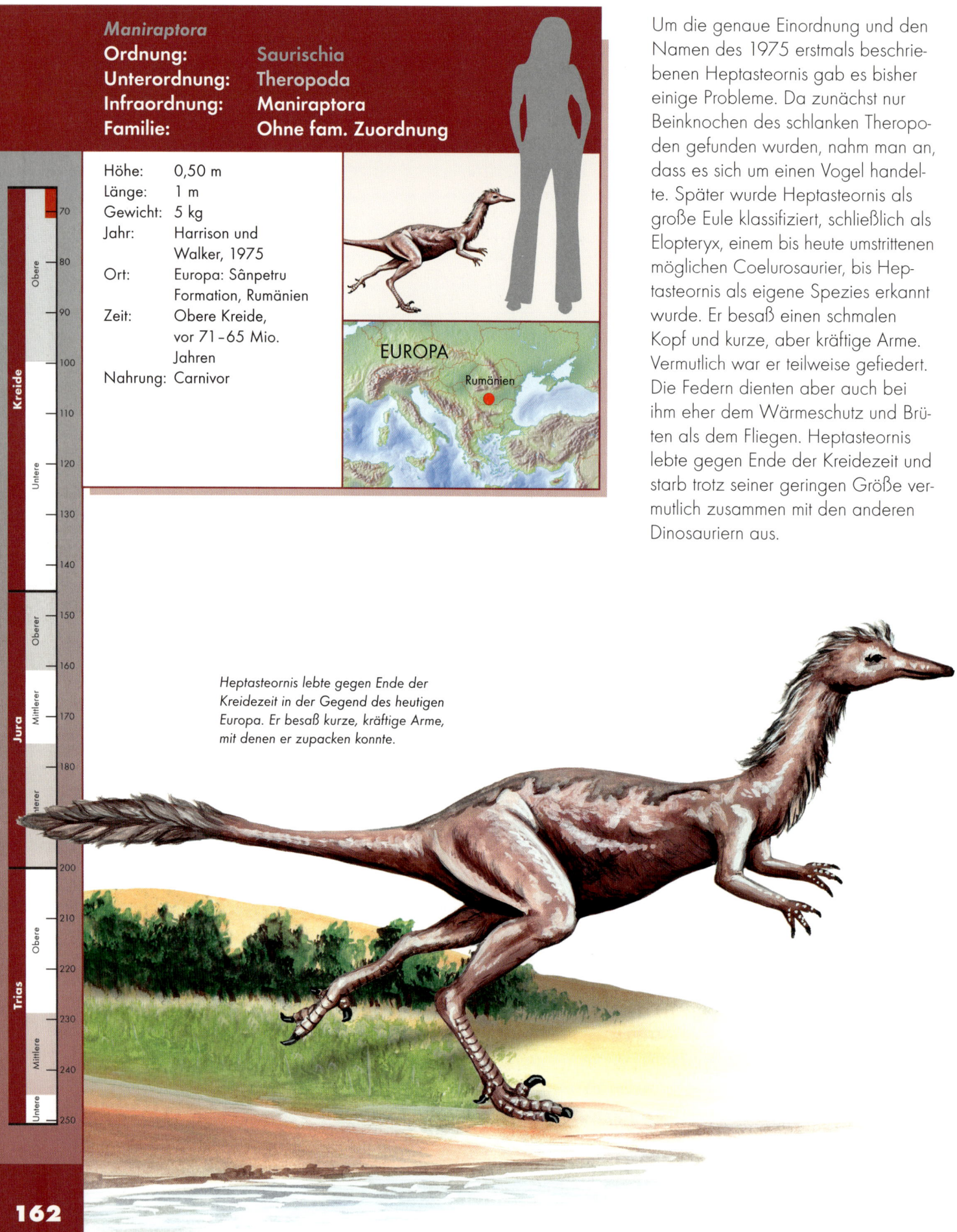

Heptasteornis lebte gegen Ende der Kreidezeit in der Gegend des heutigen Europa. Er besaß kurze, kräftige Arme, mit denen er zupacken konnte.

Der erst 2003 in China gefundene Heyuannia gehörte zu den Oviraptoriden und lebte gegen Ende der Kreidezeit, zählte also zu den letzten lebenden Dinosauriern und starb mit ihnen aus.

Er besaß leichte, hohle Knochen, relativ lange Arme, mit denen er zupacken konnte, und vermutlich einen Hornschnabel. Die Schädelform erinnert an die seiner Verwandten Ingenia und Khaan, denen er sehr ähnlich sah; auch besaß Heyuannia ebenfalls einen großen Finger mit Kralle, zudem kurze und kräftige Kiefer. In der Anzahl der Wirbel und Rippen schien er sich allerdings wieder zu unterscheiden. Zudem brachte er immerhin 60 kg auf die Waage. Vermutlich trug er ein leichtes Federkleid, das ihm bei der Wärmeisolierung half. Zu seiner Nahrung zählten kleine Tiere und Insekten, aber vermutlich auch Eier, die er wie seine nach ihrer Lebensweise benannten Familie mit dem Schnabel aufhackte.

Maniraptora

Ordnung:	Saurischia
Unterordnung:	Theropoda
Infraordnung:	Maniraptora
Familie:	Oviraptoridae

Höhe:	0,80 m
Länge:	2 m
Gewicht:	60 kg
Jahr:	Lu, 2003
Ort:	Asien: Dalangshan Formation, Guangdong, China
Zeit:	Obere Kreide, vor 71–65 Mio. Jahren
Nahrung:	Carnivor

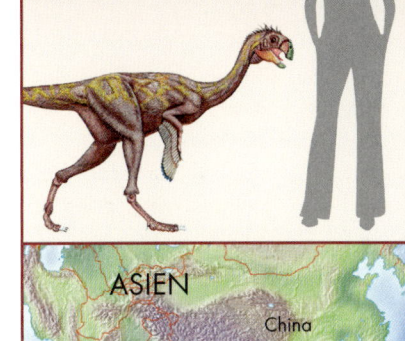

Heyuannia wurde erst in diesem Jahrtausend in China entdeckt und erhielt seinen Namen nach dem Fundort Heyuan.

Megaraptor

Maniraptora
Ordnung:	Saurischia
Unterordnung:	Theropoda
Infraordnung:	Maniraptora
Familie:	Dromaeosauridae

Höhe:	3,50 m
Länge:	9 m
Gewicht:	500 kg
Jahr:	Novas, 1998
Ort:	Südamerika: Rio Neuquén Formation, Neuquén, Argentinien
Zeit:	Obere Kreide, vor 93–86 Mio. Jahren
Nahrung:	Carnivor

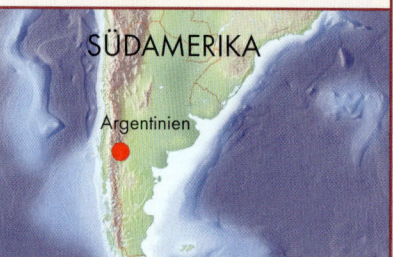

SÜDAMERIKA

Argentinien

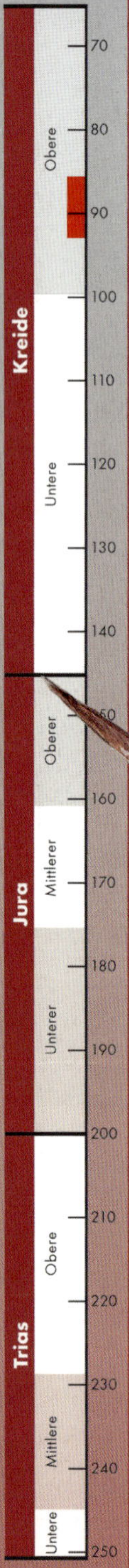

Megaraptor gehörte zu den schnellen, räuberisch lebenden Raptoren. Sein besonderes Kennzeichen war eine 35 cm lange, sichelförmige, messerscharfe Klaue am zweiten Zeh jedes Fußes. Sie besaß einen hornartigen Überzug, der einem scharfen Nagel ähnelte und das Tier zu einem gefährlichen Angreifer machte. Zwar konnte Megaraptor vermutlich nicht so schnell wie andere Raptoren laufen, der Schwanz half ihm aber dabei, geschickte Wendemanöver auszuführen und seine Beute im Lauf zu erlegen. Seine Gefährlichkeit unterstreicht der Name Megaraptor („gewaltiger Räuber"), dem in der Artbezeichnung noch das indianische Wort *namunhuaiquii* hinzugefügt wurde, was „Fuß-Lanze" bedeutet.

Megaraptor war ein großer Raubsaurier, dessen sichelförmige Fußzehe ihn zu einem gefährlichen Angreifer machte. Er lebte während der Oberen Kreide in Südamerika.

Kreide
Obere
Untere

Jura
Oberer
Mittlerer
Unterer

Trias
Obere
Mittlere
Untere

70
80
90
100
110
120
130
140
150
160
170
180
190
200
210
220
230
240
250

Das erste Skelett eines Oviraptors wurde neben einem Gelege des Horndinosauriers Protoceratops gefunden. Alles deutete darauf hin, dass der Oviraptor das Nest plündern wollte. Dabei könnten ihn die Eltern überrascht und ihm den Schädel eingeschlagen haben. Der Oviraptor galt fortan als Eierdieb, was sein Name „Eier-Räuber" belegt. Später fanden sich neben dem Ceratopsier-Gelege auch Nester des Oviraptors. Ob nun der Oviraptor tatsächlich fremde Eier stehlen wollte oder nur auf dem Weg zu seinem eigenen Gelege war, kann heute nicht mehr geklärt werden. Der papageienförmige Kopf des Tieres mit dem harten, spitzen Schnabel und zahnlosen Kiefern eignete sich durchaus zum Aufhacken harter Eierschalen. Bemerkenswert ist außerdem ein knöcherner Kamm, der bei den einzelnen Arten und vielleicht auch bei Männchen und Weibchen unterschiedlich geformt und gefärbt war.

Der Körper des Oviraptors ähnelte anderen Coelurosauriern, die einen kräftigen Körper, lange Laufbeine, einen langen Schwanz, welcher der Balance diente, und einen s-förmig gebogenen Hals besaßen. Die Spezies Oviraptor mongoliensis lebte eventuell an seichten Gewässern und ernährte sich von Mollusken (Weichtieren) und Kleingetier, das sie mit dem Kopf unter Wasser aufspürte. Oviraptor philoceratops hingegen könnte trockene Wüstenregionen bewohnt haben.

Maniraptora

Ordnung:	Saurischia
Unterordnung:	Theropoda
Infraordnung:	Maniraptora
Familie:	Oviraptoridae

Höhe:	0,60–0,80 m
Länge:	2–2,50 m
Gewicht:	35 kg
Jahr:	Osborn, 1924
Ort:	Asien: Djadochta Formation, Omnogov, Mongolei
Zeit:	Obere Kreide, vor 85–73 Mio. Jahren
Nahrung:	Carnivor

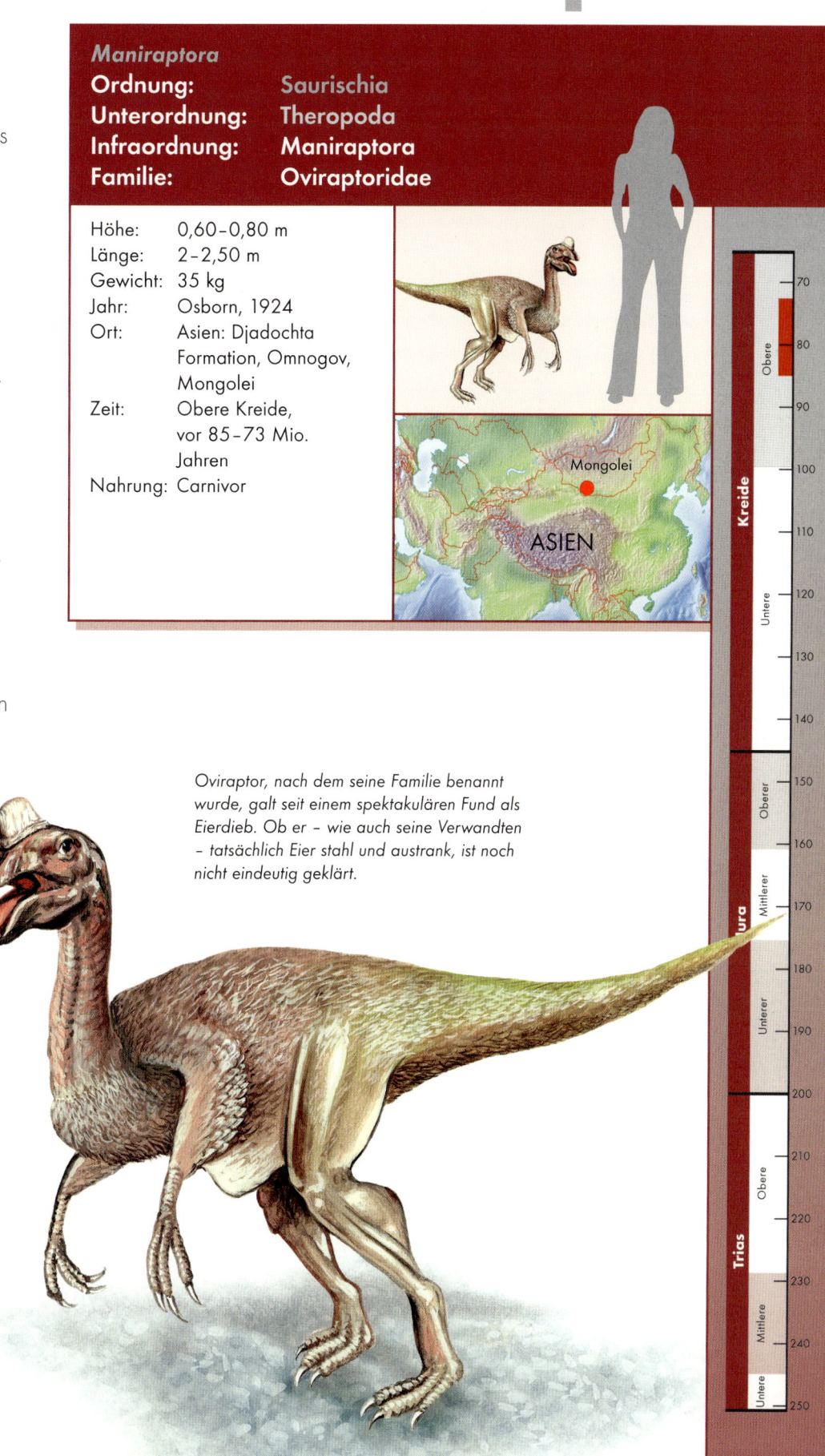

Oviraptor, nach dem seine Familie benannt wurde, galt seit einem spektakulären Fund als Eierdieb. Ob er – wie auch seine Verwandten – tatsächlich Eier stahl und austrank, ist noch nicht eindeutig geklärt.

165

Saurornithoides

Maniraptora

Ordnung:	**Saurischia**
Unterordnung:	**Theropoda**
Infraordnung:	**Maniraptora**
Familie:	**Troodontidae**

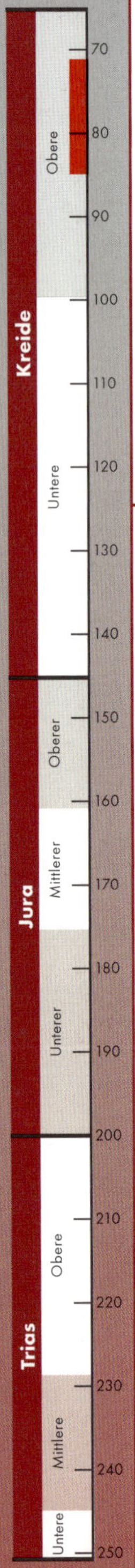

Höhe:	0,80 m
Länge:	2–3 m
Gewicht:	25 kg
Jahr:	Osborn, 1924
Ort:	Asien: Djadochta Formation, Bayan-zag, Mongolei
Zeit:	Obere Kreide, vor 85–71 Mio. Jahren
Nahrung:	Carnivor

Mongolei

ASIEN

Saurornithoides ähnelte, obwohl kleiner und leichter, den Dromaeosauriden im Habitus und besaß ebenfalls eine tödliche Sichelkralle am Fuß. Sein Name heißt so viel wie „Echse in Vogelform" und deutet ebenfalls auf die vogelähnliche Gestalt hin. Saurornithoides besaß aber wie die anderen Mitglieder seiner Familie der Troodontiden ein großes Gehirn und konnte vermutlich dreidimensional sehen. Seine Augen lagen eng beieinander und waren ebenfalls relativ groß, was auch darauf hindeutet, dass Saurornithoides nachtaktiv gewesen sein könnte. Das bemerkenswerte Gehirn ermöglichte ihm vielleicht auch einen guten Geruchssinn. Alle diese Eigenschaften verschafften ihm Vorteile bei der Jagd. Zu seinen Beutetieren zählten, ähnlich wie bei Troodon, kleine Säuger und Reptilien.

Saurornithoides lebte während der Oberen Kreide in Asien. Seine fossilen Überreste wurden in der Mongolei gefunden. Als Troodontide besaß er ein außergewöhnlich großes Gehirn und eine tödliche Sichelkralle am Fuß.

Saurornitholestes

Die 1978 gefundenen Überreste des Saurornitholestes ermöglichten bis heute keine eindeutige Rekonstruktion. Die Schädelfragmente ähneln Velociraptor, der Körper eher Deinonychus. So unklar die Ähnlichkeit, so unsicher war auch die systematische Einordnung. Heute wird Saurornitholestes den Dromaeosauriden zugeordnet. Vermutlich besaß er ein relativ großes Gehirn. Die Armknochen lassen auf kräftige Gliedmaßen schließen, mit denen er möglicherweise seine Opfer packen konnte. Sein Name deutet auf seine Ernährungsweise hin, denn Saurornitholestes heißt „Vogelräuber-Echse".

Maniraptora	
Ordnung:	**Saurischia**
Unterordnung:	**Theropoda**
Infraordnung:	**Maniraptora**
Familie:	**Dromaeosauridae**

Höhe:	0,70 m
Länge:	2 m
Gewicht:	20 kg
Jahr:	Sues, 1978
Ort:	Nordamerika: Judith River Group, Alberta, Kanada
Zeit:	Obere Kreide, vor 83–73 Mio. Jahren
Nahrung:	Carnivor

NORDAMERIKA

Kanada

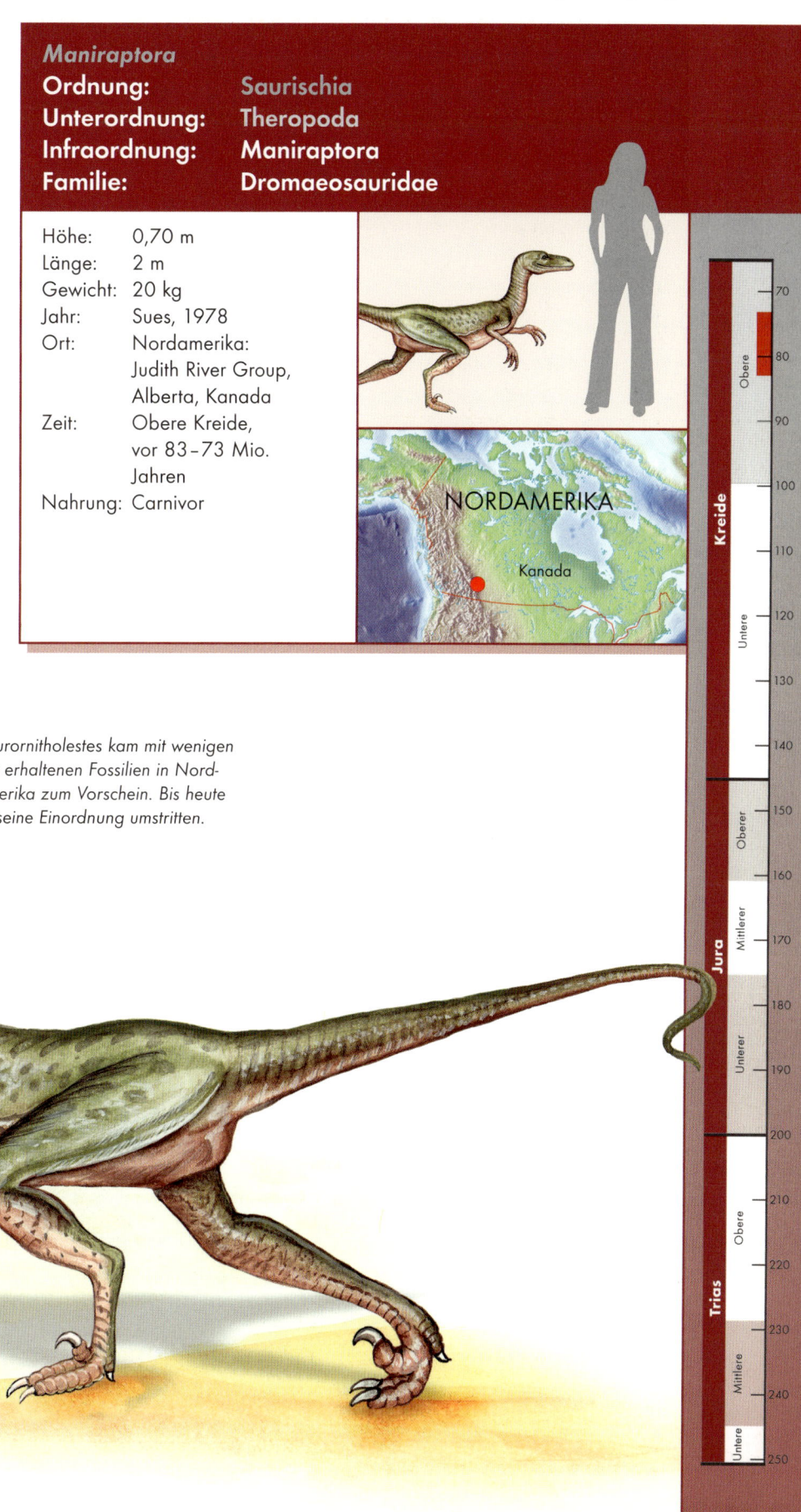

Saurornitholestes kam mit wenigen gut erhaltenen Fossilien in Nordamerika zum Vorschein. Bis heute ist seine Einordnung umstritten.

Kreide
Obere
70
80
90
Untere
100
110
120
130
140
Jura
Oberer
150
160
Mittlerer
170
Unterer
180
190
200
Trias
Obere
210
220
Mittlere
230
240
Untere
250

Shuvuuia

Maniraptora

Ordnung: Saurischia
Unterordnung: Theropoda
Infraordnung: Maniraptora
Familie: Ohne fam. Zuordnung

Höhe:	0,80 m
Länge:	1 m
Gewicht:	2,5 kg
Jahr:	Chiappe, Norell und Clark, 1998
Ort:	Asien: Djdochta Formation, Ukhaa Tolgod, Mongolei
Zeit:	Obere Kreide, vor 75 Mio. Jahren
Nahrung:	Carnivor

Mongolei

ASIEN

Von diesem vogelähnlichen, hühnergroßen Theropoden blieb neben fossilisierten Knochen auch der Schädel erhalten. Vermutlich besaß Shuvuuia einen Schnabel. Ebenso gibt es Hinweise, dass er ein Federkleid trug. Die langen, schlanken Hinterbeine machten ihn sicherlich zu einem schnellen Läufer. Seine kurzen Arme endeten in kräftigen Klauen, die sich zum Graben nach kleinen Tieren wie etwa Insekten eigneten. Sein Name bezieht sich auf sein Äußeres, denn Shuvuuia heißt im Mongolischen „Vogel", seine Artbezeichnung *Shuvuuia deserti* so viel wie „Wüstenvogel".

Shuvuuia, ein kleiner Theropode, besaß wahrscheinlich ein üppiges Federkleid, mit dem er allerdings vermutlich nicht fliegen konnte. Die Federn dienten beim Brüten und zur Isolierung der Wärme im schwierigen Klima Asiens.

Kreide
Oberе
Untere
70
80
90
100
110
120
130
140

Jura
Oberer
Mittlerer
Unterer
150
160
170
180
190
200

Trias
Obere
Mittlere
Untere
210
220
230
240
250

Sinornithoides

Die fossilen Überreste des kleinen Sinornithoides sind die am besten erhaltenen der Familie der Troodontiden. Die Funde lassen Sinornithoides als deren typischen Vertreter erkennen. Lange Hinterbeine machten ihn zu einem schnellen Läufer, sein relativ großes Gehirn zu einem intelligenten Räuber. Wie seine anderen Familienmitglieder konnte er aufgrund der Augenstellung und des großen Gehirns vermutlich auch dreidimensional sehen, was ihm bei der Jagd nach Eidechsen, Insekten und kleinen Säugern behilflich gewesen sein konnte. Seine gesamte Gestalt ist vogelähnlich, weshalb sein Name „chinesische Vogelform" bedeutet.

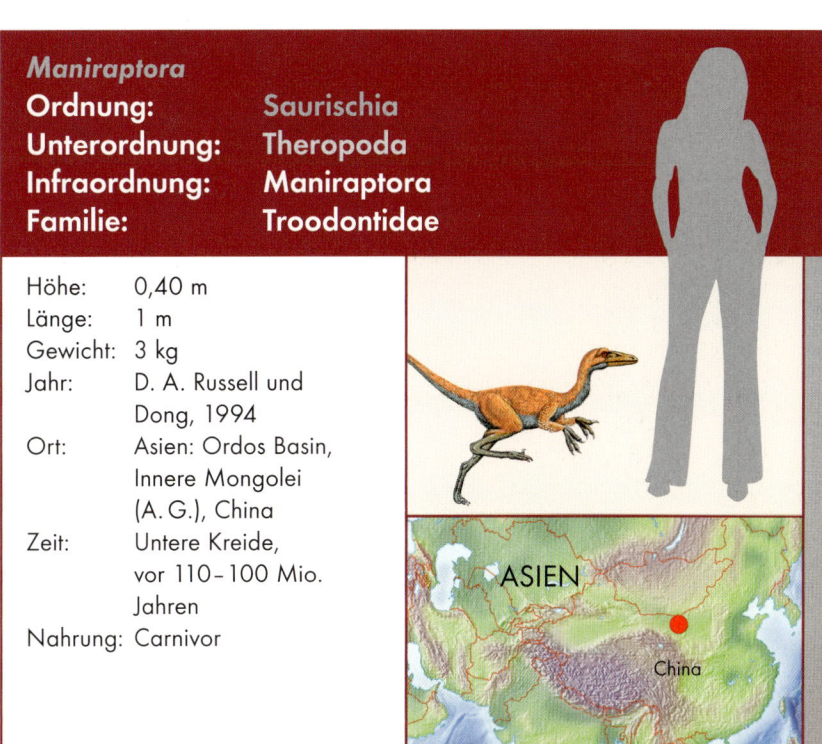

Maniraptora

Ordnung:	**Saurischia**
Unterordnung:	**Theropoda**
Infraordnung:	**Maniraptora**
Familie:	**Troodontidae**

Höhe:	0,40 m
Länge:	1 m
Gewicht:	3 kg
Jahr:	D. A. Russell und Dong, 1994
Ort:	Asien: Ordos Basin, Innere Mongolei (A. G.), China
Zeit:	Untere Kreide, vor 110–100 Mio. Jahren
Nahrung:	Carnivor

ASIEN

China

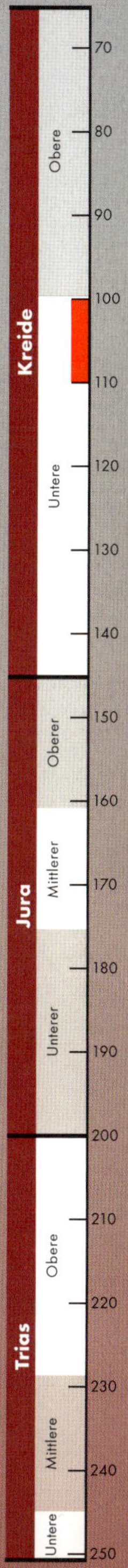

Sinornithoides kam in China ans Tageslicht, wo er während der Kreidezeit lebte. Äußerlich ähnelte er einem Vogel und trug vermutlich auch ein kurzes Federkleid.

Sinornithosaurus

Maniraptora

Ordnung:	Saurischia
Unterordnung:	Theropoda
Infraordnung:	Maniraptora
Familie:	Dromaeosauridae

Höhe: 0,40 m
Länge: 1 m
Gewicht: 10 kg
Jahr: Xu, Wang und Wu, 1999
Ort: Asien: Yixian Formation, Liaoning, China
Zeit: Untere Kreide, vor 125–119 Mio. Jahren
Nahrung: Carnivor

ASIEN

China

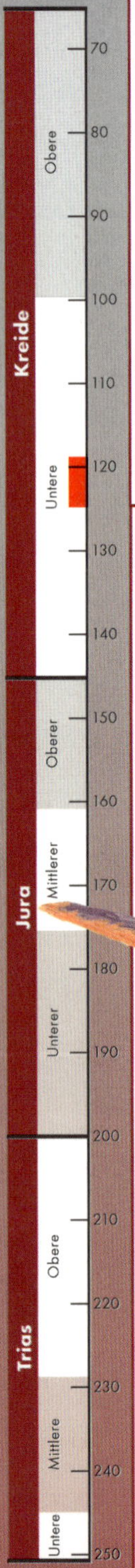

Sinornithosaurus scheint einer der Vorfahren der Vögel gewesen zu sein und damit einen Meilenstein in der Evolutionsgeschichte zu markieren. Nicht nur sein Schultergürtel erinnert in der Form an einen Vogel, auch büschelartige Fortsätze an Armen und Schwanz erscheinen wie Vorläufer der Vogelfedern. Demnach entwickelten sich – anhand dieses Fundes erkennbar – zuerst die Federn und dann die Flugfähigkeit der Vögel. Die Theorie, dass andere Maniraptoren, auch Dromaeosauriden, ebenfalls ein Federkleid trugen, ohne dass sie fliegen konnten, besteht schon länger. Der Nachweis gelang nun durch das fast komplette Skelett des Sinornithosaurus, das Federabdrücke besitzt und dessen Name „chinesische Vogelechse" bedeutet.

Die fossilen Überreste von Sinornithosaurus wurden in der Yixian Formation gefunden und trugen büschelartige Fortsätze, die an das Federkleid der Vögel erinnerten. Damit gilt Sinornithosaurus als enger Vorfahr der Vögel.

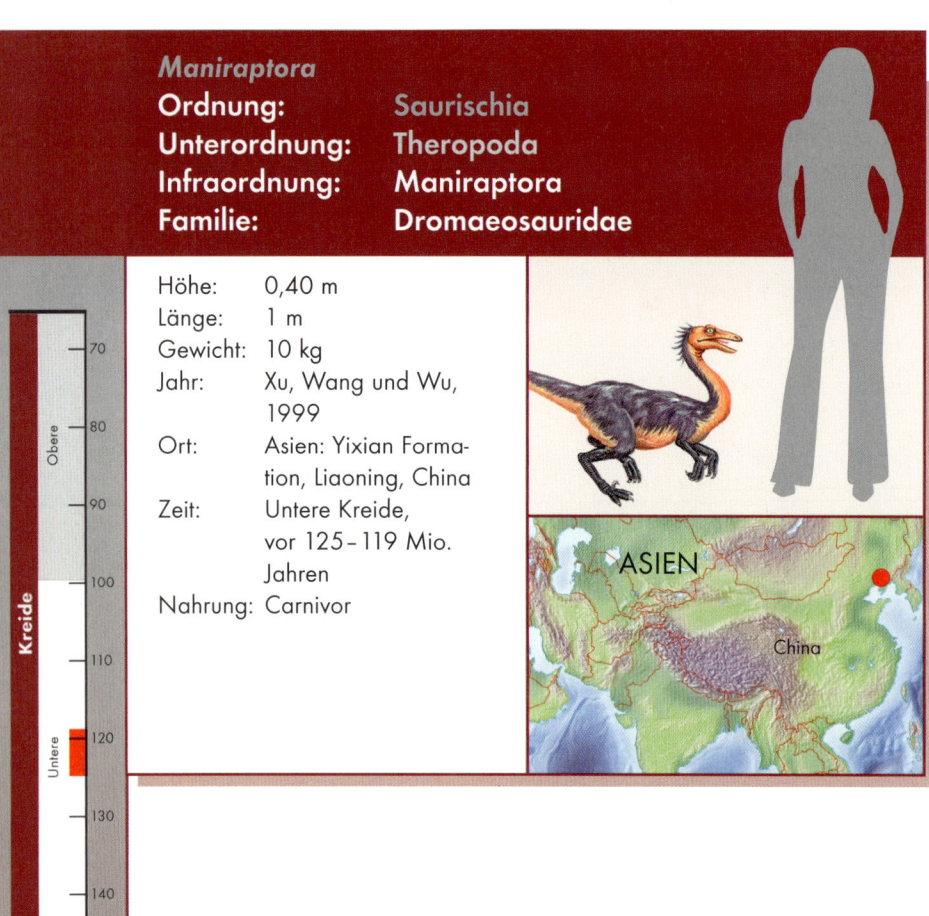

Sinovenator gilt als früher, primitiver Troodontide der chinesischen Yixian Formation, in der zahlreiche Tiere gefunden wurden. Er verdeutlicht die Evolutionslinie der Maniraptoriden, die aufwendigen Nestbau und intensive Brutpflege betrieben und das Federkleid der späteren Vögel besessen haben könnten. Nach den erhalten gebliebenen Schädelknochen und Zähnen sowie Teilen aus der Wirbelsäule und den Hüftknochen muss Sinovenator zu den Troodontiden gezählt werden, die mit einem beweglichen Zeh und einer kleinen Kralle am Hinterfuß sowie mit einem außergewöhnlich großen Gehirn versehen waren. Sinovenator gilt mit diesen Merkmalen als möglicherweise ferner Verwandter der Vögel. Sein Name bezieht sich auf die räuberische Lebensweise sowie auf den Fundort und bedeutet „chinesischer Jäger".

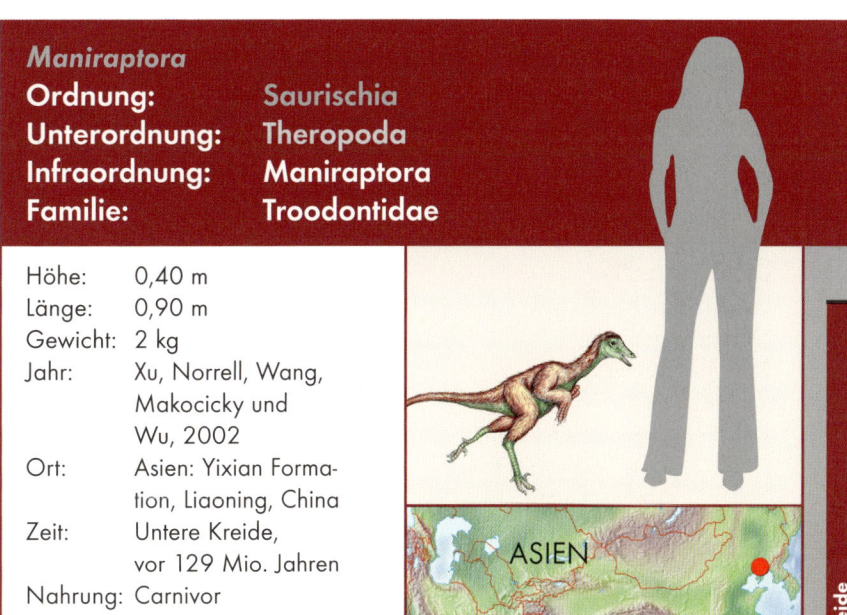

Maniraptora

Ordnung:	**Saurischia**
Unterordnung:	**Theropoda**
Infraordnung:	**Maniraptora**
Familie:	**Troodontidae**

Höhe:	0,40 m
Länge:	0,90 m
Gewicht:	2 kg
Jahr:	Xu, Norrell, Wang, Makocicky und Wu, 2002
Ort:	Asien: Yixian Formation, Liaoning, China
Zeit:	Untere Kreide, vor 129 Mio. Jahren
Nahrung:	Carnivor

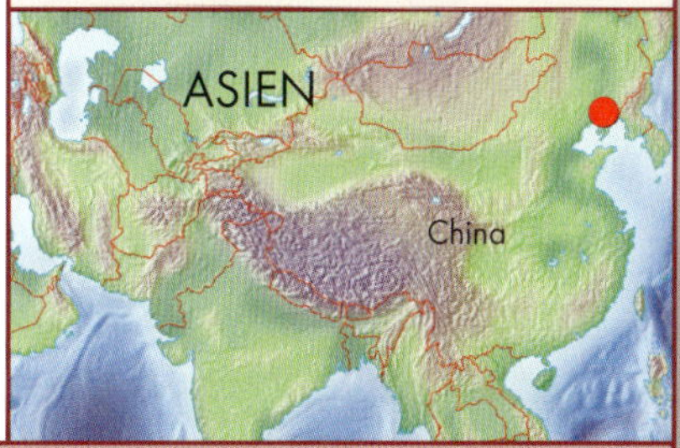

ASIEN

China

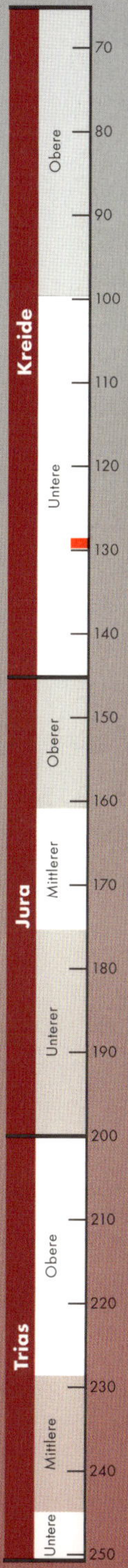

Sinovenator war ein primitiver Verwandter der Troodontiden. Er lief auf zwei kräftigen Beinen, mit denen er kleinen Beutetieren nachstellte.

Kreide — Obere — Untere
Jura — Oberer — Mittlerer — Unterer
Trias — Obere — Mittlere — Untere

70
80
90
100
110
120
130
140
150
160
170
180
190
200
210
220
230
240
250

Sinusonasus

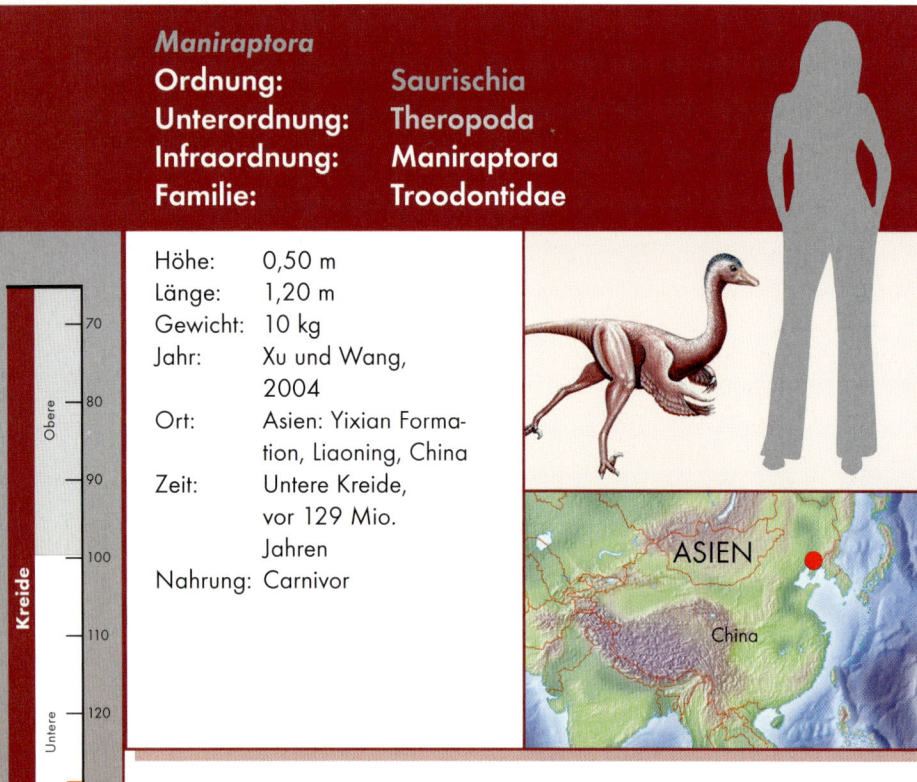

Maniraptora

Ordnung:	Saurischia
Unterordnung:	Theropoda
Infraordnung:	Maniraptora
Familie:	Troodontidae

Höhe:	0,50 m
Länge:	1,20 m
Gewicht:	10 kg
Jahr:	Xu und Wang, 2004
Ort:	Asien: Yixian Formation, Liaoning, China
Zeit:	Untere Kreide, vor 129 Mio. Jahren
Nahrung:	Carnivor

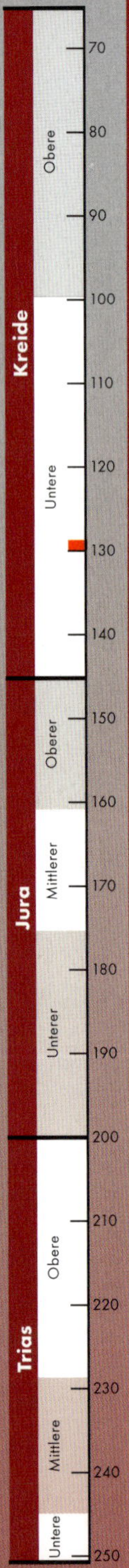

ASIEN

China

In der Yixian Formation, in der zahlreiche Tiere gefunden wurden, kam auch Sinusonasus zum Vorschein, der als neue Gattung innerhalb der Troodontiden eingeordnet wurde. Das fossilisierte Skelett, bei dem die vorderen Gliedmaßen, der Schultergürtel und zahlreiche Wirbel fehlten, ähnelte den Troodontiden, verdeutlichte aber gleichzeitig die rapide Entwicklung innerhalb der Familie. Sinusonasus besaß einen langen Nacken, relativ lange Zähne und plattenförmige Verstrebungen, die zu einem Band geformt fast die gesamte Länge des Schwanzes einnahmen. Vermutlich besaß auch er ein Federkleid wie andere Maniraptoren, die in Asien lebten, das ihm zur Wärmeisolierung oder beim Brüten half, ihn aber nicht zum Fliegen befähigte.

Sinusonasus, ein kleiner Troodontide, trug vermutlich wie seine Verwandten ein Federkleid. Er lebte während der Unteren Kreide in Asien.

Troodon

Troodon erhielt seinen Namen (= „verwundeter Zahn") nach einem Zahn, der im Jahre 1856 entdeckt wurde. Doch erst 1983 konnten die entsprechenden Knochen aus einem Fund in Montana, der aus Skeletten, Eiern und Nestern bestand, zugeordnet werden.

Troodon besaß ungewöhnlich große Augen, was darauf schließen lässt, dass er dämmerungsaktiv gelebt haben könnte. Zudem besaß er das vergleichsweise größte Gehirn der Dinosaurier, das ihm sicher mit seinen nach vorne gerichteten Augen ein dreidimensionales Sehen ermöglichte. Sein leichter Körper und die langen Beine machten ihn zu einem schnellen Läufer. Blitzartige Wendungen während eines Spurts balancierte er mit dem langen Schwanz aus. An seinen Armen saßen Greifhände,

deren Daumenklauen er getrennt von den anderen bewegen konnte. Auch an der zweiten Zehe saß – ähnlich wie beim Deinonychus – eine kräftige Klaue. Zu seinen Beutetieren gehörten vermutlich kleine bis mittelgroße Säuger, die er durch den Biss mit seinen bezahnten Kiefern tötete.

Maniraptora

Ordnung:	**Saurischia**
Unterordnung:	**Theropoda**
Infraordnung:	**Maniraptora**
Familie:	**Troodontidae**

Höhe:	0,80 m
Länge:	2,50 m
Gewicht:	50 kg
Jahr:	Leidy, 1856
Ort:	Nordamerika:
	1. Horseshoe Canyon Formation u. a., Alberta, Kanada
	2. Judith River Formation u. a., Montana, USA
	3. El Gallo Formation u. a., Baja California, Mexiko
Zeit:	Obere Kreide, vor 83–65 Mio. Jahren
Nahrung:	Carnivor

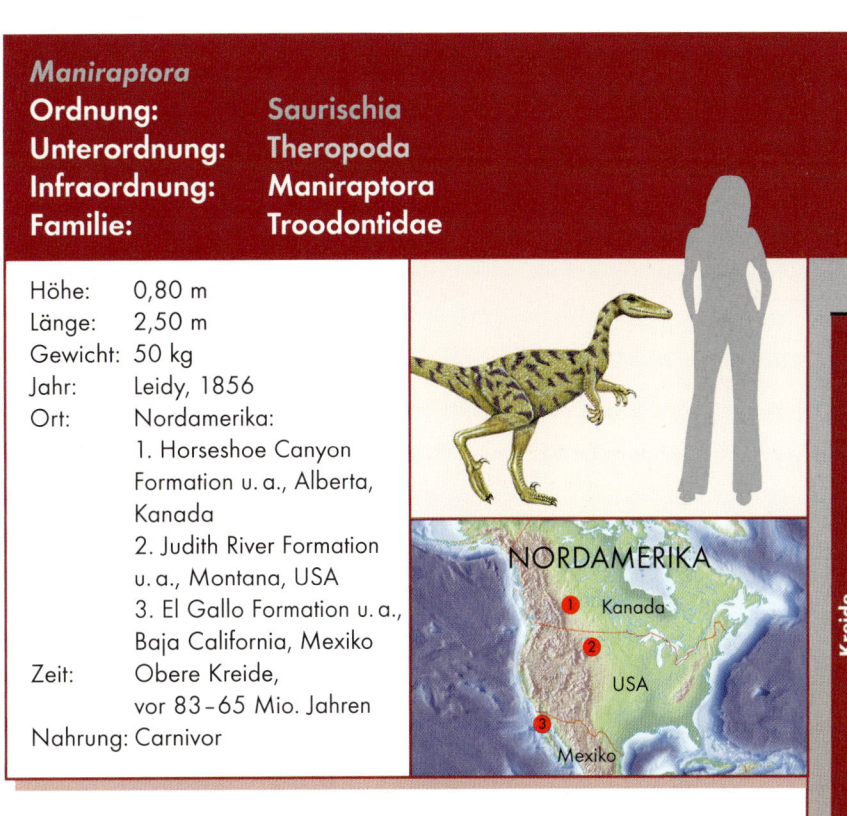

NORDAMERIKA

① Kanada

②

USA

③

Mexiko

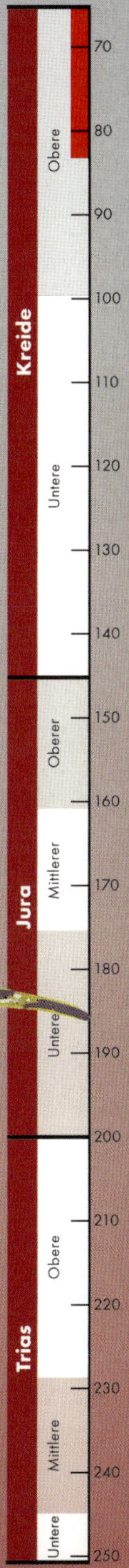

Troodon ist der berühmteste Vertreter seiner Familie. Er besaß ein außergewöhnlich großes Gehirn und große Augen, die ihm vielleicht das dreidimensionale Sehen und nachtaktive Jagen ermöglichten.

Kreide — Obere — Untere — 70 / 80 / 90 / 100 / 110 / 120 / 130 / 140
Jura — Oberer — Mittlerer — Untere — 150 / 160 / 170 / 180 / 190 / 200
Trias — Obere — Mittlere — Untere — 210 / 220 / 230 / 240 / 250

Utahraptor

Maniraptora

Ordnung:	Saurischia
Unterordnung:	Theropoda
Infraordnung:	Maniraptora
Familie:	Dromaeosauridae

Höhe: 3 m
Länge: 6,50–7 m
Gewicht: 1 t
Jahr: Kirkland, Gaston und Burge, 1993
Ort: Nordamerika: Cedar Mountain Formation, Utah, USA
Zeit: Untere Kreide, vor 125 Mio. Jahren
Nahrung: Carnivor

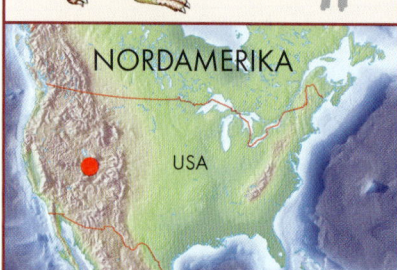

NORDAMERIKA

USA

Utahraptor gilt als größter bisher gefundener Dromaeosauride. Er lief auf zwei Beinen und besaß wie auch seine Verwandten eine besonders große Sichelkralle am zweiten Zeh, die er beim Laufen hochzog, um sich nicht zu verletzen. Mit dieser bis zu 38 cm langen, dolchartig gekrümmten Waffe konnte er seinen Beutetieren tödliche Verletzungen zufügen. Jagten Utahraptoren im Rudel, war es ihnen sicher möglich, große Sauropoden oder gepanzerte Pflanzenfresser zu erlegen. Ihre leichten Knochen machten sie zu wendigen und schnellen Jägern. Der lange, steife Schwanz half zudem, das Gleichgewicht während der Angriffe und Wendemanöver zu halten. Die Arme endeten in Händen mit drei Fingern und waren lang genug, um die Beute festzuhalten und totzubeißen.

Von den 1991 in Utah entdeckten Funden von Krallen, Bein- und Schädelknochen sowie Schwanzwirbeln leitet sich auch der Name „Räuber aus Utah" ab.

Der Utahraptor gilt als einer der gefährlichsten Raubsaurier der Unteren Kreide. An jedem Fuß saß jeweils eine gewaltige Sichelkralle, mit der er seine Beutetiere töten konnte.

Variraptor

Die Hobby-Paläontologen Patrick und Annie Mechin fanden 1992 die Überreste des Variraptors in Frankreich und ermöglichten damit den Beweis, dass Raptoren auch in Europa lebten. Die Verwandtschaft zum Deinonychus ist augenscheinlich und darauf zurückzuführen, dass Amerika und Europa noch lange über eine Landbrücke verbunden gewesen sein müssen. Eric Buffetaut beschrieb den Variraptor sechs Jahre später und benannte ihn nach der Gegend, in der er ans Tageslicht kam („Räuber aus Var").

Wie die anderen Raptoren besaß auch er einen langen, schmalen Schädel mit Kiefern voller Zähne. Und wie Velociraptor trug er lange, scharfe Daumenkrallen und einen langen Schwanz, der mit Streben versteift war. Mit den kräftigen Armen konnte er seine Beute festhalten, um sie zu töten. Seine Nahrung bestand neben kleinen Säugern und Dinosaurierjungen auch aus Insekten. Manche Paläontologen vermuten außerdem, dass er Aas fraß und sich gleichzeitig mit den größeren Theropoden an deren frisch erlegter Beute gütlich tat.

Maniraptora	
Ordnung:	Saurischia
Unterordnung:	Theropoda
Infraordnung:	Maniraptora
Familie:	Dromaeosauridae

Höhe:	1,20 m
Länge:	2,70 m
Gewicht:	50 kg
Jahr:	Le Loeuff und Buffetaut, 1998
Ort:	Europa: Grès-à-Reptiles-Formation, Var, Frankreich
Zeit:	Obere Kreide, vor 83–65 Mio. Jahren
Nahrung:	Carnivor

EUROPA

Frankreich

Dabei war er so flink, dass er deren Versuchen, ihn zu vertreiben, ausweichen konnte. Variraptor lebte vermutlich bis zum Ende der Kreidezeit und starb mit allen Dinosauriern aus.

Variraptor, ein mittelgroßer Dromaeosauride, kam in Frankreich zum Vorschein. Er lebte gegen Ende der Kreidezeit und trug wie seine Verwandten in Asien und Amerika eine tödliche Sichelkralle am Fuß.

Kreide

Jura

Trias

Obere
Untere
Oberer
Mittlerer
Unterer
Obere
Mittlere
Untere

70
80
90
100
110
120
130
140
150
160
170
180
190
200
210
220
230
240
250

Velociraptor

Maniraptora

Ordnung:	**Saurischia**
Unterordnung:	**Theropoda**
Infraordnung:	**Maniraptora**
Familie:	**Dromaeosauridae**

Höhe: 1 m
Länge: 1,80 m
Gewicht: 7–15 kg
Jahr: Osborn, 1924
Ort: Asien:
1. Djadochta Formation, Omnogov, Mongolei
2. Minhe Formation, Innere Mongolei (A. G.), China
Zeit: Obere Kreide, vor 84–70 Mio. Jahren
Nahrung: Carnivor

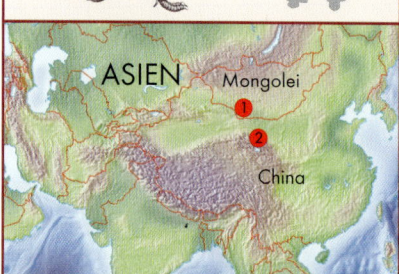

ASIEN
Mongolei
China

Velociraptor gehört zu den heute bekanntesten Raubsauriern. Berühmt wurde er durch den Film „Jurassic Park", in dem er allerdings größer als der Realität entsprechend dargestellt wurde. Sicher ist, dass Velociraptoren gefährliche, schnelle und intelligente Räuber waren, die im Rudel selbst größere Dinosaurier erlegen konnten. Zu ihren bevorzugten Beutetieren gehörten vermutlich Protoceratops, Gallimimus, Oviraptor, Edmontosaurus, Maiasaura und Saurolophus. Mit den Krallen an ihren Zehen, besonders der größeren Sichelklaue am zweiten Zeh, die typisch für Dromaeosauriden war, stachen die „schnellen Angreifer" auf das Opfer ein. Kräftige Bisse mit den bis zu 80 spitzen Zähnen führten schließlich zu dessen Tod. Um sich der Beute zu nähern, nutzten sie vermutlich eine geschickte Taktik, die sie untereinander abstimmten. Bei den wendigen Manövern half ihnen ihr langer Schwanz, das Gleichgewicht zu halten.

Einblick in das Jagdverhalten des Räubers und die Verteidigungsstrategie des Opfers gewährte ein spektakulärer Fund aus dem Jahre 1971, bei dem ein ineinander verbissenes Paar eines Velociraptors und Protoceratops gefunden wurde. Während Velociraptor mit seinen Krallen in den Körper des Gegners einstach und sich am Nackenschild festhielt, biss der etwa schweinsgroße Protoceratops mit seinem Hornschnabel um sich und dabei in den Arm des Angreifers. Dabei überraschte die Kämpfer ein Sandsturm und konservierte sie in dieser Position für die Nachwelt. Velociraptoren trugen vermutlich – wie andere Raptoren – ein Federkleid zur Wärmeisolierung.

Velociraptor war einer der gefährlichsten mittelgroßen Raptoren. Jagten die Tiere im Rudel, konnten sie auch ihnen an Größe überlegene Ornithischier erlegen.

Yixianosaurus

Dieser sehr kleine Maniraptor kam in der Yixian Formation ans Tageslicht, nach der er benannt wurde. An den Armen fanden sich Federabdrücke, die darauf hindeuten, dass er wie auch andere engere Verwandte gefiedert war. Er ist die neunte gefiederte Spezies, die in der chinesischen Provinz Liaoning entdeckt wurde. Die Federn an den langen Armen dienten dazu, die Brutgelege und Eier abzudecken und zu wärmen. Erst später entwickelten sich daraus die Schwungfedern, die das Fliegen ermöglichen. Seine Proportionen ähneln denen der heutigen Vögel. Außergewöhnlich sind auch die langen, Krallen tragenden Hände, mit denen er zupacken konnte. Yixianosaurus ernährte sich vermutlich von Insekten.

Maniraptora

Ordnung:	**Saurischia**
Unterordnung:	**Theropoda**
Infraordnung:	**Maniraptora**
Familie:	**Ohne fam. Zuordnung**

Höhe:	0,20 m
Länge:	0,40 m
Gewicht:	0,5 kg
Jahr:	Xu und Wang, 2003
Ort:	Asien: Yixian Formation, Liaoning, China
Zeit:	Oberer Jura, vor 147 Mio. Jahren
Nahrung:	Carnivor

ASIEN

China

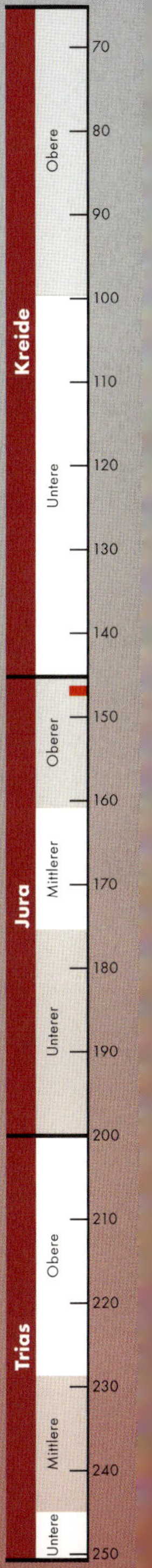

Yixianosaurus erhielt seinen Namen nach dem Fundort, der Yixian Formation. Vermutlich trug der kleine Maniraptor wie viele seiner Verwandten Federn.

Kreide
Obere
70
80
90
100
Untere
110
120
130
140
Jura
Oberer
150
160
Mittlerer
170
Unterer
180
190
200
Trias
Obere
210
220
230
Mittlere
240
Untere
250

Sauropodomorpha

Plateosaurus

Anchisaurus

Yunnanosaurus

Die Sauropodomorpha („echsenfüßige Gestalt") bildeten eine Unterordnung der Saurischia. Zu ihnen gehörten sowohl die eher kleinen Vertreter der **Prosauropoden** als auch die gewaltigen **Sauropoden**. Ein großer, schwerer Körper, der lange Hals und Schwanz sowie die elefantenförmigen Füße kennzeichneten die Gruppe. Einige ihrer Vertreter stellten die größten und schwersten Landtiere aller Zeiten - und das, obwohl sie sich ausschließlich von Pflanzen ernährten. Vom Auftreten der ersten Sauropoden gegen Ende der Trias an waren sie bald auf allen Erdteilen zu finden. Ihre Blüte erlebten sie im Oberen Jura. Bis Mitte der Kreidezeit schienen sie aber von der Nordhalbkugel verschwunden zu sein. Nur die Titanosaurier überlebten in Südamerika bis zum Ende dieser Ära.

Die **Prosauropoden** lebten vor den Sauropoden und konnten mit diesen auf gemeinsame Vorfahren zurückschauen. Als sich später die langhälsigen **Sauropoden** die Erde untertan machten, hatten die Prosauropoden bereits alle Kontinente erobert, was ihnen die zusammenhängenden Landmassen erleichterten. Ihr Merkmal waren kürzere Arme mit fünf Fingern und längere, hintere Extremitäten. An den Händen saßen flache Daumenkrallen.

Während des Jura breiteten sich schließlich auch die **Sauropoden** über den Superkontinent Pangäa aus. Forscher nehmen heute an, dass sich die langen Hälse aufgrund des zunehmend trockener werdenden Klimas in der Oberen Trias entwickelten. Durch nacheinander auftretende Dürreperioden verringerte sich die üppige, in Bodennähe wachsende Vegetation. Nur die hohen Bäume mit ihren tiefreichenden Wurzeln erhielten genug Wasser und konnten wachsen. Um sich der Vegetation anzupassen, prägten sich bei den Nachkommen der Prosauropoden und Vorfahren der Sauropoden immer längere Hälse aus. Andere Tiere wie z. B. die Rhynchosaurier, die sich den veränderten Bedingungen nicht anpassen konnten, starben aus.

Die seltsame Gestalt der Sauropoden mit ihren langen Hälsen und den weit oben am Kopf liegenden Nasenlöchern gab den Ausschlag für die unterschiedlichsten Rekonstruktionen. Zunächst nahm man an, dass die Tiere im Wasser gelebt und einen Rüssel besessen haben könnten. Aber der Druck unter Wasser, der auf die Körper der Giganten in entsprechender Tiefe eingewirkt hätte, wäre zu groß gewesen, um ihnen das Atmen zu ermöglichen.

Heute geht man davon aus, dass Sauropoden auf dem Land lebten. In neuesten Rekonstruktionen tragen sie ihren Hals nicht mehr nach oben, sondern waagrecht nach vorn gestreckt, ebenso ihren langen Schwanz nach hinten. Denn noch immer ist ungeklärt, wie das Herz die Blutzirkulation bei aufgerichtetem Kopf hätte schaffen können. Als kaltblütige Tiere hatten sie geringe Stoffwechselraten, einen niedrigen Blutdruck und ein kleines Herz. Um das Blut bis in den Kopf pumpen zu können, besaßen sie möglicherweise mehrere Herzen oder zusätzliche Arterienklappen.

Kopf und Gehirn der Sauropoden waren im Gegensatz zum mächtigen Körper ungewöhnlich klein ausgebildet. In den Kiefern der breiten und flachen Schnauze saßen zapfenartige Zähne, die sehr große Mengen an Pflanzennahrung zermalmen mussten, um das Überleben der Tiere zu sichern. Sauropoden ernährten sich ausschließlich von Pflanzen. Gastrolithen, runde Steine in ihren Mägen, halfen ihnen, den Nahrungsbrei zu zerkleinern.

Die Sauropoden untergliedern sich in mehrere Gruppen und Familien:

Die **Eusauropoda** stellten die Cetiosauriden und andere primitive Vertreter. Zu den **Neosauropoda** gehörten die langhälsigen Supergiganten der Familie der Diplodocidae wie der Apatosaurus, Supersaurus oder Seismosaurus, die bis zu 40 m lang werden konnten. **Macronaria** stellten den großen Brachiosaurus, dessen berühmte Fossilien im Berliner Naturkundemuseum als höchstmontiertes Skelett der Welt stehen. Die **Titanosauria** lebten auf fast allen Kontinenten und hielten sich immerhin über einen Zeitraum von 80 Millionen Jahren auf unserem Planeten. Einige der bekanntesten Vertreter wurden vor allem in Südamerika entdeckt. Sie trugen kleine Panzerscheiben und Knötchen auf dem Rücken, die sie vor den Angriffen der Raubsaurier schützen sollten.

Anchisaurus

Prosauropoda

Ordnung: Saurischia
Unterordnung: Sauropodomorpha
Infraordnung: Prosauropoda

Höhe: 0,60 m
Länge: 2–2,50 m
Gewicht: 50 kg
Jahr: Marsh, 1891
Ort: 1. Nordamerika:
         Connecticut Valley,
         Connecticut, USA
         2. Afrika: Clarence
         Formation, Südafrika
Zeit: Unterer Jura,
         vor 200–188 Mio.
         Jahren
Nahrung: Herbivor

NORDAMERIKA

AFRIKA

Anchisaurus, der zu den Prosauropoden gehörte, lief auf vier Beinen, konnte sich aber auch auf die Hinterbeine erheben, um zu fressen oder die Gegend zu beobachten. Der Schwanz balancierte das Gewicht aus. Die vorderen Gliedmaßen mit den fünf Fingern waren kürzer als die hinteren.

Am Daumen saß eine große Kralle, mit der er Pflanzen greifen konnte, die aber auch zur Verteidigung diente. Sein langer Hals endete in einem relativ kleinen und flachen Kopf. Kleine, weit auseinanderstehende Zähne eigneten sich zum Abbeißen, aber nicht zum Zerkauen weicher Blätter, die er ganz hinunterschluckte und vermutlich mithilfe von Gastrolithen, kleinen Steinen im Magen, zerrieb und verdaute. Anchisaurus lebte sicher in kleinen Gruppen, mit denen er durch die Uferregionen an Seen und Teichen streifte. Vor feindlichen Theropoden, mit denen er sich den Lebensraum teilte, konnte er sich durch eine schnelle Flucht in Sicherheit bringen.

Anchisaurus lebte in den Gebieten des heutigen Afrika und Nordamerika vor etwa 200 Millionen Jahren und ernährte sich von der Vegetation des Unteren Jura.

Lufengosaurus

Dieser quadrupede, herbivore Prosauropode kam in Asien zum Vorschein, wo auch zahlreiche andere Prosauropoden lebten. Er besaß noch nicht die gewaltigen Ausmaße der späteren Sauropoden. Im frühen Jura ähnelten sich noch beide Tiergruppen und besaßen gemeinsame Merkmale und Vorfahren. Lufengosaurus glich dem europäischen Plateosaurus. Er war ebenso mit kürzeren Vorder- als Hinterbeinen sowie einem relativ kurzen Hals und Schwanz versehen. Vielleicht lief er auf zwei, die meiste Zeit aber vermutlich auf vier Beinen. Die Zähne im Kiefer standen recht weit auseinander und eigneten sich zum Abstreifen der Blätter, aber nicht zum Kauen. An den Händen saßen lange Finger mit Daumenklauen. Seinen Namen erhielt er nach seinem Fundort, der im Lufeng-Becken lag.

Prosauropoda

Ordnung:	Saurischia
Unterordnung:	Sauropodomorpha
Infraordnung:	Prosauropoda

Höhe:	2 m
Länge:	6 m
Gewicht:	2 t
Jahr:	Young, 1941
Ort:	Asien, China:
	1. Zhenzhunchong Formation, Sichuan
	2. Lower Lufeng Formation, Yunnan
Zeit:	Obere Trias bis Unterer Jura, vor 203–191 Mio. Jahren
Nahrung:	Herbivor

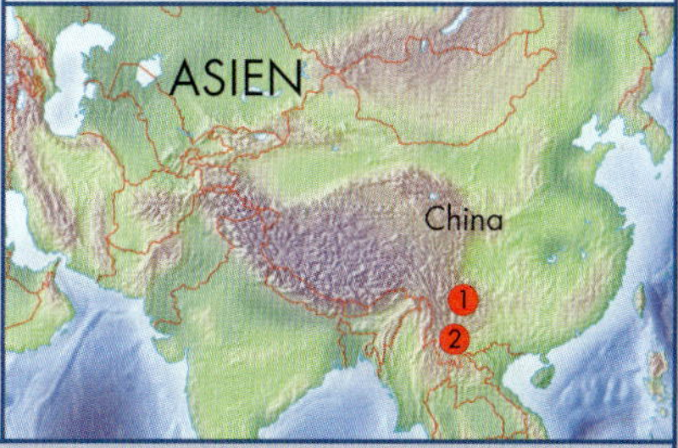

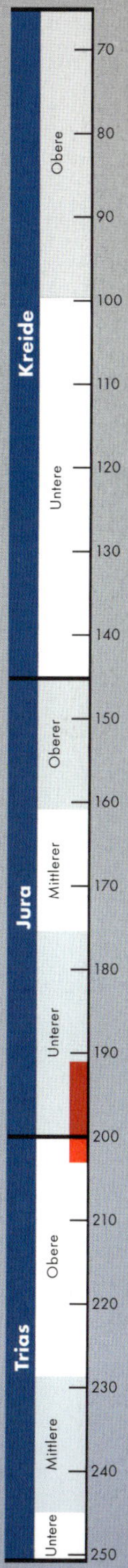

ASIEN

China

Lufengosaurus, ein Prosauropode, lebte während der Oberen Trias und des Unteren Jura in Asien und ähnelte äußerlich dem europäischen Plateosaurus.

Massospondylus

Der zu den Prosauropoden gehörende Massospondylus wurde bereits 1854 von Sir Richard Owen beschrieben und aufgrund seines Körperbaus „kräftiger Wirbel" genannt. Trotz seiner kleinen Gestalt brachte er aufgrund seiner Knochenstruktur etwa 1,5 t auf die Waage. Seine Anatomie konnte aufgrund der 80 bisher gefundenen Skelette recht gut erforscht werden. Er besaß einen langen Hals und Schwanz sowie

Prosauropoda

Ordnung:	Saurischia
Unterordnung:	Sauropodomorpha
Infraordnung:	Prosauropoda

Höhe: 1,80 m
Länge: 4–5 m
Gewicht: 1,5 t
Jahr: Owen, 1854
Ort: Nordamerika: 1. Kayenta Form., Arizona, USA
Afrika: 2. Bushveldt Sandstone, Südafrika
3. Upper Elliot Formation, Lesotho
4. Forest Sandstone, Simbabwe
Zeit: Obere Trias bis Unterer Jura, vor 213–194 Mio. Jahren
Nahrung: Herbivor oder omnivor

Massospondylus besaß einen sehr langen Hals und Schwanz und wog etwa 1,5 t.

fünf Finger an jeder Hand. Am Daumen saß eine gekrümmte Klaue. Ungewöhnlich war sein überstehender Oberkiefer. Die gezackten Vorderzähne deuten auf eine carnivore Ernährung hin, während sich die flachen Hinterzähne zum Verzehr pflanzlicher Kost eigneten. Auch die Daumenkralle an den Händen kann als Waffe gedient haben, jedoch wohl eher zur Verteidigung oder zum Aufbrechen oder Abschälen

pflanzlicher Nahrung. Gastrolithen, kleine Steine, die im Magen eines südafrikanischen Massospondylus gefunden wurden, sollten helfen, die faserhaltige Nahrung aufzubrechen.

Tatsächlich stammen die meisten Skelette aus dem südlichen Afrika, aber auch in Arizona tauchten Reste von Massospondylus auf, da sich die Gattung im Unteren Jura noch über die verbundenen Kontinente ausbreiten konnte.

Melanorosaurus

Prosauropoda
Ordnung: Saurischia
Unterordnung: Sauropodomorpha
Infraordnung: Prosauropoda

Dieser mächtige Prosauropode war einer der frühesten Vertreter und lebte vor mehr als 220 Millionen Jahren.

Er besaß einen recht langen Schwanz und längere Hinter- als Vorderbeine, an denen fünf Finger saßen. Vermutlich lief Melanorosaurus ausschließlich auf vier Füßen. Bisher fand sich kein Schädel, jedoch wird dieser wie bei anderen Prosauropoden eher kleine Ausmaße besessen haben. Äußerlich ähnelte er bereits den Sauropoden und lief wie diese auf elefantenförmigen Beinen. Dennoch gilt er nicht als deren Vorfahr, da sich Sauropoden und Prosauropoden vermutlich getrennt voneinander entwickelten. Sein Name bedeutet „Schwarz-Echse".

Höhe:	4 m
Länge:	10–15 m
Gewicht:	4 t
Jahr:	Haughton, 1924
Ort:	Afrika: Lower Elliot Formation, Südafrika
Zeit:	Mittlere und Obere Trias, vor 231–224 Mio. Jahren
Nahrung:	Herbivor

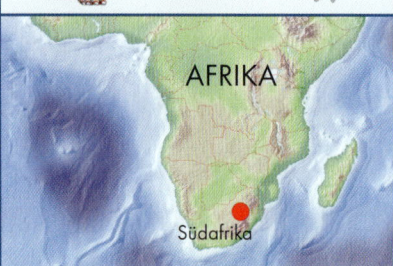

AFRIKA

Südafrika

Melanorosaurus ähnelte äußerlich bereits den gewaltigen Sauropoden, lebte aber schon vor mehr als 220 Millionen Jahren.

Mussaurus, was „Maus-Echse" bedeutet, erhielt seinen Namen nach
einem Fund, der aus fünf nur 20 cm
großen Skeletten bestand, die vollständig entwickelt zu sein schienen.
Die Eier, aus denen sie geschlüpft
waren, maßen nur eine Länge von
2,5 cm. Dabei handelte es sich aber
tatsächlich um Jungtiere, die im aus-
gewachsenem Zustand etwa 3 m
Länge erreicht und somit keineswegs
der Größe einer Maus entsprochen
hätten. Im Äußeren ähnelten die Tiere
vermutlich den typischen Prosauropoden, besaßen kürzere Vorder- als
Hinterbeine, fünf Finger und einen
massigen Körper mit langem Hals
und kleinem Kopf. Mussaurus gehörte zu den frühesten pflanzenfressenden Dinosauriern und lebte in den
trockenen Gegenden Südamerikas
vermutlich im Herdenverband.

Prosauropoda

Ordnung:	**Saurischia**
Unterordnung:	**Sauropodomorpha**
Infraordnung:	**Prosauropoda**

Höhe:	0,80 m
Länge:	3 m
Gewicht:	70 kg
Jahr:	Bonaparte und Vince, 1979
Ort:	Südamerika: El Tranquilo Formation, Santa Cruz, Argentinien
Zeit:	Obere Trias, vor 218–211 Mio. Jahren
Nahrung:	Herbivor

SÜDAMERIKA

Argentinien

Mussaurus wurde als „Maus-Echse" bezeichnet, weil seine Jungtiere nur wenige Zentimeter
groß waren, konnte aber im ausgewachsenen
Zustand eine Länge von 3 m erreichen.

Plateosaurus

Prosauropoda
Ordnung: **Saurischia**
Unterordnung: **Sauropodomorpha**
Infraordnung: **Prosauropoda**

Plateosaurus gehörte zu den Prosauropoden, die über alle Kontinente verbreitet in der Oberen Trias lebten. Auch seine Überreste fanden sich in zahlreichen Gegenden Europas, so in Baden-Württemberg, wo er „schwäbischer Lindwurm" heißt. Plateosaurus besaß einen schweren, birnenförmigen Körper mit kürzeren vorderen als hinteren Extremitäten. Die fünf Finger an den Händen, ein typisches Zeichen der Prosauropoden, eigneten sich durch die Daumenklaue zum Greifen.

Auf dem langen Hals saß ein schmaler Schädel mit kleinen, spatelartigen Zähnen in den langen Kiefern. Die breiten Hüften und der schwere Schwanz ermöglichten es dem Prosauropoden, sich auf die Hinterbeine zu stellen, um an die höheren Regionen der Bäume und Büsche zu gelangen. Plateosaurus lief vermutlich die meiste Zeit auf vier und eher selten auf zwei Beinen.

Höhe: 3 m
Länge: 8 m
Gewicht: 1,5 t
Jahr: Meyer, 1837
Ort: Europa:
　　　1. Marnes irisees superieures, Jura, Frankreich
　　　2. Frick, Aargau, Schweiz
　　　3. Knollenmergel, Baden-Württemberg, Deutschland
　　　4. Halberstadt, Sachsen-Anhalt, Deutschland
Zeit: Obere Trias, vor 218 – 211 Mio. Jahren
Nahrung: Herbivor

Plateosaurus wurde in Europa gefunden, besaß einen birnenförmigen Körper und trug wie die anderen Prosauropoden fünf Finger an den Händen.

Riojasaurus ist aus Funden von 20 verschiedenen Tieren bekannt. Der argentinische Paläontologe José F. Bonaparte beschrieb ihn erstmals 1969. Riojasaurus lebte als großer Vertreter seiner Familie der Prosauropoden in der Trias in Südamerika. Als Pflanzenfresser durchstreifte er die Wälder in Flussnähe, konnte sich aber nicht wie andere Prosauropoden auf die Hinterbeine erheben. Durch seinen langen Hals erreichte er trotzdem die höheren Regionen der Bäume. Sein Kopf wurde nie gefunden, dafür aber wenige löffelförmige, gezackte Zähne. Trotz seiner Größe erreichte Riojasaurus nur ein geringes Gewicht, denn seine Wirbel hatten bereits Hohlräume ausgebildet. Die Vorderbeine waren etwas kürzer als seine Hinterbeine und die Füße noch länger – ein typisches Merkmal der Prosauropoden. Den Namen „Echse aus Rioja" erhielt das Tier nach seinem Fundort.

Prosauropoda

Ordnung: Saurischia
Unterordnung: Sauropodomorpha
Infraordnung: Prosauropoda

Höhe: 2,50 m
Länge: 10 m
Gewicht: 0,7 t
Jahr: Bonaparte, 1969
Ort: Südamerika: Los Colorados Formation, La Rioja u. a., Argentinien
Zeit: Obere Trias, vor 218–211 Mio. Jahren
Nahrung: Herbivor

SÜDAMERIKA

Argentinien

Riojasaurus wurde in La Rioja, Argentinien entdeckt. Er lebte vor mehr als 211 Millionen Jahren und konnte eine Länge von etwa 10 m erreichen.

Sellosaurus

Prosauropoda

Ordnung: Saurischia
Unterordnung: Sauropodomorpha
Infraordnung: Prosauropoda

Höhe: 1,70 m
Länge: 6,50 m
Gewicht: 0,2 t
Jahr: von Huene, 1908
Ort: Europa: Mittlerer
 Stubensandstein,
 Baden-Württemberg,
 Deutschland
Zeit: Obere Trias,
 vor 218–211 Mio.
 Jahren
Nahrung: Herbivor

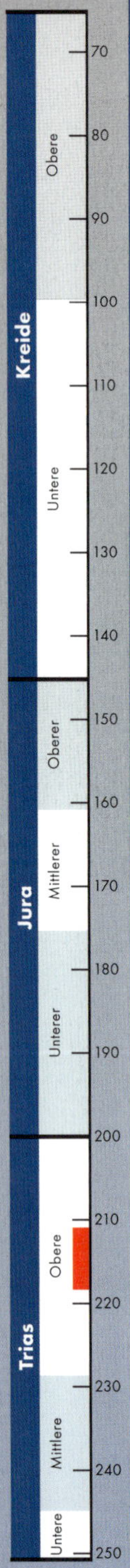

Deutschland

EUROPA

Diesen mittelgroßen Prosauropoden, der in Süddeutschland als kopfloses Skelett auftauchte, beschrieb der deutsche Paläontologe Friedrich von Huene schon Anfang des 20. Jahrhunderts. Später wurden in Baden-Württemberg andere Skelette mit Schädelfragmenten entdeckt.

Sellosaurus ist der bisher älteste Vor-Echsenfüßer Europas. Als Prosauropode lebte er noch vor den Sauropoden. Kurze Vorderarme mit fünf Fingern an den Händen gehörten ebenso zu den Merkmalen der Prosauropoden wie ihre langen Füße. Sellosaurus konnte sich auf zwei oder auf vier Beinen fortbewegen. Er besaß einen birnenförmigen Körper wie der ebenfalls in Baden-Württemberg gefundene Plateosaurus, hatte aber einen kürzeren Hals und weniger Zähne. Zudem war er insgesamt von kleinerer Statur. Vermutlich handelt es sich bei den ehemals als Teratosaurus, Palaeosaurus und Efraasia bezeichneten Dinosauriern um Exemplare des Sellosaurus.

Sellosaurus wurde in Europa gefunden, wo er vor 220 Millionen Jahren lebte.

Kreide

Oberе

Untere

Jura

Oberer

Mittlerer

Unterer

Trias

Obere

Mittlere

Untere

70
80
90
100
110
120
130
140
150
160
170
180
190
200
210
220
230
240
250

Thecodontosaurus

Der kleine Thecodontosaurus war einer der ältesten Dinosaurier. Seine Fossilien wurden bereits im 19. Jahrhundert gefunden – als erster und typischer Vertreter der Familie der Prosauropoden. Thecodontosaurus besaß kurze Vorderbeine, einen birnenförmigen Körper, länglichen Hals und Schwanz, lange Füße und fünf Finger an den Händen. Die hakenförmige Daumenklaue nutzte er möglicherweise, um Äste zu sich zu ziehen oder Pflanzen auszugraben. Seine kleinen, kurzen Zähne passten in die Vertiefungen des Gegenkiefers, wodurch er den Namen „Echse mit verzahnten Zähnen" erhielt. Die löffelförmigen Backenzähne wiesen Sägekanten auf, was sowohl auf eine pflanzliche als auch auf eine tierische Kost hinweisen kann. Vielleicht ernährte sich ja dieser älteste Prosauropode, der in einem wüstenähnlichen Gebiet lebte, noch omnivor.

Prosauropoda

Ordnung:	**Saurischia**
Unterordnung:	**Sauropodomorpha**
Infraordnung:	**Prosauropoda**

Höhe:	0,60 m
Länge:	2 m
Gewicht:	20 kg
Jahr:	Riley und Stutchbury, 1836
Ort:	1. Europa: Magnesian Conglomerate, Avon, England
	2. Afrika: Cape Province, Südafrika
Zeit:	Obere Trias, vor 211–209 Mio. Jahren
Nahrung:	Herbivor oder omnivor

Thecodontosaurus besaß eine eigenartig geformte Daumenklaue, die er vielleicht bei der Nahrungssuche einsetzte. Er lebte vor etwa 210 Millionen Jahren in den Gebieten des heutigen Europa und Afrika.

189

Unaysaurus

Prosauropoda
Ordnung: Saurischia
Unterordnung: Sauropodomorpha
Infraordnung: Prosauropoda

Höhe: 0,80 m
Länge: 2,50 m
Gewicht: 70 kg
Jahr: Leal, Azevodo, Kellner und da Rosa, 2004
Ort: Südamerika: Santa Maria Formation, Rio Grande do Sul, Brasilien
Zeit: Obere Trias, vor 225–200 Mio. Jahren
Nahrung: Herbivor

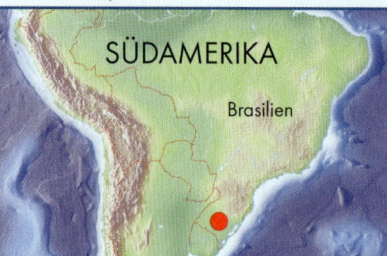

SÜDAMERIKA

Brasilien

Im Jahre 1998 entdeckten Wissenschaftler die Überreste des bisher ältesten bekannten Dinosauriers.

Der Pflanzenfresser war mit dem europäischen Plateosaurier verwandt, was beweist, dass es während der Oberen Trias für die Tiere noch leicht war, über die zusammenhängende Landmasse, den Riesenkontinent Pangäa, zu wandern. Unaysaurus wurde in Brasilien gefunden, das zu dessen Lebenszeit noch mit Afrika verbunden war. Wie andere frühe Dinosaurier lief auch Unaysaurus auf zwei Beinen. Die Vorderbeine waren viel kürzer als die Hinterbeine. Er ernährte sich von Pflanzen. Seinem Tiernamen liegt die Bezeichnung der Einheimischen für die Region, die „schwarzes Wasser" heißt, zugrunde. Hier kamen die Fossilien bei Straßenarbeiten zum Vorschein.

Der kleine Prosauropode Unaysaurus kam in Brasilien ans Tageslicht. Er lebte vor mehr als 220 Millionen Jahren und ist mit dem in Europa gefundenen Plateosaurus verwandt.

Yunnanosaurus

Yunnanosaurus, der nach seinem Fundort in der chinesischen Provinz Yunnan benannt wurde, gehört zu den ältesten großen Pflanzenfressern in Asien. Er lebte zur gleichen Zeit wie der ebenfalls in Asien entdeckte Lufengosaurus. Yunnanosaurus besaß aber im Gegensatz zu den anderen Prosauropoden in seiner kurzen Schnauze mehr als 60 meißelförmige Zähne, mit denen er besser als seine Verwandten die Nahrung kauen konnte. Bisher wurden etwa 20 Skelette der „Echse aus Yunnan" ausgegraben.

Prosauropoda

Ordnung:	Saurischia
Unterordnung:	Sauropodomorpha
Infraordnung:	**Prosauropoda**

Höhe:	2 m
Länge:	7 m
Gewicht:	1 t
Jahr:	Young, 1942
Ort:	Asien: Fengjiahe Formation, Yunnan, China
Zeit:	Obere Trias bis Unterer Jura, vor 203–191 Mio. Jahren
Nahrung:	Herbivor

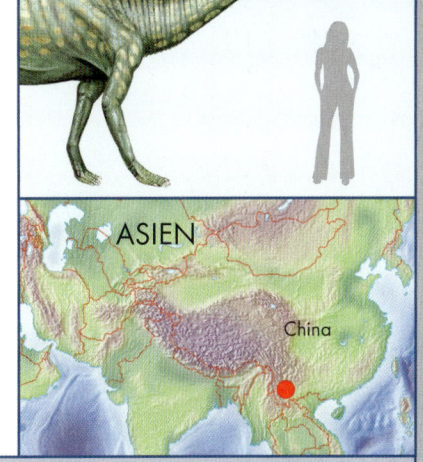

ASIEN

China

Yunnanosaurus war einer der ältesten Dinosaurier in Asien. Der Plateosaurier lebte vor etwa 200 Millionen Jahren und wurde in der chinesischen Provinz Yunnan gefunden, nach der er benannt wurde.

Alamosaurus

Sauropoda

Ordnung: Saurischia
Unterordnung: Sauropodomorpha
Infraordnung: Sauropoda
Familie: Titanosauria o. fam. Zuordn.

Höhe: 6 m
Länge: 21 m
Gewicht: 30 t
Jahr: Gilmore, 1922
Ort: Nordamerika, USA:
  1. North Horn For-
     mation, Utah
  2. Kirtland Formation,
     New Mexico
  3. Javelina und El Pica-
     chio Formation, Texas
Zeit: Obere Kreide,
     vor 71–65 Mio.
     Jahren
Nahrung: Herbivor

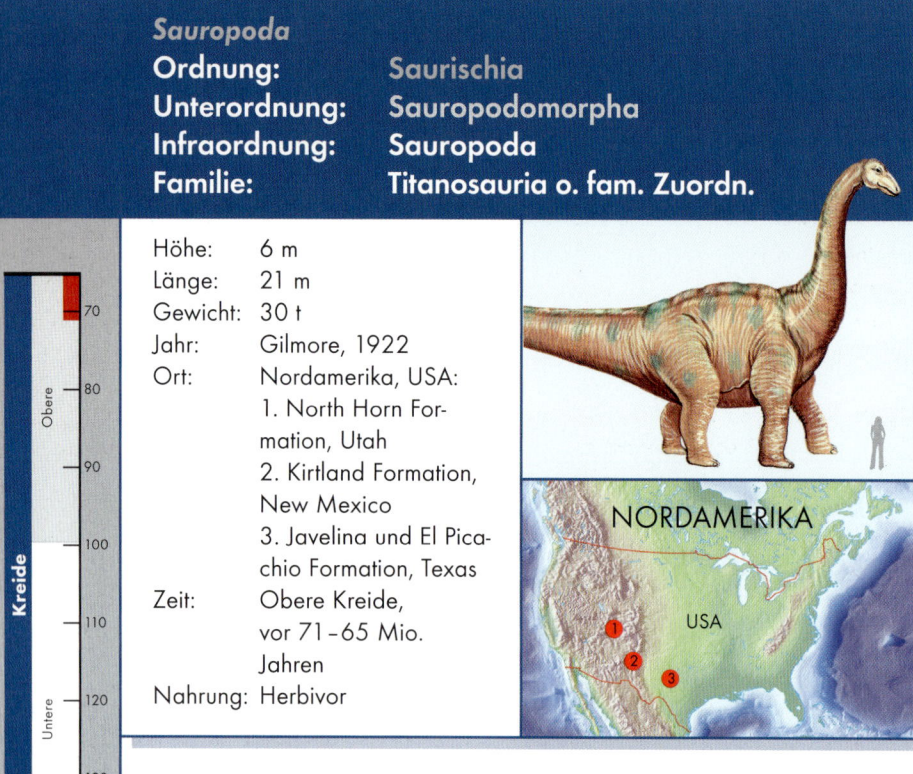

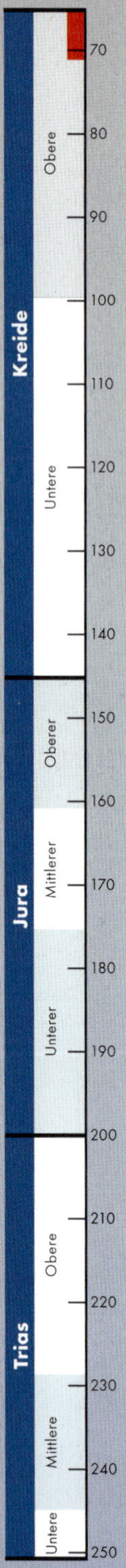

NORDAMERIKA

USA

Alamosaurus lebte gegen Ende der Kreidezeit und ist der letzte in Nordamerika gefundene Sauropode. Vermutlich wanderte er von Südamerika ein, da keine anderen Sauropodenreste aus den 30 Millionen Jahren vorher in Nordamerika gefunden wurden.

Auf seinem langen Hals saß ein breiter Schädel. Die Kiefer trugen im vorderen Bereich kleine Zähne, mit denen er die Blätter von den Bäumen zupfte. Alamosaurus ging auf vier Beinen, wobei das vordere Paar etwas kürzer als das hintere war. Knochenplatten auf dem Rücken bildeten einen Panzer, der bei manchen Titanosauriern in Stacheln endete. Und wie andere Mitglieder seiner Familie besaß auch Alamosaurus keine hohlen Wirbel.

Er wurde entweder nach seinem Fundort in den Ojo-Alamo-Bergen benannt oder nach der texanischen Festung Alamo in San Antonio, deren Besatzung im 19. Jahrhundert im Kampf gegen die Mexikaner umkam.

Alamosaurus war einer der letzten Sauropoden, die am Ende der Kreidezeit in Nordamerika lebten. Seine fossilen Überreste kamen an mehreren Orten zum Vorschein.

Kreide
Obere
Untere
Jura
Oberer
Mittlerer
Unterer
Trias
Obere
Mittlere
Untere

70
80
90
100
110
120
130
140
150
160
170
180
190
200
210
220
230
240
250

Amargasaurus

Amargasaurus lebte in der frühen Kreidezeit. Äußerlich unterschied er sich von den anderen Sauropoden durch eine Doppelreihe von Dornen oder Stacheln, die entlang des Nackens immerhin eine Länge von 80 cm aufwiesen und an denen vielleicht ein Rückensegel befestigt war. Die Funktion des Segels ist allerdings noch ungeklärt. Vielleicht sollte es lebhaft gefärbt Feinde oder rivalisierende Männchen abschrecken. Es ist auch möglich, dass Amargasaurus das doppelreihige Segel als Wärmeregulator wie die Spinosauriden einsetzte: Drehte das kaltblütige Tier das Segel in die Sonne, konnte es Wärme aufnehmen, drehte es das Segel in den Wind, gab es Wärme ab. Eine andere Theorie vermutet, dass die Stacheln mit einer Hornschicht und nicht mit einem Segel umgeben waren, wobei die freistehenden, harten Knochenstacheln vor Angreifern schützen sollten. Der Name des Tieres leitet sich von seinem Fundort „La Amarga Creek" in Argentinien ab.

Sauropoda

Ordnung:	**Saurischia**
Unterordnung:	**Sauropodomorpha**
Infraordnung:	**Sauropoda**
Familie:	**Dicraeosauridae**

Höhe:	4 m
Länge:	9–10 m
Gewicht:	5–8 t
Jahr:	Salgado und Bonaparte, 1991
Ort:	Südamerika: La Amarga Formation, Neuquén, Argentinien
Zeit:	Untere Kreide, vor 131–125 Mio. Jahren
Nahrung:	Herbivor

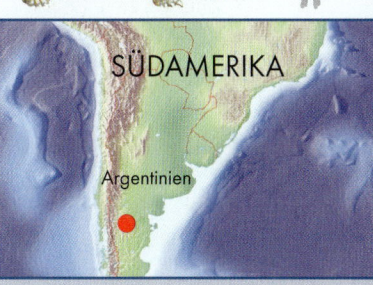

SÜDAMERIKA

Argentinien

Amargasaurus, der vor mehr als 120 Millionen Jahren in Südamerika lebte, trug ein auffälliges, doppelreihiges Segel am langen Hals.

Ampelosaurus

Ordnung:	Saurischia
Unterordnung:	Sauropodomorpha
Infraordnung:	Sauropoda
Familie:	Titanosauria ohne fam. Zuordnung

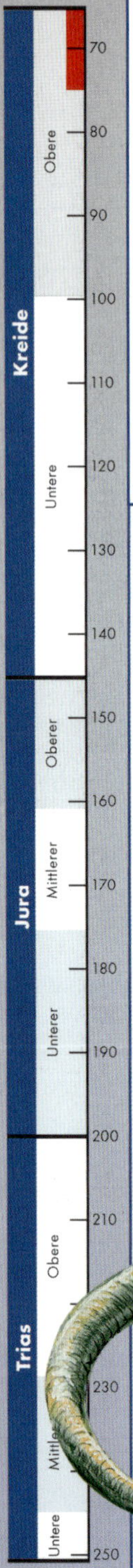

Höhe: 4 m
Länge: 15 m
Gewicht: 17 t
Jahr: Le Loeuff, 1995
Ort: Europa: Marnes
Rouges Inferieures
Formation, Aude,
Frankreich
Zeit: Obere Kreide,
vor 75–65 Mio.
Jahren
Nahrung: Herbivor

EUROPA

Frankreich

Ampelosaurus gehörte zu den Titanosauriern und besaß wie seine Verwandten eine gepanzerte Haut aus bis zu 20 cm großen Knochenplatten, die vermutlich vor Angreifern schützen sollten. Als mittelgroßer, pflanzenfressender Sauropode hatte Ampelosaurus eine Reihe von Feinden, die sich räuberisch ernährten und mit ihm die Nordhalbkugel bevölkerten. Er starb wie alle anderen Dinosaurier gegen Ende der Kreidezeit aus.

Ampelosaurus wird auch „Weinbergechse" genannt, da die Fossilien 1989 an einem Weinberg gefunden wurden. Er ist der bekannteste langhalsige Sauropode Europas.

Ampelosaurus, ein Titanosaurier, wurde in Europa gefunden, wo er gegen Ende der Kreidezeit lebte.

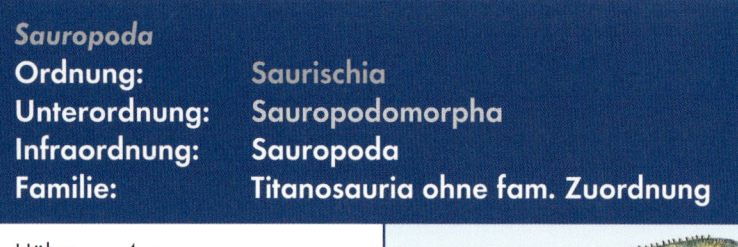

Antarctosaurus gehörte zu den großen Sauropoden Südamerikas, worauf auch sein Name verweist, der „südliche Echse" bedeutet. Auf dem langen Hals saß ein knapp 70 cm langer Schädel, in den Kiefern steckten kleine, stiftförmige Zähne, die auf eine herbivore Ernährung hindeuten. Der Koloss ähnelte dem ebenfalls in Südamerika gefundenen Saltasaurus. Wie die meisten Titanosaurier trug er Knochenplatten auf dem Rücken, die vor den Angriffen der Raubsaurier schützen sollten.

Fossile Hautabdrücke einiger Titanosaurier, die in den Achtzigerjahren des 20. Jahrhunderts gefunden wurden, bewiesen, was Wissenschaftler bereits einhundert Jahre vorher vermutet hatten: Titanosaurier waren gepanzerte Sauropoden. Die Panzerung ermöglichte ihnen ein Überleben in Südamerika und Indien bis gegen Ende der Kreidezeit. Die großen Sauropoden der nördlichen Halbkugel waren bereits früher ausgestorben. Antarctosaurus verschwand vermutlich erst mit dem Massensterben vor 65 Mio. Jahren von unserem Planeten.

Sauropoda

Ordnung:	**Saurischia**
Unterordnung:	**Sauropodomorpha**
Infraordnung:	**Sauropoda**
Familie:	**Titanosauria ohne fam. Zuordnung**

Höhe:	6 m
Länge:	18 m
Gewicht:	20 t
Jahr:	von Huene, 1929
Ort:	Südamerika: 1. Bauru Form., Sao Paulo, Goías und Minas Gerais, Brasilien 2. Ascencio Form., Palmitas, Uruguay; 3. Rio Neuquén Form., Neuquén, Argentinien; 4. Bajo Barreal Form., Chubut, Argentinien Asien: 5. Lameta Formation, Madhya Pradesh, Indien
Zeit:	Obere Kreide, vor 83–65 Mio. Jahren
Nahrung:	Herbivor

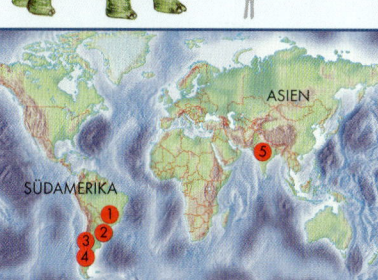

Antarctosaurus konnte eine Länge von bis zu 18 m erreichen und lebte in Südamerika. Aber auch in weit entfernten Regionen Asiens fanden sich seine Fosillien.

195

Der früher als Brontosaurus bekannte Apatosaurus gehörte zu den größten Sauropoden und damit auch Landtieren, die jemals unsere Erde bevölkerten. Er ähnelte dem etwas größeren Diplodocus. Sein Name Brontosaurus hieß „Donnerechse" und bezog sich auf den Erschütterungslärm, den das Tier wohl verursacht haben könnte, als es durch die Landschaft zog. Als Fossilien entdeckt wurden, die mit Funden übereinstimmten, die bereits als Apatosaurus bezeichnet worden waren, musste der Brontosaurus in Apatosaurus umbenannt werden. Apatosaurus brachte es auf ein Gewicht von bis zu 35 t, was etwa dem von fünf Elefanten entspricht, obwohl viele Knochen nicht massiv, sondern aus einer wabenförmigen, Gewicht reduzierenden Struktur bestanden. Die säulenartigen Beine endeten in fünf Zehen, wobei die vorderen eine und die hinteren drei Krallen an den inneren Zehen trugen. Der massige Körper trug einen sehr langen, peitschenartigen, dünnen Schwanz aus 82 gelenkig miteinander verbundenen Wirbeln, den das Tier vermutlich auch zur Verteidigung einsetzte. Auf dem langen Hals saß ein kleiner Kopf mit flacher Schnauze. Die Kiefer waren ebenfalls recht klein und geben bis heute Rätsel auf, wie es Apatosaurus

Apatosaurus

mit ihnen möglich war, die gewaltige Menge an Futter aufzunehmen, die er täglich benötigte. Die Zähne, die vor allem im Vorderteil des Kiefers wuchsen, erneuerten sich von allein, sobald sie abgenutzt waren.

Vermutlich hielt Apatosaurus den Kopf ungefähr in Schulterhöhe, da der Herzschlag nicht ausgereicht hätte, das Blut in den Kopf zu pumpen. Einige Wissenschaftler glauben, dass sich die Wirbel des Halses in einer zu steil nach oben aufgerichteten Position verkeilt hätten.

Andere Theorien besagen, dass sich Apatosaurus auf die Hinterbeine stellen konnte, um Gegner abzuschrecken. Die wirksamste Verteidigung der Sauropoden gegen Verfolger war ihr Herdenverband. Griffen ein oder mehrere Raubsaurier an, bildeten die riesigen männlichen Pflanzenfresser vermutlich einen ringförmigen Wall um die Jungtiere im Inneren und schützten sie.

Sauropoda

Ordnung:	Saurischia
Unterordnung:	Sauropodomorpha
Infraordnung:	Sauropoda
Familie:	Diplodocidae

Höhe:	5 m
Länge:	21 m
Gewicht:	30–35 t
Jahr:	Marsh, 1877
Ort:	Nordamerika, USA:
	1. Morrison Formation, Utah
	2. Morrison Formation, Wyoming
	3. Morrison Formation, Colorado
Zeit:	Oberer Jura, vor 156–145 Mio. Jahren
Nahrung:	Herbivor

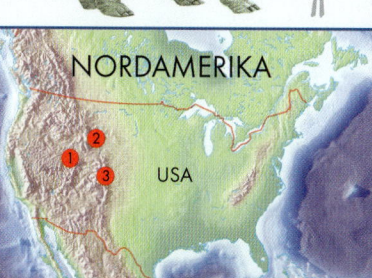

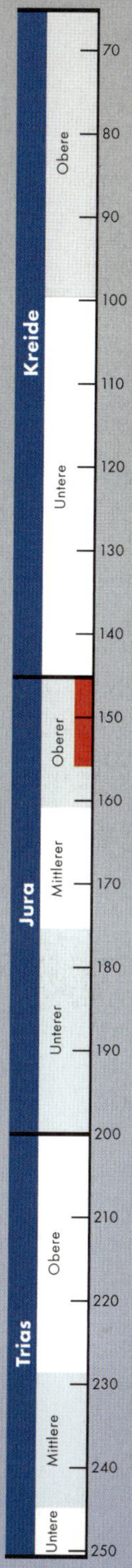

NORDAMERIKA

USA

Apatosaurus gehört zu den bekanntesten und größten Sauropoden der Welt. Seine Fossilien fanden sich in mehreren Gebieten Nordamerikas, wo er während des Oberen Jura lebte.

Kreide
Obere
Untere

Jura
Oberer
Mittlerer
Unterer

Trias
Obere
Mittlere
Untere

70
80
90
100
110
120
130
140
150
160
170
180
190
200
210
220
230
240
250

Argentinosaurus

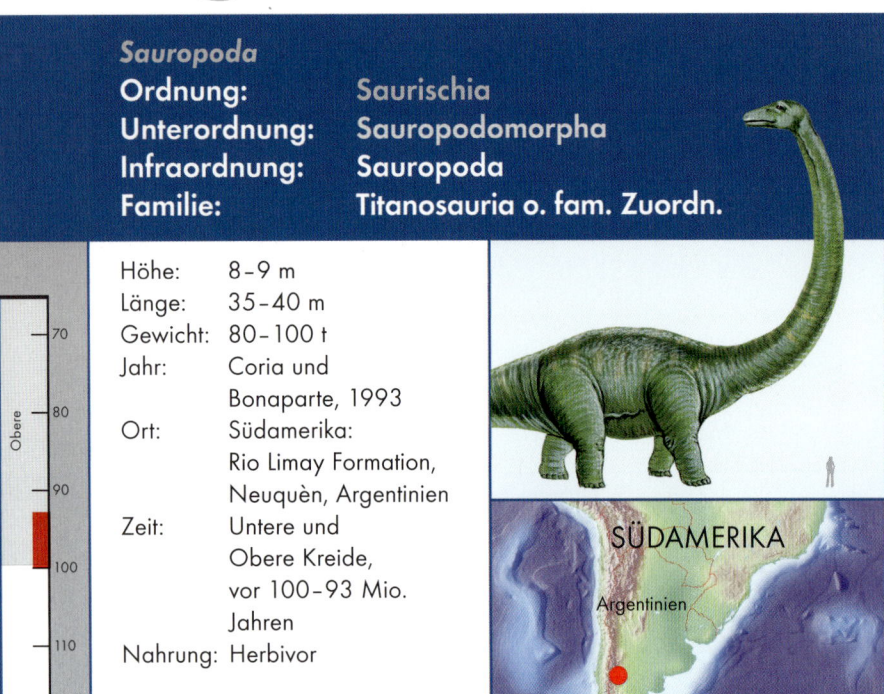

Sauropoda	
Ordnung:	**Saurischia**
Unterordnung:	**Sauropodomorpha**
Infraordnung:	**Sauropoda**
Familie:	**Titanosauria o. fam. Zuordn.**

Höhe:	8–9 m
Länge:	35–40 m
Gewicht:	80–100 t
Jahr:	Coria und Bonaparte, 1993
Ort:	Südamerika: Rio Limay Formation, Neuquèn, Argentinien
Zeit:	Untere und Obere Kreide, vor 100–93 Mio. Jahren
Nahrung:	Herbivor

SÜDAMERIKA

Argentinien

Argentinosaurus, die „Echse aus Argentinien", war vielleicht der größte Dinosaurier aller Zeiten. Mit seiner Länge von bis zu 40 m sprengte er alle Rekorde, ebenso mit seinem Gewicht, das auf 80 bis 100 t geschätzt wird. Bisher wurden allerdings nur wenige Fossilien gefunden, vor allem Rückenwirbel, Rippen, Schienbeine und Kreuzbeinknochen, die aber eine genaue Rekonstruktion mit einem sehr langen Hals und Schwanz gut ermöglichten. Allein 120 cm maß ein Wirbel, ein Oberschenkelknochen 2 m. Früher wurde das Tier mit herabhängendem Schwanz und s-förmig gebogenem Hals dargestellt, heute in einer eher waagrechten Haltung, die der Kapazität des Kreislaufs vermutlich mehr entsprach. Argentinosaurus gehörte vermutlich zu den Titanosauriern und besaß daher wahrscheinlich wie diese auch einen mit Knochenplatten bedeckten und gepanzerten Rücken. Ungewöhnlich waren seine hohlen Rippen.

Argentinosaurus, der erst 1993 von Coria und Bonaparte beschrieben wurde, kam auf die gigantische Länge von etwa 40 m und war vielleicht der längste Sauropode, der jemals auf Erden wandelte. Ob er Knochenplatten auf dem Rücken trug, ist ungewiss.

Argyrosaurus gehörte zu den größten lebenden Dinosauriern, jedoch wurden bisher nur wenige Fossilien gefunden, darunter ein 2 m langer Oberschenkelknochen, der auf gewaltige Ausmaße hindeutet. Eine exakte Rekonstruktion ist jedoch nicht möglich. Die Einordnung zu den Titanosauriern wird ebenfalls noch diskutiert, wodurch auch nicht sicher gesagt werden kann, ob Argyrosaurus eine gepanzerte Haut auf dem Rücken trug. Die „Silberechse", was sein Name bedeutet, lebte als Pflanzenfresser und als einer der letzten großen Sauropoden gegen Ende der Kreidezeit in Südamerika und verschwand während des Massensterbens von unserem Planeten.

Sauropoda

Ordnung:	Saurischia
Unterordnung:	Sauropodomorpha
Infraordnung:	Sauropoda
Familie:	Titanosauria o. fam. Zuordn.

Höhe:	8 m
Länge:	21 m
Gewicht:	40–80 t
Jahr:	Lydekker, 1893
Ort:	Südamerika:
	1. Ascencio Formation, Uruguay
	2. Bajo Barreal Formation, Rio Chico, Argentinien
Zeit:	Obere Kreide, vor 83–65 Mio. Jahren
Nahrung:	Herbivor

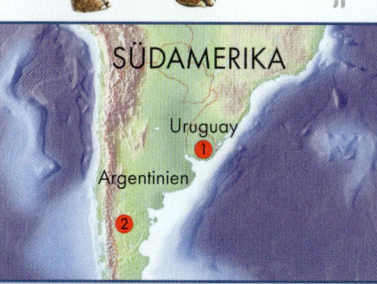

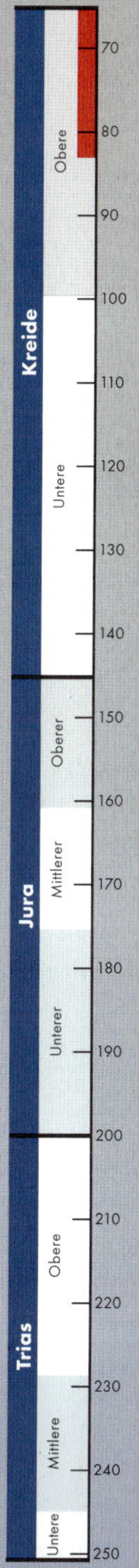

SÜDAMERIKA

Uruguay

Argentinien

Argyrosaurus lebte gegen Ende der Kreidezeit in Südamerika und nahm vermutlich ebenfalls riesige Ausmaße an. Sein Oberschenkelknochen maß allein 2 m.

Atlasaurus

Sauropoda
Ordnung: Saurischia
Unterordnung: Sauropodomorpha
Infraordnung: Sauropoda
Familie: Macronaria ohne fam. Zuordnung

Höhe:	5–6 m
Länge:	16 m
Gewicht:	20 t
Jahr:	Monbaron, D. A. Russell und Taquet, 1999
Ort:	Afrika: Tilougguit Formation, Wawmda, Marokko
Zeit:	Mittlerer und Oberer Jura, vor 164–159 Mio. Jahren
Nahrung:	Herbivor

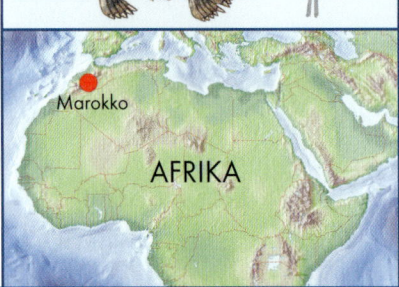

Marokko

AFRIKA

Atlasaurus, ein Sauropode aus Afrika, war viel kleiner als der ihm ähnliche Brachiosaurus. Da dieser Verwandte weit größere Ausmaße erreichte, gingen die Wissenschaftler zunächst davon aus, dass die Lebensbedingungen Afrikas kein gigantisches Wachstum ermöglichten. Zunehmend glauben die Forscher heute, dass Sauropoden ihr gesamtes Leben lang wuchsen, weshalb Atlasaurus durchaus im Laufe seines vielleicht hundertjährigen Lebens die Größe des Brachiosaurus hätte erreichen können.

Das fast vollständig erhaltene Skelett, das Michel Monbaron 1979 im Atlasgebirge fand und zunächst als Cetiosaurus einstufte, liefert keinen Hinweis, ob das Tier bereits ausgewachsen war. Im Vergleich zum Brachiosaurus besaß Atlasaurus einen größeren Schädel, einen längeren Schwanz und etwas kürzeren Hals. Er lief auf vier Beinen, wobei das vordere Paar etwas länger als das hintere war. Durch die anatomischen Unterschiede kann Atlasaurus aber nicht als Brachiosauride eingeordnet werden. Sein Name ergab sich aus dem Fundort im marokkanischen Atlasgebirge.

Atlasaurus wurde im nordafrikanischen Atlasgebirge gefunden. Sein gut erhaltenes Skelett zeigte, dass er auf vier Beinen lief, wobei die vorderen Gliedmaßen länger als die hinteren waren.

Barapasaurus ist einer der ältesten Sauropoden, die bisher entdeckt wurden, und zudem der einzige auf dem indischen Subkontinent. Sein Name ergab sich aus der Bezeichnung für „großes Bein" (Barapa), womit ein Helfer in seinem indischen Dialekt ein Fossil am Ausgrabungsort benannte. Auffällig sind die schlanken Knochen, die Hohlräume der Rücken- und Halswirbel sowie die spatelförmigen, gekerbten Zähne des Pflanzenfressers, mit denen er das Blattwerk der Bäume abstreifen konnte. Barapasaurus besaß einen langen Hals und Schwanz wie alle Sauropoden. Bisher wurde der Kopf jedoch nicht gefunden. Da Knochen zahlreicher anderer Dinosaurier am Fundort ausgegraben wurden, ist es möglich, dass das rekonstruierte Skelett Fehler aufweist.

Sauropoda

Ordnung:	Saurischia
Unterordnung:	Sauropodomorpha
Infraordnung:	Sauropoda
Familie:	Cetiosauridae

Höhe:	6 m
Länge:	15–18 m
Gewicht:	20 t
Jahr:	Jain, Kutty, Roy-Chowdhury und Chatterjee, 1975
Ort:	Asien: Kota Formation, Andhra Pradesh, Indien
Zeit:	Unterer und Mittlerer Jura, vor 185–170 Mio. Jahren
Nahrung:	Herbivor

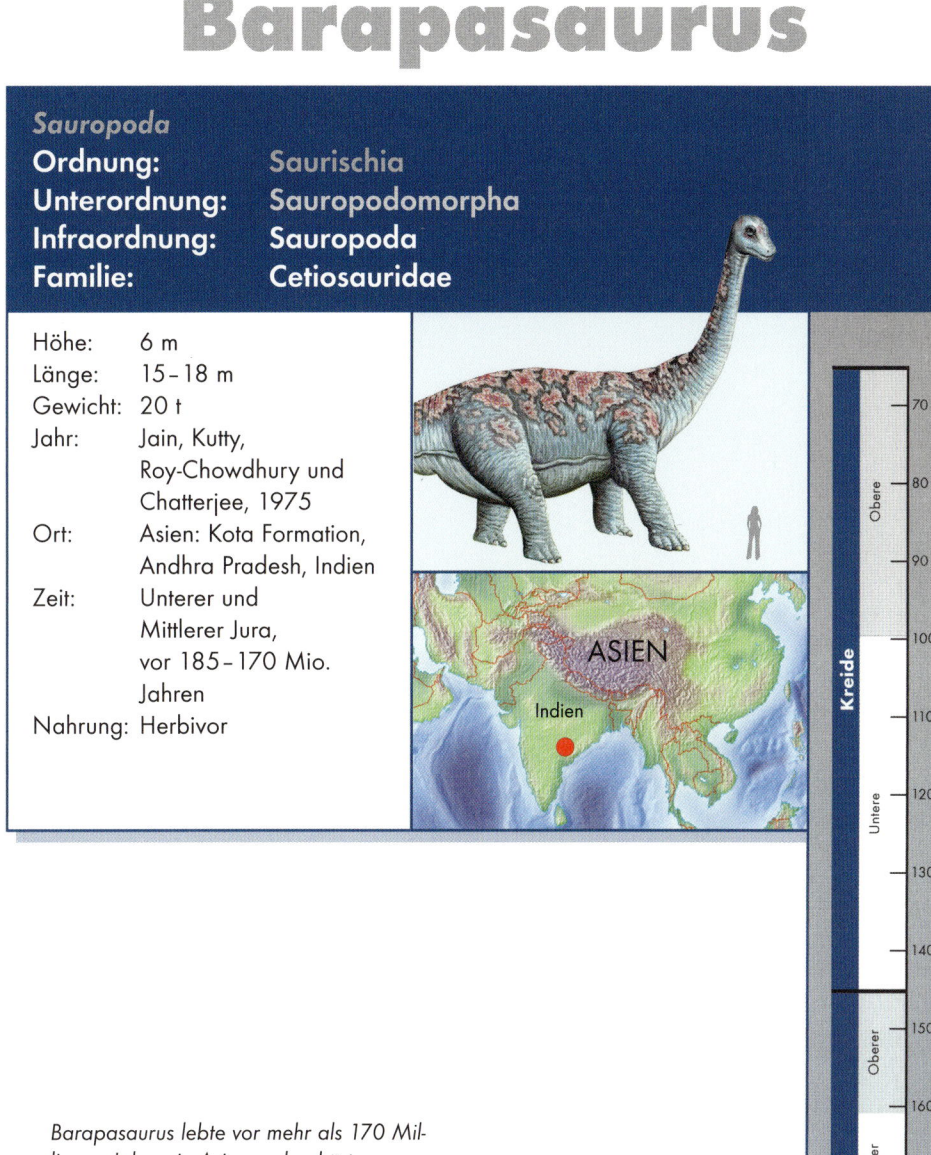

ASIEN

Indien

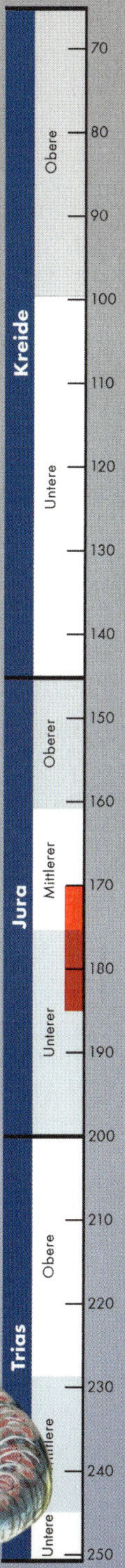

Barapasaurus lebte vor mehr als 170 Millionen Jahren in Asien und gehörte zu den ältesten Sauropoden. Seine Fossilien wurden in Indien gefunden.

Kreide

Obere

Untere

Jura

Oberer

Mittlerer

Unterer

Trias

Obere

Mittlere

Untere

70
80
90
100
110
120
130
140
150
160
170
180
190
200
210
220
230
240
250

Barosaurus

Ordnung: Saurischia
Unterordnung: Sauropodomorpha
Infraordnung: Sauropoda
Familie: Diplodocidae

Höhe:	8 m
Länge:	23–27 m
Gewicht:	10–20 t
Jahr:	Marsh, 1890
Ort:	Nordamerika:
	1. Morrison Formation, Utah, USA
	2. Morrison Formation, Süd-Dakota, USA
	Afrika:
	3. Tendaguru Beds, Mtwara, Tansania
Zeit:	Oberer Jura, vor 156–145 Mio. Jahren
Nahrung:	Herbivor

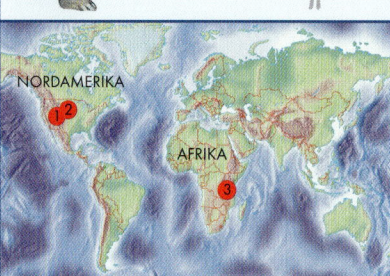

Barosaurus war ein quadrupeder Pflanzenfresser aus der Familie der Diplodocidae. Er hatte Ähnlichkeit mit Diplodocus, vor allem im Hüftbereich und in der Anatomie der Hinterbeine, besaß aber zum kürzeren Schwanz einen 9 m langen Hals und brachte es damit zu einem der längsten Dinosaurier Nordamerikas. Die „schwere Echse", was sein Name bedeutet, erreichte außerdem ein Gewicht von bis zu 20 t. Allein sein Oberschenkel maß 2,50 m. Die gewaltige Größe war auch die stärkste Waffe gegen seine Feinde.

Griff ihn ein Theropode an, so konnte sich Barosaurus auf den Hinterbeinen aufrichten, woraufhin der Angreifer sicher das Weite suchte. Doch die aufgerichtete Position oder eine Haltung mit erhobenem Kopf verlangte eine kräftige Blutzirkulation, die vermutlich ein Herz allein nicht leisten konnte. Spekulationen gehen heute dahin, dass ein gewaltiger Sauropode von den Ausmaßen des Barosaurus entweder viele Herzen besaß oder den Kopf waagrecht trug. Auch zusätzliche Arterienklappen in den Halsschlagadern sind denkbar. Die bis zu 1 m großen Halswirbel waren hohl, um Gewicht zu verringern. Sauropoden lebten als Pflanzenfresser, worauf die Gastrolithen in ihren Mägen hinweisen, und weideten die mittleren und oberen Baumbestände ab. Vermutlich lebten sie in Herden. Leider wurde bisher kein vollständiger Schädel des Barosaurus entdeckt. Auch die neuen Funde in Tansania liefern nur Teilstücke.

Barosaurus lebte gegen Ende des Jura vor etwa 150 Millionen Jahren in Teilen Nordamerikas und Afrikas. Er ernährte sich von der Vegetation seiner Zeit und legte dabei weite Strecken zurück, die ihn über die zusammenhängenden Landmassen führten.

Bellusaurus

Vom recht kleinen Sauropoden Bellusaurus sind bisher etwa 17 Teilskelette bekannt. Bereits 1954 fanden nach Öl suchende Geologen das Knochenbett mit zahlreichen jungen Individuen. Eine Springflut hatte vermutlich die Herde überrascht und die jüngeren Exemplare in den Tod gezogen. Welche Größe die ausgewachsenen Tiere erreichen konnten, ist somit nicht bekannt. Unklar ist auch, ob es sich bei den Exemplaren tatsächlich um Bellusaurus oder um junge Vertreter von Klamelisaurus handelt.

Die gefundenen Schädel weisen einen leichten Knochenbau mit flacher Schnauze auf. Der Hals ist für einen Sauropoden ungewöhnlich kurz, was darauf hinweisen kann, dass die Tiere noch nicht ausgewachsen waren.

Der Name Bellusaurus bedeutet so viel wie „schöne Echse".

Sauropoda	
Ordnung:	**Saurischia**
Unterordnung:	**Sauropodomorpha**
Infraordnung:	**Sauropoda**
Familie:	**Macronaria ohne fam. Zuordnung**

Höhe:	1,80 m
Länge:	5 m
Gewicht:	0,5 t
Jahr:	Dong, 1990
Ort:	Asien: Shishugou Formation, Sinkiang, China
Zeit:	Mittlerer und Oberer Jura, vor 169–156 Mio. Jahren
Nahrung:	Herbivor

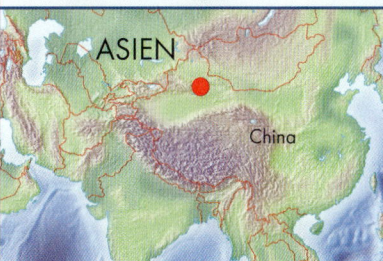
ASIEN
China

Bellusaurus war ein mittelgroßer Sauropode, dessen Überreste bisher in China gefunden wurden.

Kreide
Obere
70
80
90
Untere
100
110
120
130
140

Jura
Oberer
150
160
Mittlerer
170
Unterer
180
190
200

Trias
Obere
210
220
Mittlere
230
240
Untere
250

Brachiosaurus

Sauropoda

Ordnung:	Saurischia
Unterordnung:	Sauropodomorpha
Infraordnung:	Sauropoda
Familie:	Brachiosauridae

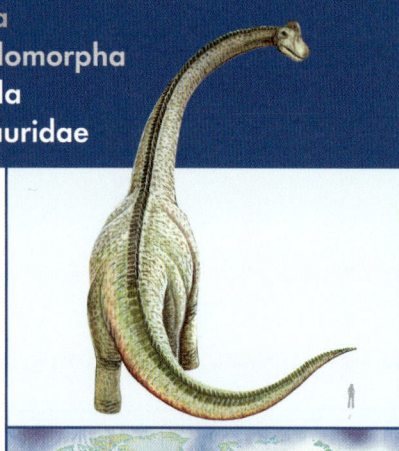

Höhe: 13 m
Länge: 25 m
Gewicht: 80 t
Jahr: Riggs, 1903
Ort: Nordamerika, USA:
1./2. Morrison Formation, Utah und Colorado
Europa: 3. Porto Novo Formation, Lourinhã, Portugal
Afrika: 4. Continental intercalaire, Wargla, Algerien
5. Tendaguru Beds, Mtwara, Tansania
Zeit: Oberer Jura bis Untere Kreide, vor 152–130 Mio. Jahren
Nahrung: Herbivor

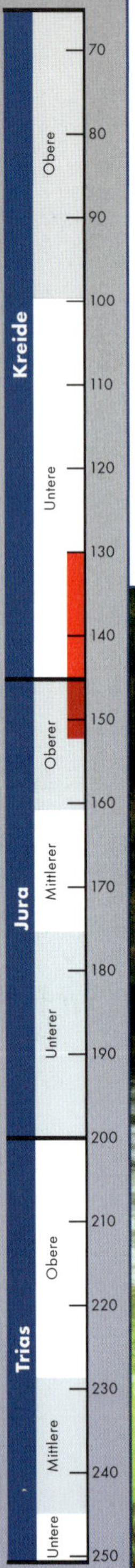

Brachiosaurus gehörte zu den Sauropoden, den Elefantenfuß-Dinosauriern, die gewaltige Ausmaße annehmen konnten. Er war einer ihrer größten Vertreter und wog etwa 20-mal mehr als ein Elefant. Außergewöhnlich waren seine längeren Vorderbeine, wodurch er und seine Familie den Namen erhielten, denn Brachiosaurus bedeutet „Armechse". Der Körper fiel ähnlich wie bei einer Giraffe von den Schultern, die sich in 6,40 m Höhe befanden, nach hinten ab und endete in einem relativ kurzen Schwanz. Hohle Wirbel sparten Gewicht und waren neben seitlichen Luftkammern wabenartig und gelenkig miteinander durch spezielle Knochenverstrebungen verbunden, wodurch sich der Körper aufrecht halten konnte. Auch erhielt der Hals, der aus 14 großen Wirbeln bestand, damit seine Beweglichkeit.

Ungewöhnlich waren die recht großen Nasenlöcher, die auf der Schädeloberseite über den Augen saßen, was auf einen guten Geruchssinn hindeutet oder auch der Wärmeregulierung des Gehirns gedient haben könnte. Früher dachte man, Brachiosaurus lebe im Wasser und atme durch die hoch liegenden Nasenlöcher. Der Druck

Brachiosaurus gehört zu den berühmtesten Sauropoden, die auf der Erde lebten. Das Skelett aus der Tendaguru-Expedition Anfang des 20. Jahrhunderts ist im Naturkundemuseum Berlin zu sehen. Brachiosaurus lebte über einen langen Zeitraum auf weiten Teilen der Erde. Er erreichte eine Länge von 25 m und ein Gewicht von etwa 80 t.

der auf den Körper in entsprechender Tiefe eingewirkt hätte, wäre aber zu groß gewesen, um Brachiosaurus das Atmen zu ermöglichen. Bei der Betrachtung der Anatomie stellen sich weitere Fragen, die bis heute nicht geklärt sind: Um den Kopf zu heben, benötigte ein Sauropode eine kräftige Blutzirkulation, die möglicherweise ein Herz alleine nicht schaffen konnte. Kaltblütige Tiere haben aber geringe Stoffwechselraten, einen niedrigen Blutdruck und ein kleines Herz. Der Kopf und das Gehirn waren außerdem ungewöhnlich klein im Gegensatz zum mächtigen Körper. In den Kiefern der breiten und flachen Schnauze saßen zapfenartige Zähne, die sehr große Mengen an Pflanzennahrung aufnehmen mussten, um das Überleben des Tieres zu sichern. Heute wird Brachiosaurus in einer anderen Position als früher dargestellt, nämlich mit erhobenem Schwanz und weniger stark gebogenem Hals. Eines der höchstmontierten Skelette der Welt steht im Paläontologischen Museum der Humboldt-Universität Berlin und stammt von der Tendaguru-Expedition, die deutsche Paläontologen zu Beginn des 20. Jahrhunderts in Ostafrika auf die Spuren der Dinosaurier brachte.

Bothriospondylus

Sauropoda

Ordnung:	Saurischia
Unterordnung:	Sauropodomorpha
Infraordnung:	Sauropoda
Familie:	Brachiosauridae

Höhe:	10 m
Länge:	20 m
Gewicht:	bis 50 t
Jahr:	Owen, 1875
Ort:	1. Europa: Kimmeridge Clay, Wiltshire, England 2. Afrika: Isalo Formation, Majunga, Madagaskar
Zeit:	Oberer Jura, vor 152 Mio. Jahren
Nahrung:	Herbivor

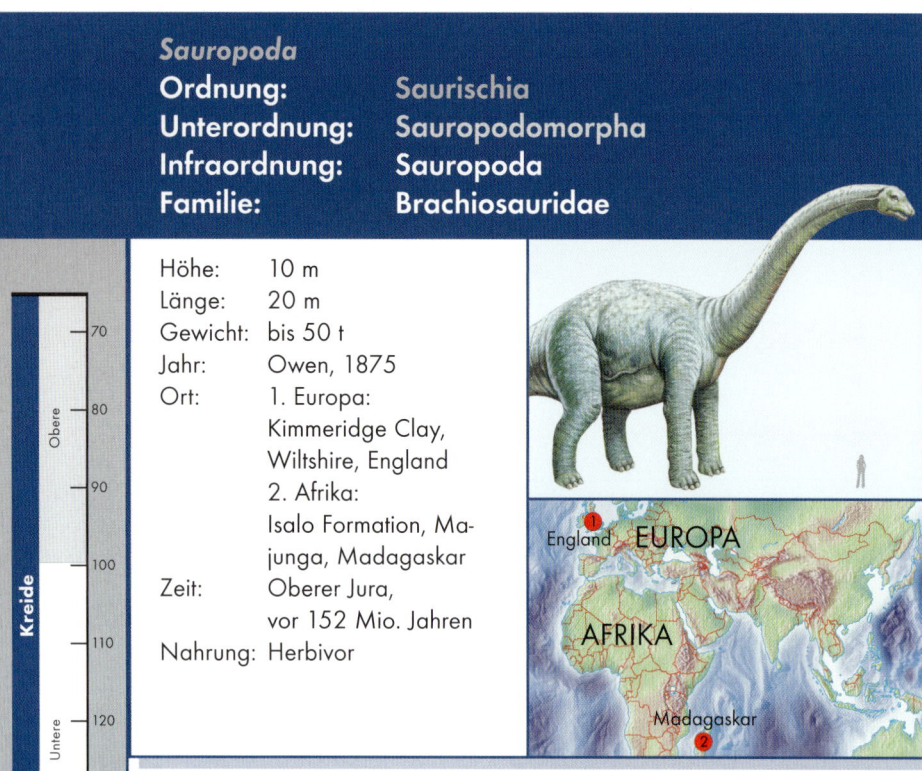

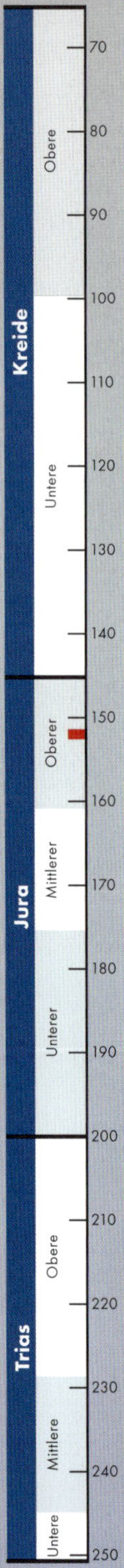

Bothriospondylus war mit Brachiosaurus verwandt, erreichte aber nicht die gleichen Ausmaße. Trotzdem gehört er zu den gewaltigen Sauropoden, die unsere Erde beherrschten. Er lebte als quadrupeder Pflanzenfresser und besaß einen langen Hals und Schwanz. Um das Gewicht des Nackens zu verringern, waren die Wirbelknochen hohl, was ihm seinen Namen bescherte („hohler Rückenwirbel"). Leider wurden bisher auch nur die Rückenwirbel dieses Giganten gefunden. Bereits der berühmte Paläontologe Sir Richard Owen konnte den Elefantenfuß-Dinosaurier, der in England zum Vorschein kam, im Jahre 1875 beschreiben. Spätere Funde in Madagaskar wurden ihm ebenfalls zugerechnet.

Bothriospondylus bestach durch die eigenartig hohle Form seiner Rückenwirbel, die ihm zu seinem Namen verhalfen.

Camarasaurus

Camarasaurus gehörte ebenfalls zu den Elefantenfuß-Dinosauriern, besaß einen typischen langen Hals und Schwanz, wenn auch etwas kürzer als bei anderen Vertretern. Auch seine Nasenöffnungen lagen ähnlich wie beim Brachiosaurus oberhalb der Schnauze, was früher die Wissenschaftler dazu veranlasste, dem Tier einen Rüssel zu geben. Heute ist man der Ansicht, dass die großen Nasenöffnungen der Temperaturregulierung dienten. Sein Name, der „gekammerte Echse" bedeutet, bezieht sich auf die großen, Gewicht reduzierenden Hohlräume in den Wirbeln. Camarasaurus trug einen kurzen, kompakten Schädel, den Fensteröffnungen durchzogen. Die großen Nasenhöhlen lagen über den ebenfalls großen Augenhöhlen, was auf gute Sinnesorgane deutet. Seine breiten, löffelförmigen Zähne eigneten sich gut zum Zerkleinern fasriger Pflanzennahrung wie mit Blättern besetzte Zweige oder Äste. Mithilfe von Steinen, die der Sauropode verschluckte, den Gastrolithen, konnte der Pflanzenbrei im Magen zerrieben werden. Camarasaurier lebten sicher in Herdenverbänden, um die Jungtiere vor Angriffen der Raubsaurier zu schützen.

Sauropoda	
Ordnung:	Saurischia
Unterordnung:	Sauropodomorpha
Infraordnung:	Sauropoda
Familie:	Camarasauridae

Höhe:	8 m
Länge:	18–20 m
Gewicht:	20 t
Jahr:	Cope, 1877
Ort:	1. Nordamerika, USA: Morrison Formation, Oklahoma, Colorado, Utah und Wyoming 2. Europa: Estremadura, Portugal
Zeit:	Oberer Jura, vor 155–145 Mio. Jahren
Nahrung:	Herbivor

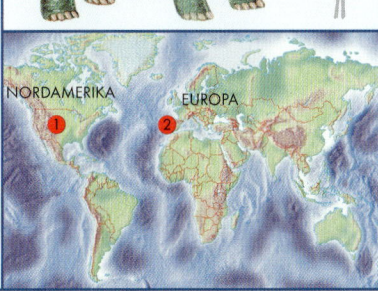

Trotzdem scheinen Allosaurier die Kolosse angegriffen zu haben, da Bissspuren an deren Knochen gefunden wurden. Möglich ist aber auch, dass die Raubsaurier an den Kadavern fraßen und dabei Spuren hinterließen.

Camarasaurus lebte vor etwa 150 Millionen Jahren in den Gebieten, aus denen Europa und Nordamerika entstanden.

Cetiosauriscus

Sauropoda
Ordnung: Saurischia
Unterordnung: Sauropodomorpha
Infraordnung: Sauropoda
Familie: Neosauropoden ohne fam. Zuordnung

Höhe: 5 m
Länge: 10–15 m
Gewicht: 6,5 t
Jahr: von Huene, 1922
Ort: Europa:
1. Oxford Clay Formation, Leeds, England
2. Unter-Virgula-Schichten, Bern, Schweiz
3. Solnhofener Kalk, Bayern, Deutschland
Zeit: Mittlerer und Oberer Jura, vor 163–156 Mio. Jahren
Nahrung: Herbivor

Cetiosauriscus besaß einen langen, peitschenartigen Schwanz, war aber sonst kleiner als die anderen Vertreter seiner Familie. Die bereits 1850 gefundenen Knochen schrieb man anfangs dem Megalosaurus zu. Später zeigte sich, dass sie einem Sauropoden gehörten. Bisher konnte jedoch noch kein Schädelmaterial gefunden werden, was die Einordnung zunächst erschwerte. Friedrich von Huene benannte das Tier zunächst als Ornithopsis, danach als Cetiosauriscus, da man eine Verwandtschaft zum Cetiosaurus annahm. Cetiosauriscus war aber kleiner, von schmalerer Statur und besaß kürzere Vordergliedmaßen. Außerdem lebte er auch später. Sein Name bedeutet dennoch in Anlehnung an Cetiosaurus „walähnliche Echse". Cetiosauriscus ähnelte jedoch mehr Diplodocus, weshalb er später der Familie der Diplodocidae zugerechnet wurde, heute aber als Neosauropode ohne familiäre Zuordnung gilt.

Cetiosauriscus trug seinen Hals und Schwanz vermutlich ebenso waagrecht wie seine Verwandten. Zudem waren seine vorderen Gliedmaßen kürzer als die hinteren.

Cetiosaurus

Bereits 1809, lange bevor Dinosaurier bekannt wurden oder Sir Richard Owen den Namen prägte, kamen die ersten Skelettreste eines Cetiosaurus' zum Vorschein. Der Wissenschaftler George Cuvier dachte zunächst, es handele sich um einen walähnlichen Meeresbewohner. Richard Owen erkannte schließlich, dass die Fossilien zu einem Reptil aus längst vergangenen Zeiten gehörten. Nach eingängigen Untersuchungen benannte er das Tier mit Cetiosaurus, was „Wal-Echse" bedeutet. Es war Mitglied der primitiveren Familie der Cetiosauridae, die noch keine hohlen Rückenwirbel besaßen wie später lebende Sauropoden. Cetiosaurus nahm gewaltige Ausmaße an. Erst 1979 kam in Marokko ein Skelett zum Vorschein, dessen Oberschenkelknochen 1,80 m und die Schulterblätter 1,50 m maßen. Entgegen der früher oft rekonstruierten, aufgerichteten Haltung werden die Giganten heute

Sauropoda
Ordnung: Saurischia
Unterordnung: Sauropodomorpha
Infraordnung: Sauropoda
Familie: Cetiosauridae

Höhe: 4 m
Länge: 18 m
Gewicht: 10 – 15 t
Jahr: Owen, 1841
Ort: 1. Europa, England: Inferior Oolite, West Yorkshire; Chipping Norton Formation, Oxfordshire; Forest Marble, Northhamptonshire
2. Afrika: Guettious Sandstones, Beni Mallal, Marokko
Zeit: Unterer und Mittlerer Jura, vor 180 – 170 Mio. Jahren
Nahrung: Herbivor

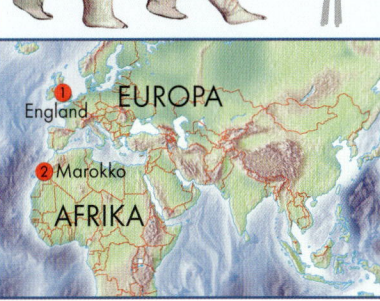

in gestreckter Position dargestellt, wobei sich Schwanz-, Rücken- und Halswirbel in einer waagrechten Linie befinden.

Cetiosaurus, nach dem seine Familie benannt wurde, lebte bereits vor 180 Millionen Jahren in den Gebieten des heuten Nordafrika und Europa.

Dicraeosaurus

Sauropoda
Ordnung: Saurischia
Unterordnung: Sauropodomorpha
Infraordnung: Sauropoda
Familie: Dicraeosauridae

Höhe: 4 m
Länge: 20 m
Gewicht: 10 t
Jahr: Janesch, 1914
Ort: Afrika: Tendaguru Beds,
Mtwara, Tansania
Zeit: Oberer Jura,
vor 152 Mio. Jahren
Nahrung: Herbivor

AFRIKA

Tansania

Dicraeosaurus lebte als friedlicher Pflanzenfresser vermutlich in Herden und weidete die mittleren und höheren Bäume ab. Auf dem Rücken trug er eine wulstartige Verdickung aus hohen, gegabelten Stacheln, die den Ausschlag für seine Benennung gaben („Gabel-Echse"). Vermutlich dienten die Stacheln weniger der Verteidigung, sondern als Ansatzstellen der Muskeln, ähnlich wie bei Diplodocus oder Camarasaurus, deren Dornfortsätze allerdings gerade ausgebildet waren. Nur noch Amargasaurus trug eine Doppelreihe dieser Y-förmigen Wirbelfortsätze im Nacken, weshalb beide eine eigene Familie, die der Dicraeosauridae, bilden. Bemerkenswert im Vergleich zu anderen Sauropoden ist auch der relativ kurze Hals und große Kopf von Dicraeosaurus.

Der Paläontologe Werner Janesch beschrieb 1914 den Elefantenfuß-Dinosaurier, nachdem er ihn mit der Tendaguru-Expedition in Ostafrika Anfang des 20. Jahrhunderts dort ausgegraben hatte. Die Expedition brachte auch den Brachiosaurus und Kentrosaurus ans Tageslicht und gehörte zu den berühmtesten in der Geschichte der Paläontologie.

Dicraeosaurus steht heute im Berliner Museum für Naturkunde.

Dicraeosaurus lebte vor etwa 150 Millionen Jahren in Afrika. Seine Fossilien kamen während der Tendaguru-Expedition Anfang des 20. Jahrhunderts zum Vorschein.

Diplodocus

Diplodocus gehörte zu den längsten Dinosauriern. Sein peitschenartiger Schwanz konnte Angreifern empfindliche Schmerzen zufügen. Auf dem langen Hals saß ein kleiner Schädel, dessen Form von den Augen zur Schnauze hin abfiel. In den Kiefern saßen nur im Vorderteil dünne, lange Zähne, die Diplodocus vielleicht wie ein Rechen einsetzte, um Blätter von den Bäumen zu streifen. Zu seiner Nahrung zählten Baumfarne, Ginkgos und Nadelbäume, die in seinem Lebensraum wuchsen. Als Pflanzenfresser benötigte er jeden Tag eine große Menge an Grünfutter, um den gewaltigen Körper am Leben zu erhalten. Diplodocus erreichte aber nicht das Gewicht anderer Verwandter, die er allerdings an Größe übertraf. Das lag an der geschickten, hohlen Bauweise seiner Knochen, die über entsprechende Verstrebungen trotzdem hohe Festigkeit und Flexibilität aufwiesen.

Seinen Namen erhielt Diplodocus („Doppel-Balken") nach Auswüchsen der Wirbelfortsätze am Schwanz, die einen doppelten, zusätzlichen Balken zum Boden hin bildeten, um Wirbel und Blutgefäße vor einem Aufprall zu schützen. Am Rumpf saßen große Dornfortsätze, die als Ansatzstellen für Muskeln fungierten, um den langen Hals und Schwanz zu bewegen.

Sauropoda	
Ordnung:	**Saurischia**
Unterordnung:	**Sauropodomorpha**
Infraordnung:	**Sauropoda**
Familie:	**Diplodocidae**

Höhe:	6 m
Länge:	27 m
Gewicht:	12 t
Jahr:	Marsh, 1878
Ort:	Nordamerika, USA:
	1. Morrison Formation, Utah
	2. Morrison Formation, Wyoming
	3. Morrison Formation, Colorado
Zeit:	Oberer Jura, vor 155–145 Mio. Jahren
Nahrung:	Herbivor

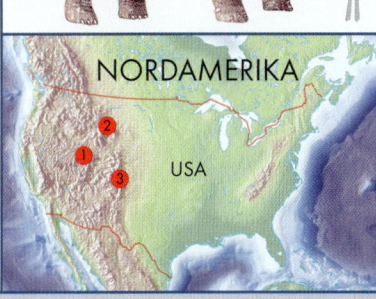

NORDAMERIKA

USA

Ob sich Diplodocus aufrichten konnte, um Feinde zu vertreiben oder an bis zu 15 m hoch gelegene Äste zu gelangen, ist fraglich. Forscher vermuten, dass das Tier aufgrund der Knochenbauweise seinen Kopf nicht sehr weit über die Schulterhöhe heben konnte. Auch überanstrengte die waagrechte Position den Herzkreislauf nicht so stark, wie es eine gehobene Stellung sicher getan hätte.

Die Nasenlöcher befanden sich auch bei Diplodocus weit oben am Kopf, was einige Wissenschaftler veranlasste, Sauropoden mit Rüssel darzustellen. Unklar ist, ob die Nasenlöcher nicht nur zum Wärmeaustausch dienten.

Kreide	Obere	70
		80
		90
		100
	Untere	110
		120
		130
		140
Jura	Oberer	150
		160
	Mittlerer	170
	Unterer	180
		190
		200
Trias	Obere	210
		220
	Mittlere	230
		240
	Untere	250

Euhelopus

Sauropoda
Ordnung: Saurischia
Unterordnung: Sauropodomorpha
Infraordnung: Sauropoda
Familie: Eusauropoden ohne fam. Zuordnung

Höhe: 4 m
Länge: 15 m
Gewicht: 20 t
Jahr: Romer, 1956
Ort: Asien: Meng-Yin-For-
          mation, Shandong,
          China
Zeit: Oberer Jura,
          vor 152 Mio. Jahren
Nahrung: Herbivor

ASIEN   China

Euhelopus gilt als der erste in China entdeckte Sauropode und wurde bei einer schwedischen Expedition in den Zwanzigerjahren des vergangenen Jahrhunderts entdeckt. Romer beschrieb Euhelopus als eigene Gattung. Heute wird das Tier in eine chinesisch-asiatische Verwandtschaft mit Mamenchisaurus und Omeisaurus gesetzt.

Der gesamte Vorderteil wie auch der Schädel wurden gefunden und geben Auskunft über die Bauweise des Tieres. Wie bei Brachiosaurus und Camarasaurus saßen auch bei Euhelopus die Nasenöffnungen weit oben am Kopf. Zudem war sein Kiefer wie bei Camarasaurus ganz mit Zähnen besetzt. Sein langer Hals bestand aus 19 Wirbeln. Vorder- und Hinterbeine waren etwa gleich lang, wodurch Euhelopus eine waagrechte Haltung einnahm.

Euhelopus lebte vor mehr als 150 Millionen Jahren in Asien, wo er in den Zwanzigerjahren des 20. Jahrhunderts entdeckt wurde.

Haplocanthosaurus

Dieser quadrupede, herbivore Sauropode, der gegen Ende der Jurazeit
den westlichen Teil Nordamerikas
durchstreifte, gilt heute als Camara-
sauride. Er besaß einen sehr langen
Hals aus 14 großen Halswirbeln, jedoch wurde sein Schädel bisher noch
nicht gefunden, was die genaue Einordnung erschwerte.

Möglicherweise handelt es sich bei
den Funden auch um einen primitiven
Titanosaurier oder einen Diplodociden. Seine massiven Wirbelknochen
weisen aber auch auf eine primitive
Stellung und die Zugehörigkeit zu
den Cetosauriern hin. Sein Name,
der „Einzeldornen-Echse" bedeutet,
bezieht sich auf die Dornfortsätze der
Wirbel, die nicht gegabelt wie bei
manch anderen Sauropoden, sondern
einfach auftraten. Ansonsten verfügte
er über die typischen Kennzeichen
der Elefantenfuß-Dinosaurier mit langem Schwanz und Hals.

Bisher wurden nur zwei Teilskelette
in der Morrison Formation gefunden,
von denen eines im Cleveland Museum zu sehen ist.

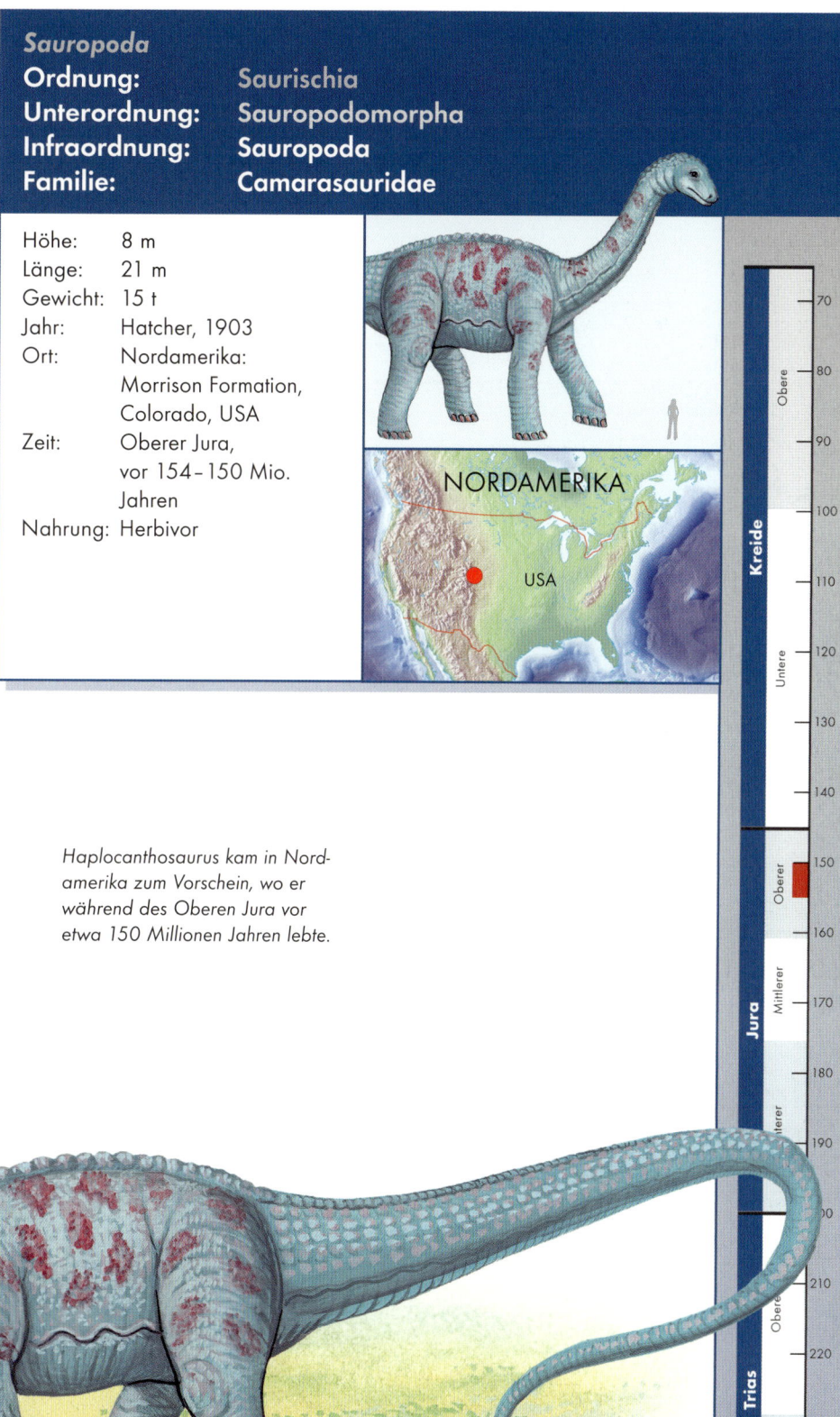

Sauropoda	
Ordnung:	**Saurischia**
Unterordnung:	**Sauropodomorpha**
Infraordnung:	**Sauropoda**
Familie:	**Camarasauridae**

Höhe:	8 m
Länge:	21 m
Gewicht:	15 t
Jahr:	Hatcher, 1903
Ort:	Nordamerika: Morrison Formation, Colorado, USA
Zeit:	Oberer Jura, vor 154–150 Mio. Jahren
Nahrung:	Herbivor

NORDAMERIKA

USA

*Haplocanthosaurus kam in Nord-
amerika zum Vorschein, wo er
während des Oberen Jura vor
etwa 150 Millionen Jahren lebte.*

Hypselosaurus

Sauropoda

Ordnung:	Saurischia
Unterordnung:	Sauropodomorpha
Infraordnung:	Sauropoda
Familie:	Titanosauria o. fam. Zuordn.

Höhe: 4,50 m
Länge: 12 m
Gewicht: 9 t
Jahr: Matheron, 1869
Ort: Europa: Grès de Labarre u. a., Ariège, Frankreich
Zeit: Obere Kreide, vor 71–65 Mio. Jahren
Nahrung: Herbivor

EUROPA
Frankreich

Die bereits im 19. Jahrhundert in Europa entdeckte Hochrückenechse erhielt ihren Namen nach dem gekrümmten Rücken zwischen den Extremitäten. Typisch für die Titanosaurier, zu denen Hypselosaurus gehörte, war die gepanzerte Haut, die er vermutlich auf dem Rücken trug, jedoch besaß er dickere Beine als seine Verwandten. Bisher wurden zehn nicht vollständige Skelette freigelegt. Ein besonderer Fund kam im französischen Aix-en-Provence zum Vorschein: 25 cm lange Eier mit 3 l Inhalt – die längsten und am besten erhaltenen Eier eines Dinosauriers. Noch wird diskutiert, ob die Eier tatsächlich zu Hypselosaurus oder einem zur gleichen Zeit lebenden Riesenvogel gehörten. Sollte es sich tatsächlich um die Eier des Sauriers handeln, so beweisen sie, dass Sauropoden nicht lebend gebärten.

Die etwa 3 kg schweren Jungen, die aus den Eiern schlüpften, mussten schnell wachsen, um mit den Herden mitzuziehen und nicht von Feinden erbeutet zu werden.

Der mittelgroße Sauropode Hypselosaurus lebte gegen Ende der Kreidezeit in den Gegenden des heutigen Europa und starb vor 65 Millionen Jahren mit den anderen Dinosauriern aus.

Kreide — Obere — 70, 80, 90, 100 — Untere — 110, 120, 130, 140

Jura — Oberer — 150, 160 — Mittlerer — 170 — Unterer — 180, 190, 200

Trias — Obere — 210, 220 — Mittlere — 230, 240 — Untere — 250

Isanosaurus

Isanosaurus ist der älteste bisher gefundene Sauropode. Er lebte in der Oberen Trias vor etwa 210 Millionen Jahren, also lange bevor die Sauropoden ihre Blütezeit erlebten und gigantische Formen ausbildeten. Isanosaurus kam nur auf eine Länge von etwa 6,50 m, wobei es sich bei dem erst 2000 beschriebenen Fund in Thailand auch um ein Jungtier handeln kann, das noch nicht ausgewachsen war. Sein Name bezeichnet in der Sprache der Einheimischen den Nordosten Thailands und damit den Fundort des Sauropoden.

Die Entdeckung beweist, dass die Sauropoden eine längere Entwicklung durchmachten. Sie lebten zeitgleich mit den Prosauropoden und entstanden nicht unbedingt aus ihnen, sondern besaßen wohl eher gemeinsame Vorfahren. Die genaue Abstammung der Giganten ist jedoch weiterhin unklar. Zu Beginn des Jura breiteten sie sich über den Superkontinent Pangäa aus, weshalb ihre Funde heute in weiten Teilen der Erde zu finden sind.

Sauropoda	
Ordnung:	**Saurischia**
Unterordnung:	**Sauropodomorpha**
Infraordnung:	**Sauropoda**
Familie:	**Ohne familiäre Zuordnung**

Höhe:	2,50 m
Länge:	6,50 m
Gewicht:	2 t
Jahr:	Buffetaut, Suteethorn, Cuny, Tong, Le Loeuff, Khansubha und Jongautchariyakul, 2000
Ort:	Asien: Nam Phong Formation, Chaiyaphum, Thailand
Zeit:	Obere Trias, vor 210 Mio. Jahren
Nahrung:	Herbivor

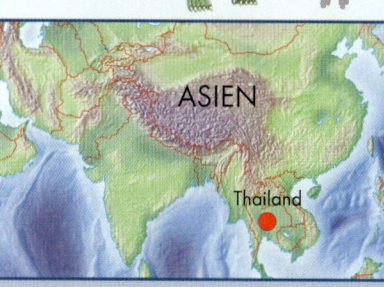

ASIEN

Thailand

Isanosaurus gehörte zu den ältesten Sauropoden und lebte in Asien. Hier wurden seine Fossilien in Thailand entdeckt.

Janenschia

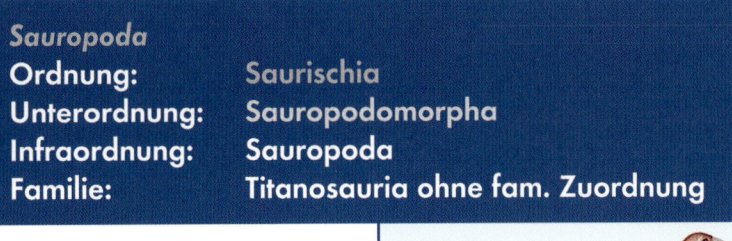

Sauropoda

Ordnung:	Saurischia
Unterordnung:	Sauropodomorpha
Infraordnung:	Sauropoda
Familie:	Titanosauria ohne fam. Zuordnung

Höhe:	6 m
Länge:	24 m
Gewicht:	70 t
Jahr:	Wild, 1991
Ort:	Afrika: Tendaguru Beds, Mtwara, Tansania
Zeit:	Oberer Jura, vor 155–152 Mio. Jahren
Nahrung:	Herbivor

AFRIKA

Tansania

Von diesem quadrupeden, herbivoren Sauropoden wurde bisher nur ein Skelett ohne Schädel gefunden. Es kam in den berühmten Tendaguru Beds in Tansania neben zahlreichen anderen Sauropoden ans Tageslicht. Seine Einordnung ist umstritten: Lange Zeit galt Janenschia als einer der frühesten bekannten Titanosaurier, der außerhalb Südamerikas gefunden wurde, das als das Hauptverbreitungsgebiet der Titanosaurier galt. Heute wird Janenschia des Öfteren zu den Camarasauriern gezählt, die im Oberen Jura in vielen Regionen lebten und breite Zähne besaßen, die den ganzen Kiefer ausfüllten. Vorder- und Hinterbeine waren gleich lang, der Rücken bildete eine gerade Linie. Auch wenn Janenschia an einigen Stellen gepanzerte Hautverdickungen getragen haben könnte, so ist es dennoch schwer vorstellbar, dass sich Raubsaurier an das gewaltige Tier heranwagten.

Janenschia erreichte immerhin eine Länge von 24 m und gehörte somit zu den größten Sauropoden. Während des Oberen Jura lebte Janenschia in Afrika, wo er in den Tendaguru Beds gefunden wurde.

Klamelisaurus

Klamelisaurus, der Ende des letzten Jahrhunderts in China entdeckt wurde, stellt vielleicht ein Zwischenglied innerhalb der Sauropoden dar, von denen er primitive wie auch entwickelte Merkmale besaß. Beim fast kompletten Skelett fehlten allerdings Teile von Schädel, Gliedmaßen und Schwanz sowie Rückenwirbel, was die genaue Rekonstruktion erschwerte. Klamelisaurus besaß kräftige, spachtelförmige Zähne, die ihn als Pflanzenfresser kennzeichneten. Die Rückenwirbel formten hohe Dornen aus. Möglicherweise ist Klamelisaurus die ausgewachsene Form des Bellusaurus, von dem bisher nur Jungtiere gefunden wurden.

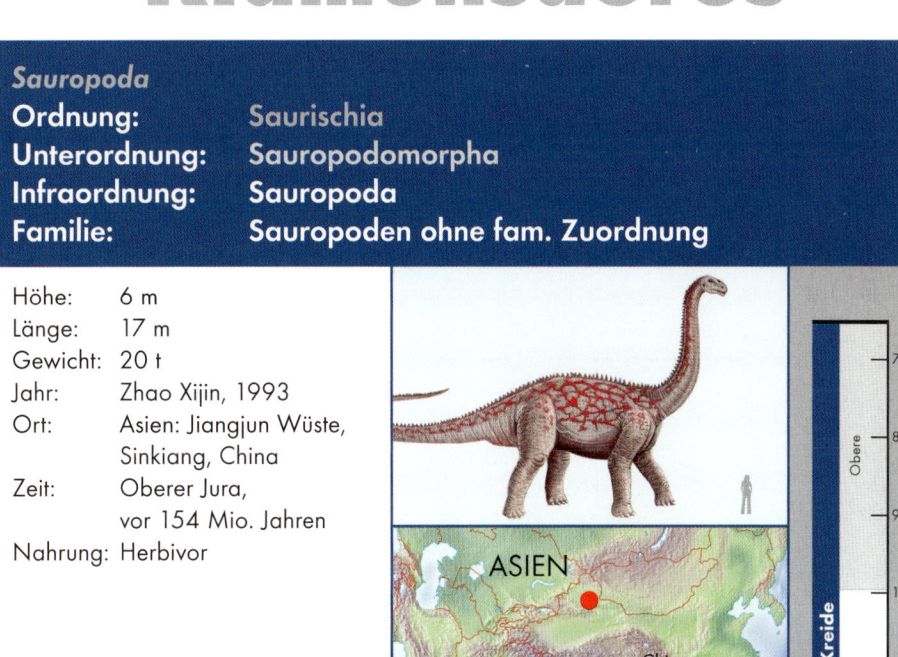

Sauropoda

Ordnung:	Saurischia
Unterordnung:	Sauropodomorpha
Infraordnung:	Sauropoda
Familie:	Sauropoden ohne fam. Zuordnung

Höhe:	6 m
Länge:	17 m
Gewicht:	20 t
Jahr:	Zhao Xijin, 1993
Ort:	Asien: Jiangjun Wüste, Sinkiang, China
Zeit:	Oberer Jura, vor 154 Mio. Jahren
Nahrung:	Herbivor

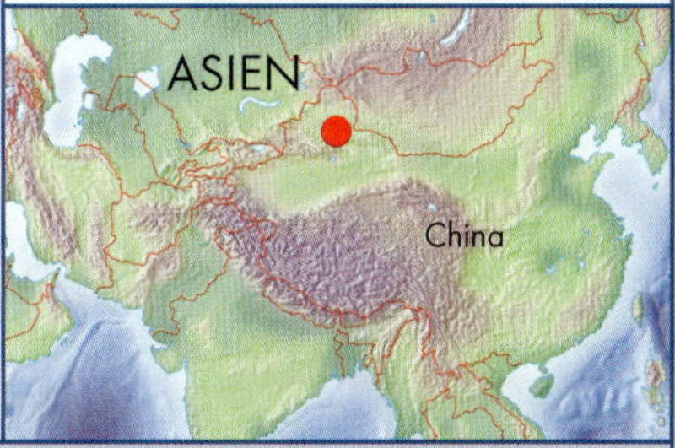

ASIEN

China

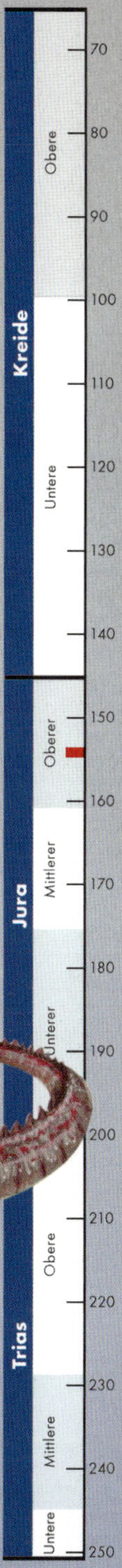

Klamelisaurus besaß lange Dornfortsätze an den Wirbelkörpern, deren Funktion noch unklar ist, die aber vielleicht als Ansatzpunkte für Muskeln dienten.

Kreide
Obere
Untere
70
80
90
100
110
120
130
140

Jura
Oberer
Mittlerer
Unterer
150
160
170
180
190
200

Trias
Obere
Mittlere
Untere
210
220
230
240
250

Kotasaurus

Sauropoda
Ordnung: Saurischia
Unterordnung: Sauropodomorpha
Infraordnung: Sauropoda
Familie: Ohne fam. Zuordnung

Höhe: 3 m
Länge: 9 m
Gewicht: 5 t
Jahr: Yadagiri, 1988
Ort: Asien: Kota Formation, Andhra Pradesh, Indien
Zeit: Unterer Jura, vor 195–188 Mio. Jahren
Nahrung: Herbivor

ASIEN

Indien

Die Gesteinsformation, in der die Fossilien 1988 gefunden wurden, gaben Kotasaurus seinen Namen. Er lebte gemeinsam mit Barapasaurus, mit dem er vermutlich verwandt war, im heutigen Indien. Seine systematische Stellung ist allerdings noch nicht exakt geklärt, da er auch Merkmale der Prosauropoden aufweist, die sich vor 225 Millionen Jahren gegen Ende der Trias entwickelten. Kotasaurus ähnelte im Aufbau von Ilium (Darmbein) und Sacrum (Kreuzbein) den Prosauropoden, besaß aber das Ischium (Sitzbein) der Sauropoden.

Wie diese trug er außerdem einen langen Hals und Schwanz und erreichte große Ausmaße und Gewicht. Wie andere frühe Sauropoden war seine Wirbelsäule noch nicht hohl, sondern massiv gebaut.

Kotasaurus wurde in Indien gefunden. Er gehört zu den ältesten Sauropoden und lebte vor mehr als 190 Millionen Jahren.

Kreide	Obere	70
		80
		90
		100
	Untere	110
		120
		130
		140
Jura	Oberer	150
		160
	Mittlerer	170
		180
	Unterer	190
		200
Trias	Obere	210
		220
		230
	Mittlere	240
	Untere	250

Laplatasaurus, dessen Name „Echse vom Rio de la Plata" heißt, wurde nach seinem Fundort bezeichnet. Er besaß das typische Merkmal der Titanosaurier: verhärtete Bereiche in der Haut, die sich zu Knochenplatten verschmolzen und vermutlich vor Angriffen der Raubsaurier schützen sollten. Friedrich von Huene beschrieb das Tier, von dem allerdings kein Schädel gefunden wurde, im Jahre 1927.

Der herbivore, quadrupede Titanosaurier lebte als später Sauropode und starb mit den anderen Dinosauriern am Ende der Kreidezeit aus. Die ersten und meisten Funde kamen in Südamerika zum Vorschein, dem hauptsächlichen Verbreitungsgebiet der Titanosaurier. Neuere Funde in anderen Erdteilen, die ihm ebenfalls zugeschrieben werden, deuten auf eine weite Verbreitung der Gattung hin.

Sauropoda

Ordnung:	Saurischia
Unterordnung:	Sauropodomorpha
Infraordnung:	Sauropoda
Familie:	Titanosauria ohne fam. Zuordn.

Höhe: 9 m
Länge: 18 m
Gewicht: 30 t
Jahr: von Huene, 1927
Ort: Südamerika: 1. Castillo, Bajo Barreal und Laguna Palacios Form., Rio Negro, Argentinien; 2. Los Blanquitos Form., Salta, Argentinien; 3. Ascencio Form., Palmitas, Uruguay
Afrika: 4. Madagaskar
Asien: 5. Indien
Zeit: Obere Kreide, vor 83–65 Mio. Jahren
Nahrung: Herbivor

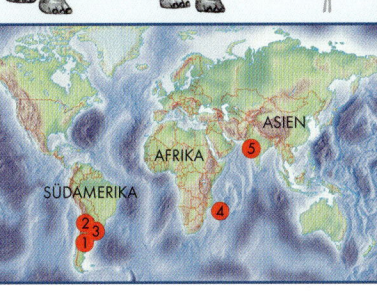

Laplatasaurus lebte gegen Ende der Kreidezeit. Seine fossilen Überreste wurden auf drei Kontinenten gefunden.

Magyarosaurus

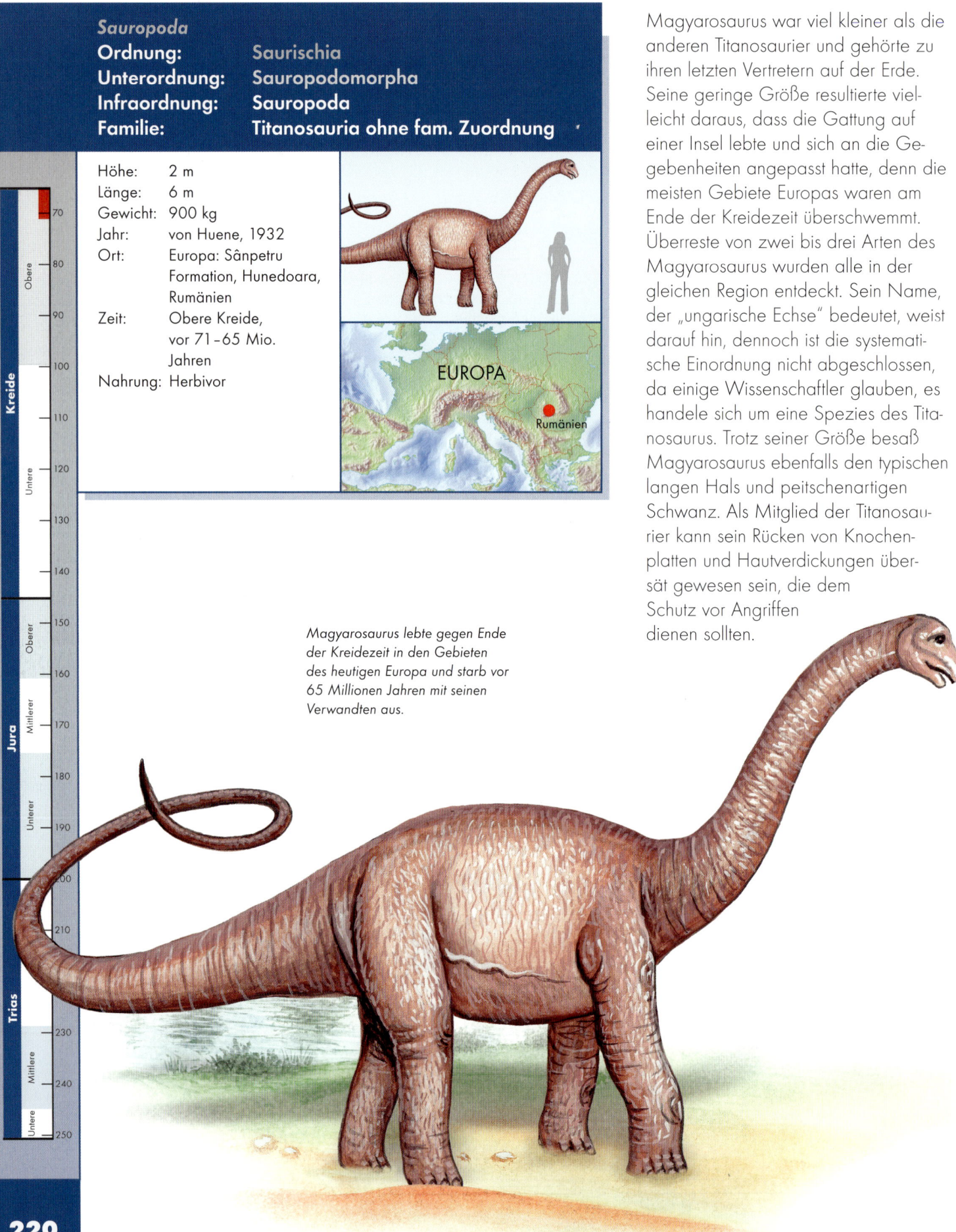

Sauropoda

Ordnung:	**Saurischia**
Unterordnung:	**Sauropodomorpha**
Infraordnung:	**Sauropoda**
Familie:	**Titanosauria ohne fam. Zuordnung**

Höhe: 2 m
Länge: 6 m
Gewicht: 900 kg
Jahr: von Huene, 1932
Ort: Europa: Sânpetru
          Formation, Hunedoara,
          Rumänien
Zeit: Obere Kreide,
          vor 71–65 Mio.
          Jahren
Nahrung: Herbivor

EUROPA

Rumänien

Magyarosaurus war viel kleiner als die anderen Titanosaurier und gehörte zu ihren letzten Vertretern auf der Erde. Seine geringe Größe resultierte vielleicht daraus, dass die Gattung auf einer Insel lebte und sich an die Gegebenheiten angepasst hatte, denn die meisten Gebiete Europas waren am Ende der Kreidezeit überschwemmt. Überreste von zwei bis drei Arten des Magyarosaurus wurden alle in der gleichen Region entdeckt. Sein Name, der „ungarische Echse" bedeutet, weist darauf hin, dennoch ist die systematische Einordnung nicht abgeschlossen, da einige Wissenschaftler glauben, es handele sich um eine Spezies des Titanosaurus. Trotz seiner Größe besaß Magyarosaurus ebenfalls den typischen langen Hals und peitschenartigen Schwanz. Als Mitglied der Titanosaurier kann sein Rücken von Knochenplatten und Hautverdickungen übersät gewesen sein, die dem Schutz vor Angriffen dienen sollten.

Magyarosaurus lebte gegen Ende der Kreidezeit in den Gebieten des heutigen Europa und starb vor 65 Millionen Jahren mit seinen Verwandten aus.

Dieser quadrupede, herbivore Sauropode ist einer der ältesten in Afrika entdeckten, aber auch einer der kleinsten Titanosaurier. Er besaß einen langen Schwanz, langen Hals, massigen Körper und einen kleinen Kopf. Möglicherweise trug er auch panzerähnliche Platten auf dem Rücken. Seine Statur erinnert an Janenschia. Malawisaurus wurde im Zambesi Valley in Malawi gefunden und erhielt seinen Namen nach dem afrikanischen Fundort. Sein Schädelmaterial war der erste Fund eines Titanosauriers in Afrika und erklärte eine bisher fehlende Verbindung in der Evolutionsgeschichte, denn Malawisaurus ähnelte seinen südamerikanischen Verwandten, die sich gemeinsam entwickelt haben könnten.

Sauropoda

Ordnung:	**Saurischia**
Unterordnung:	**Sauropodomorpha**
Infraordnung:	**Sauropoda**
Familie:	**Titanosauria o. fam. Z.**

Höhe:	3 m
Länge:	9 m
Gewicht:	1 t
Jahr:	Jacobs, Winkler, Downs und Gomani, 1993
Ort:	Afrika: Dinosaur Beds, Zambesi Valley, Malawi
Zeit:	Untere Kreide, vor 116 Mio. Jahren
Nahrung:	Herbivor

AFRIKA

Malawi

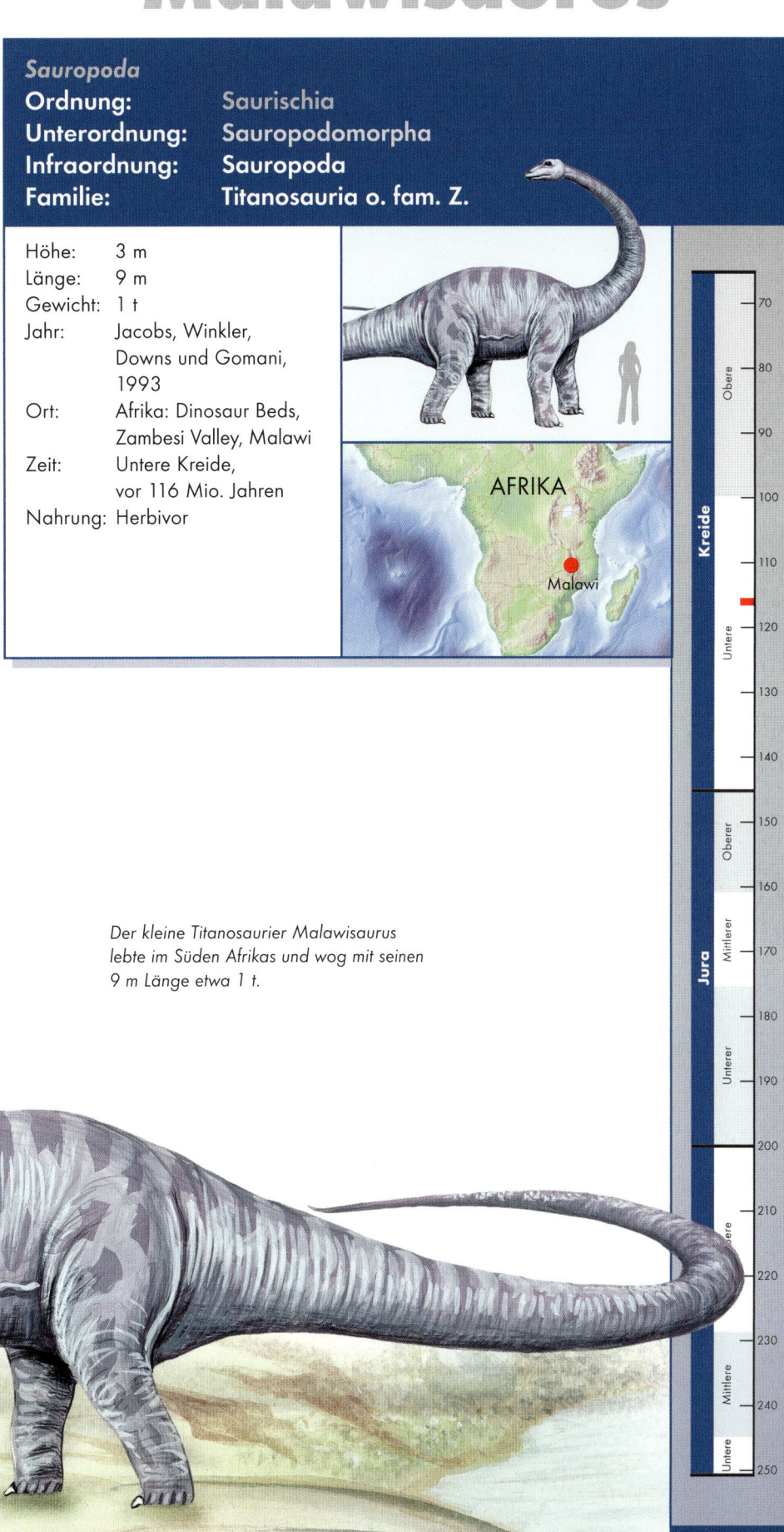

Der kleine Titanosaurier Malawisaurus lebte im Süden Afrikas und wog mit seinen 9 m Länge etwa 1 t.

Kreide	Obere	70
		80
		90
	Untere	100
		110
		120
		130
		140
Jura	Oberer	150
		160
	Mittlerer	170
		180
	Unterer	190
		200
		210
		220
	Mittlere	230
		240
	Untere	250

Mamenchisaurus

Sauropoda

Ordnung: Saurischia
Unterordnung: Sauropodomorpha
Infraordnung: Sauropoda
Familie: Eusauropoda ohne fam. Zuordnung

Höhe: 6 m
Länge: 21–25 m
Gewicht: 20–35 t
Jahr: Young, 1954
Ort: Asien, China:
1. Shishugou Formation, Sinkiang
2. Shangshaximiao Formation, Sichuan
Zeit: Oberer Jura, vor 155–145 Mio. Jahren
Nahrung: Herbivor

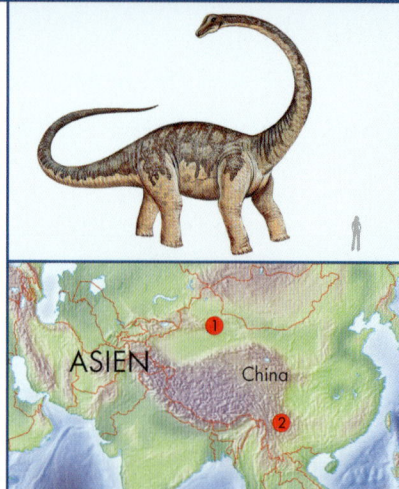

ASIEN China

Mamenchisaurus gehörte in Asien mit Euhelopus und Omeisaurus zu den Eusauropoden ohne familiäre Zuordnung. Von ihnen unterschied er sich aber durch seinen sehr langen Hals – den längsten aller asiatischen Sauropoden, der aus 19 ungewöhnlich großen Halswirbeln bestand. Die einzelnen Wirbel waren relativ leicht und durch stabförmige Knochen gestützt, die dem Hals zwar Festigkeit verliehen, ihn aber auch sehr steif machten. Das Tier hielt den Kopf während seiner Wanderungen vermutlich gerade von sich gestreckt und konnte ihn nur über ein Gelenk zwischen Hals und Kopf bewegen oder mithilfe der Schultermuskulatur hin- und herschwingen.

Nach früheren Theorien verbrachten Sauropoden den Tag im Wasser und streckten den extrem langen Hals aus dem Wasser, um zu atmen, oder grasten damit Wasserpflanzen ab. Heute weiß man, dass die Giganten auf dem Land lebten, was auch die Gestalt ihrer säulenartigen Beine erklärt. Falls Mamenchisaurus fähig war, sich auf die Hinterbeine zu erheben, konnte er Blätter von den obersten Ästen der Bäume zupfen oder gefährliche Angreifer wie Szechuanosaurus oder Yangchuanosaurus vertreiben.

Mamenchisaurus lebte sicher wie andere Sauropoden im Herdenverband, um die Jungtiere zu schützen. Seine Gestalt erinnert an Diplodocus, sein Schädel zeigte aber Ähnlichkeit mit Euhelopus.

Nemegtosaurus

Nemegtosaurus ist aus einem Schädelfund bekannt, den eine Expedition im Jahre 1965 in der Nemegt Formation in der Wüste Gobi ausgrub. Die Einordnung erschwerte jedoch die Tatsache, dass am Fundort ein Skelett von Opisthocoelicaudia entdeckt wurde, dem der Kopf fehlte. Von 1995 an wurde Nemegtosaurus zu den Titanosauriern gezählt, bevor er mit Quaesitosaurus in eine eigene Familie der Nemegtosauriden eingeordnet wurde.

Der Schädel des Tieres wies in der Mitte eine Erhöhung auf, die zur Schnauze hin abfiel. Im Kiefer saßen lange und schmale Zähne, mit denen sich Blätter von den Bäumen zupfen ließen.

Sauropoda

Ordnung: **Saurischia**
Unterordnung: **Sauropodomorpha**
Infraordnung: **Sauropoda**
Familie: **Nemegtosauridae**

Höhe:	4 m
Länge:	8–12 m
Gewicht:	5 t
Jahr:	Nowinski, 1971
Ort:	Asien: Nemegt Formation, Omnogov, Mongolei
Zeit:	Obere Kreide, vor 87–65 Mio. Jahren
Nahrung:	Herbivor

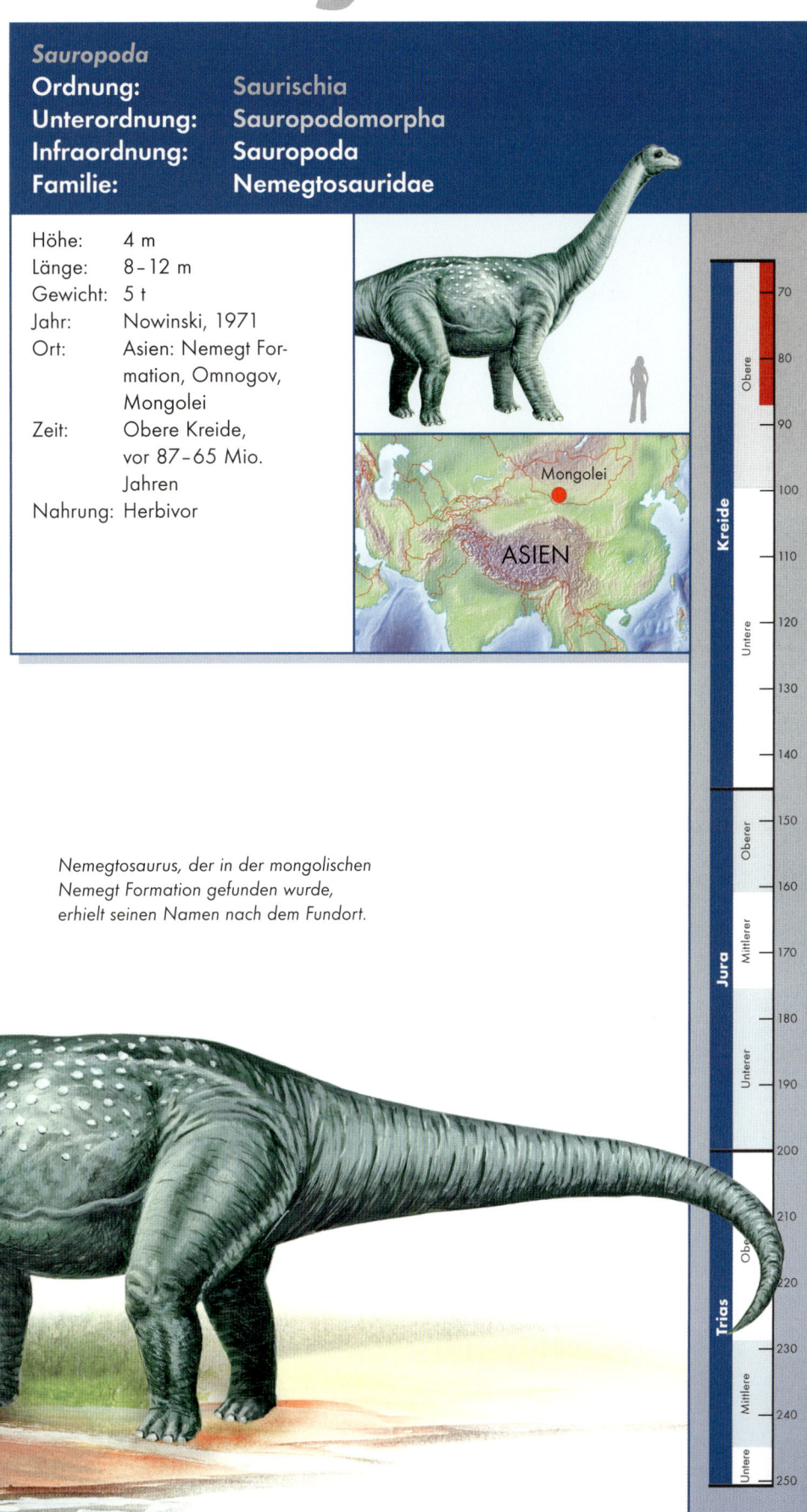

Nemegtosaurus, der in der mongolischen Nemegt Formation gefunden wurde, erhielt seinen Namen nach dem Fundort.

Omeisaurus

Sauropoda
Ordnung: Saurischia
Unterordnung: Sauropodomorpha
Infraordnung: Sauropoda
Familie: Eusauropoda ohne fam. Zuordnung

Höhe: 9 m
Länge: 20 m
Gewicht: 10 t
Jahr: Young, 1939
Ort: Asien: Xiashaximiao
Formation,
Sichuan, China
Zeit: Unterer bis
Oberer Jura,
vor 188–145 Mio.
Jahren
Nahrung: Herbivor

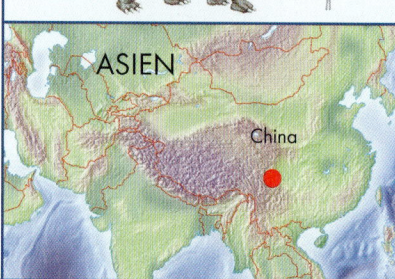

ASIEN

China

Omeisaurus, der während des Unteren bis Oberen Jura in Asien lebte, wurde 1936 in der chinesischen Provinz Sichuan gefunden, in der Nähe eines Berges, nach dem der Sauropode seinen Namen erhielt. Gemeinsam mit Mamenchisaurus und Euhelopus wird Omeisaurus in eine chinesisch-asiatische Verwandtschaft gesetzt, aber noch keiner Familie zugeordnet.

Auf seinem sehr langen Hals saß ein kleiner Kopf. In den Kiefern steckten die typischen stiftförmigen Zähne mit löffelartigen Verdickungen am oberen Rand, womit er Pflanzen rupfte und Blätter von den Ästen streifte. Seine Nasenlöcher saßen relativ nahe an der Schnauzenspitze und nicht so weit oben wie bei den Sauropoden, die in früheren Rekonstruktionen oftmals einen Rüssel trugen.

Omeisaurus lebte über einen Zeitraum von mehr als 40 Millionen Jahren auf der Erde. Mit 20 m Länge gehörte er zu den größten Sauropoden.

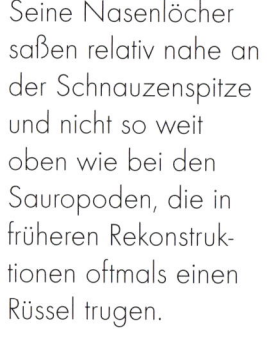

Kreide
Obere
70
80
90
100
Untere
110
120
130
140
Jura
Oberer
150
160
Mittlerer
170
Unterer
180
190
Trias
Obere
200
210
220
Mittlere
230
240
Untere
250

Opisthocoelicaudia lebte gegen Ende der Kreidezeit lange nach der Hochblüte der Sauropoden in der Gegend der Mongolei, wo ein Skelett ohne Kopf und Hals gefunden wurde.

In der Nähe des Fundes wurde außerdem ein Kopf ohne Körper des Nemegtosaurus gefunden, welcher vielleicht zu dem kopflosen Opisthocoelicaudia gehörte. Das restliche Skelett lässt außerordentlich robuste Schwanzknochen erkennen, die eine Besonderheit aufweisen. Normalerweise bildeten die Schwanzwirbel der Sauropoden in Kopfrichtung eine konkav ausgehöhlte Form, in die der nächste Schwanzwirbel passte, der wiederum in die gleiche Richtung gebogen war. Bei Opisthocoelicaudia krümmten sich die Wirbel genau zur anderen Seite zum Schwanzende hin, was sich auch in seinem Namen wiederfindet, der so viel wie „hinten ausgehöhlte Schwanzwirbel" bedeutet. Vielleicht war es dem Tier

so besser möglich, sich aufzurichten und auf dem Schwanz abzustützen, um die Wipfel der Bäume abzugrasen.

Sauropoda

Ordnung:	**Saurischia**
Unterordnung:	**Sauropodomorpha**
Infraordnung:	**Sauropoda**
Familie:	**Saltasauridae**

Höhe:	4 m
Länge:	12 m
Gewicht:	24 t
Jahr:	Borsuk-Bialynicka, 1977
Ort:	Asien: Nemegt Formation, Omnogov, Mongolei
Zeit:	Obere Kreide, vor 83–65 Mio. Jahren
Nahrung:	Herbivor

Opisthocoelicaudia, ein Titanosaurier, der in Asien lebte, gehörte wie Saltasaurus zu den Saltasauriden.

Paralititan

Sauropoda

Ordnung: Saurischia
Unterordnung: Sauropodomorpha
Infraordnung: Sauropoda
Familie: Lithostrotia o. fam. Zuordn.

Höhe: 9 m
Länge: 28 m
Gewicht: 50 – 80 t
Jahr: Smith, Lamanna, Lacovara, Dodson, Poole, Giegengack, Attia, 2001
Ort: Afrika: Baharija Formation, Ägypten
Zeit: Obere Kreide, vor 96 Mio. Jahren
Nahrung: Herbivor

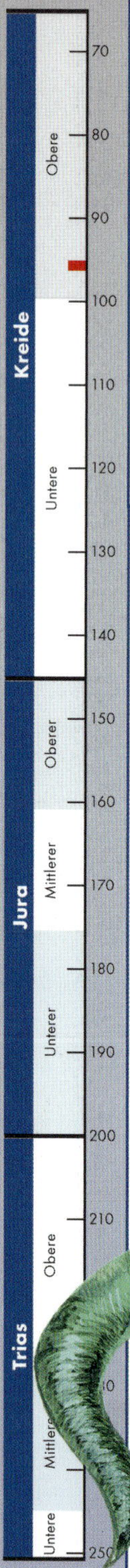

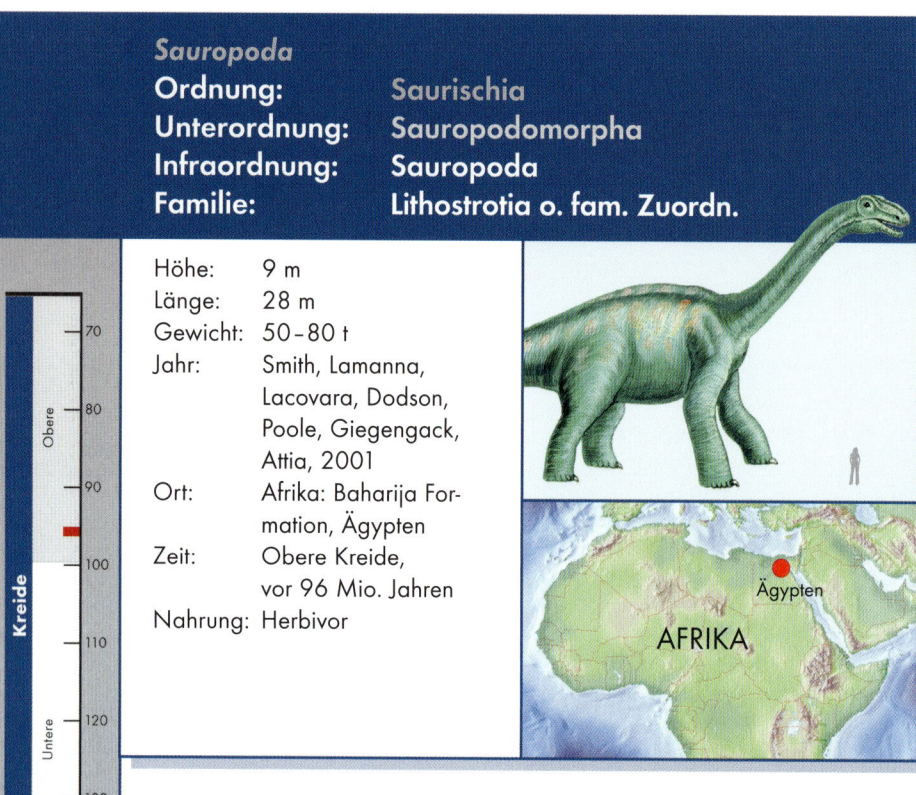

Ägypten

AFRIKA

Paralititan gehörte mit seinem Gewicht, das zwischen 50 und 80 t anzusiedeln ist, zu den schwersten Sauropoden. Er kam genau in der Formation zum Vorschein, in der Ernst Stromer von Reichenbach in den 30er-Jahren des 20. Jahrhunderts einen Sauropoden ausgrub, den er entsprechend des Fundorts als Aegyptosaurus (Titanosauria) bezeichnete. Die Fossilien gelangten damals nach Deutschland, wo sie im Zweiten Weltkrieg zerstört wurden. Die Expedition an der Schwelle zum neuen Jahrtausend brachte ein anderes, leider unvollständiges Skelett mit wenigen Knochen hervor, das als Titanosaurier zu erkennen war. Zu Ehren Stromers erhielt es den Artnamen *Paralititan stromeri*. Die gewaltige Größe lässt sich von den 1,70 m langen Vorderbeinknochen ableiten. Das Tier erreichte nach den Berechnungen eine Länge von mindestens 25 m.

Paralititan, ein besonders schwerer Titanosaurier, wurde in Ägypten entdeckt, wo er während der Oberen Kreidezeit lebte.

Kreide
Obere
70
80
90
100
Untere
110
120
130
140
Jura
Oberer
150
160
Mittlerer
170
Unterer
180
190
200
Trias
Obere
210
Mittlere
Untere
250

Patagosaurus

Patagosaurus gehörte zu den großen Cetiosauriden und ähnelte Cetiosaurus, der in Europa und Afrika lebte, während Patagosaurus in Südamerika gefunden wurde, was beweist, dass sich die Sauropoden am Anfang des Jura über alle Kontinente ausbreiten konnten, da die Landmassen noch miteinander verbunden waren. Sein Name „Echse aus Patagonien" geht auf den Fundort zurück, der sich in dem südamerikanischen Landstrich Patagonien befindet. Bisher konnte nur ein Skelett ohne Schädel bestimmt werden, das den Sauropoden als Cetiosauriden mit der typischen massiven Wirbelsäule, einem Merkmal der frühen Sauropoden, kennzeichnete.

Sauropoda

Ordnung:	**Saurischia**
Unterordnung:	**Sauropodomorpha**
Infraordnung:	**Sauropoda**
Familie:	**Cetiosauridae**

Höhe:	8 m
Länge:	16 m
Gewicht:	20 t
Jahr:	Bonaparte, 1979
Ort:	Südamerika: Canodon Asfalto Formation, Chubut, Argentinien
Zeit:	Mittlerer Jura, vor 162 Mio. Jahren
Nahrung:	Herbivor

SÜDAMERIKA

Argentinien

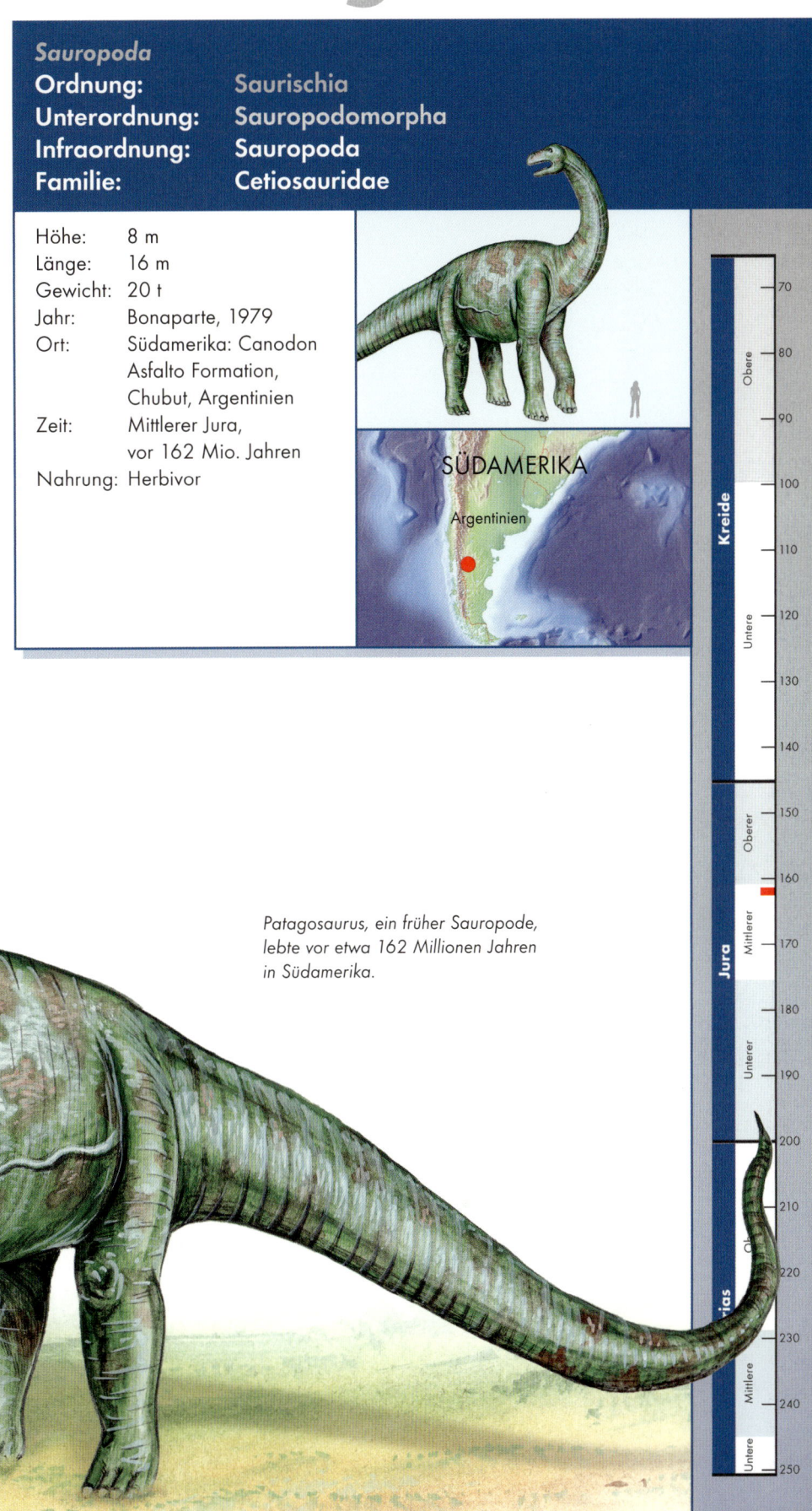

Patagosaurus, ein früher Sauropode, lebte vor etwa 162 Millionen Jahren in Südamerika.

Pelorosaurus

Ordnung: Saurischia
Unterordnung: Sauropodomorpha
Infraordnung: Sauropoda
Familie: Titanosauriformes o. fam. Z.

Höhe: 12 m
Länge: 24 m
Gewicht: 40–50 t
Jahr: Mantell, 1850
Ort: Europa:
1. Wealden Beds,
Isle of Wight, England
2. Wealden Beds,
West und East Sussex,
England
Zeit: Untere Kreide,
vor 135–113 Mio.
Jahren
Nahrung: Herbivor

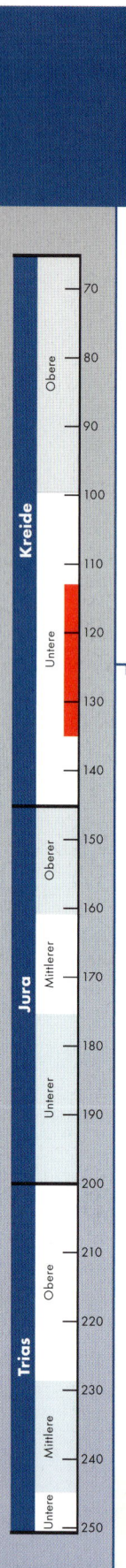

England
1 2
EUROPA

Pelorosaurus gehörte zu den Titanosauriformes. Sein Name bedeutet so viel wie „Monsterechse" und deutet auf seine enormen Ausmaße hin. Durch den langen Hals erreichte der Gigant die Blätter der höchsten Baumwipfel.

Die mehrere hundert Kilogramm Pflanzenmasse, die er täglich benötigte, zupfte er mit seinen relativ kleinen, bezahnten Kiefern ab und schluckte sie unzerkaut hinunter. Magensteine halfen ihm dabei, die Fasern zu zerreiben. Mantell beschrieb den Giganten bereits 1850, wenige Jahre, nachdem die Dinosaurier erst als solche erkannt worden waren. Überreste fanden sich über große Gebiete Südenglands verteilt, die heute alle Pelorosaurus zugerechnet werden.

Pelorosaurus wurde in Europa gefunden, wo er während der Unteren Kreide über einen Zeitraum von fast 25 Millionen Jahren lebte.

Pleurocoelus wurde als einer der ersten Dinosaurier 1886 in den USA entdeckt und kam im Gegensatz zu den zahlreichen typischen Funden in Nordamerika im Osten des Landes, in Maryland, ans Tageslicht. Bruchstücke von mehr als sechs Individuen sind bis heute bekannt, wozu auch Funde in Texas und England zählen. Der zu den Titanosauriformes gehörende Sauropode erreichte nur eine Länge von etwa 10 m. Trotzdem schien er alle typischen Merkmale der Elefantenfuß-Dinosaurier mit den säulenartigen Beinen, dem langen Hals und Schwanz sowie einem kleinen Kopf besessen zu haben. Der bekannte Paläontologe Othniel Charles Marsh beschrieb ihn 1888.

Sauropoda

Ordnung:	**Saurischia**
Unterordnung:	**Sauropodomorpha**
Infraordnung:	**Sauropoda**
Zwischenfamilie:	**Titanosauriformes**

Höhe:	4 m
Länge:	9–10 m
Gewicht:	10 t
Jahr:	Marsh, 1888
Ort:	Nordamerika:
	1. Texas, USA
	2. Arundel Formation, Maryland, USA
	Europa:
	3. England
Zeit:	Untere Kreide, vor 119–110 Mio. Jahren
Nahrung:	Herbivor

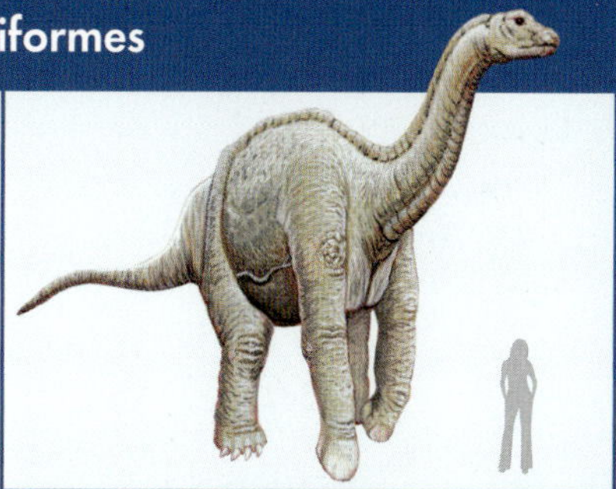

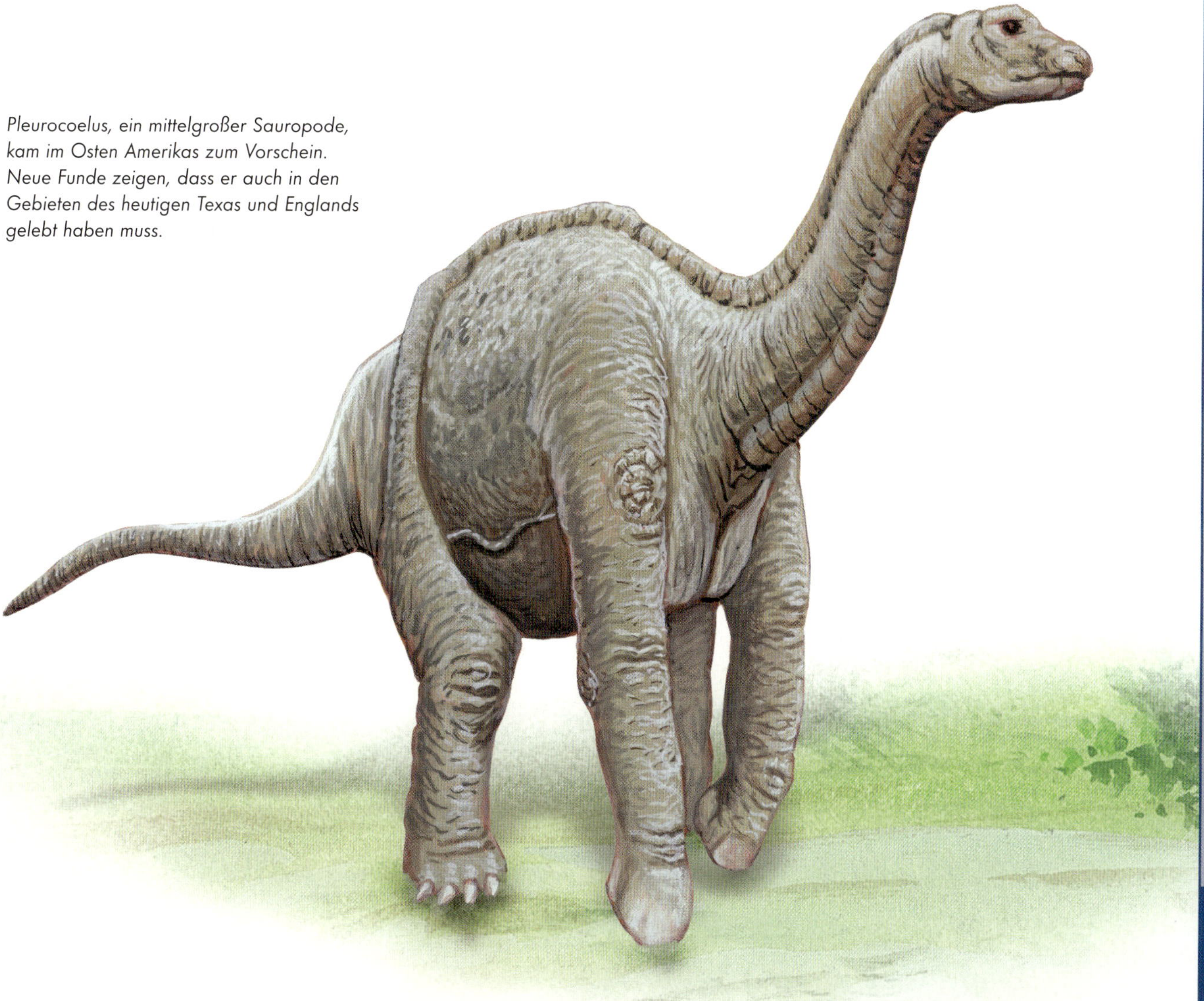

Pleurocoelus, ein mittelgroßer Sauropode, kam im Osten Amerikas zum Vorschein. Neue Funde zeigen, dass er auch in den Gebieten des heutigen Texas und Englands gelebt haben muss.

Kreide
Obere
Untere
Jura
Oberer
Mittlerer
Unterer
Trias
Obere
Mittlere
Untere

70 80 90 100 110 120 130 140 150 160 170 180 190 200 210 220 230 240 250

Rapetosaurus

Sauropoda
Ordnung: Saurischia
Unterordnung: Sauropodomorpha
Infraordnung: Sauropoda
Familie: Titanosauriformes o. fam. Zuordn.

Höhe: 5 m
Länge: 15–17 m
Gewicht: 10 t
Jahr: Curry Rogers und
Forster, 2001
Ort: Afrika: Maevarano For-
mation, Madagaskar
Zeit: Obere Kreide,
vor 70–65 Mio.
Jahren
Nahrung: Herbivor

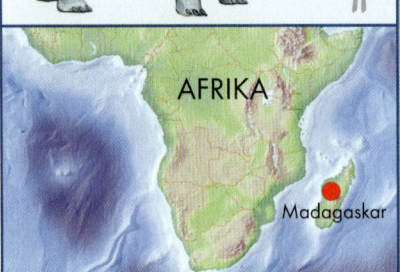

AFRIKA

Madagaskar

Rapetosaurus gehörte zu den Titanosauriern, die auf allen Kontinenten
lebten. Die fossilen Überreste dieses
Sauropoden, die 1995 auf der Insel
Madagaskar gefunden wurden,
brachten neben einem Skelett auch
erstmals den Schädel eines Titanosauriers zum Vorschein. Dabei zeigte
sich, dass Rapetosaurus einen kleinen
Kopf besaß mit Nasenöffnungen, die
ähnlich wie bei Diplodocus sehr weit
oben am Kopf saßen. Weitere anatomische Ähnlichkeiten ergaben sich
mit Nemegtosaurus.

Rapetosaurus, der seinen Namen
nach dem Riesen eines madegassi-
schen Märchens erhielt, erreichte mit
seinen bis zu 17 m Länge weit geringere Ausmaße als beispielsweise sein
südamerikanischer Verwandter, der
Argentinosaurus.

Rapetosaurus gehörte zu den Titanosauriern,
die verdickten Knochenplatten auf dem Rücken
trugen. Ob Rapetosaurus diese schützende
Panzerung besaß, ist aber nicht bekannt.

Rebbachisaurus

Rebbachisaurus bildete mit Nigersaurus und Rayososaurus eine eigene Familie, die zu den Neosauropoda gehörten. Der Sauropode wurde zuerst in Marokko und 1996 (zunächst als Limayasaurus beschrieben) auch in Südamerika entdeckt.

Mit seinen 20 m Länge erreichte Rebbachisaurus nicht die Ausmaße der Giganten Supersaurus oder Diplodocus, gehörte aber auch nicht zu den kleinen Vertretern seiner Familie. Er besaß gleich lange Vorder- und Hinterbeine, die in gewaltigen, mit Klauen ausgestatteten Füßen endeten. Bemerkenswert sind aber vor allem die 1,50 m langen Wirbelstrukturen, die sich auf seinem Rücken erhoben. Vermutlich trug Rebbachisaurus ein großes Rückensegel. Auch Amargasaurus, ein südamerikanischer Dicraeosauride, besaß lange Fortsätze im Nacken, die auf ein Segel oder einen Hautkragen hindeuten, deren Zweck aber noch nicht geklärt ist.

Sauropoda	
Ordnung:	**Saurischia**
Unterordnung:	**Sauropodomorpha**
Infraordnung:	**Sauropoda**
Familie:	**Rebbachisauridae**

Höhe:	9 m
Länge:	20 m
Gewicht:	15 t
Jahr:	Lavocat, 1954
Ort:	1. Südamerika: Rio Limay Formation, Neuquén, Argentinien 2. Afrika: Tegana Formation, Marokko
Zeit:	Untere Kreide, vor 110 Mio. Jahren
Nahrung:	Herbivor

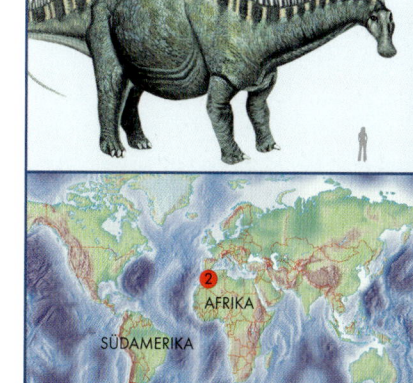

Rebbachisaurus besaß verlängerte Wirbel am Rücken, die vielleicht ein Segel oder Fetthöcker stützten.

Rhoetosaurus

Sauropoda
Ordnung:	Saurischia
Unterordnung:	Sauropodomorpha
Infraordnung:	Sauropoda
Familie:	Ohne fam. Zuordnung

Höhe:	4 m
Länge:	16–18 m
Gewicht:	20 t
Jahr:	Longman, 1925
Ort:	Australien: Injune Creek Beds, Brisbane, Queensland
Zeit:	Unterer und Mittlerer Jura, vor 181–175 Mio. Jahren
Nahrung:	Herbivor

Queensland

AUSTRALIEN

Der in Australien entdeckte Rhoetosaurus gehörte zu den ältesten Sauropoden. Erste Fossilien fand im Jahre 1924 der Vorsteher des Bahnhofs von Durham Downs. Die Ausmaße gaben den Ausschlag, das neue Tier nach Rhoethos, einem Riesen aus der griechischen Mythologie, zu benennen. Die massiven Schwanzwirbel wiesen Ähnlichkeit zu den

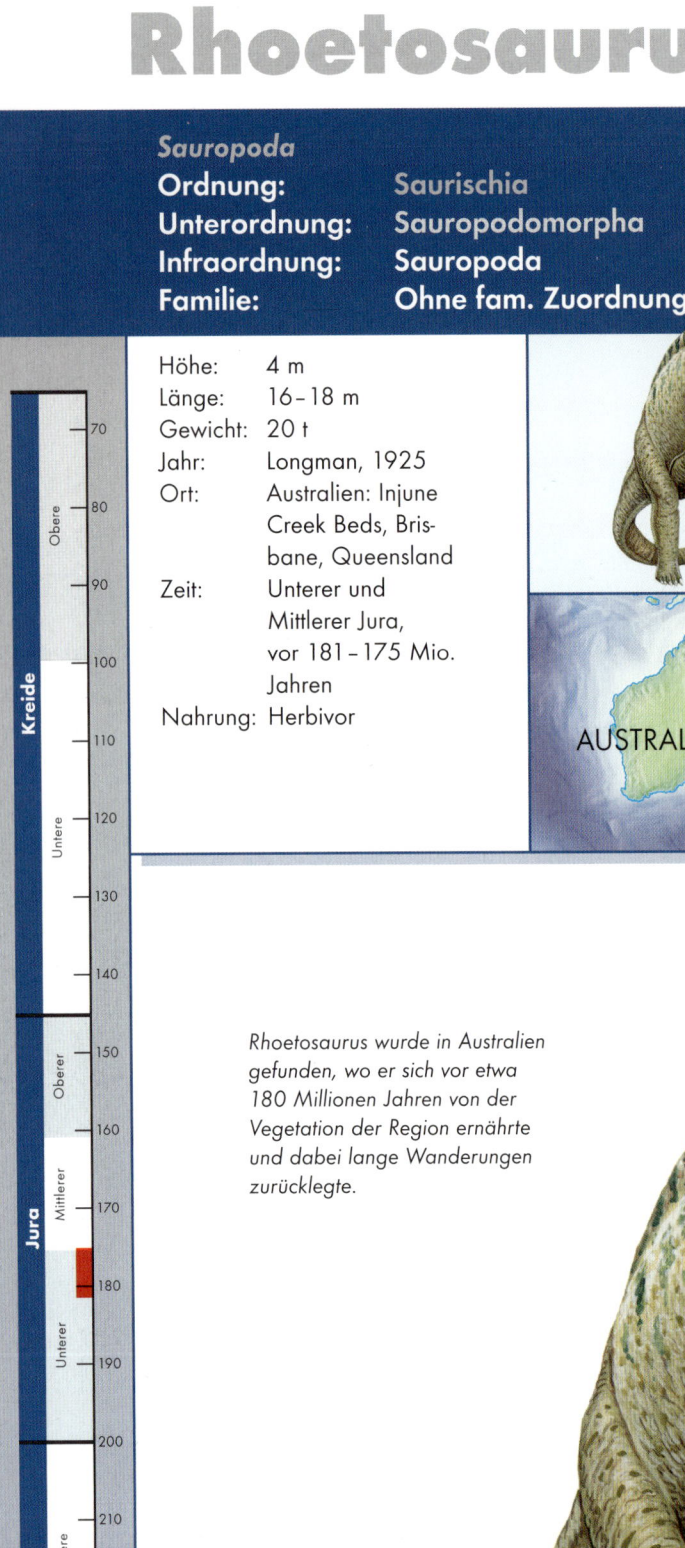

Rhoetosaurus wurde in Australien gefunden, wo er sich vor etwa 180 Millionen Jahren von der Vegetation der Region ernährte und dabei lange Wanderungen zurücklegte.

Cetiosauriern auf. Bis zum Ende des 20. Jahrhunderts hielten die Grabungen an und brachten Teile des Beckens, der Beine, Rippen und der Wirbelsäule zum Vorschein, aber leider nicht den Kopf. Der Oberschenkelknochen maß 1,50 m und ließ daraus schließen, dass Rhoetosaurus eine Gesamtlänge von etwa 18 m erreicht haben muss.

Rinconsaurus ist aus Funden bekannt, die von drei verschiedenen Individuen stammten, zwei ausgewachsenen und einem Jungtier. Die unterschiedlichen fossilen Überreste bilden allerdings kein vollständiges Skelett, lassen aber vermuten, dass Rinconsaurus äußerlich Saltasaurus geähnelt haben könnte. Wie dieser besaß er eine panzerartige Hautverdickung auf dem Rücken, die ihn vor Angriffen gefährlicher Theropoden schützen sollte. Damit weist er Übereinstimmungen mit den quadrupeden, pflanzenfressenden Titanosauriern auf, die ebenfalls im heutigen Südamerika lebten.

Sauropoda

Ordnung:	Saurischia
Unterordnung:	Sauropodomorpha
Infraordnung:	Sauropoda
Familie:	Titanosauria o. fam. Zuordn.

Höhe:	5 m
Länge:	15 m
Gewicht:	15 t
Jahr:	Calvo und González Riga, 2003
Ort:	Südamerika: Rio Neuquén Formation, Neuquén, Argentinien
Zeit:	Obere Kreide, vor 92 Mio. Jahren
Nahrung:	Herbivor

SÜDAMERIKA

Argentinien

In Argentinien kamen die fossilen Überreste des Titanosauriers Rinconsaurus zum Vorschein, der ebenfalls wie seine Verwandten panzerartige Platten auf dem Rücken trug.

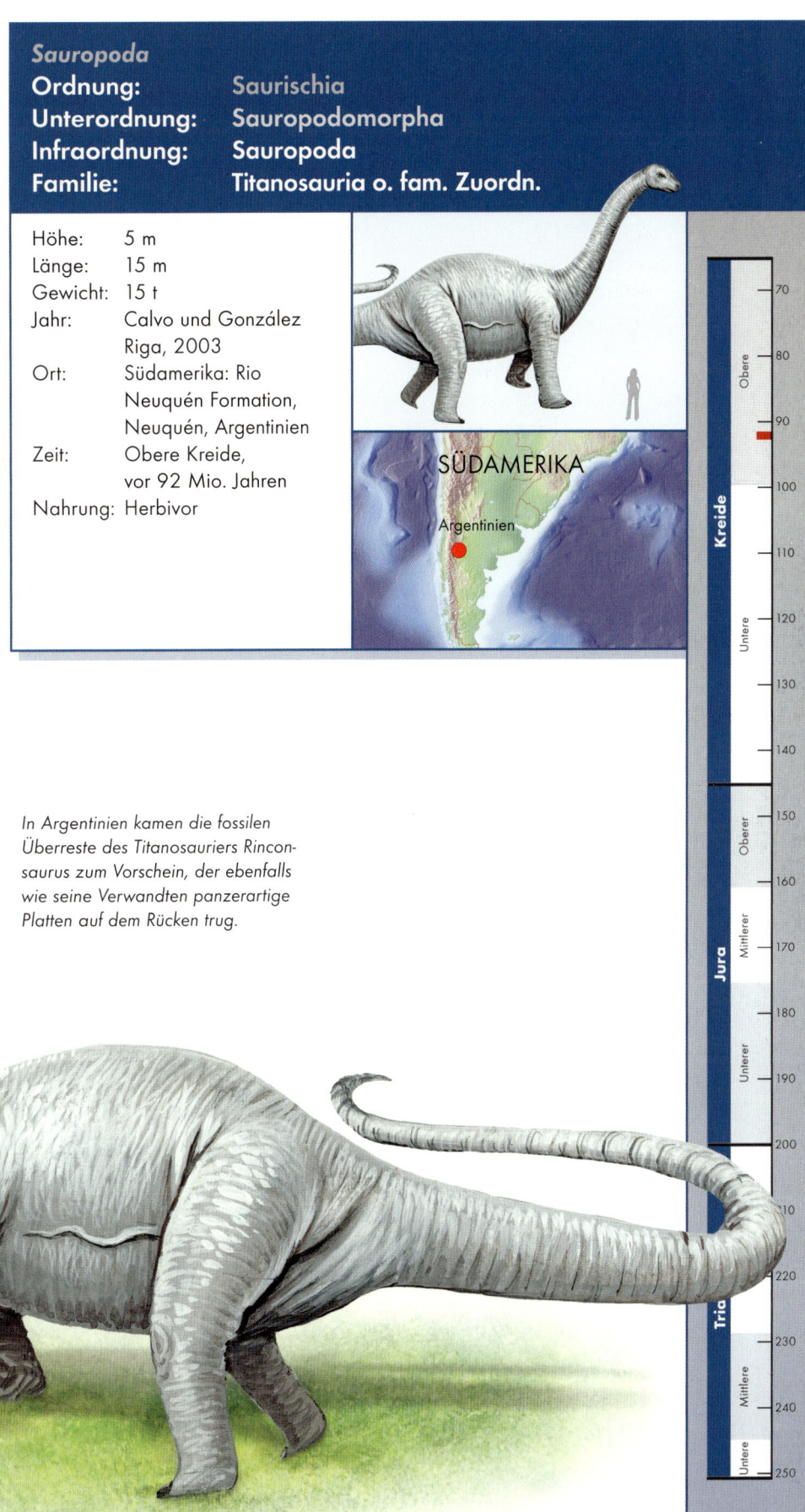

Kreide	Obere	70
		80
		90
		100
	Untere	110
		120
		130
		140
Jura	Oberer	150
		160
	Mittlerer	170
		180
	Unterer	190
		200
Trias		210
		220
		230
	Mittlere	240
	Untere	250

233

Rocasaurus

Sauropoda
Ordnung: Saurischia
Unterordnung: Sauropodomorpha
Infraordnung: Sauropoda
Familie: Lithostrotia o. fam. Zuordn.

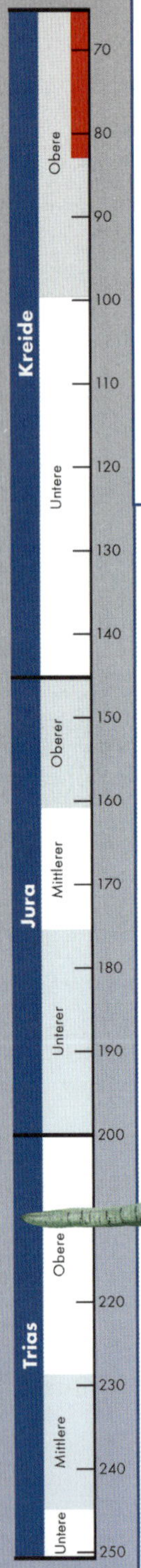

Von Rocasaurus wurden Teile eines Jungtier-Skeletts in Argentinien ausgegraben. Seinen Namen erhielt die Neuentdeckung nach der in der Nähe gelegenen Stadt. Als Titanosaurier gehört Rocasaurus zu den Vertretern der letzten Sauropodengruppe auf der Erde. Er lebte bis zum Ende der Kreidezeit, als die Dinosaurier ausstarben. Möglicherweise entwickelten sich die Lithostrotia und Saltasauriden in der Gegend des heutigen Südamerika, vor allem nach der Abspaltung von Gondwana. Zu Ehren des Musemsdirektors der Paläontologie in Cipoletti, Juan Carlos Muñoz, und dessen Unterstützung in der regionalen Forschung bekam der neu entdeckte Saurier den Artnamen *Rocasaurus muniozi* zugesprochen.

Höhe:	3 m
Länge:	9 m
Gewicht:	4 t
Jahr:	Salgado und Azpilicueta, 2000
Ort:	Südamerika: Allen Formation, Rio Negro, Argentinien
Zeit:	Obere Kreide, vor 83–65 Mio. Jahren
Nahrung:	Herbivor

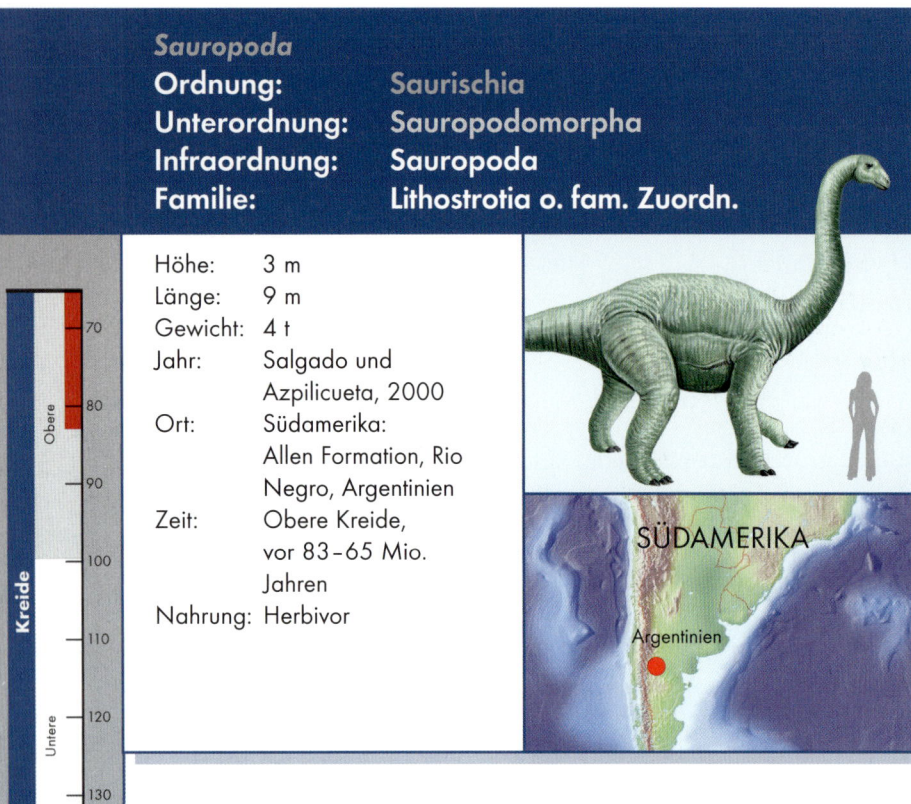

SÜDAMERIKA

Argentinien

*Rocasaurus, ein kleinerer Titanosaurier, lebte
gegen Ende der Kreidezeit in Südamerika.*

Der Titanosaurier Saltasaurus lebte in Südamerika. 1970 entdeckten Paläontologen seine fossilen Überreste in der argentinischen Provinz Salta, nach der das Tier auch seinen Namen erhielt.

Zwischen den Fossilien fanden sich unterschiedlich große Knochenplatten und Knötchen mit Dornfortsätzen, die vermutlich einen Knochenpanzer auf dem Rücken des Tieres bildeten, der sie vor den Angriffen der gefräßigen Theropoden schützen sollte. Saltasaurierähnliche Titanosaurier entwickelten sich in Südamerika und bestätigen, dass sich bereits seit der Unteren Kreidezeit eine Trennung des Erdteils von Nordamerika und Eurasien vollzogen haben muss. Zudem bedeckte Mittelamerika ein Meer, wodurch sich die Wanderungen der Titanen auf Südamerika beschränkten. Saltasaurus durchkämmte die Wälder auf der ständigen Suche nach Pflanzen.

Sauropoda	
Ordnung:	Saurischia
Unterordnung:	Sauropodomorpha
Infraordnung:	Sauropoda
Familie:	Saltasauridae

Höhe:	4 m
Länge:	12 m
Gewicht:	4,5 t
Jahr:	Bonaparte und J. E. Powell, 1980
Ort:	Südamerika: 1. Lecho Formation, Salta, Argentinien 2. Asencio Formation, Palmitas, Uruguay
Zeit:	Obere Kreide, vor 83–65 Mio. Jahren
Nahrung:	Herbivor

SÜDAMERIKA

Er konnte sich auf die Hinterbeine stellen, da sich sein Schwanz zum Abstützen eignete, und so die höheren Regionen der Bäume abgrasen.

Saltasaurus trug kleine, knötchenartige Verdickungen am Rücken und lebte gegen Ende der Kreide über knapp 20 Millionen Jahre. Nach ihm wurde die Familie der Saltasauriden benannt.

Sauroposeidon

Sauropoda

Ordnung:	**Saurischia**
Unterordnung:	**Sauropodomorpha**
Infraordnung:	**Sauropoda**
Familie:	**Brachiosauridae**

Höhe:	20 m
Länge:	30 m
Gewicht:	60 t
Jahr:	Wedel, Cifelli und Sanders vide Franklin, 2000
Ort:	Nordamerika: Antlers Formation, Oklahoma, USA
Zeit:	Untere Kreide, vor 110 Mio. Jahren
Nahrung:	Herbivor

NORDAMERIKA

USA

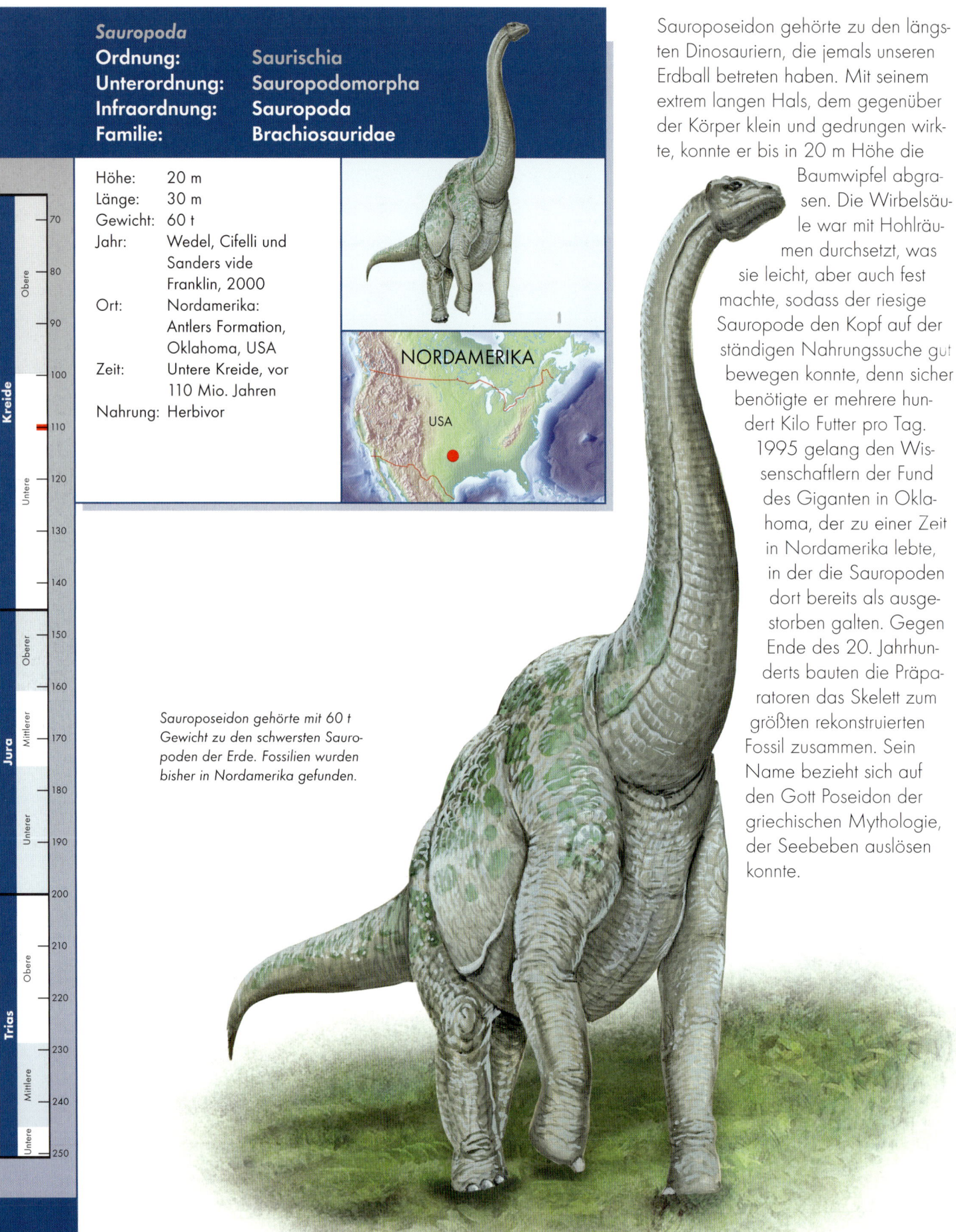

Sauroposeidon gehörte mit 60 t Gewicht zu den schwersten Sauropoden der Erde. Fossilien wurden bisher in Nordamerika gefunden.

Sauroposeidon gehörte zu den längsten Dinosauriern, die jemals unseren Erdball betreten haben. Mit seinem extrem langen Hals, dem gegenüber der Körper klein und gedrungen wirkte, konnte er bis in 20 m Höhe die Baumwipfel abgrasen. Die Wirbelsäule war mit Hohlräumen durchsetzt, was sie leicht, aber auch fest machte, sodass der riesige Sauropode den Kopf auf der ständigen Nahrungssuche gut bewegen konnte, denn sicher benötigte er mehrere hundert Kilo Futter pro Tag. 1995 gelang den Wissenschaftlern der Fund des Giganten in Oklahoma, der zu einer Zeit in Nordamerika lebte, in der die Sauropoden dort bereits als ausgestorben galten. Gegen Ende des 20. Jahrhunderts bauten die Präparatoren das Skelett zum größten rekonstruierten Fossil zusammen. Sein Name bezieht sich auf den Gott Poseidon der griechischen Mythologie, der Seebeben auslösen konnte.

Seismosaurus

Seismosaurus gilt als eines der längsten Landtiere aller Zeiten. Bereits 1979 tauchten die ersten Fossilien auf. 1988 wurden Wirbelknochen und Becken ausgegraben, die auf gewaltige Ausmaße schließen ließen. Als Mitglied der Familie der Diplodociden besaß Seismosaurus einen extrem langen Hals, einen kleinen Kopf und einen peitschenartigen Schwanz. Seine Hinterbeine waren länger als die Vorderbeine. In den Kiefern saßen kegelförmige Zähne, mit denen er die großen Mengen an Pflanzennahrung, die er benötigte, abrupfte und hinunterschluckte. Im Magen des bisher einzigen gefundenen Exemplars fanden sich 250 kleine, blank polierte Steine, die als Gastrolithen fungierten. Sie zerrieben den Nahrungsbrei und halfen damit dem Tier, die Nahrung zu verdauen.

Äußerlich ähnelte Seismosaurus Diplodocus, dem Namensgeber der Familie, was einige Wissenschaftler zunächst vermuten ließ, es handele sich bei dem Fund in New Mexiko um ein ungewöhnlich großes Exemplar des Diplodocus.

Sauropoda	
Ordnung:	**Saurischia**
Unterordnung:	**Sauropodomorpha**
Infraordnung:	**Sauropoda**
Familie:	**Diplodocidae**

Höhe:	8 m
Länge:	40–50 m
Gewicht:	30 t
Jahr:	Gillette, 1991
Ort:	Nordamerika: Morrison Formation, New Mexico, USA
Zeit:	Oberer Jura, vor 156–145 Mio. Jahren
Nahrung:	Herbivor

NORDAMERIKA

USA

Seinen Namen (Seismosaurus = Erdbeben-Echse) erhielt das Tier nach den gewaltigen Ausmaßen, die bei jedem Schritt ein Erzittern der Erdoberfläche hervorgerufen haben könnten.

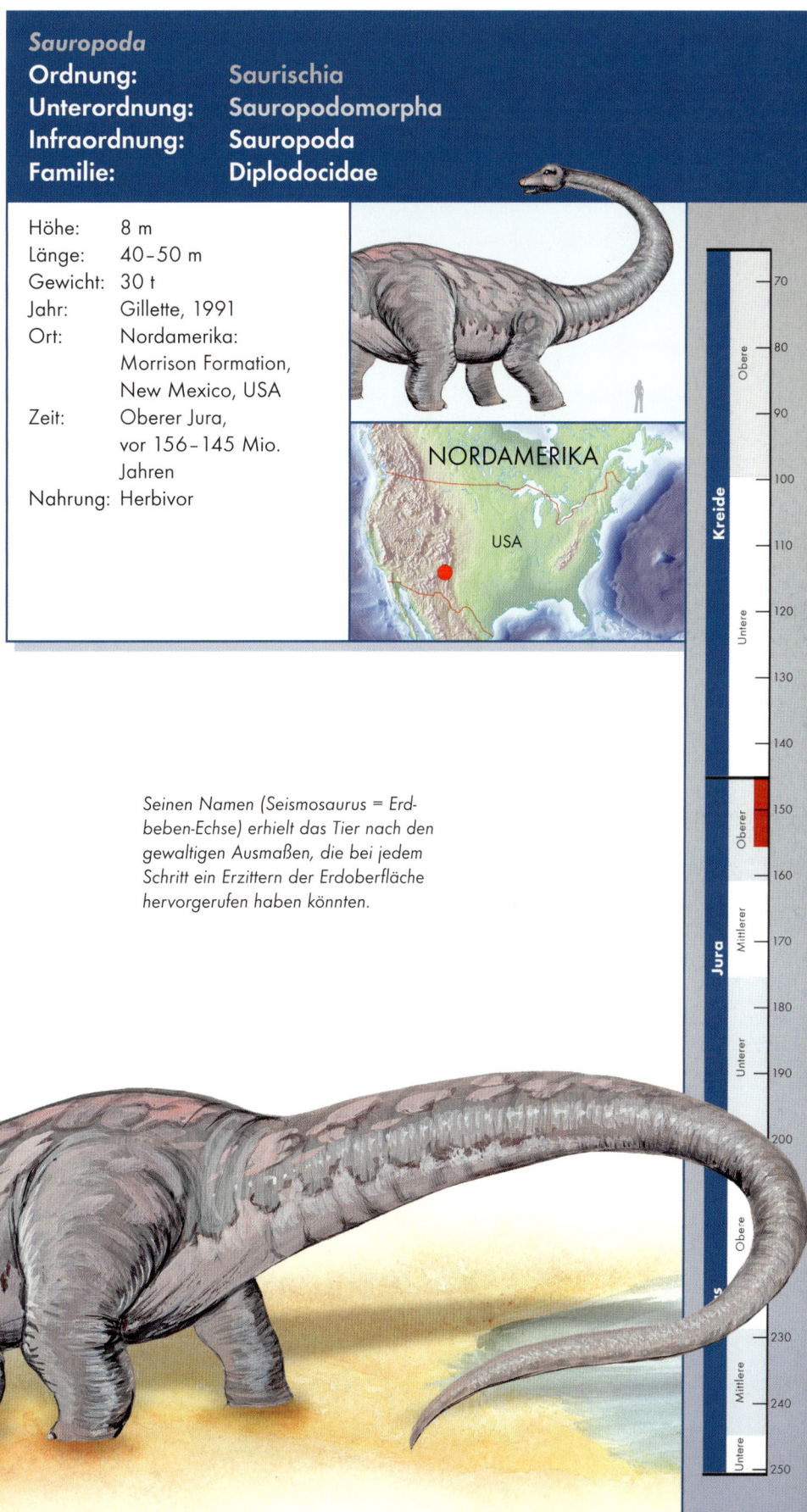

Shunosaurus

Sauropoda

Ordnung:	Saurischia
Unterordnung:	Sauropodomorpha
Infraordnung:	Sauropoda
Familie:	Eusauropode ohne fam. Zuordnung

Höhe:	3,50 m
Länge:	10–14 m
Gewicht:	5–10 t
Jahr:	Dong, Zhou und Zhang, 1983
Ort:	Asien: Xiashaximiao Formation, Sichuan, China
Zeit:	Mittlerer Jura, vor 175–163 Mio. Jahren
Nahrung:	Herbivor

ASIEN

China

Von Shunosaurus kamen in China über 20 Skelette zum Vorschein. Sein Name, der „Echse aus Sichuan" bedeutet, bezieht sich auf den Fundort. Shunosaurus galt anfangs als kleinerer Cetiosaurier, da er wie diese eine massive Wirbelsäule besaß, die noch keine Hohlräume aufwies und damit zum hohen Gewicht des Sauropoden führte. Unterschiede in der Anatomie bestimmen ihn heute als Eusauropoden ohne familiäre Zuordnung.

Aufgrund der zahlreichen Funde konnte er gut rekonstruiert werden. Sein kräftiger Leib ruhte auf säulenartigen Beinen und machte ihn zu einem eher behäbigen Pflanzenfresser. Sein besonderes Kennzeichen war eine Knochenkeule mit Stacheln, die am Ende seines muskulösen Schwanzes saß und mit der er seinen Feinden schwere Verletzungen zufügen konnte. Darin ähnelte er einer ganz anderen Dinosauriergruppe, den Ankylosauriern, die ebenfalls eine Keule am Schwanzende trugen, um sich gegen gefährliche Angreifer zu verteidigen.

Shunosaurus trug am Ende seines Schwanzes eine für Sauropoden ungewöhnliche Knochenkeule, die ihm bei der Verteidigung sicher enorme Dienste leistete.

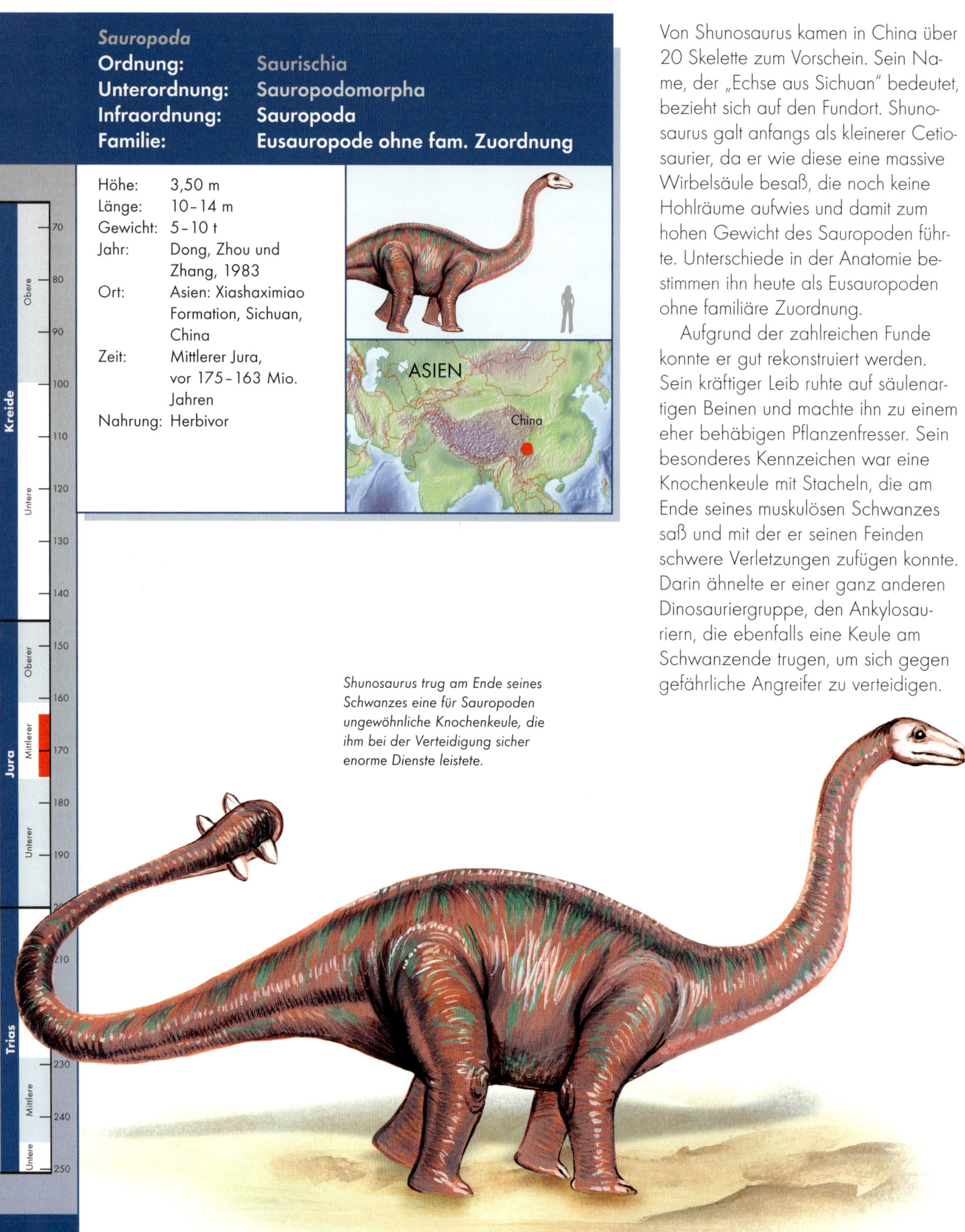

Sonorasaurus

Im Jahre 1995 entdeckte der damalige Geologiestudent Richard Thompson in der Wüste Sonora in Arizona, nach der das Tier seinen Namen erhielt, ein unvollständiges Skelett. Neben den fossilen Resten lag der Zahn eines Acrocanthosaurus, der als räuberisch lebender Theropode zur gleichen Zeit in Nordamerika vorkam. Vermutlich fraß er gerade am Aas des von ihm selbst erlegten Sonorasaurus, als er ebenfalls aus ungeklärten Gründen den Tod fand.

Sonorasaurus selbst lebte herbivor, besaß einen langen Hals und Schwanz, einen bulligen Körper und kleinen Kopf. Ursprünglich galt er als kleiner Brachiosaurus, da er nur auf etwas mehr als die Hälfte von dessen Größe kam, und wurde erst später als eigene Gattung beschrieben.

Sauropoda

Ordnung:	**Saurischia**
Unterordnung:	**Sauropodomorpha**
Infraordnung:	**Sauropoda**
Familie:	**Brachiosauridae**

Höhe:	8 m
Länge:	15 m
Gewicht:	40 t
Jahr:	Ratkevich, 1998
Ort:	Nordamerika: Turney Ranch Formation, Arizona, USA
Zeit:	Untere und Obere Kreide, vor 112–99 Mio. Jahren
Nahrung:	Herbivor

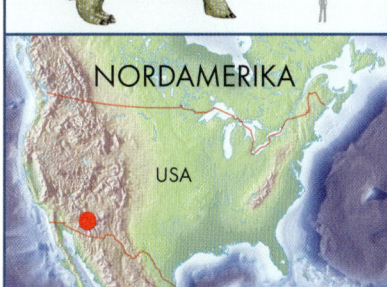

NORDAMERIKA

USA

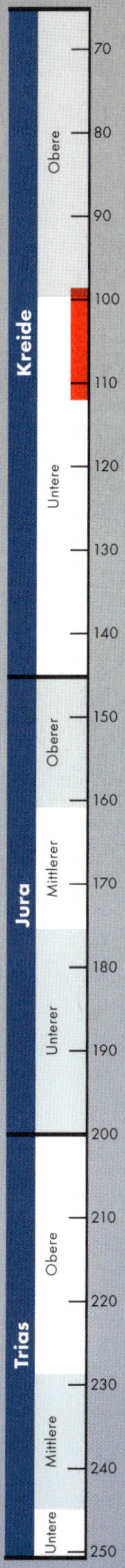

Sonorasaurus gehörte zu den Brachiosauriden, die an mehreren Orten der Erde gefunden wurden. Er lebte vor etwa 110 Millionen Jahren im Norden Amerikas.

Supersaurus

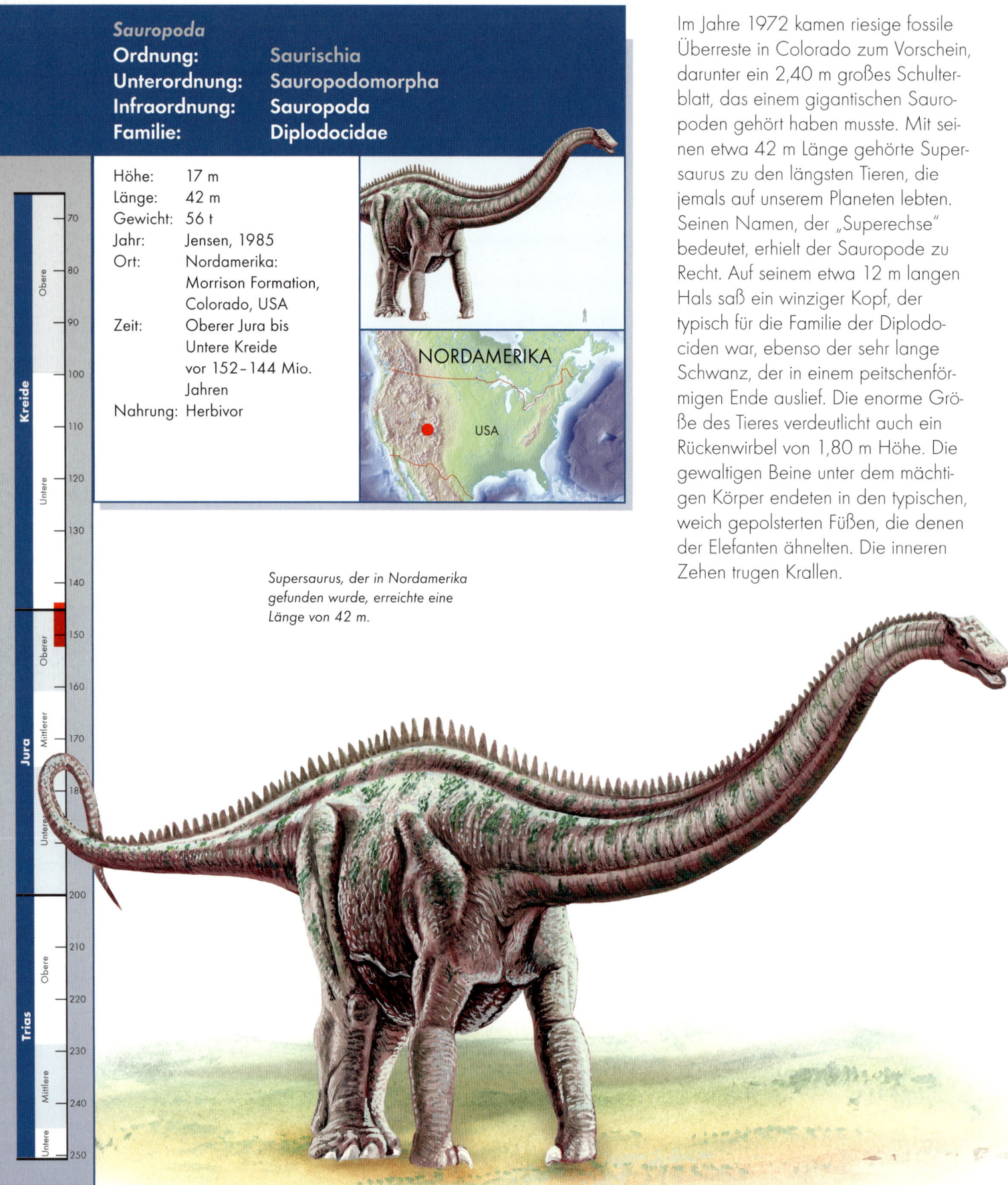

Sauropoda

Ordnung:	Saurischia
Unterordnung:	Sauropodomorpha
Infraordnung:	Sauropoda
Familie:	Diplodocidae

Höhe:	17 m
Länge:	42 m
Gewicht:	56 t
Jahr:	Jensen, 1985
Ort:	Nordamerika: Morrison Formation, Colorado, USA
Zeit:	Oberer Jura bis Untere Kreide vor 152–144 Mio. Jahren
Nahrung:	Herbivor

NORDAMERIKA

USA

Supersaurus, der in Nordamerika gefunden wurde, erreichte eine Länge von 42 m.

Im Jahre 1972 kamen riesige fossile Überreste in Colorado zum Vorschein, darunter ein 2,40 m großes Schulterblatt, das einem gigantischen Sauropoden gehört haben musste. Mit seinen etwa 42 m Länge gehörte Supersaurus zu den längsten Tieren, die jemals auf unserem Planeten lebten. Seinen Namen, der „Superechse" bedeutet, erhielt der Sauropode zu Recht. Auf seinem etwa 12 m langen Hals saß ein winziger Kopf, der typisch für die Familie der Diplodociden war, ebenso der sehr lange Schwanz, der in einem peitschenförmigen Ende auslief. Die enorme Größe des Tieres verdeutlicht auch ein Rückenwirbel von 1,80 m Höhe. Die gewaltigen Beine unter dem mächtigen Körper endeten in den typischen, weich gepolsterten Füßen, die denen der Elefanten ähnelten. Die inneren Zehen trugen Krallen.

Suuwassea kam erst Anfang des 21. Jahrhunderts in der Morrison Formation im Süden Montanas ans Tageslicht. 1998 fand der emeritierte Professor William Donawick eine erste Fossilie, welche die Expedition unter Peter Dodson nach sich zog und deren Grabungen einen neuen Sauropoden zutage förderten.

Suuwassea gehörte zur Familie der Diplodocidae. Mit dem Diplodocus verband ihn nicht nur der lange Hals und dünne Schwanz, der kleine Kopf und die elefantenähnlichen Beine, sondern auch eine große Öffnung im oberen Schädel, die mit den Nasenhöhlen in Verbindung stand. Neben dieser Öffnung entdeckten die Paläontologen ein weiteres Loch, das bisher bei keinem Exemplar in Nordamerika vorkam. Früher wurde vermutet, dass die Sauropoden einen Rüssel trugen, um in den Gewässern zu tauchen und zu gründeln. Suuwassea lebte aber vermutlich wie die anderen Sauropoden an Land und weidete die Pflanzen an der bewaldeten Küste eines urzeitlichen Ozeans ab. Der Name Suuwassea heißt in der alten Sprache der Crow-Indianer „alter Donner".

Sauropoda

Ordnung:	**Saurischia**
Unterordnung:	**Sauropodomorpha**
Infraordnung:	**Sauropoda**
Familie:	**Diplodocidae**

Höhe:	4 m
Länge:	15 m
Gewicht:	10 t
Jahr:	Harris und Dodson, 2004
Ort:	Nordamerika: Morrison Formation, Montana, USA
Zeit:	Oberer Jura, vor 147 Mio. Jahren
Nahrung:	Herbivor

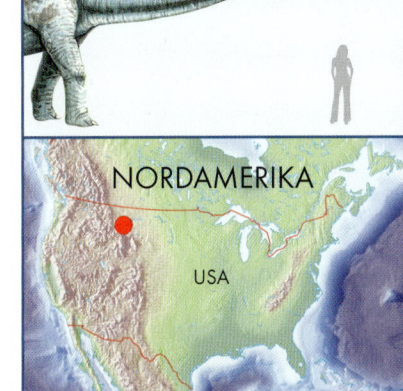

NORDAMERIKA

USA

Suuwassea lebte in Nordamerika. Seinen Namen erhielt er aus der Sprache der Crow-Indianer.

Tangvayosaurus

Sauropoda	
Ordnung:	Saurischia
Unterordnung:	Sauropodomorpha
Infraordnung:	Sauropoda
Familie:	Titanosauria o. fam. Zuordn.

Höhe:	5 m
Länge:	15 m
Gewicht:	15 t
Jahr:	Allain, Taquet, Battail, Dejax, Richir, Veran, Limon-Duparcmeur, Vacant, Mateus, Sayarath, Khenthavong und Phouyavong, 1999
Ort:	Asien: Grès supérieurs Formation, Tang Vay, Savannakhet, Laos
Zeit:	Untere Kreide, vor 110–100 Mio. Jahren
Nahrung:	Herbivor

ASIEN

Laos

Tangvayosaurus gehörte zu den Titanosauria, wobei einige Wissenschaftler lange vermuteten, dass es sich bei den beiden bisher gefundenen Teilskeletten um eine Spezies des Titanosaurus handelte. Tangvayosaurus war ein mittelgroßer, primitiver Titanosaurier mit langem Hals und kräftigem Körper, der auf vier schweren Beinen ruhte. Auch weist er Ähnlichkeiten mit Phuwiangosaurus auf, der im späten Jura in Thailand lebte, denn beide besaßen ein Schambein (Pubis), das viel länger als das Sitzbein (Ischium) war, ein Merkmal der Titanosaurier. Beide Gattungen gelten als die ältesten und primitivsten ihrer Familie, unterscheiden sich aber gerade in Details der Hüftknochen.

Tangvayosaurus ernährte sich von den Pflanzen der Unteren Kreidezeit. Sein Name entstand in Anlehnung an die in der Nähe des Fundortes gelegene Stadt Tang Vay.

Tangvayosaurus, ein Titanosaurier der Unteren Kreidezeit, erhielt seinen Namen nach dem Fundort in Laos, wo er Ende des 20. Jahrhunderts gefunden wurde.

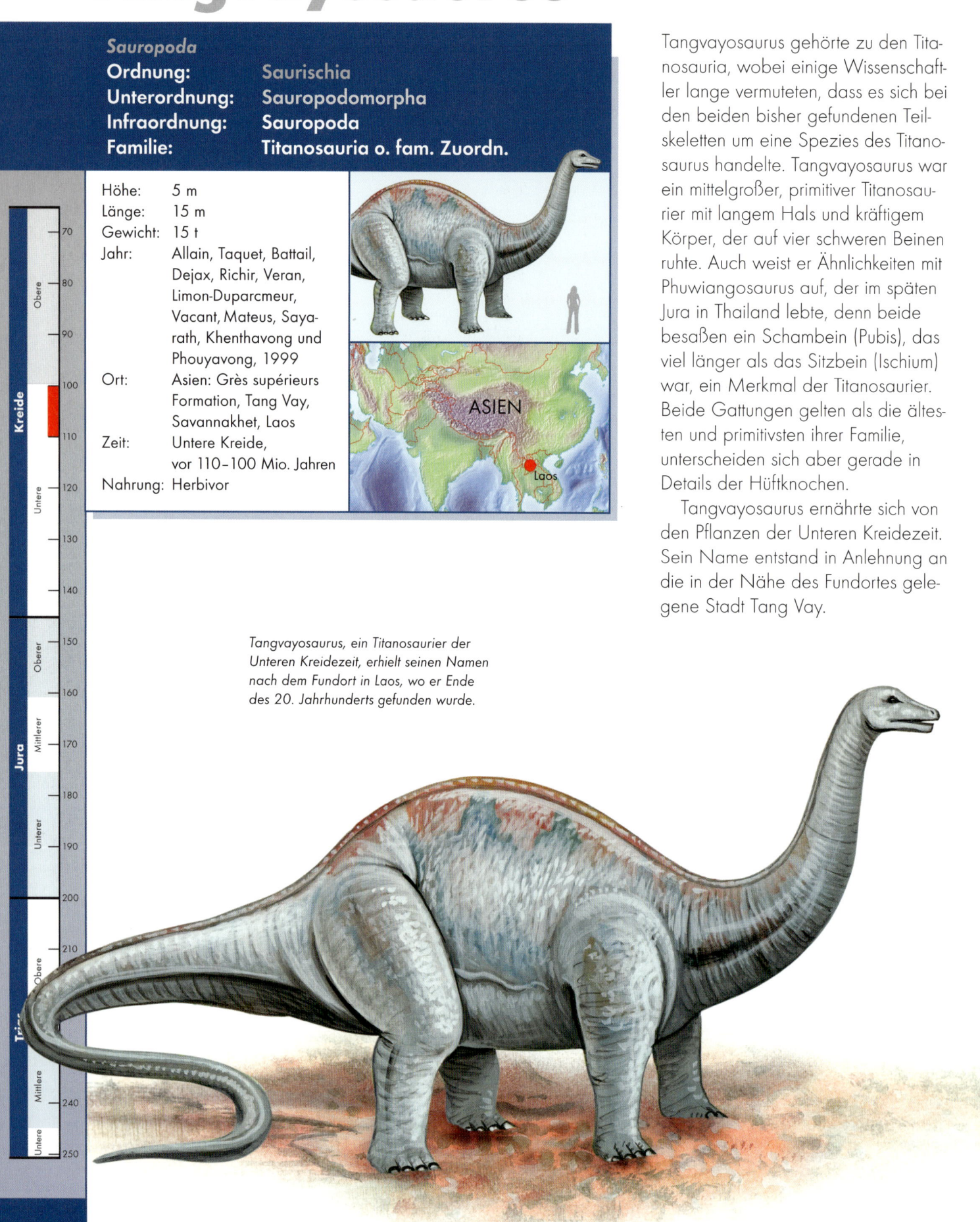

Titanosaurus

Von Titanosaurus kamen fossile Knochen in vielen verschiedenen Teilen der Erde zum Vorschein, dennoch konnte bisher kein vollständiges Skelett rekonstruiert werden, zumal noch immer sein Kopf fehlt. Die ersten Knochen wurden in Indien gefunden, weshalb der englische Geologe Richard Lydekker den neuen Dinosaurier *Titanosaurus indicus* nannte und sich von den Titanen der griechischen Mythologie inspirieren ließ. Titanosaurus besaß einen langen Hals und einen sehr langen, am Ende dünnen, peitschenartigen Schwanz. Sein Körper war eher schlank.

Auf dem Rücken trug er kleine, knöcherne Panzerplatten, die ihn vor Angriffen der Raubsaurier schützen sollten. Vermutlich zog Titanosaurus in kleinen Herden an den Flussauen entlang und weidete die Vegetation der Oberen Kreidezeit ab, die aus Nadelhölzern, Palmfarnen, Eichen und Ahornbäumen bestand. Gastrolithen im Magen halfen ihm, den Speisebrei zu zerreiben und zu verdauen. Als einer der letzten Sauropoden lebte er bis zum Ende der Kreidezeit und starb mit den anderen Dinosauriern aus.

Sauropoda

Ordnung:	**Saurischia**
Unterordnung:	**Sauropodomorpha**
Infraordnung:	**Sauropoda**
Familie:	**Lithostrotia o. fam. Z.**

Höhe:	5 m
Länge:	18 m
Gewicht:	15 t
Jahr:	Lydekker, 1877
Ort:	Südamerika: 1. Neuquén, Argentinien
	Europa: 2. Lleida, Spanien; 3. Grès à Reptiles, Var, Frankreich
	Afrika: 4. Grès de Maevarano, Madagaskar
	Asien: 5. Lameta Formation, Maharashtra, Indien
Zeit:	Obere Kreide, vor 83–65 Mio. Jahren
Nahrung:	Herbivor

Die Titanosauria lebten auf fast allen Kontinenten und hielten sich immerhin über einen Zeitraum von 80 Millionen Jahren auf unserem Planeten. Einige der bekanntesten Vertreter wurden vor allem in Südamerika entdeckt.

Titanosaurus, nach dem eine umfangreiche Zwischenordnung ihren Namen erhielt, wurde in zahlreichen Regionen der Erde gefunden. Als weit verbreiteter Sauropode lebte er gegen Ende der Kreidezeit.

Ultrasaurus

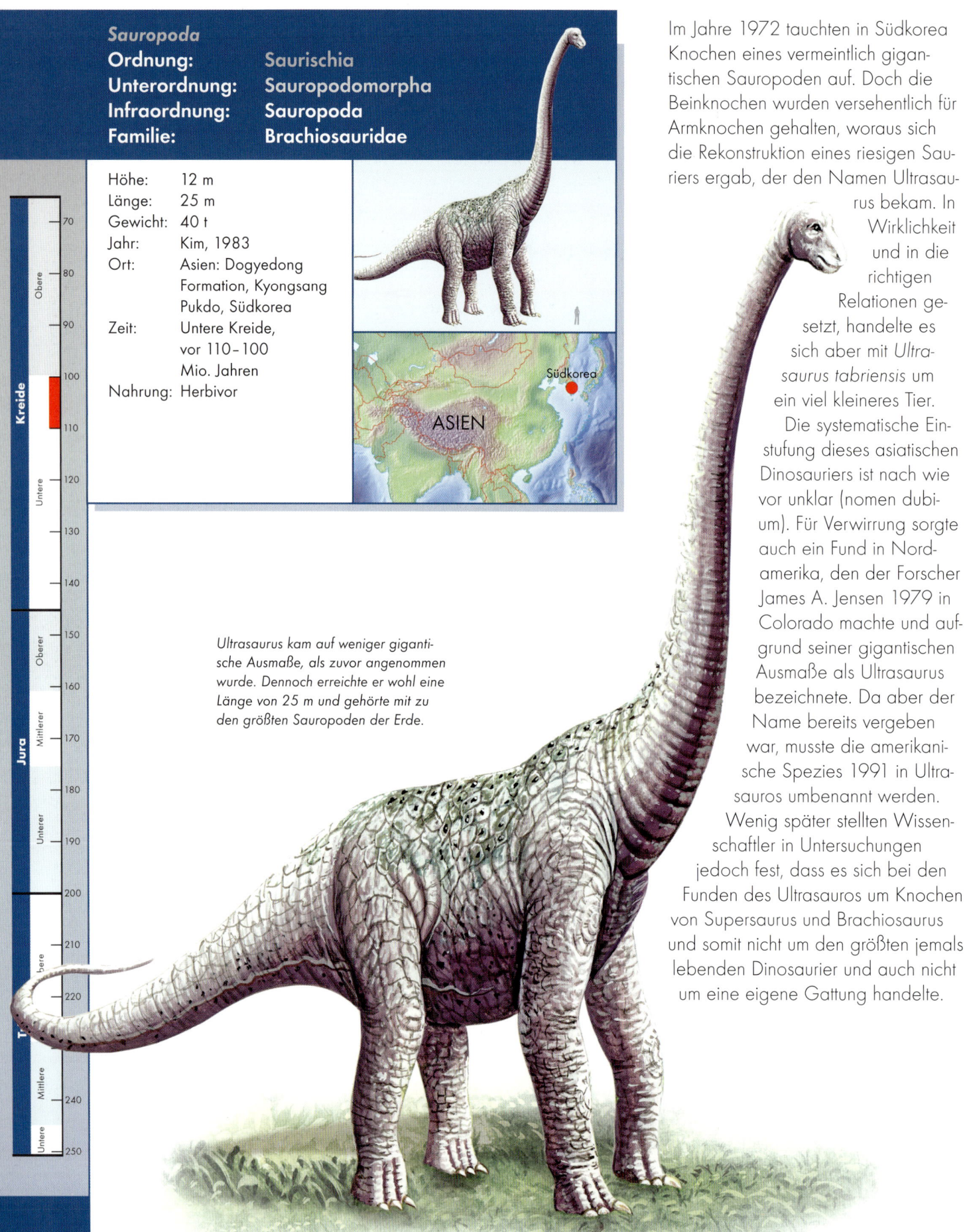

Sauropoda
Ordnung:	**Saurischia**
Unterordnung:	**Sauropodomorpha**
Infraordnung:	**Sauropoda**
Familie:	**Brachiosauridae**

Höhe:	12 m
Länge:	25 m
Gewicht:	40 t
Jahr:	Kim, 1983
Ort:	Asien: Dogyedong Formation, Kyongsang Pukdo, Südkorea
Zeit:	Untere Kreide, vor 110–100 Mio. Jahren
Nahrung:	Herbivor

Südkorea

ASIEN

Ultrasaurus kam auf weniger gigantische Ausmaße, als zuvor angenommen wurde. Dennoch erreichte er wohl eine Länge von 25 m und gehörte mit zu den größten Sauropoden der Erde.

Im Jahre 1972 tauchten in Südkorea Knochen eines vermeintlich gigantischen Sauropoden auf. Doch die Beinknochen wurden versehentlich für Armknochen gehalten, woraus sich die Rekonstruktion eines riesigen Sauriers ergab, der den Namen Ultrasaurus bekam. In Wirklichkeit und in die richtigen Relationen gesetzt, handelte es sich aber mit *Ultrasaurus tabriensis* um ein viel kleineres Tier. Die systematische Einstufung dieses asiatischen Dinosauriers ist nach wie vor unklar (nomen dubium). Für Verwirrung sorgte auch ein Fund in Nordamerika, den der Forscher James A. Jensen 1979 in Colorado machte und aufgrund seiner gigantischen Ausmaße als Ultrasaurus bezeichnete. Da aber der Name bereits vergeben war, musste die amerikanische Spezies 1991 in Ultrasauros umbenannt werden. Wenig später stellten Wissenschaftler in Untersuchungen jedoch fest, dass es sich bei den Funden des Ultrasauros um Knochen von Supersaurus und Brachiosaurus und somit nicht um den größten jemals lebenden Dinosaurier und auch nicht um eine eigene Gattung handelte.

Vulcanodon gehört zu den ältesten Sauropoden und weist im Beckenbereich noch Ähnlichkeiten mit den Prosauropoden auf. Das in Simbabwe gefundene Skelett, bei dem leider der Kopf fehlt, ist gut erhalten. Die wenigen kleinen Zähne am Fundort trugen gekerbte Schneiden. Die Beine ähnelten bereits den elefantenartigen Füßen der Sauropoden, was darauf hinweisen kann, dass Vulcanodon vielleicht zwischen Prosauropoden und Sauropoden einzuordnen ist. Heute gilt er als Sauropode ohne familiäre Zuordnung.

Sauropoda

Ordnung:	**Saurischia**
Unterordnung:	**Sauropodomorpha**
Infraordnung:	**Sauropoda**
Familie:	**Ohne fam. Zuordnung**

Höhe:	2,50 m
Länge:	6,50 m
Gewicht:	4–5 t
Jahr:	Raath, 1972
Ort:	Afrika: Mashona-land, Simbabwe
Zeit:	Obere Trias, vor 213–203 Mio. Jahren
Nahrung:	Herbivor

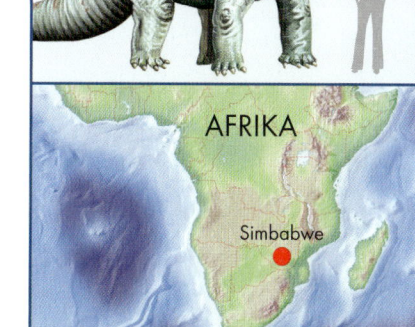

AFRIKA

Simbabwe

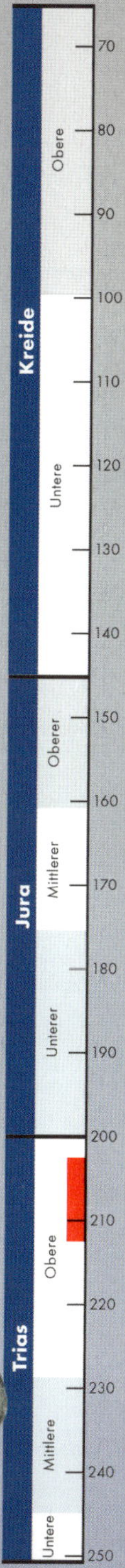

Vulcanodon war ein kleinerer Sauropode, der nur etwa 6–7 m lang wurde. Er lebte in der Oberen Trias.

Kreide
Obere
70
80
90
100
Untere
110
120
130
140

Jura
Oberer
150
160
Mittlerer
170
Unterer
180
190
200

Trias
Obere
210
220
Mittlere
230
240
Untere
250

Ornithischia

Ornithischia, die große Gruppe der Vogelbecken-Dinosaurier, ernährten sich ausschließlich von Pflanzen. Sie stellten die unterschiedlichsten Formen von leichtfüßigen Läufern bis zu schwer gepanzerten Vertretern und unterteilen sich in die drei Gruppen der Thyreophora, Ornithopoda und Marginocephalia.

Frühe Ornithischia

Nach dem wohl größten Massensterben am Ende des Perms, bei dem fast zwei Drittel aller Lebewesen von der Erde verschwanden, spalteten sich ca. 20 Millionen Jahre später in der Mittleren Trias vor etwa 235 Millionen Jahren die ersten Dinosaurier von den Archosauriern ab. In den ca. 225 Millionen Jahre alten Schichten Südamerikas, wo bereits die urtümlichen Saurischia Herrerasaurus, Staurikosaurus und Eoraptor entdeckt wurden, kam auch der Pflanzenfresser Pisanosaurus zum Vorschein. Andere Frühe Ornithischia wurden im heutigen Süden Afrikas entdeckt, z. B. der Lesothosaurus, der nach seinem Fundort benannt wurde, und der Fabrosaurus, der ebenfalls dort lebte, allerdings in der Zuordnung noch äußerst umstritten ist. Äußere Merkmale wie z. B. vier funktionale Zehen, fünf Finger, vogelähnliche Becken und auch ein Schnabel kennzeichnen die meisten frühen Ornithischia. Andere abweichende Charakteristika lassen sie jedoch keiner anderen Gruppe zuordnen, sondern stellen sie als Vertreter primitiver Vogelbeckensaurier an den Ursprung des Taxon und damit der systematischen Einheit dieser Gruppe.

Styracosau

Maiasaur

Corythosaurus

Kentrosaurus

Fabrosaurus

Frühe Ornithischia
Ordnung: Ornithischia
Unterordnung: Frühe Ornithischier

Höhe:	0,70 m
Länge:	1 m
Gewicht:	40 kg
Jahr:	Ginsburg, 1964
Ort:	Afrika: Red Bed Formation, Lesotho
Zeit:	Obere Trias bis Unterer Jura, vor 208–196 Mio. Jahren
Nahrung:	Herbivor

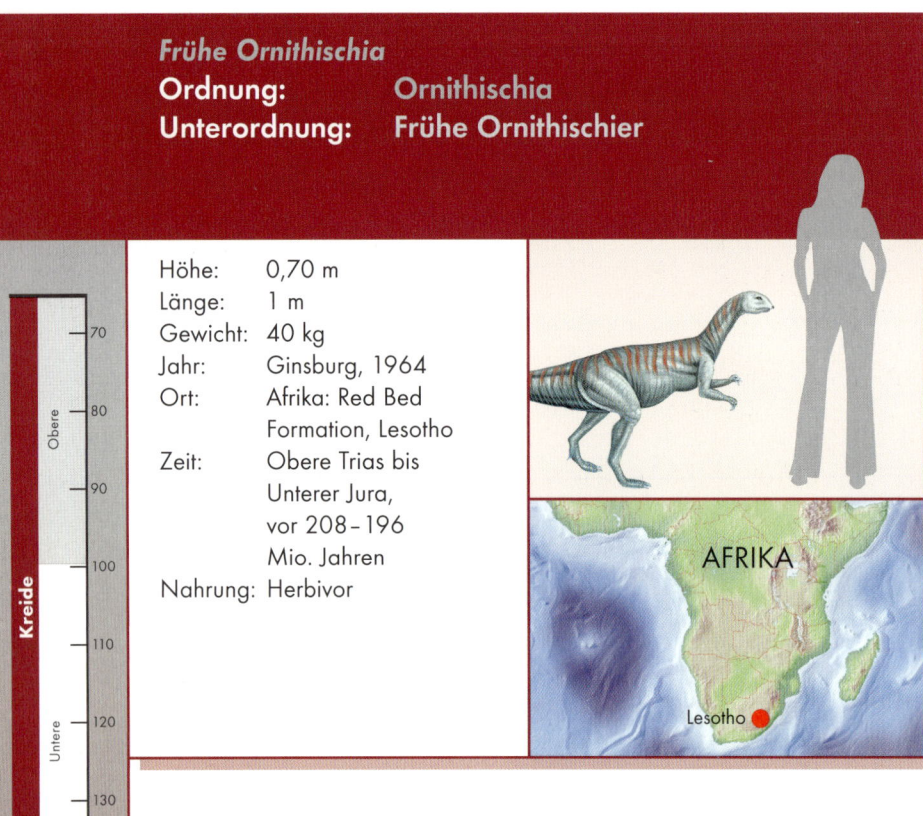

AFRIKA

Lesotho

Fabrosaurus gehörte zu den ältesten und primitiven Ornithischiern. Mit Scutellosaurus und dem umstrittenen Xiaosaurus bildete er die Familie Fabrosauridae, die mittlerweile aufgelöst und neu geordnet wurde. Der Fund selbst ist ebenfalls umstritten, denn zunächst wurde von Fabrosaurus nur ein Kieferfragment, später auch Fossilien gefunden, von denen aber nicht klar ist, ob sie zur Gattung zu zählen sind oder ob es sich nicht um ein Exemplar des Lesothosaurus handelt.

Fabrosaurus lief wie andere primitive Ornithischier auf allen Vieren, konnte aber ebenso auf den Hinterbeinen schnell rennen, wobei er mit dem Schwanz die Balance hielt. Der Pflanzenfresser besaß kleine Zähne, mit denen er auch harte Pflanzenkost zerbeißen konnte. Vielleicht trug er auch einen schmalen Hornschnabel.

Seinen Namen erhielt er zu Ehren des französischen Wissenschaftlers Jean Henri Fabre, einem Kollegen des Paläontologen Leonard Ginsburg, der Fabrosaurus als Erster beschrieb.

Fabrosaurus, ein früher Thyreophora, lebte von der Obertrias bis zum Unteren Jura. Die wenigen fossilen Überreste wurden in Süden Afrikas gefunden.

Kreide
Obere
70
80
90
100
110
Untere
120
130
140
Jura
Oberer
150
160
Mittlerer
170
Unterer
180
190
200
Trias
Obere
210
220
230
Mittlere
240
Untere
250

Lesothosaurus

Lesothosaurus wurde nach seinem Fundort im Süden Afrikas benannt. Er war einer der frühesten Ornithischia, etwa so groß wie ein Hund, besaß einen langen Schwanz, einen biegsamen Hals, lange Hinterbeine und kurze Arme mit fünf Fingern. In seinem kurzen, flachen Schädel saßen weiter hinten zahlreiche spitze, weiter vorne scharfe Zähne, die sich auch für die omnivore Ernährung eigneten. Trotzdem gilt Lesothosaurus als Pflanzenfresser. Möglicherweise ist er mit dem früher gefundenen Fabrosaurus identisch, dessen wenige fossile Überreste seinen ähneln.

Lesothosaurus lebte in Halbwüsten. Durch die biegsamen Füße und langen Zehen war er ein schneller Läufer und nutzte dies, um vor Angreifern zu flüchten. Den tropisch-heißen Temperaturen entging er vielleicht, indem er sich in eine Höhle zurückzog und in einen kräftesparenden Tiefschlaf fiel. Zwei eingerollte Skelette kamen im Süden Afrikas zum Vorschein und untermauern diese Theorie.

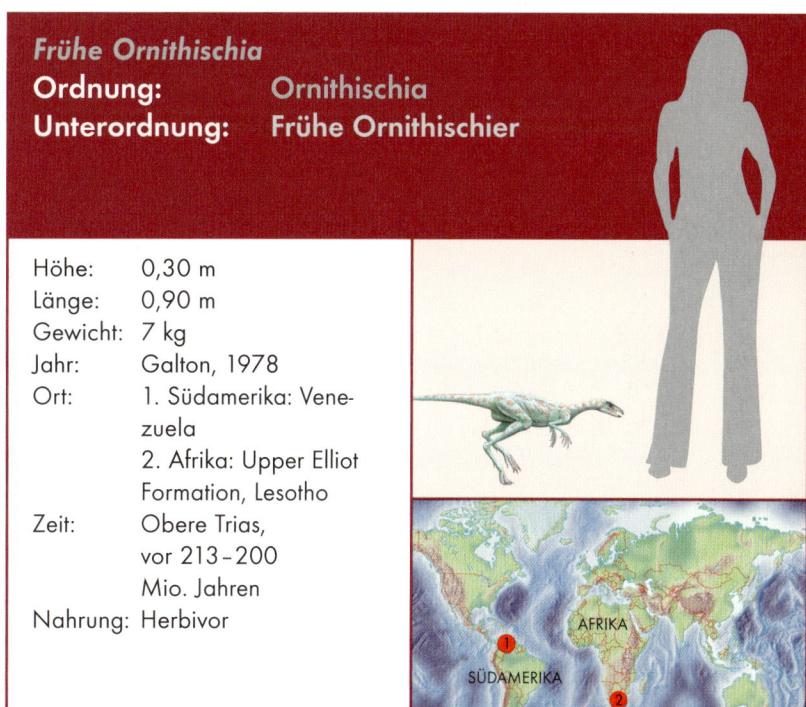

Frühe Ornithischia

Ordnung:	Ornithischia
Unterordnung:	Frühe Ornithischier

Höhe:	0,30 m
Länge:	0,90 m
Gewicht:	7 kg
Jahr:	Galton, 1978
Ort:	1. Südamerika: Venezuela
	2. Afrika: Upper Elliot Formation, Lesotho
Zeit:	Obere Trias, vor 213–200 Mio. Jahren
Nahrung:	Herbivor

Fossilien des frühen Ornithischiers Lesothosaurus fanden sich bisher in Afrika und dem nördlichen Südamerika.

Pisanosaurus

Pisanosaurus war einer der ältesten bekannten Ornithischier mit einer Größe der typischen ersten Dinosaurier, die noch geringe Außmaße erreichten.

Frühe Ornithischia

Ordnung: Ornithischia
Unterordnung: Frühe Ornithischier

Höhe:	0,50 m
Länge:	1 m
Gewicht:	3 kg
Jahr:	Casamiquela, 1967
Ort:	Südamerika: Ischigualasto Formation, La Rioja, Argentinien
Zeit:	Obere Trias, vor 228–216 Mio. Jahren
Nahrung:	Herbivor

SÜDAMERIKA

Argentinien

Pisanosaurus lebte vor 220 Millionen Jahren in der Gegend des heutigen Südamerika. Er gehört zu den frühesten Ornithischiern.

Seine spärlichen Reste ließen allerdings keine endgültige Klassifizierung zu. So wurde zunächst angenommen, dass Pisanosaurus, der bereits in der Zeit der Oberen Trias lebte, zu der Gruppe der Heterodontosaurier gehörte. Er besaß unterschiedlich große Zähne, jedoch nicht die typischen Reißzähne dieser Familie. Heute gilt er als Früher Ornithischier.

Pisanosaurus wurde in Südamerika entdeckt. Sollte er ein Vorfahre der Heterodontosaurier sein, die vor allem in Südafrika entdeckt wurden, würde das bedeuten, dass zu diesem Zeitpunkt die beiden Kontinente noch miteinander verbunden waren. Seinen Namen erhielt er nach dem argentinischen Paläontologen J. A. Pisano.

Thyreophora

Stegosaurus

Tuojiangosaurus

Kentrosaurus

Die Thyreophora („Schildträger") bildeten eine Gruppe von unterschiedlich gepanzerten, quadrupeden Tieren innerhalb der Ornithischia. Auf ihrer Haut ragten Platten und Knochenhöcker hervor, die sie vor den Angriffen der Theropoden schützen sollten. Im Gegensatz zu dem massigen Körper besaßen sie nur einen kleinen Kopf. Die Thyreophora untergliederten sich in die urtümlichen Vertreter wie z. B. Scelidosaurus, in die Stegosauria mit den charakteristischen Knochenplatten, die vor allem im Jura lebten, und in die Ankylosaurier, von denen einige über eine Knochenkeule am Schwanz verfügten und die größtenteils in der Kreidezeit vorkamen.

Die Thyreophora ernährten sich ausschließlich von Pflanzen. Sie lebten in Herden zusammen, die ihnen neben den markanten Stacheln und Platten eine gewisse Sicherheit vor den Angriffen der räuberisch lebenden Theropoden boten.

Die **Urtümlichen Thyreophora**, die bis zu 4 m lang werden konnten, traten gegen Ende der Trias, vor allem aber im Unteren Jura auf und trugen bereits kleine knöcherne Höcker auf ihrem Rücken. Zu ihnen gehörten Scutellosaurus und Scelidosaurus sowie vermutlich Tatisaurus. Auch waren sie eng mit den Vorfahren der Ankylosaurier und Stegosaurier verbunden. In ihrer Erscheinung fiel der ungewöhnlich lange Hals auf, an den sich ein kleiner, ebenfalls gepanzerter Kopf anschloss. Im Kiefer saßen wenig differenzierte Zähne, mit denen sie Pflanzen und Blätter zerrieben, indem sie den Kiefer auf- und abbewegten. An den schlanken Körper schloss sich ein recht langer, halbstarrer Schwanz an, den Bänder und Sehnen stabilisierten.

Zu den markantesten Plattenechsen gehörten die **Stegosauria**, deren Rücken unterschiedliche Formen von Knochenplatten und Dornen schmückten. Während des Jura verteilten sie sich über die gesamte Erde und bildeten ganz unterschiedliche Merkmale aus. Da im Jura die Landmassen zwar noch weitgehend miteinander verbunden waren, der Superkontinent Pangäa jedoch nicht mehr existierte, entwickelten sich die Stegosaurierarten voneinander unabhängig und in jeweils typischen Charakteristika. Alle trugen kleine Schädel, einen hornbedeckten Schnabel und Zähne im Kiefer, mit denen sie die Pflanzenkost zerrieben. Als reine Pflanzenfresser durchstreiften sie die bewaldeten Ebenen und Regionen meist im Herdenverband. Näherte sich ein Angreifer, versuchten sie, diesen mit den Schwanzstacheln in die Flucht zu schlagen. Die Doppelreihe an Knochenplatten auf dem Rücken diente weniger der Verteidigung als der Abschreckung. Da sie von reichlich Blut durchflossen wurden, können sie auch in lebhafter Färbung die verschiedensten Signale zur Kommunikation oder Brautwerbung gesendet haben.

Aufgrund der längeren Hinterbeine hielten sie den Kopf vermutlich nah am Boden und rupften Pflanzen heraus. Ein verdickter Nervenknoten im Hüftbereich ergänzte das kleine Gehirn und koordinierte die Bewegungen von Schwanz und Hinterbeinen.

Bis heute sind zwei Familien der Stegosaurier bekannt: Huayangosauridae und Stegosauridae. Beide traten zuerst gegen Ende des Unteren Jura und im Mittleren Jura im asiatischen Raum auf, verteilten sich über Afrika, Europa, Indien und Nordamerika und erlebten ihre Blütezeit während des Mittleren und Oberen Jura, während nur noch wenige Vertreter in der Unteren Kreide lebten.

Die **Ankylosauria** besaßen einen gedrungenen Körper mit breitem Schädel, kurzem Nacken und vier stämmigen Beinen. Auf ihrem Rücken trugen sie mehrere Reihen knöcherner Verdickungen, die auch Hals, Kopf, Flanken und Schwanz bedeckten. Während der Unteren Kreidezeit verdrängten sie die Stegosaurier, nahmen dann deren Platz in der Tierwelt ein und verbreiteten sich bis zur Oberen Kreidezeit über Asien und Nordamerika.

Eines ihrer typischen Kennzeichen war die schwere Knochenkeule, die zur aktiven Verteidigung gegen Angreifer am Schwanz saß. Aber nicht alle Ankylosaurier verfügten über diese Waffe. Den Nodosauridae fehlte nicht nur die Keule, auch ihre Panzerung bestand nur aus kleinen Knötchen, nach denen die Familie ihren Namen erhielt. Andere trugen Dornen an den Schultern. Nodosaurier gehörten zu den primitiven Vertretern der Ankylosaurier und lebten vom Mittleren Jura bis zu Oberkreide in Asien, Australien, Nordamerika und Europa.

Die Ankylosauriden besaßen mächtige Knochenschädel mit schwerer Panzerung. Bei manchen Tieren, die in Wüstenregionen lebten, durchzogen Luftkanäle den Schädel, um die Luft zu befeuchten, bevor sie in die Lungen gelangte. Ein sekundäres Munddach ermöglichte ihnen, gleichzeitig zu kauen und zu atmen. Das markante Zeichen, die schwere Schwanzkeule, diente den Tieren als wirkungsvolle Waffe bei der Verteidigung. Näherte sich ein Angreifer, drehten sie ihm den Rücken zu und schwangen die Keule, mit der sie anderen Tieren schwere Verletzungen zufügen konnten.

Scelidosaurus

Urtümliche Thyreophora

Ordnung:	Ornithischia
Unterordnung:	Thyreophora
Infraordnung:	Urtümliche Thyreophora
Familie:	Ohne familiäre Zuordnung

Höhe:	1,20 m
Länge:	4 m
Gewicht:	250 kg
Jahr:	Owen, 1859
Ort:	1. Nordamerika: Arizona, USA
	2. Europa: Dorset, Großbritannien
	3. Asien: Tibet
Zeit:	Obere Trias bis Unterer Jura, vor 203–194 Mio. Jahren
Nahrung:	Herbivor

Scelidosaurus gehörte mit Scutellosaurus und Emausaurus zu den urtümlichen Thyreophora. Der kleine Ornithischier besaß bereits verknöcherte Hautstellen, die zu Knochenplatten und Dornen ausgebildet waren. Sein Schwanz war sehr lang und ebenfalls mit Knochenhöckern besetzt. Der kleine Kopf saß auf einem recht langen Hals. Sein lang gestreckter

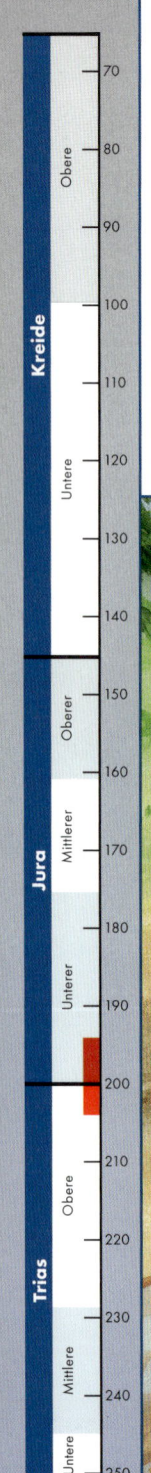

Scelidosaurus gehörte zu den ältesten Thyreophora. Er lebte vor etwa 200 Millionen Jahren. Seine Fossilien wurden bisher in Europa, Asien und Nordamerika gefunden.

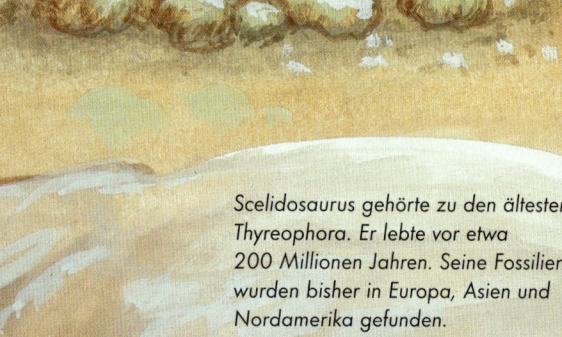

Körper ruhte auf vier kräftigen Beinen mit hufähnlichen Krallen an den Füßen. Die Hinterbeine waren länger und muskulöser als die Vorderbeine, weshalb sich Scelidosaurus vermutlich auf die Hinterbeine erheben konnte, um höher gelegene Äste und Blätter zu erreichen. Sein Name, der „Gliedmaßen-Echse" bedeutet, bezieht sich darauf. Die noch recht schwach entwickelten Zähne ähnelten bereits den Stegosauriern, als deren Vorfahr Scelidosaurus gilt.

Er lebte unter anderem in Nordamerika vermutlich in Wassernähe. Auf seinem Speisezettel standen neben Pflanzen auch kleine Insekten. Rücken, Schwanz und Hals bedeckte ein Knochenpanzer, der Scelidosaurus vor Angreifern einigen Schutz bot.

Scutellosaurus

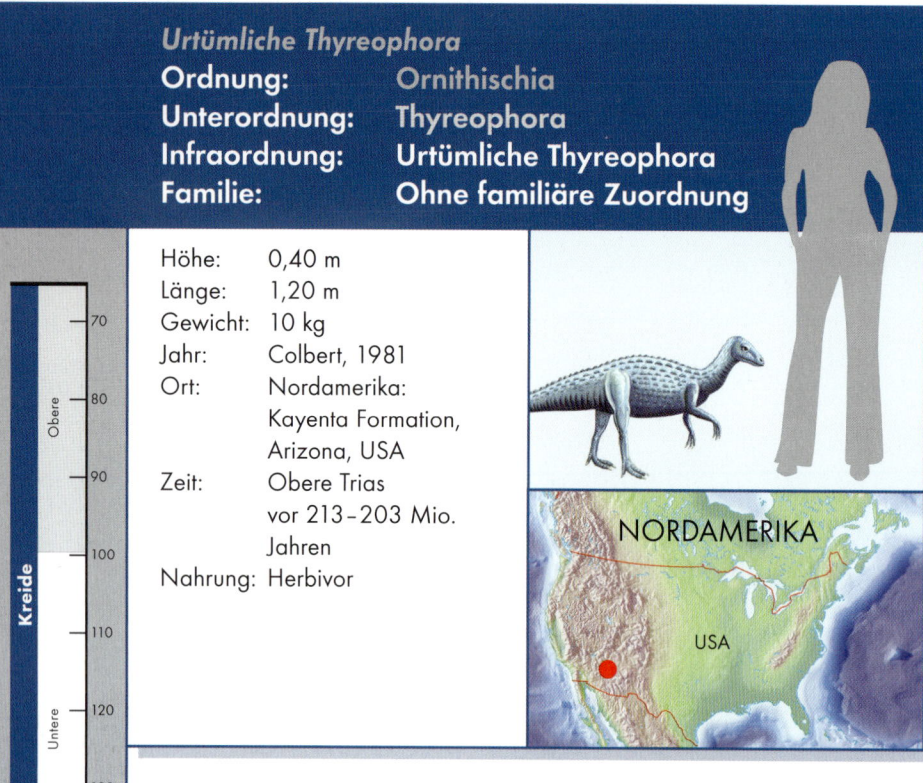

Urtümliche Thyreophora

Ordnung: Ornithischia
Unterordnung: Thyreophora
Infraordnung: Urtümliche Thyreophora
Familie: Ohne familiäre Zuordnung

Höhe: 0,40 m
Länge: 1,20 m
Gewicht: 10 kg
Jahr: Colbert, 1981
Ort: Nordamerika: Kayenta Formation, Arizona, USA
Zeit: Obere Trias vor 213–203 Mio. Jahren
Nahrung: Herbivor

NORDAMERIKA

USA

Wie Scelidosaurus zählte auch Scutellosaurus zu den urtümlichen Thyreophora und war mit den Vorfahren der Stegosaurier und Ankylosaurier verwandt. Scutellosaurus trug eine leichtere Panzerung auf dem Rücken als seine Nachfahren. Kräftige Knochenhöcker und ein Kamm aus Platten ragten aus der gepanzerten Haut auf Rücken, Hals und Schwanz hervor und gaben dem kleinen Ornithischier einen gewissen Schutz.

Sein Name weist auf die unzähligen Knochenschildchen hin, denn Scutellosaurus bedeutet „Klein-Schild-Echse". Er bewegte sich größtenteils auf seinen vier Gliedmaßen recht flink voran, konnte sich aber auch auf die Hinterbeine erheben und vielleicht dadurch schnell vor Angreifern flüchten. Vielleicht besaß er zum Ausgleich für den schweren, gepanzerten Hals und Kopf einen sehr langen Schwanz.

Der leicht bepanzerte, kleine Scutellosaurus konnte sich flink bewegen. Seine fossilen Überreste wurden bisher in Nordamerika gefunden.

Tatisaurus ist das früheste bekannte Mitglied der Thyreophora. Bisher kam nur ein Kieferfragment mit Zahnmaterial in China zum Vorschein. Nach dem Fundort, dem gleichnamigen Dorf, erhielt der Ornithischier seinen Namen. Aufgrund der wenigen Funde wurde Tatisaurus zunächst als Stegosaurier, danach als Ankylosaurier und schließlich als Scelidosauride eingeordnet. Nach den derzeitigen Erkenntnissen kann er keiner dieser Tiergruppen zugerechnet werden. Vermutlich handelte es sich um einen ursprünglichen Thyreophoren, der auf gemeinsame Vorfahren mit den Ankylosauriern und Stegosauriern zurückging.

Urtümliche Thyreophora

Ordnung:	**Ornithischia**
Unterordnung:	**Thyreophora**
Infraordnung:	**Urtümliche Thyreophora**
Familie:	**Ohne familiäre Zuordnung**

Höhe:	0,60 m
Länge:	2 m
Gewicht:	50 kg
Jahr:	Simmons, 1965
Ort:	Asien: Fengjiahe Formation, Yunnan, China
Zeit:	Obere Trias bis Unterer Jura, vor 203–196 Mio. Jahren
Nahrung:	Herbivor

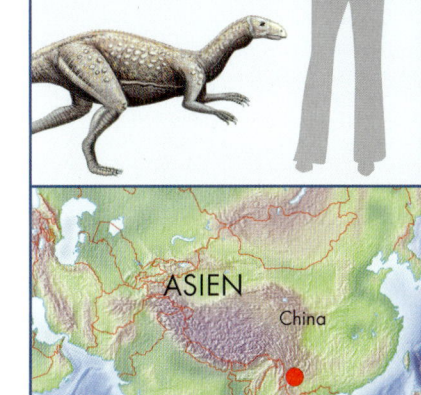

ASIEN
China

Tatisaurus, vermutlich ein Urtümlicher Thyreophora, konnte aufgrund seiner geringen Funde in Asien bisher nur schwer zugeordnet werden. Kopf und Kiefer waren klein und lassen auf eine herbivore Ernährung schließen.

Chialingosaurus

Stegosauria

Ordnung: Ornithischia
Unterordnung: Thyreophora
Infraordnung: Stegosauria
Familie: Stegosauridae

Höhe: 2 m
Länge: 4 m
Gewicht: 1 t
Jahr: Young, 1959
Ort: Asien: Shanshaxi-
    miao Formation,
    Sichuan, China
Zeit: Oberer Jura,
    vor 156 Mio. Jahren
Nahrung: Herbivor

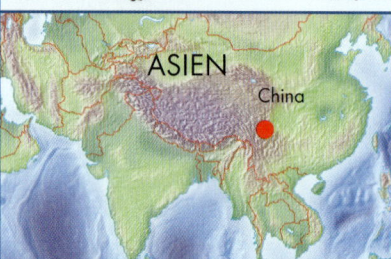

ASIEN
China

Chialingosaurus wurde in einem Teil Chinas in der Nähe eines Flusses gefunden, der dem Tier seinen Namen „Echse aus Chialing" gab. Wenige bekannte Fragmente ließen einen schlanken, mit Platten besetzten Stegosauriden erkennen.

Chialingosaurus ähnelte sowohl Kentrosaurus als auch Tuojiango-saurus, besaß weit kürzere Vorder- als Hinterbeine, einen recht langen Hals und einen sehr kleinen Kopf. Schmale, spitze, dornenähnliche Platten saßen auf Rücken und Schwanz, was ihn als frühen Stego-saurier kennzeichnet. Chialingosau-rus durchstreifte die Flussufer im Oberen Jura auf der Suche nach jungen Farnen und Baumfarnen, von denen er sich ernährte.

Chialingosaurus lebte im Oberen Jura. Fragmente seines Skeletts wurden bisher in Asien gefunden. Der Stegosaurier besaß die für Stegosauriden typischen spitzen Dornenplatten entlang der Wirbelsäule.

Dacentrurus gilt als der erste europäische Stegosaurier, den Wissenschaftler identifizierten. Er lebte vor über 150 Millionen Jahren und ähnelte sehr seinem afrikanischen Verwandten, dem Kentrosaurus, aber auch dem Stegosaurus.

Anfangs lief er unter dem Namen „Omosaurus", der bereits an eine ausgestorbene Krokodilgattung vergeben war. Einige Paläontologen sehen ihn als Weibchen des doppelt so großen Stegosaurus an, von dem er sich durch längere Vorderbeine unterscheidet. Die Hinterbeine endeten wie bei anderen Stegosauriern in drei Zehen, die Vorderbeine in vier Zehen. Dacentrurus trug spitze, dornenartige, paarweise angeordnete Platten vom Hals bis zum Schwanzende. Sein Name bedeutet „spitzer Schwanz". Mit diesem konnte er sich auch verteidigen, wenn Raubsaurier angriffen. Funde von Dinosauriereiern in Portugal werden Dacentrurus zugeschrieben.

Stegosauria

Ordnung:	Ornithischia
Unterordnung:	Thyreophora
Infraordnung:	Stegosauria
Familie:	Stegosauridae

Höhe:	2,50 m
Länge:	7 m
Gewicht:	1,5 t
Jahr:	Lucas, 1902
Ort:	Europa: 1. Estremadura, Portugal; 2. Collado Formation, Spanien; 3. Argiles d'Octeville, Frankreich; 4. Corallian Oolite Formation, England
Zeit:	Oberer Jura, vor 157–150 Mio. Jahren
Nahrung:	Herbivor

Die Dornen des Stegosauriden Dacentrurus ragten wie spitze Dornen dolchartig auf dem Rücken empor. Vermutlich lebte er vor über 150 Millionen Jahren vor allem im Gebiet des heutigen Europa.

Hesperosaurus

Stegosauria

Ordnung: Ornithischia
Unterordnung: Thyreophora
Infraordnung: Stegosauria
Familie: Stegosauridae

Höhe: 2,50 m
Länge: 7 m
Gewicht: 1,5 t
Jahr: Carpenter, Miles und Cloward, 2001
Ort: Nordamerika: Morrison Formation, Wyoming, USA
Zeit: Oberer Jura, vor 150 Mio. Jahren
Nahrung: Herbivor

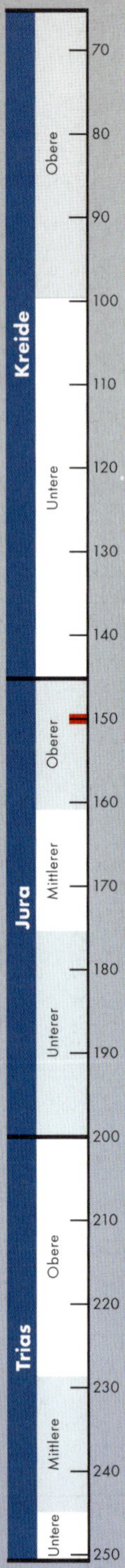

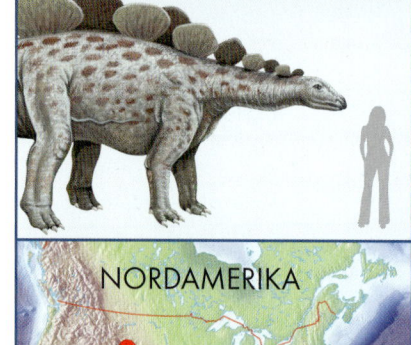

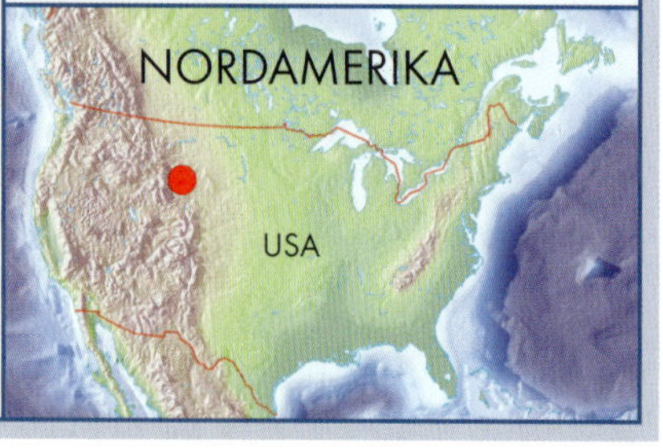

NORDAMERIKA

USA

Hesperosaurus war ein primitiver Stegosauride mit runden Platten, die in Reihe den Rücken abwärts entlangliefen. Vier Knochenstacheln saßen auf seinem Schwanzende und dienten der Verteidigung. Sicher konnte die gepanzerte Echse damit ihren Gegnern gefährliche Wunden zufügen.

Der Pflanzenfresser ernährte sich von Farnen und Koniferen, lebte vielleicht wie seine Verwandten im Herdenverband im Gebiet des heutigen Nordamerika der Oberen Jurazeit. Sein Name bedeutet „westliche Echse".

Hesperosaurus lebte vor etwa 150 Millionen Jahren im westlichen Teil Nordamerikas. Kennzeichnend waren vor allem seine runden Knochenplatten, die sich entlang der Wirbelsäule verteilten.

Kreide
Obere
Untere
70
80
90
100
110
120
130
140

Jura
Oberer
Mittlerer
Unterer
150
160
170
180
190
200

Trias
Obere
Mittlere
Untere
210
220
230
240
250

Huayangosaurus

Huayangosaurus erhielt seinen Namen nach dem Fundort Huayang in China. Im Gegensatz zu seinem Verwandten, dem Stegosaurus, besaß Huayangosaurus ein schnabelähnliches Maul mit Zähnen. Als früher Stegosaurier hatte er noch relativ lange vordere Gliedmaßen, die sich bei späteren Verwandten verkürzten. Auch trug er schmale und dicke Platten auf dem Rücken zwischen dem Hals und der Mitte des Schwanzes. Am Ende ragten vier Knochendornen in die Höhe, die der Verteidigung dienten und räuberische Angreifer in die Flucht schlagen sollten. Die Rückenplatten, die aus der Haut wuchsen und nicht nur aus reinem Knochengewebe bestanden, regulierten vielleicht den Wärmeaustausch im Körper.

Stegosauria
Ordnung:	Ornithischia
Unterordnung:	Thyreophora
Infraordnung:	Stegosauria
Familie:	Huayangosauridae

Höhe:	1,30 m
Länge:	4 m
Gewicht:	0,5 t
Jahr:	Dong, Tang und Zhou, 1982
Ort:	Asien: Xiashaximiao Formation, Sichuan, China
Zeit:	Mittlerer Jura, vor 175–163 Mio. Jahren
Nahrung:	Herbivor

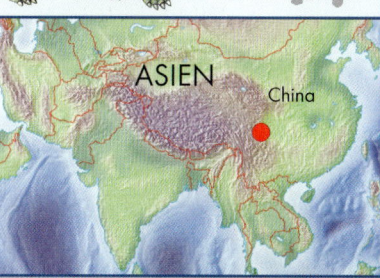

ASIEN

China

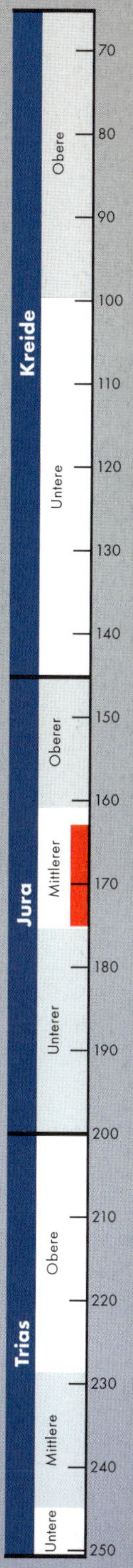

Auf Huayangosaurus' Rücken und Schwanz saßen lange Knochendornen, die das Tier zur aktiven Verteidigung gegen seine Feinde einsetzte.

Kentrosaurus

Stegosauria
Ordnung: Ornithischia
Unterordnung: Thyreophora
Infraordnung: Stegosauria
Familie: Stegosauridae

Höhe: 2 m
Länge: 4,50 m
Gewicht: 1,5 t
Jahr: Hennig, 1915
Ort: Afrika: Tendaguru Beds, Mtwara, Tansania
Zeit: Oberer Jura, vor 156–150 Mio. Jahren
Nahrung: Herbivor

AFRIKA

Tansania

Kentrosaurus wurde bei der Tendaguru-Expedition im afrikanischen Tansania entdeckt, die deutsche Wissenschaftler zwischen 1909 und 1912 durchführten. Die Überreste zeigten einen fast 5 m langen Stegosaurier mit paarig angeordneten, bis zu 60 cm langen Stacheln auf Rücken und Schwanz, wonach Kentrosaurus seinen Namen erhielt („Stachelechse"). Zwischen Hals und Rücken ragten sieben Paar sich nach vorn verjüngende Knochenplatten entlang der Rückenlinie heraus, die vielleicht der Wärmeregulierung dienten. Die Schultern, in manchen Rekonstruktionen auch die Hüften, trugen zum Schutz vor Angreifern einen langen Dorn. Der friedfertige Pflanzenfresser lebte in Flussnähe, wo er mit gesenktem Kopf Sumpfpflanzen, Farne und Blätter niedrig wachsender Pflanzen suchte, um sie mit dem zahnlosen Schnabel abzuweiden und mit den kleinen Backenzähnen zu zerkauen. Näherte sich ein großer Theropode wie Allosaurus oder Ceratosaurus, versuchte Kentrosaurus, diesen mit kräftigen Schlägen des mit Stacheln besetzten Schwanzes zu vertreiben.

Der langsame afrikanische Stegosaurier besaß wie seine amerikanischen Verwandten einen kleinen Kopf mit kleinem Gehirn. Zwischen zwei Hüftwirbeln befand sich ein größerer Nervenknoten, der vermutlich die Bewegungen des Schwanzes und der Hinterbeine abgestimmt hat.

Kentrosaurus gehört zu den bekanntesten Stegosauriden. Seine Überreste kamen bei der berühmten Tendaguru-Expedition Anfang des 20. Jahrhunderts in Afrika zum Vorschein.

Lexovisaurus

Lexovisaurus gehörte zu den frühesten bisher entdeckten Stegosauriern. Seine Überreste kamen in Frankreich und England ans Tageslicht und zeigen eine Panzerechse, die zwei Reihen von Knochenplatten entlang der Rückenlinie trug.

Bemerkenswert waren die beiden 1 m langen Dornen, die in Schulterhöhe nach außen ragten und dem Schutz des Tieres vor feindlichen Angreifern dienten. Auch am Schwanz saßen lange Knochenstacheln. Näherte sich ein Theropode dem Tier, konnte es sich mit dem Schwanz verteidigen. Lexovisaurus hatte einen langen, schmalen Kopf, der in einem Knochenschnabel endete, mit dem er die Pflanzen seiner Region vom Boden zupfen konnte.

Stegosauria

Ordnung:	**Ornithischia**
Unterordnung:	**Thyreophora**
Infraordnung:	**Stegosauria**
Familie:	**Stegosauridae**

Höhe:	1,70 m
Länge:	5 m
Gewicht:	0,9 t
Jahr:	Hulke, 1887
Ort:	Europa:
	1. Oxford Clay Formation, Northhamptonshire, England
	2. Marnes d'Argences, Calvados, Frankreich
Zeit:	Mittlerer und Oberer Jura, vor 164–151 Mio. Jahren
Nahrung:	Herbivor

England
①
②
EUROPA
Frankreich

Lexovisaurus lebte im Mittleren und Oberen Jura auf dem Gebiet des heutigen Europa und besaß die Merkmale eines Stegosauriers: Neben der typischen Statur und dem äußeren Erscheinungsbild trug er wie die Stegosauria aufrecht stehende Knochenplatten entlang des Rückens und Dornen am Schwanz.

Kreide	Obere	70
		80
		90
		100
	Untere	110
		120
		130
		140
Jura	Oberer	150
		160
	Mittlerer	170
		180
	Unterer	190
		200
Trias	Obere	210
		220
		230
	Mittlere	240
	Untere	250

Paranthodon

Stegosauria

Ordnung: Ornithischia
Unterordnung: Thyreophora
Infraordnung: Stegosauria
Familie: Stegosauridae

Höhe: 1,80 m
Länge: 5 m
Gewicht: 1 t
Jahr: Nopcsa, 1929
Ort: Afrika: Upper Kirkwood Formation, Kapprovinz, Südafrika
Zeit: Oberer Jura bis Untere Kreide, vor 149–132 Mio. Jahren
Nahrung: Herbivor

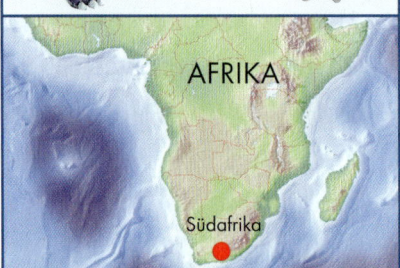

AFRIKA

Südafrika

Paranthodon, ein Stegosaurier, wurde 1929 von dem rumänischen Paläontologen Franz Baron Nopcsa beschrieben. Leider kam damals nur ein Kieferfragment der Plattenechse zum Vorschein, sodass er Paranthodon als Ankylosaurier einordnete. 1979 wurden dann Ähnlichkeiten zum Stegosaurus festgestellt, woraufhin das Tier hier nun den Stegosauriden zugeordnet wurde. Die Funde ähnelten außerdem dem Kentrosaurus.

Paranthodon lebte im südlichen Teil Afrikas gegen Ende des Jura und zu Beginn der Kreidezeit.

Wie bei seinen Verwandten verlief eine Doppelreihe aufrecht stehender Knochenplatten entlang der Rückenlinie vom Nacken bis zum Schwanz.

Paranthodon, von dem bisher nur wenige fossile Überreste im Süden Afrikas gefunden wurden, gehörte zu den Stegosauriden mittlerer Größe. Die Stacheln am Schwanz dienten der Verteidigung.

Regnosaurus

Die fossilen Überreste, die von Regnosaurus im Verlauf der Geschichte gefunden wurden, wurden in der Vergangenheit unterschiedlich eingeordnet, z. B. als Iguanodon, als Hylaeosaurus oder als Sauropode. Erst 1993 erkannte Olshevsky ihn als primitiven Stegosaurier. Heute bildet das Tier mit Huayangosaurus eine eigene Familie. Vielleicht war Regnosaurus aber auch identisch mit dem Stegosaurier Craterosaurus. Regnosaurus wurde in Sussex gefunden, das bei den Ureinwohnern „Regni" hieß und somit die Grundlage für die Benennung lieferte. Regnosaurus ernährte sich von Farnen und anderen niedrig wachsenden Pflanzen. Am Schwanz saßen lange Stacheln, mit denen er sich verteidigen konnte.

Stegosauria

Ordnung:	Ornithischia
Unterordnung:	Thyreophora
Infraordnung:	Stegosauria
Familie:	Huayangosauridae

Höhe:	1,50 m
Länge:	4 m
Gewicht:	300 kg
Jahr:	Mantell (Olshevsky 1993), 1848
Ort:	Europa: Sussex, England
Zeit:	Untere Kreide, vor 137–121 Mio. Jahren
Nahrung:	Herbivor

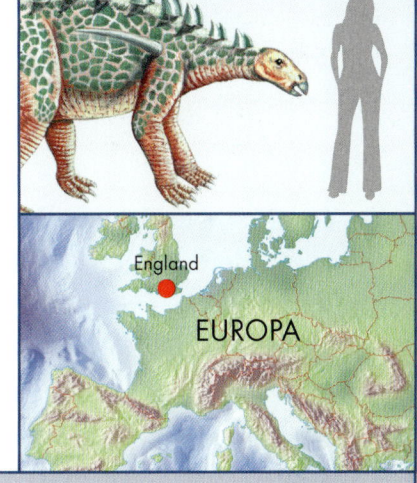

Regnosaurus trug lange Knochenstacheln, die am Schwanz und eventuell auch an den Schultern saßen und vor Angreifern schützen sollten. Er lebte zur Zeit der Unteren Kreide.

Stegosaurus gehört sicher zu den bekanntesten Dinosauriern und war durch seine aufrecht stehende Doppelreihe spitzer Platten entlang der Rückenlinie zu erkennen. Diese verschieden großen Platten reichten vom Nacken bis zum Schwanz. Vielleicht umgab sie eine gut durchblutete Hautschicht, wodurch sie sich bei Brunftkämpfen oder Gefahr leicht bis intensiv rötlich färben und hell leuchten konnten. Auch ist es möglich, dass die Knochenplatten dem Wärmeaustausch dienten. Ihr wabenartiger Aufbau diente dazu, dass durch sie große Mengen an Blut zur Oberfläche strömen konnten. Allerdings sieht es so aus, dass die Kanäle, in denen der Bluttransport vonstatten ging, zu oft in Sackgassen endeten und damit nicht für eine Wärmeregulierung nützlich gewesen wären. Möglicherweise fungierten die Platten tatsächlich nur als eine Art Schmuck, worin sich die einzelnen Tiere unterschieden und erkannten.

Am Schwanzende saßen vier Dornen, die Stegosaurus einem Gegner in die Gliedmaßen rammen konnte, sobald dieser sich näherte. Sein Kopf war sehr klein.

Im Inneren saß nur ein etwa walnuss-großes Gehirn, weshalb der friedliche Pflanzenfresser nur über wenig Intelligenz verfügt haben mag. Vermutlich ein Nervenknoten im Hüftbereich koordinierte zusätzlich die Bewegungen von den Hinterbeinen und dem Schwanz.

Die Tiere zogen im Familienverband durch die Wälder, um die niedrig wachsenden Pflanzen abzugrasen. Vielleicht konnte sich Stegosaurus auf die Hinterbeine erheben, da sie doppelt so lang wie die vorderen Gliedmaßen waren, und damit höhere Regionen mit seinem Maul abweiden, das an der Spitze in einem kräftigen Hornschnabel endete.

Stegosaurus

Stegosauria

Ordnung:	Ornithischia
Unterordnung:	Thyreophora
Infraordnung:	Stegosauria
Familie:	Stegosauridae

Höhe:	3,50 m
Länge:	8–9 m
Gewicht:	2 t
Jahr:	Marsh, 1877
Ort:	Nordamerika, USA: 1. Morrison Form., Utah; 2. Morrison Form., Wyoming; 3. Morrison Form., Colorado; 4. Morrison Form., Oklahoma
Zeit:	Oberer Jura bis Untere Kreide, vor 156–140 Mio. Jahren
Nahrung:	Herbivor

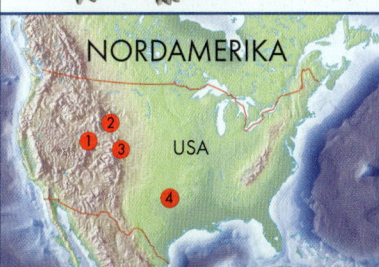

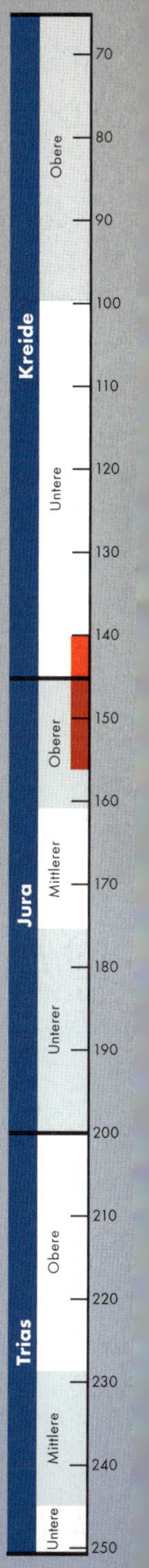

NORDAMERIKA

USA

Der Name Stegosaurus, der „Platten-Echse" bedeutet, geht auf die ersten Forscher zurück, die bei der Rekonstruktion annahmen, die Knochenplatten hätten wie ein Panzer auf dem Rücken gelegen und das Tier geschützt.

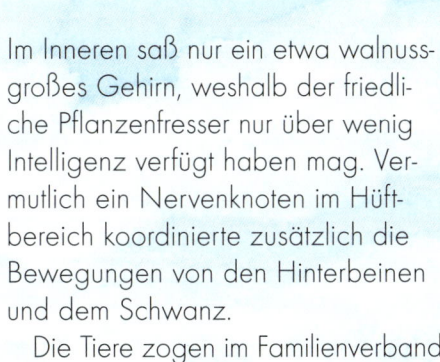

Kreide	Obere
	70
	80
	90
	100
	Untere
	110
	120
	130
	140
Jura	Oberer
	150
	160
	Mittlerer
	170
	180
	Unterer
	190
	200
Trias	Obere
	210
	220
	230
	Mittlere
	240
	Untere
	250

Tuojiangosaurus

Ordnung: Ornithischia
Unterordnung: Thyreophora
Infraordnung: Stegosauria
Familie: Stegosauridae

Höhe:	2,50 m
Länge:	7 m
Gewicht:	4 t
Jahr:	Dong, Li, Zhou und Zhang, 1973
Ort:	Asien: Shangshaximiao Formation, Sichuan, China
Zeit:	Oberer Jura, vor 152–145 Mio. Jahren
Nahrung:	Herbivor

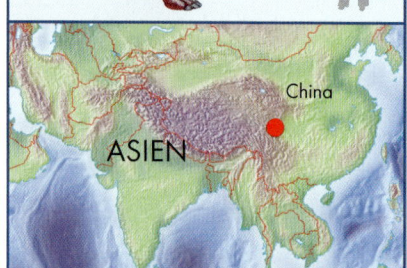

China

ASIEN

Die „Echse vom Tuo-Fluss", wie ihr Name übersetzt heißt, lebte während der Zeit des Oberjura in der Gegend des heutigen China. Sie trug entlang der Rückenlinie 15 Paar aufrecht stehender, dreieckiger Platten. Am Schwanz ragten vier lange Dornen als Waffe zur Verteidigung empor.

Wie alle Stegosaurier hatte Tuojiangosaurus eine lang gestreckte Statur mit kleinem Kopf. Die Hüftregion war die höchste Stelle, die Vorderbeine daraufhin viel kürzer als die Hinterbeine. Dadurch musste das Tier den Kopf gesenkt halten und die niedrige Vegetation abgrasen, wobei die weichen, niedrigkronigen Zähne vermutlich nur weiche Blätter als Nahrung erlaubten. Das Tier konnte sich aufgrund seiner Statur wohl nicht auf die Hinterbeine erheben, um höher gelegene Pflanzen zu erreichen.

Der Stegosaurier Tuojiangosaurus wurde bisher in China gefunden. Er lebte vor mehr als 150 Millionen Jahren während des Oberen Jura. Seinen Rücken bedeckten die typischen, aufrecht stehenden Platten in zwei Reihen.

Wuerhosaurus

Wuerhosaurus, der lange, chinesische Stegosaurier, trug auf dem Rücken statt hoher, spitzer Plattenpaare besondere flache, breite Platten. Am Schwanz saßen wie bei seinen Verwandten vier Dornen. Bisher konnten nur wenige Fossilien gefunden und somit auch kein vollständiges Skelett rekonstruiert werden. Ungewöhnlich ist der Zeitpunkt seines Auftretens in der Unterkreide, da die Stegosaurier gegen Ende des Jura nahezu verschwunden waren. Vielleicht lebte Wuerhosaurus in einem isolierten Teilkontinent und die Gattung konnte länger fortbestehen als andere Verwandte. Seinen Namen erhielt das Tier nach der Stadt Wuerho in Uygurien, die im Nordwesten Chinas liegt.

Stegosauria
Ordnung:	**Ornithischia**
Unterordnung:	**Thyreophora**
Infraordnung:	**Stegosauria**
Familie:	**Stegosauridae**

Höhe:	1,80 m
Länge:	6–8 m
Gewicht:	4 t
Jahr:	Dong, 1973
Ort:	Asien: Lianmugin Formation, Sinkiang, China
Zeit:	Untere Kreide, vor 130–120 Mio. Jahren
Nahrung:	Herbivor

ASIEN   China

Wuerhosaurus gehörte ebenfalls zu den Stegosauriern,
auch wenn er flache Platten auf seinem Rücken trug.
Er lebte noch während der Unteren Kreidezeit und
damit länger als seine Verwandten.

Ankylosaurus gehört zu den bekanntesten und größten gepanzerten Dinosauriern. Er lebte gegen Ende der Kreidezeit in Nordamerika. Sein mächtiger, von Knochenbändern bedeckter Körper ruhte auf vier kurzen, stämmigen Beinen. Die Knochenplatten waren einzeln in die Haut eingelassen und ermöglichten dem Tier dadurch eine gewisse Flexibilität. Dornen auf den Knochenplatten dienten ebenso der Verteidigung wie die knochige Keule am Schwanzende, die bisher allerdings nur bei einem Exemplar gefunden wurde. Näherte sich ein Raubtier wie etwa der *Tyrannosaurus rex* dem gepanzerten Saurier, drehte Ankylosaurus ihm den Rücken zu. Mit einem Schlag der Schwanzkeule versuchte der friedliche Pflanzenfresser, den Angreifer abzuwehren, der

Ankylosaurus

sicherlich ein um das andere Mal schwere Wunden davontragen konnte. Der rundum gepanzerte Körper bot Ankylosaurus ansonsten vollständigen Schutz und gab ihm auch seinen Namen, der „steife Echse" bedeutet.

Sein breiter, ebenfalls mit Knochenplatten bedeckter, dreieckiger Schädel endete in einem breiten Schnabel, mit dem das Tier Pflanzen in Bodennähe abzupfte, denn die kurzen Beine verhinderten, dass es in mehr als 2 m Höhe grasen konnte. Die Mahlzähne in den Kiefern eigneten sich zum Zerkauen der Pflanzen.

Ankylosauria

Ordnung:	Ornithischia
Unterordnung:	Thyreophora
Infraordnung:	Ankylosauria
Familie:	Ankylosauridae

Höhe:	2,50–3 m
Länge:	10–11 m
Gewicht:	4,5 t
Jahr:	Brown, 1908
Ort:	Nordamerika:
	1. Alberta, Kanada
	2. Hell Creek Formation, Montana, USA
	3. Wyoming, USA
Zeit:	Obere Kreide, vor 73–65 Mio. Jahren
Nahrung:	Herbivor

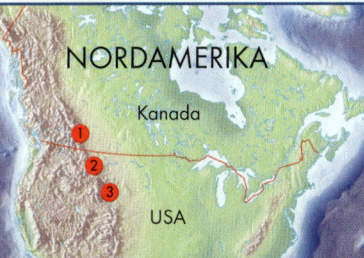

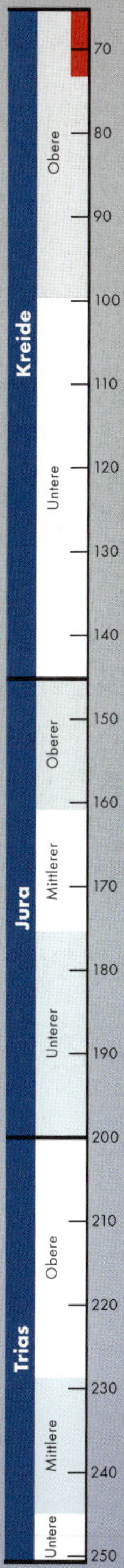

NORDAMERIKA

Kanada

USA

Ankylosaurus ist sicher der prominenteste Vertreter der Ankylosaurier, einer Gruppe mittelgroßer Pflanzenfresser mit Verdickungen am Rücken und einem Knochenpanzer, der den Körper vor feindlichen Angriffen schützte.

Acanthopholis

Ankylosauria

Ordnung: Ornithischia
Unterordnung: Thyreophora
Infraordnung: Ankylosauria
Familie: Nodosauridae

Höhe:	1,80 m
Länge:	5,50 m
Gewicht:	1 t
Jahr:	Huxley, 1867
Ort:	Europa: Green Sand Formations, Cambridgeshire, England
Zeit:	Untere und Obere Kreide, vor 110–94 Mio. Jahren
Nahrung:	Herbivor

England

EUROPA

Acanthopholis, der mit Edmontonia verwandt war, gehörte zur Familie der Nodosauridae. Mit ihnen hatte er die Zahnstruktur gemein, vor allem aber die ovalen Platten, die zwischen Nacken und Schwanzspitze auf seinem Rücken in die Haut eingelassen waren und eine Panzerung bildeten.

Darauf saßen paarweise angeordnete, massive Dornen zum Schutz des Tieres. Die Schwanzspitze war nicht zur Keule verdickt wie bei den Ankylosauriden, sondern spitz. Die bisherigen Funde bestanden aus einzelnen Fragmenten vom Schädel und den Gliedmaßen, von den Wirbelknochen, Zähnen und Panzerteilen. Acanthopholis lebte während der Unteren und Oberen Kreidezeit, durchstreifte auf vier Beinen laufend die Vegetation und fraß riesige Mengen harter Pflanzennahrung, die er vielleicht im Magen mithilfe bestimmter Fermente leichter verdauen konnte. Sein Name bedeutet so viel wie „dornige Platten".

Von Acanthopholis wurden bisher nur wenige Fragmente und Knochenstücke gefunden, die ihn aber als Nodosaurier kennzeichnen. Neben den typischen knötchenförmigen Verdickungen saßen an seinem Körper auch lange Dornen.

Edmontonia, ein schwerer, auf vier Beinen laufender Ankylosaurier aus der Familie der Nodosauriden, lebte in der späten Kreidezeit im heutigen Nordamerika. Dicke Knochenplatten bedeckten den Körper und bildeten einen Panzer. Große Dornen an den Seiten gaben zusätzlichen Schutz vor Angriffen der Raubsaurier wie dem Albertosaurus. Die kleinen knotigen Knochenwülste zwischen den Platten ließen der Familie den Namen zukommen, denn Nodosaurier bedeutet „Knotenechsen".

Edmontonia selbst wurde nach der kanadischen Stadt Edmonton benannt. Der Pflanzenfresser streifte durch die Wälder auf der Suche nach kleinwüchsigen Pflanzen, die er mit seinem schmalen Maul abrupfen konnte. Die Rückendornen setzte Edmontonia vielleicht auch bei rivalisierenden Kämpfen um Gebiete oder Weibchen ein. Wechselten sich Trocken- und Regenzeiten in seinem Lebensraum ab, kämpften die Tiere vermutlich um ein Territorium, das ihnen Nahrung und Zuflucht bot.

Ankylosauria

Ordnung:	**Ornithischia**
Unterordnung:	**Thyreophora**
Infraordnung:	**Ankylosauria**
Familie:	**Nodosauridae**

Höhe:	2 m
Länge:	7 m
Gewicht:	4 t
Jahr:	Sternberg, 1928
Ort:	Nordamerika:
	1. Alaska, USA
	2. Horseshoe Canyon Form., Kanada
	3. Two Medicine Formation, Montana, USA
	4. Lance Formation, South Dakota, USA
	5. New Mexico, USA
	6. Ajuga Formation, Texas, USA
Zeit:	Obere Kreide, vor 74–72 Mio. Jahren
Nahrung:	Herbivor

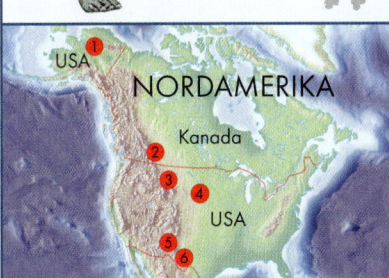

NORDAMERIKA

Kanada

USA

Von Edmontonia, der in der Oberen Kreide lebte, wurden zahlreiche Funde in Nordamerika bis hinauf nach Alaska entdeckt. Auch er trug lange Dornen, die das Tier vor Angreifern schützen sollten.

Euoplocephalus

Ankylosauria
Ordnung: Ornithischia
Unterordnung: Thyreophora
Infraordnung: Ankylosauria
Familie: Ankylosauridae

Höhe: 2 m
Länge: 6–7 m
Gewicht: 2 t
Jahr: Lambe, 1910
Ort: 1. Nordamerika:
Alberta, Kanada,
2. Südamerika:
Sucre, Bolivien
Zeit: Obere Kreide,
vor 83–65 Mio.
Jahren
Nahrung: Herbivor

Euoplocephalus lebte als schwer gepanzerter Ankylosaurier gegen Ende der Kreidezeit in Nord- und Südamerika. Seine Rückseite überzogen vom Nacken bis zum Schwanz breite Bänder aus Platten, auf denen kurze Dornen saßen. Selbst der Kopf und die Augenlider trugen Knochenpanzer, die mit dem Schädel verwachsen waren und über kleine Kanäle belüftet wurden.

Zwei große Dornen am Rücken, zwei an den Schultern und vier im Nacken gaben zusätzlichen Schutz, denn der langsame Pflanzenfresser hätte eine leichte Beute für gefräßige Raubtiere darstellen können. In Herden zogen die Tiere durch den Wald, um mit den Hornkiefern Pflanzen aller Art herauszurupfen. Näherte sich ein Angreifer, schwenkte Euoplocephalus seinen Schwanz zur Abwehr, denn an dessen Spitze saß eine Knochenkeule, welche die Gliedmaßen des Gegners zertrümmern konnte. Fußspuren, die 1996 nahe Sucre, Bolivien zum Vorschein kamen, zeigten, dass Euoplocephalus in einen leichten Trab verfallen konnte. Der Name selbst bedeutet „gut gepanzerter Kopf".

Euoplocephalus durchstreifte in Herden die Wälder der Kreidezeit. Rücken, Schädel und Schwanz schützten Knochenbänder und Platten. Die Knochenkeule am Schwanz hielt Angreifer fern.

Gargoyleosaurus

Gargoyleosaurus wurde als zweiter Ankylosaurier in der Morrison Formation gefunden; als Erster kam dort der ihm ähnliche Mymoorapelta zum Vorschein. Gargoyleosaurus nahm eine Stellung zwischen Ankylosauriern und Nodosauriern ein, denen er neben dem Körperbau auch in der Zahnstruktur, besonders in der der Backenzähne, ähnelte.

Wie die Nodosaurier besaß Gargoyleosaurus einen langen, schmalen Hornschnabel, mit dem er die Pflanzen in Bodennähe abrupfte, kein sekundäres Munddach, wohl aber einen Nasengang. Mit Ankylosaurus hatte Gargoyleosaurus den dreieckigen Schädel gemein, jedoch fehlte die Schwanzkeule. Seinen gepanzerten Rücken übersäten in Reihen angeordnete Dornen, die Seiten flankierten Platten. Zwei Dornen saßen auch an jeder Nackenseite. Das Panzerreptil lief auf vier Beinen und hatte einen steifen Schwanz, den es waagrecht trug.

Ankylosauria

Ordnung:	Ornithischia
Unterordnung:	Thyreophora
Infraordnung:	Ankylosauria
Familie:	Ankylosauridae

Höhe:	1 m
Länge:	3 m
Gewicht:	1 t
Jahr:	Carpenter, Miles und Cloward, 1998
Ort:	Nordamerika: Morrison Formation, Wyoming, USA
Zeit:	Oberer Jura bis Untere Kreide, vor 154–144 Mio. Jahren
Nahrung:	Herbivor

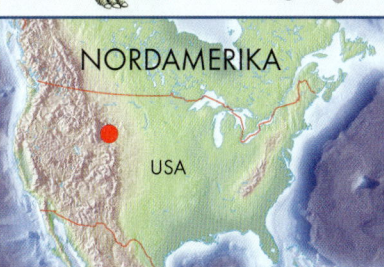

NORDAMERIKA

USA

Gargoyleosaurus trug keine Schwanzkeule und ähnelte eher dem Nodosaurus, dennoch ist er den Ankylosauriern zuzuordnen und kann auf gemeinsame Vorfahren zurückblicken.

Gastonia

Ankylosauria

Ordnung:	Ornithischia
Unterordnung:	Thyreophora
Infraordnung:	Ankylosauria
Familie:	Ankylosauridae

Höhe:	1,80 m
Länge:	5 m
Gewicht:	2 t
Jahr:	Burge, 1999
Ort:	Nordamerika: Dalton Wells Quarry, Utah, USA
Zeit:	Untere Kreide, vor 130–125 Mio. Jahren
Nahrung:	Herbivor

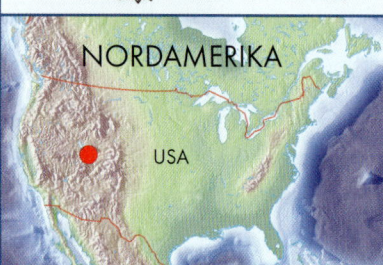

NORDAMERIKA

USA

Gastonia stand lange Zeit zwischen den Familien, wurde den Nodosauriern zugeordnet und gilt heute als Ankylosaurier. Er gehörte zu den am schwersten gebauten und gepanzerten Tieren.

Gastonia gehörte zu den gepanzerten Dinosauriern, den Ankylosauriern, deren Rücken breite Knochenbänder bedeckten.

Auf seinem Panzer saßen Reihen großer Dornen, Flanken und Schwanz trugen besonders große Exemplare dreieckiger Platten, die Knochenflossen ähnelten und der Abwehr feindlicher Angriffe dienten. Der mittelgroße Pflanzenfresser lieferte keinen Ansatzpunkt für räuberisch lebende Tiere. Selbst an den Backen ragten kleine Dornen hervor. Die kurzen, säulenförmigen Beine trugen einen schweren Körper, der ganz auf die Verteidigung ausgerichtet war. Auch gefährliche Räuber wie der Utahraptor hatten keine Möglichkeit, Gastonia zu erlegen. Das Tier wurde lange zu den Nodosauriern gezählt. Er sah den Verwandten der Mongolei ähnlicher als denen Nordamerikas, was nahelegt, dass es noch während der Kreidezeit eine Landbrücke zwischen den beiden Kontinenten gegeben haben könnte. Neuerdings wird Gastonia den Ankylosauriden zugeordnet.

Hylaeosaurus galt lange als der älteste gefundene Vertreter der Nodosaurier, nun aber als Ankylosaurier ohne familiäre Zuordnung. Mantell beschrieb das Tier bereits 1833, dessen fossile Überreste im südenglischen Sussex in einer Gesteinsplatte entdeckt wurde. Hylaeosaurus lief auf vier kurzen Beinen und besaß einen schmalen Kopf mit spitzer Schnauze, der in einem zahnlosen Hornschnabel endete. Sein gepanzerter Körper trug ovale Knochenplatten und Dornen an den Flanken, aber nicht am Kopf, sowie auch keine Knochenbuckel am Schwanz.

Manche Wissenschaftler halten ihn für Polacanthus. Er fraß Pflanzen in Bodennähe, die er vermutlich mithilfe von Fermenten im Magen verdauen konnte. Sein Name bedeutet „Wald-Echse".

Ankylosauria

Ordnung:	**Ornithischia**
Unterordnung:	**Thyreophora**
Infraordnung:	**Ankylosauria**
Familie:	**Ohne familiäre Zuordnung**

Höhe:	1,80 m
Länge:	4–6 m
Gewicht:	1 t
Jahr:	Mantell, 1833
Ort:	Europa:
	1. Grinstead Clay Formation, Sussex, England
	2. Ardennen, Frankreich
Zeit:	Oberer Jura bis Untere Kreide, vor 159–135 Mio. Jahren
Nahrung:	Herbivor

EUROPA

England
Frankreich

Hylaeosaurus lebte vom Oberjura bis in die Untere Kreidezeit in Gebieten des heutigen Europa. Er war schwer gepanzert wie seine Verwandten und mit langen Dornen vor Angriffen feindlicher Tiere geschützt.

Minmi

Ankylosauria
Ordnung: Ornithischia
Unterordnung: Thyreophora
Infraordnung: Ankylosauria
Familie: Ankylosauridae

Höhe: 1 m
Länge: 2–3 m
Gewicht: 200 kg
Jahr: Molnar, 1980
Ort: Australien: Bungil
Formation, nahe
Roma, Queensland
Zeit: Untere Kreide,
vor 116–110 Mio.
Jahren
Nahrung: Herbivor

Queensland

AUSTRALIEN

Der kleine Ankylosaurier Minmi kam in Australien als erste gepanzerte Echse der Südhalbkugel zum Vorschein und wurde nach dem Fundort Minmi Crossing benannt. Sein flacher, dreieckiger Schädel erinnerte an den Kopf einer Schildkröte. Im Nacken saßen flache Höcker, an den Flanken spitze, nach hinten gerichtete Dornen und auf dem Schwanz kleine, dreieckige Platten. Selbst den Bauch schützten längliche Knochenerhebungen. Kleinere Knoten streuten sich über den gesamten Rücken, eigentlich ein typisches Merkmal der Nodosaurier. Dennoch gilt Minmi als Ankylosaurier.

Das Tier lief auf vier Beinen und bewegte sich wie alle Ankylosaurier sehr behäbig. Sein Gehirn war klein, seine Intelligenz eher gering. Mit dem spitzen Schnabel zupfte es niedrig wachsende Pflanzen ab und zerrieb diese mit den Backenzähnen.

Minmi gehörte zu den kleinsten, aber dennoch gut gepanzerten Ankylosauriern. Er gehörte zu den ersten gepanzerten Echsen, deren Fossilien auf der Südhalbkugel der Erde und damit auch in Australien gefunden wurden.

Mymoorapelta

Mymoorapelta erhielt seinen Namen nach dem Fundort, der wiederum nach den Forscherpaaren Peter und Marilyn Mygatt sowie John D. und Vanetta Moore benannt wurde, die dort 1981 einen Camarasaurus entdeckten. Der kleinere gepanzerte Ankylosaurier Mymoorapelta lebte gegen Ende der Jurazeit im Gebiet des heutigen Nordamerika, war knapp 3 m lang und besaß keine Schwanzkeule.

Ankylosauria

Ordnung:	Ornithischia
Unterordnung:	Thyreophora
Infraordnung:	Ankylosauria
Familie:	Ohne familiäre Zuordnung

Höhe:	1 m
Länge:	2,70 m
Gewicht:	200 kg
Jahr:	Kirkland und Carpenter, 1994
Ort:	Nordamerika: Mygatt-Moore Quarry, Morrison Formation, Colorado, USA
Zeit:	Oberer Jura, vor 152 Mio. Jahren
Nahrung:	Herbivor

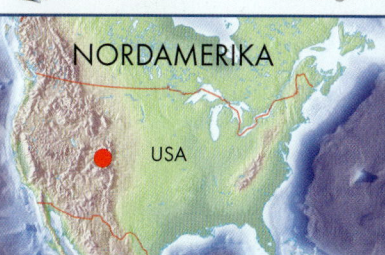

NORDAMERIKA

USA

Mymoorapelta war ein kleiner gepanzerter Ankylosaurier, der nach seinem Fundort Mygatt-Moore Quarry in Nordamerika benannt wurde.

279

Niobrarasaurus

Ordnung: Ornithischia
Unterordnung: Thyreophora
Infraordnung: Ankylosauria
Familie: Ankylosaurier ohne fam. Zuordnung

Höhe:	1,70 m
Länge:	5 m
Gewicht:	1 t
Jahr:	Carpenter und Weishampel, 1995
Ort:	Nordamerika: Niobrara Kalk Formation, Gove County, Kansas, USA
Zeit:	Obere Kreide, vor 83–71 Mio. Jahren
Nahrung:	Herbivor

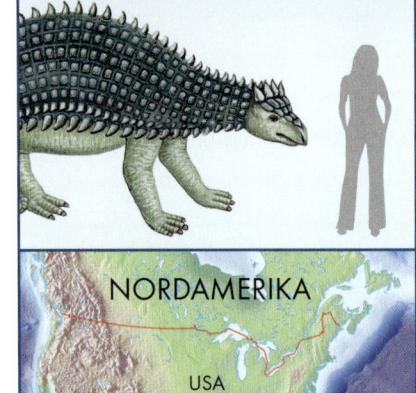

NORDAMERIKA

USA

Niobrarasaurus kam 1930 im Niobrara Kalk von Gove County ans Tageslicht. Der Entdecker Virgil Cole, der Geologe einer Ölgesellschaft, dachte damals, es handele sich um einen Plesiosaurier. 1936 schickte er die fossilen Überreste an die Universität von Missouri, wo das Tier als Hierosaurus beschrieben wurde. Erst 1995 erkannten und benannten die Wissenschaftler das Skelett neu. Zunächst galt Niobrarasaurus als Nodosaurus, nach neueren Erkenntnissen als Ankylosaurier ohne familiäre Zuordnung. Nachfolgende Expeditionen sollten weitere Knochen ausgraben. Der letzte Fund gelang im Jahre 2003.

Niobrarasaurus lebte während der Oberen Kreide in Gebieten des heutigen Nordamerika, wo er Anfang des 20. Jahrhunderts in der Niobrara Kalk Formation entdeckt, jedoch erst 65 Jahre später benannt wurde.

Nodosaurus gehörte zu den gepanzerten Echsen. Seinen Rücken überzogen breite Platten und kleine Knochenwülste, die ihm seinen Namen gaben, der „Knoten-Echse" bedeutet.

Zur Familie der Knotenechsen gehören eine Reihe Thyreophora, die vor etwa 175 Millionen Jahren auftraten, längere und schlankere Beine als die Ankylosaurier besaßen und diese speziellen Knochenwülste auf dem Rücken trugen. Nodosaurus, ein später Vertreter, hatte vielleicht zusätzliche Stacheln, die vor allem den Schulter- und Lendenbereich schützen sollten. Es fehlte die für Ankylosaurier typische Schwanzkeule. Nodosaurus hatte einen kleinen, schmalen Schädel, der ein kleines Gehirn barg. Das Maul endete in einem Schnabel, mit dem er die Pflanzen abzupfte, von denen er sich ernährte. Seine Zähne waren schwach. Becken- und Schultergürtel waren genau wie die Beine dagegen kräftig entwickelt, mussten sie doch das schwere Gewicht der Panzerechse tragen. Der einzige Weg, eines der Tiere zu überwältigen, bestand für einen Räuber darin, es auf den Rücken zu drehen.

Ankylosauria	
Ordnung:	Ornithischia
Unterordnung:	Thyreophora
Infraordnung:	Ankylosauria
Familie:	Nodosauridae

Höhe:	2 m
Länge:	4–6 m
Gewicht:	3 t
Jahr:	Marsh, 1889
Ort:	Nordamerika:
	1. Mowry Shale, Wyoming, USA
	2. Niobrara Kalk Formation, Kansas, USA
Zeit:	Untere bis Obere Kreide, vor 113–71 Mio. Jahren
Nahrung:	Herbivor

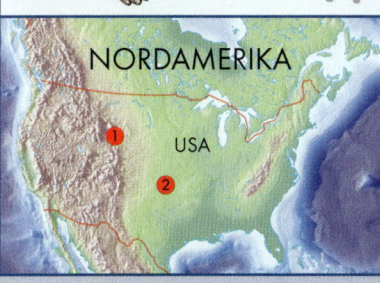

NORDAMERIKA

USA

Eine Gruppe Skelette kam im Sedimentgestein zum Vorschein, die vermutlich von einer Herde Nodosaurier stammen, die auf ungeklärte Weise vom Tod überrascht wurden. Die Tiere trieben bäuchlings den Fluss entlang, bis sie schließlich auf den Meeresboden sanken.

Nodosaurus, die „Knoten-Echse", gehört zu den bekanntesten Vertretern der Ankylosaurier und stellt eine eigene Familie innerhalb der Ankylosaurier dar.

Kreide

Obere

Untere

Jura

Oberer

Mittlerer

Unterer

Trias

Obere

Mittlere

Untere

70
80
90
100
110
120
130
140
150
160
170
180
190
200
210
220
230
240
250

Panoplosaurus

Ankylosauria

Ordnung:	**Ornithischia**
Unterordnung:	**Thyreophora**
Infraordnung:	**Ankylosauria**
Familie:	**Nodosauridae**

Höhe: 2 m
Länge: 4,50–6 m
Gewicht: 3,5 t
Jahr: Lambe, 1919
Ort: Nordamerika:
　　1. Judith River Group,
　　Alberta, Kanada
　　2. Montana, USA
　　3. Texas, USA
Zeit: Obere Kreide,
　　vor 83–73 Mio.
　　Jahren
Nahrung: Herbivor

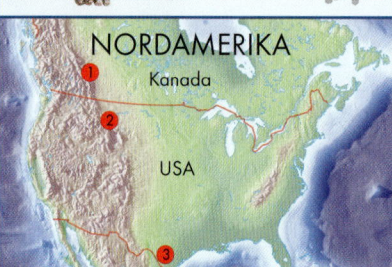

NORDAMERIKA
Kanada
USA

Panoplosaurus trug einen massiven Rückenpanzer aus breiten, rechteckigen Knochenplatten. Dazwischen saßen die typischen Knötchen, die der Familie der Nodosaurier ihren Namen gaben, sowie zusätzlich an den Flanken Stacheln. Auch der Kopf war mit Knochenplatten bedeckt, die mit dem Schädeldach verwachsen waren. Kleine Kanäle durchzogen den Schädel, um eine Belüftung zu ermöglichen.

Diese starke Panzerung führte zu seinem Namen, der „völlig gepanzerte Echse" bedeutet. Gliedmaßen, Schulter- und Beckengürtel mussten ein gewaltiges Gewicht tragen, wodurch sich Letzterer bereits etwas umgebildet hatte, sodass es von einem typischen Ornithischia-Becken abwich.

Panoplosaurus, ein Nodosaurier mit mit einer Höhe von etwa 2 m aus der Oberen Kreidezeit, lebte in Teilen der heutigen USA und in Kanada.

Pawpawsaurus

Pawpawsaurus, ein Nodosaurier, der in der Oberen Kreidezeit erschien, erhielt seinen Namen nach der Gesteinsformation, in der er 1992 gefunden wurde. Nach dem Forscher C. Campbell, der die Fossilien freilegte, bekam die Spezies ihren Artnamen *P. campbelli*.

Pawpawsaurus lebte an den Küsten eines Meeres, das durch das heutige Texas verlief. Den Rücken des großen quadrupeden Pflanzenfressers bedeckte ein Knochenpanzer. Selbst die Augenlider waren verknöchert, um das Tier vor tödlichen Angriffen zu schützen. Sein schwerer Panzer war auch der einzige Schutz des friedlichen Pflanzenfressers, denn er besaß genauso wenig wie die anderen Nodosaurier eine knochige Schwanzkeule zur Verteidigung.

Ankylosauria

Ordnung:	**Ornithischia**
Unterordnung:	**Thyreophora**
Infraordnung:	**Ankylosauria**
Familie:	**Nodosauridae**

Höhe:	1,80 m
Länge:	6 m
Gewicht:	2 t
Jahr:	Lee, 1996
Ort:	Nordamerika: Paw Paw Gesteinsformation, Texas, USA
Zeit:	Obere Kreide, vor 100–97 Mio. Jahren
Nahrung:	Herbivor

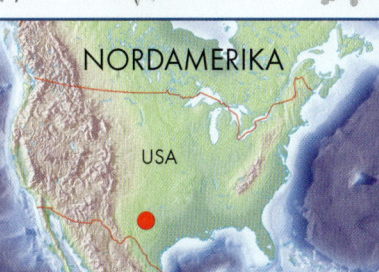

NORDAMERIKA

USA

Pawpawsaurus war ein mittelgroßer Nodosaurier, der seinen Namen nach der Gesteinsformation erhielt, in der seine Überreste auftauchten. Auch er verfügte über einen gepanzerten Rücken, Kopf und Schwanz.

Kreide	Obere	70
		80
		90
		100
	Untere	110
		120
		130
		140
Jura	Oberer	150
		160
	Mittlerer	170
	Unterer	180
		190
		200
Trias	Obere	210
		220
	Mittlere	230
		240
	Untere	250

Pinacosaurus

Ankylosauria
Ordnung: Ornithischia
Unterordnung: Thyreophora
Infraordnung: Ankylosauria
Familie: Ankylosauridae

Höhe: 1,70 m
Länge: 5,50 m
Gewicht: 1,5 t
Jahr: Gilmore, 1933
Ort: Asien:
1. Djadochta For-
mation, Omnogov,
Mongolei
2. Bayan Mandahu
Formation, China
Zeit: Obere Kreide,
vor 85–71 Mio.
Jahren
Nahrung: Herbivor

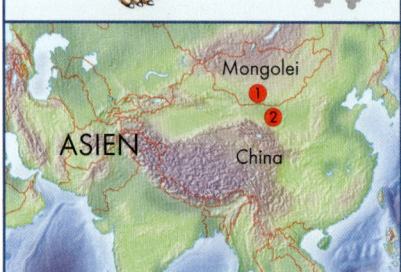

Pinacosaurus gehörte zu den gepanzerten Ankylosauriern und wurde in
Asien gefunden, wo er gegen Ende
der Kreidezeit lebte. Seinen Rücken
überzogen breite Knochenbänder,
auf denen spitze, nach hinten gerichtete Dornen saßen. Nach den Kno-
chengürteln erhielt das Tier seinen
Namen, der „Planken-Echse" bedeutet. Auch Schädel und Schwanz
waren gepanzert.

Um sich gegen Feinde verteidigen
zu können, trug Pinacosaurus am
Schwanzende eine Knochenkeule,
die er schwingen und gegen die
Feinde schmettern konnte, um sie
zu vertreiben. Pinacosaurus fraß
die niedrig wachsende Vegetation,
konnte sie allerdings nicht mit seinen
wenigen Zähnen im Hinterkiefer
zerkleinern. Vielleicht halfen auch
ihm wie vielen anderen Dinosauriern
Gastrolithen im Magen, die faserige Nahrung zu zerreiben und zu
verdauen.

1988 entdeckten Wissenschaftler
in der Wüste Gobi (Mongolei) die
fossilisierten Skelette von mehreren
Jungtieren, die ein Sandsturm überrascht und konserviert hatte.

*Pinacosaurus trug eine schwere Panzerung
auf der Oberseite seines Körpers sowie eine
knochige Schwanzkeule, mit der er Angreifer
vertreiben konnte. Der Ankylosaurier lebte in
östlichen Teilen des heutigen Asiens.*

Polacanthus

Polacanthus wurde bereits 1865 in England entdeckt und 1881 beschrieben. Nachdem 1979 weitere Knochen gefunden wurden, konnte die Panzerechse besser identifiziert werden. Sie trug einen mit Dornen versehenen Panzer vom Kopf bis zum Schwanz. Nach seinem Äußeren erhielt das Tier auch seinen Namen, der „Viel-Stachler" bedeutet.

Mit dem zahnlosen Schnabel zupfte Polacanthus Pflanzen ab, die er mit den blattförmigen Zähnen zerkaute. Einige Wissenschaftler glauben, dass er mit Hylaeosaurus identisch ist.

Ankylosauria

Ordnung:	**Ornithischia**
Unterordnung:	**Thyreophora**
Infraordnung:	**Ankylosauria**
Familie:	**Ohne familiäre Zuordnung**

Höhe:	1,50 m
Länge:	4 m
Gewicht:	1 t
Jahr:	Hulke, 1881
Ort:	Europa: Wessex Formation, England
Zeit:	Untere Kreide, vor 132–100 Mio. Jahren
Nahrung:	Herbivor

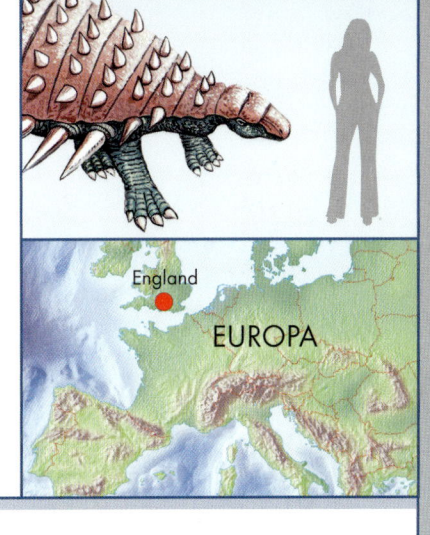

England
EUROPA

Polacanthus kennzeichneten lange und kurze Stacheln, die den Rücken und die Flanken bis zum Schwanz hin überzogen. Seine Überreste wurden bisher in Nordeuropa gefunden.

Saichania

Ankylosauria

Ordnung:	Ornithischia
Unterordnung:	Thyreophora
Infraordnung:	Ankylosauria
Familie:	Ankylosauridae

Höhe:	2 m
Länge:	7 m
Gewicht:	2 t
Jahr:	Maryanska, 1977
Ort:	Asien: Barun Goyot Formation, Omnogov, Mongolei
Zeit:	Obere Kreide, vor 83–71 Mio. Jahren
Nahrung:	Herbivor

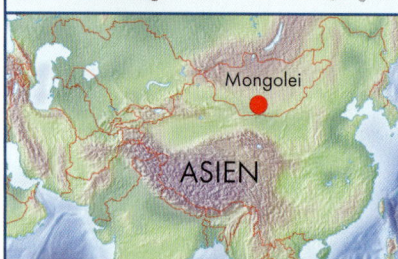

Mongolei

ASIEN

Saichania kam in der Mongolei ans Tageslicht. Sein Rücken war wie bei allen Ankylosauriden mit einem Knochenpanzer geschützt. Zusätzlich ragten lange Reihen spitzer Dornen zwischen den Schultern über die gesamte Flankenlänge bis zum Schwanzende auf. Dort saß eine schwere Knochenkeule, die zur aktiven Verteidigung gegen Angreifer wie z. B. den Tarbosaurus diente. Seine einzige Möglichkeit, das Tier zu überwältigen, war, es auf den Rücken zu drehen, sodass der ungeschützte Bauch nach oben ragte.

Auch der Schädel von Saichania trug eine schwere Panzerung mit Dornen an den Backen. Luftkanäle durchzogen den Schädel, vor allem im nasalen Bereich, vermutlich um die Luft zu kühlen und zu befeuchten, bevor sie in die Lungen gelangte. Dies deutet darauf hin, dass Saichania in einer trockenen, wüstenähnlichen Region lebte. Hier ernährte er sich von den harten Wüstenpflanzen. Sein stark ausgebildetes sekundäres Munddach ermöglichte das Zerkauen der zähen Pflanzen.

Saichania lebte in den trockenen, wüstenähnlichen Gebieten der heutigen Mongolei. Der große Ankylosaurier lebte wie seine Artgenossen allein von Pflanzenkost.

Kreide
Obere
Untere
Jura
Oberer
Mittlerer
Unterer
Trias
Obere
Mittlere
Untere

70
80
90
100
110
120
130
140
150
160
170
180
190
200
210
220
230
240
250

Sarcolestes

Sarcolestes, dessen Name „Fleisch-räuber" bedeutet, wurde ursprünglich als Raubsaurier identifiziert, vermutlich auch deshalb, weil nur wenige Kiefer-fragmente und Zähne gefunden wur-den. Tatsächlich gehörte er zu den friedlichen und behäbigen pflanzen-fressenden Ankylosauriern, wobei seine Klassifizierung noch immer nicht abgeschlossen ist. Einige Wissen-schaftler (u. a. Maryanska 2004) sehen ihn z. B. als ältesten Vertreter der Nodosauriden.

Sarcolestes lebte während des Jura in Europa, war schwer gepanzert und bewegte sich langsam auf vier massigen Beinen voran.

Ankylosauria

Ordnung:	Ornithischia
Unterordnung:	Thyreophora
Infraordnung:	Ankylosauria
Familie:	Ohne familiäre Zuordnung

Höhe:	1 m
Länge:	3 m
Gewicht:	300 kg
Jahr:	Lydekker, 1893
Ort:	Europa: Lower Oxford Clay Formation, Cambridgeshire, England
Zeit:	Mittlerer und Oberer Jura, vor 162–157 Mio. Jahren
Nahrung:	Herbivor

England

EUROPA

Sarcolestes lebte während des Mittleren und Oberen Jura in Gebieten des heutigen Europa. Vielfach wurde er neu eingeordnet, anfangs sogar als carnivor lebend eingeschätzt.

Kreide	Obere
	Untere
Jura	Oberer
	Mittlerer
	Unterer
Trias	Obere
	Mittlere
	Untere

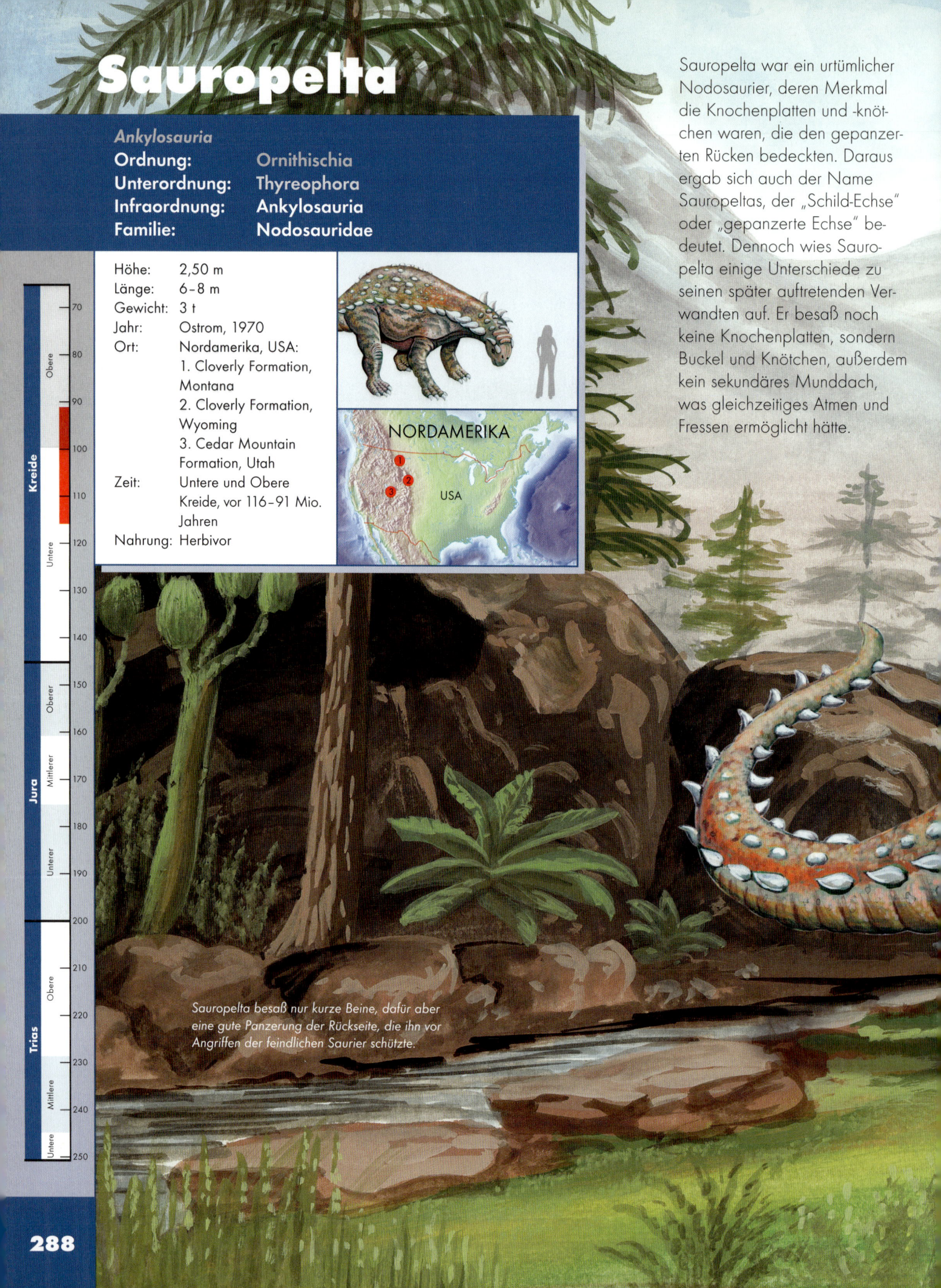

Sauropelta

Ankylosauria

Ordnung:	Ornithischia
Unterordnung:	Thyreophora
Infraordnung:	Ankylosauria
Familie:	Nodosauridae

Höhe:	2,50 m
Länge:	6–8 m
Gewicht:	3 t
Jahr:	Ostrom, 1970
Ort:	Nordamerika, USA:
	1. Cloverly Formation, Montana
	2. Cloverly Formation, Wyoming
	3. Cedar Mountain Formation, Utah
Zeit:	Untere und Obere Kreide, vor 116–91 Mio. Jahren
Nahrung:	Herbivor

NORDAMERIKA

USA

Sauropelta war ein urtümlicher Nodosaurier, deren Merkmal die Knochenplatten und -knötchen waren, die den gepanzerten Rücken bedeckten. Daraus ergab sich auch der Name Sauropeltas, der „Schild-Echse" oder „gepanzerte Echse" bedeutet. Dennoch wies Sauropelta einige Unterschiede zu seinen später auftretenden Verwandten auf. Er besaß noch keine Knochenplatten, sondern Buckel und Knötchen, außerdem kein sekundäres Munddach, was gleichzeitiges Atmen und Fressen ermöglicht hätte.

Sauropelta besaß nur kurze Beine, dafür aber eine gute Panzerung der Rückseite, die ihn vor Angriffen der feindlichen Saurier schützte.

Seinen Halsbereich schützten große Halsstacheln und Dornen
zogen sich zu beiden Seiten der Flanken hin. Griffen ihn
fleischfressende Raubsaurier an, so konnte sich Sauropelta zwar nicht mit einer Schwanzkeule verteidigen, dennoch hatten es Feinde aber schwer. Kleine Angreifer
konnten die dicke Panzerung nicht durchdringen,
und begegnete er größeren Angreifern, kauerte
er sich am Boden zusammen, um seine weiche
Bauchseite zu schützen. Eine starke Schultermuskulatur machte dies möglich.

Sauropelta lebte in den Wald- und
Buschregionen Nordamerikas und
wanderte vermutlich in Herden auf der
Suche nach Pflanzen umher, die er
mit dem verhornten Maul abzupfte.

Seine stämmigen Beine und das
Gewicht des Panzers ließen sicher
kein schnelles Laufen zu. Daher
zog der Pflanzenfresser in gemäch-
lichem Tempo von einem Fressplatz
zum nächsten.

Shamosaurus

Ankylosauria

Ordnung: Ornithischia
Unterordnung: Thyreophora
Infraordnung: Ankylosauria
Familie: Ankylosauridae

Höhe: 2 m
Länge: 7 m
Gewicht: 350 kg
Jahr: Tumanova, 1983
Ort: Asien: Khukhtekskaya
         Svita, Dornogov,
         Mongolei
Zeit: Untere Kreide,
         vor 110–100 Mio.
         Jahren
Nahrung: Herbivor

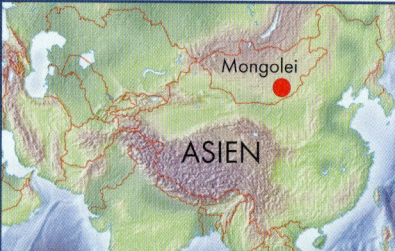

Mongolei

ASIEN

Shamosaurus, ein asiatischer Ankylosaurier, kam in der mongolischen Wüste Gobi zunächst in wenigen fossilen Überresten ans Tageslicht. Sein Name bedeutet „Wüsten-Echse", da „Shamo" die alte Bezeichnung der Einheimischen für die Wüste Gobi ist.

Shamosaurus war einer der ältesten bisher bekannten Panzersaurier. Am Schwanz trug er eine Knochenkeule, um Feinde zu vertreiben, den Rücken überzog ein Knochenpanzer. Seitlich gewachsene Dornen schützten Hals und Flanken. Der relativ schmale Kopf endete in einem Schnabel, mit dem der Pflanzenfresser seine Nahrung abriss.

Shamosaurus lebte als großer quadrupeder herbivorer Ankylosaurier während der Unteren Kreidezeit. Überreste wurden bisher in der Mongolei gefunden.

Kreide
Obere
70
80
90
100
110
Untere
120
130
140

Jura
Oberer
150
160
Mittlerer
170
Unterer
180
190
200

Trias
Obere
210
220
Mittlere
230
240
Untere
250

Der Nodosaurier Silvisaurus trug einen schweren Panzer aus Knochenplatten auf Rücken, Hals und Schwanz. Starke Dornen an den Körperseiten gaben zusätzlichen Schutz vor Angreifern.

Wie alle Mitglieder seiner Familie besaß auch Silvisaurus keine Schwanzkeule, sondern konnte sich nur passiv verteidigen, indem er seiner Panzerung vertraute. Er lebte vermutlich im Herdenverband und durchstreifte die Wälder des heutigen Nordamerika, worauf sein Name „Wald-Echse" hindeutet. Den Schädel durchzogen ungewöhnlich viele Luftkanäle und Gänge, deren Funktion noch unklar ist, aber vermutlich der Gehirnkühlung dienten. Vielleicht gaben die Nodosaurier auch Töne von sich, die sie über diese Höhlengänge erzeugten.

Silvisaurus zählte zu den primitiven Vertretern. Das zeigte sich daran, dass im Oberkiefer noch vordere Zähne steckten. Spätere Nodosaurier besaßen nur noch Backenzähne, mit denen sie die pflanzliche Nahrung zerrieben.

Ankylosauria

Ordnung:	Ornithischia
Unterordnung:	Thyreophora
Infraordnung:	Ankylosauria
Familie:	Nodosauridae

Höhe:	1,50 m
Länge:	3,40–3,60 m
Gewicht:	0,5 t
Jahr:	Eaton, 1960
Ort:	Nordamerika: Dakota Sandstone, Kansas, USA
Zeit:	Untere und Obere Kreide, vor 119–97 Mio. Jahren
Nahrung:	Herbivor

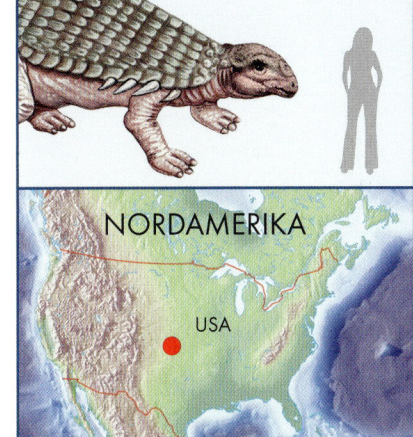

NORDAMERIKA

USA

Silvisaurus lebte während der Kreide in den Gebieten des heutigen Nordamerika und durchstreifte die Wälder auf der Suche nach pflanzlicher Nahrung.

Struthiosaurus

Ankylosauria

Ordnung: Ornithischia
Unterordnung: Thyreophora
Infraordnung: Ankylosauria
Familie: Nodosauridae

Höhe:	0,70 m
Länge:	2 m
Gewicht:	100 kg
Jahr:	Bunzel, 1871
Ort:	Europa:
	1. L'Olivet Quarry, Villeveyrac, Frankreich
	2. Gosau Formation, nahe der Wiener Neustadt, Österreich
	3. Sânpetru Formation, Hundedoara, Rumänien
Zeit:	Obere Kreide, vor 83–71 Mio. Jahren
Nahrung:	Herbivor

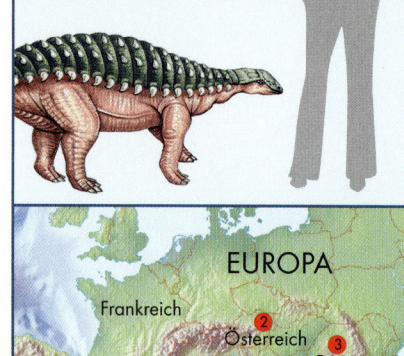

EUROPA

Frankreich
Österreich
Rumänien

Struthiosaurus war der kleinste Nodosaurier und einer der kleinsten Vertreter der Ankylosaurier. Die 2 m lange „Strauß-Echse", die wegen ihres vogelähnlichen Kopfes so benannt wurde, trug Knochenplatten um den Hals sowie Knochenhöcker auf dem Rücken und Schwanz. Dornen schützten die Körperflanken.

Den kleinen Wuchs von Struthiosaurus (wie auch den anderer Dinosaurier aus der gleichen Region) führen einige Wissenschaftler darauf zurück, dass sich die Tiere vielleicht an die engen Lebensräume angepasst hatten. Europa überzog damals ein Flachmeer, wodurch viele Inseln entstanden. In diesen kleinen Lebensräumen entwickelten die Tiere vielleicht Zwergenformen und stellten sich damit auf die begrenzten Nahrungsressourcen ein.

Struthiosaurus war ein kleinerer Nodosaurier, dessen Rücken Bänder und Knochenknötchen überzogen. Er lebte während der Oberen Kreidezeit in den Gebieten Südeuropas.

Talarurus, ein mittelgroßer Ankylosaurier, wurde in der Mongolei gefunden. Seinen Körper überzog ein starker Panzer, in den Höcker und Stacheln eingelassen waren. Am Schwanzende saß eine kräftige Keule von runder Gestalt, die auch für den Namen des Tieres verantwortlich war, der „Korb-Schwanz" bedeutet. Starke Muskeln konnten den Schwanz in Bewegung setzen, sodass die daran schwingende Keule die feindlichen Raubsaurier vertreiben konnte.

Auch den Schädel bedeckten Knochenplatten und seitliche Dornen ragten an Hinterkopf und Backen hervor, sodass die gesamte Oberseite vor Angriffen geschützt war. Talarurus besaß eine breitbrustige Statur und einen tonnenförmigen Rumpf. Die Hinterbeine, an denen noch vier Zehen saßen im Gegensatz zu den drei Zehen anderer Verwandter, waren länger als die vorderen Gliedmaßen.

Ankylosauria

Ordnung:	Ornithischia
Unterordnung:	Thyreophora
Infraordnung:	Ankylosauria
Familie:	Ankylosauridae

Höhe:	1,80 m
Länge:	5–6 m
Gewicht:	2–3 t
Jahr:	Maleev, 1952
Ort:	Asien: Bayn Shire Formation, Omnogov, Mongolei
Zeit:	Obere Kreide, vor 96–83 Mio. Jahren
Nahrung:	Herbivor

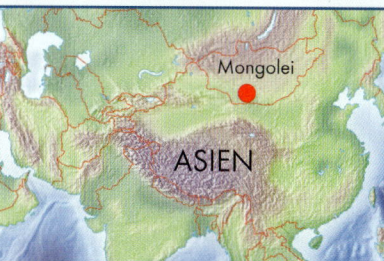

Mongolei

ASIEN

Fossilien von Talarurus tauchten in der Mongolei auf und zeigten, dass dem Tier große Knochendornen am Rücken und eine Knochenkeule am Schwanz Schutz boten.

293

Tarchia

Ankylosauria
Ordnung: Ornithischia
Unterordnung: Thyreophora
Infraordnung: Ankylosauria
Familie: Ankylosauridae

Höhe: 3 m
Länge: 5–7 m
Gewicht: 4 t
Jahr: Maryanska, 1977
Ort: Asien: Khermin Tsav,
           Barun Goyot Forma-
           tion, Omnogov,
           Mongolei
Zeit: Obere Kreide,
           vor 83–65 Mio.
           Jahren
Nahrung: Herbivor

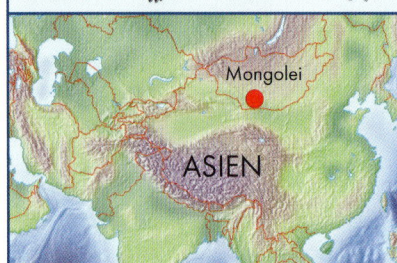

Mongolei

ASIEN

Von Tarchia, einem Ankylosaurier, kamen in der Mongolei sieben zum Teil recht vollständige Exemplare zum Vorschein. Seinen Namen, der „intelligent" in der Sprache der Einheimischen bedeutet, bezieht sich auf die Schädelkapsel, die größer als bei anderen Ankylosauriern war und vermutlich ein größeres Gehirn beherbergte. Darauf saßen zwei kleine Knochenfortsätze, die kuhähnliche Hörner bildeten. Neben den Stacheln, die seinen Rücken überzogen, trug er sogar Exemplare an den Mundwinkeln.

An seinem Schwanz saß eine gewaltige Knochenkeule, die Tarchia schwenken und damit Angreifern die Beine brechen konnte, wenn sie sich zu nahe an den friedlichen Pflanzenfresser heranwagten. Tarchia ist der größte und einer der letzten bekannten Ankylosaurier Asiens.

Tarchia lebte als großer, mit Knochendornen geschützter Ankylosaurier in Gebieten der Mongolei. Seine gewaltige Knochenkeule schlug jeden Gegner in die Flucht.

Tianchisaurus

Tianchisaurus war ein gepanzerter Ankylosaurier mit relativ kleiner Knochenkeule am Schwanzende, der im Mittleren Jura im heutigen Nordwesten Chinas lebte.

Die Spezies *Tianchisaurus nedegoapeferima* geht auf die Darsteller des Films Jurassic Park zurück. Da der Regisseur des Films, Steven Spielberg, Geld für die Erforschung der chinesischen Dinosaurier spendete, wurde ihm erlaubt, eine Bezeichnung für den Dinosaurier vorzuschlagen. Er setzte die Anfangsbuchstaben der Darsteller-Nachnamen für den Artnamen zusammen: Sam **Ne**ill, Laura **De**rn, Jeff **Go**ldblum, Richard **At**tenborough, Bob **Pe**ck, Martin **Fe**rrero, Ariana **Ri**chards und Joseph **Ma**zzello und schlug *Jurassosaurus nedegoapeferima* vor, was 1993 von Dong in *Ticinosaurus nedegoapeferima* (nomen nudum) und schließlich in *Tianchisaurus nedegoapeferima* umbenannt wurde.

Ankylosauria

Ordnung:	Ornithischia
Unterordnung:	Thyreophora
Infraordnung:	Ankylosauria
Familie:	Ankylosauridae

Höhe:	1,30 m
Länge:	3 m
Gewicht:	1 t
Jahr:	Dong, 1993
Ort:	Asien: Toutunke Formation, Sinkiang, China
Zeit:	Mittlerer Jura, vor 167 Mio. Jahren
Nahrung:	Herbivor

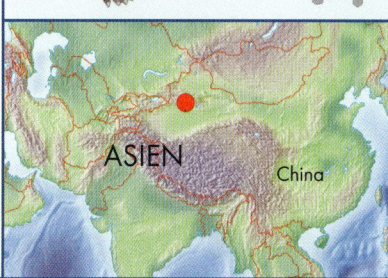

ASIEN

China

Tianchisaurus wurde erst 1993 entdeckt und erhielt seinen Artnamen von den Darstellern des Hollywood-Films „Jurassic Park".

Kreide	Obere	70
		80
		90
	Untere	100
		110
		120
		130
		140
Jura	Oberer	150
		160
	Mittlerer	170
	Unterer	180
		190
		200
Trias	Obere	210
		220
		230
	Mittlere	240
	Untere	250

Ornithopoda

Maiasaura

Kritosaurus

Edmontosaurus

Die Ornithopoda („Vogelfüßige") bildeten die langlebigste und artenreichste Unterordnung der Ornithischia. Sie liefen auf Füßen, die Vogelklauen ähnelten, bewegten sich biped oder quadruped fort, besaßen größtenteils einen Hornschnabel und blattförmige Zähne. Das Schambein zeigte nach hinten und knöcherne Sehnen versteiften den Schwanz. Aufgrund ihrer unterschiedlichen Fraßgewohnheiten bildeten sie verschiedene Gebissformen heraus.

Ornithopoden bestanden aus vier Untergruppen mit zahlreichen Familien, den Heterodontosauridae, den Euornithopoda, den Iguanodontia und den Hadrosauridae.

Die **Heterodontosauridae** waren kleine, flinke Ornithischia, die vor allem im Unteren Jura lebten. Ihr Name geht auf die verschiedenen Zahntypen zurück, die in ihrem Maul saßen: Neben den meißelförmigen Backenzähnen fanden sich dort ungewöhnliche Fangzähne, die sonst nur bei carnivor oder omnivor lebenden Tieren vorkommen und vielleicht eine Rolle bei Revierkämpfen spielten.

Zu den **Euornithopoda** gehörten kleine, agile Zweibeiner wie das Hypsilophodon, an dessen Händen fünf Finger und an den Füßen vier Zehen saßen. Die Vertreter der verschiedenen Gattungen wurden zwischen knapp einem und mehr als dreieinhalb Metern groß und lebten zwischen dem Mittlerern Jura und der Oberkreide auf allen Kontinenten.

Mehr als 100 Millionen Jahre lebten die **Iguanodontia** auf unserer Erde. Sie erreichten zwischen 4 und 12 m Länge. Einer ihrer bekanntesten Vertreter, das Iguanodon, war zugleich Namensgeber der Gruppe. Es besaß fünf hochspezialisierte Finger, darunter eine Daumenkralle und einen beweglichen kleinen Finger. An den kräftigen Hinterbeinen saßen drei große Zehen mit hufähnlichen Nägeln. Es ernährte sich wie seine Verwandten herbivor und riss mit dem zahnlosen Schnabel Blätter ab, die von den Backenzähnen zermahlen wurden. Über die Jahrtausende rückten die Zähne weiter nach hinten und näher zusammen, um schließlich die Voraussetzung für die Zahnbatterien der Hadrosaurier zu liefern, die sich vielleicht aus den Iguanodontia oder zumindest ähnlichen Vorfahren entwickelten.

Die letzte Gruppe der Ornithopoden, die **Hadrosauridae** („Entenschnabel-Dinosaurier"), wurden zwischen 3 und 16 m lang. Sie bildeten eine äußerst erfolgreiche Riesengruppe, die sich über die ganze Nordhalbkugel der Erde verbreitete. Auch sie besaßen lange Hinterbeine und kürzere Vorderbeine mit hufartigen Nägeln. In der Regel liefen sie auf allen Vieren. Um Angreifer bei Gefahr abzuwehren oder höhere Schichten in der Vegetation zu erreichen, konnten sie sich auf die Hinterbeine stellen. Gemeinsam war ihnen der breite, zahnlose Schnabel, der einem Entenschnabel glich und für den Namen der Tiergruppe verantwortlich ist. Im hinteren Teil des Ober- und Unterkiefers saßen Batterien von Zahnreihen, die sich nach Abnutzung stets erneuerten.

Manche Hadrosauriden trugen Kämme oder Höcker auf dem Schädel, deren Funktion noch nicht restlos geklärt ist. Vielleicht waren diese Zierknochen lebhaft gefärbt und spielten eine Rolle während des Paarungsrituals oder die Tiere konnten damit Töne erzeugen und somit untereinander kommunizieren.

Hadrosaurier passten sich ihren Umweltbedingungen ausgezeichnet an und könnten andere Pflanzenfresser wie die Iguanodontia und die großen Sauropoden aus ihrem Lebensraum verdrängt haben – wodurch diese schließlich ausstarben.

Abrictosaurus

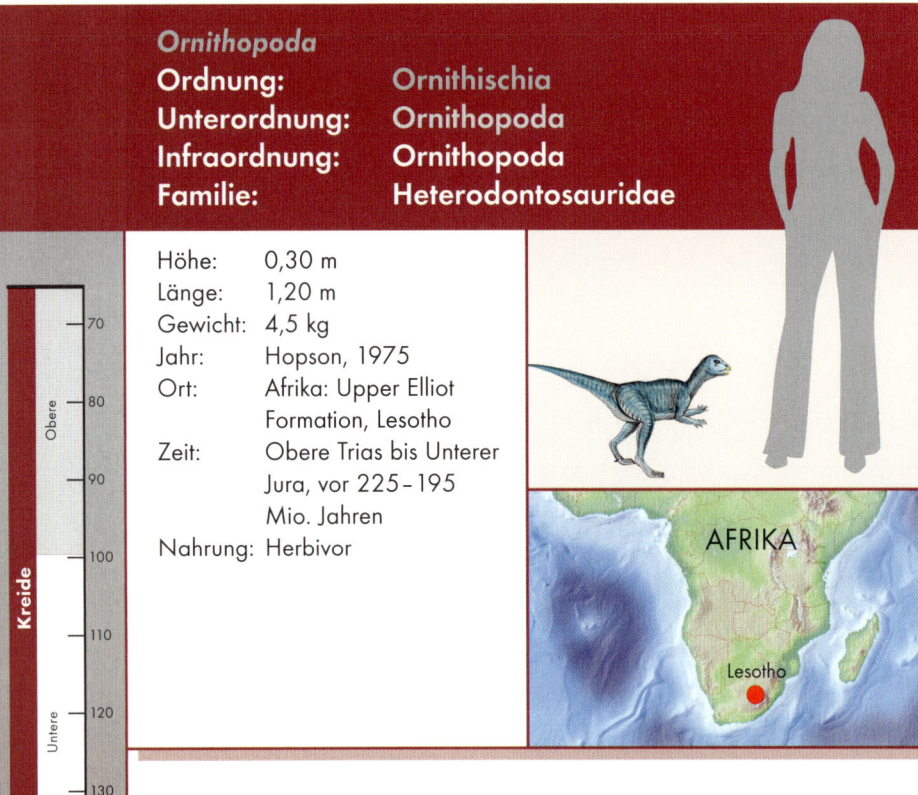

Ornithopoda

Ordnung:	Ornithischia
Unterordnung:	Ornithopoda
Infraordnung:	Ornithopoda
Familie:	Heterodontosauridae

Höhe:	0,30 m
Länge:	1,20 m
Gewicht:	4,5 kg
Jahr:	Hopson, 1975
Ort:	Afrika: Upper Elliot Formation, Lesotho
Zeit:	Obere Trias bis Unterer Jura, vor 225–195 Mio. Jahren
Nahrung:	Herbivor

AFRIKA

Lesotho

Abrictosaurus gehörte zu den frühen Heterodontosauriden. Bisher wurden von ihm nur zwei unvollständige Skelette und ein Schädel entdeckt. Die Ähnlichkeit zum Heterodontosaurus ist so groß, dass er sich bisher nur im Fehlen zweier Fangzähne von diesem unterscheidet. Womöglich handelt es sich beim Fund des Abrictosaurus um ein weibliches Skelett des Heterodontosaurus.

Heterodontosauriden gelten als die ersten Ornithopoden und besaßen unterschiedlich geformte Zähne. Sie lebten als zweibeinige, kleine Pflanzenfresser vor allem im Süden Afrikas, aber auch in anderen Regionen der Welt. Mit ihren knochigen Schnäbeln grasten sie die Vegetation der Trias und des Jura ab. Abrictosaurus, dessen Zahnkronen innen hohl waren, lebte in der Felsenlandschaft Lesothos, wo er in der Trockenzeit vermutlich Sommerschlaf hielt. Sein Name bedeutet „muntere Echse".

Abrictosaurus, ein kleiner Heterodontosaurier, lebte vor mehr als 200 Millionen Jahren im Süden des heutigen Afrika, wo seine Überreste im 20. Jahrhundert zum Vorschein kamen.

Der kleine Agilisaurus besaß wie die Hypsilophodontiden Leisten auf seinen Zähnen sowie blattförmige Mahlzähne und spitze Zähne im vorderen Teil des Kiefers, der in einem knochigen Schnabel endete. Damit rupfte er die niedrig wachsenden Pflanzen ab und zerrieb sie durch kreisförmige Bewegungen der Mahlzähne. In seinem kleinen Schädel saßen recht große Augen. Der leicht gebaute Körper trug einen langen Hals und Schwanz. Die Arme waren viel kürzer als die Beine, auf denen er vermutlich schnell laufen konnte.

Die Überreste des Dinosauriers – drei Skelette mit Schädel – kamen während Bauarbeiten in China ans Tageslicht, als die Arbeiter das Fundament für ein Dinosauriermuseum ausgruben.

Ornithopoda

Ordnung:	**Ornithischia**
Unterordnung:	**Ornithopoda**
Infraordnung:	**Ornithopoda**
Familie:	**Euornithopoda o. fam. Zuordn.**

Höhe:	0,60 m
Länge:	1,20 m
Gewicht:	40 kg
Jahr:	Peng, 1990
Ort:	Asien: Xiashaximiao Formation, Sichuan, China
Zeit:	Mittlerer Jura, vor 165 – 161 Mio. Jahren
Nahrung:	Herbivor

ASIEN

China

Der kleine, flinke Agilisaurus lebte während des Mittleren Jura im Gebiet des heutigen China und ernährte sich ausschließlich herbivor.

Anatotitan

Ornithopoda

Ordnung: Ornithischia
Unterordnung: Ornithopoda
Infraordnung: Ornithopoda
Familie: Hadrosauridae

Höhe:	4 m
Länge:	10–12 m
Gewicht:	4–7 t
Jahr:	Chapman und Brett-Surman, 1990
Ort:	Nordamerika:
	1. Hell Creek Formation, Montana, USA
	2. Hell Creek Formation, South Dakota, USA
Zeit:	Obere Kreide, vor 70–65 Mio. Jahren
Nahrung:	Herbivor

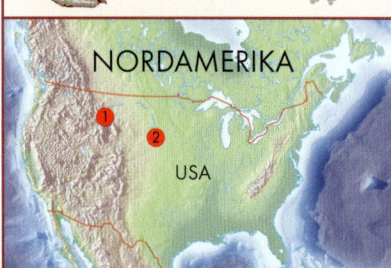

NORDAMERIKA

USA

Anatotitan gehörte zu den Hadrosauriern, den Entenschnabel-Dinosauriern, die nach der Form ihres Schnabels benannt wurden. Als Nachkommen der Iguanodontia lebten sie gegen Ende der Kreidezeit. Mit seinen bis zu 12 m Länge zählte Anatotitan zu den größten Hadrosauriern. Er lief auf vier Beinen, wobei die vorderen Extremitäten kürzer als die hinteren waren.

Im Herdenverband lebend, bevölkerte er die nordamerikanischen Wälder und fraß ausschließlich Pflanzen, die er mit seinem breiten, vorne zahnlosen Schnabel abrupfen konnte. Im Hinterkiefer saßen kräftige Mahlzähne, mit denen Anatotitan die faserige Pflanzennahrung zerkleinerte. Sein Name, der „riesige Ente" bedeutet, geht auf die Form seines sehr breiten Schnabels zurück.

Der gewaltige Anatotitan lebte als pflanzenfressender Entenschnabel-Dinosaurier während der letzten Jahrtausende der Dinosaurier im Norden Amerikas.

Brachylophosaurus

Brachylophosaurus lebte gegen Ende der Keidezeit in Nordamerika und ähnelte Maiasaura. Als Hadrosaurier besaß er einen zahnlosen Entenschnabel, mit dem er die Pflanzen abrupfte und durch die nachwachsenden Mahlzähne im hinteren Teil des Kiefers zerrieb. Sein besonderes Merkmal war ein Knochenhöcker auf dem Schädel, dessen Funktion allerdings ungeklärt ist. Der Kamm war nicht wie bei anderen Hadrosauriern hohl, wodurch die Träger laute Töne erzeugen konnten.

Im Sommer 2000 entdeckten Wissenschaftler ein gut erhaltenes Exemplar, bei dem Hautabdrücke der Rücken- und Halsmuskulatur sowie Innereien wie der Magen samt Inhalt erhalten geblieben waren. Daraus wurde ersichtlich, dass sich das Tier wie seine Verwandten von pflanzlicher Kost ernährte, die aus Farnen und Koniferen bestand.

Ornithopoda

Ordnung:	**Ornithischia**
Unterordnung:	**Ornithopoda**
Infraordnung:	**Ornithopoda**
Familie:	**Hadrosauridae**

Höhe:	2,50 m
Länge:	5–7 m
Gewicht:	1,5–2 t
Jahr:	Sternberg, 1953
Ort:	Nordamerika:
	1. Judith River Formation, Alberta, Kanada
	2. Judith River Formation, Montana, USA
Zeit:	Obere Kreide, vor 85–71 Mio. Jahren
Nahrung:	Herbivor

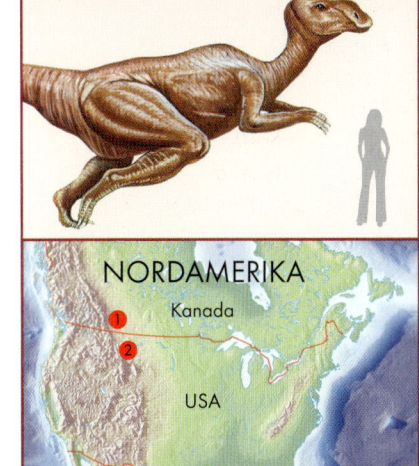

NORDAMERIKA
Kanada
USA

Brachylophosaurus' Nasenhöcker bestand aus Knochengewebe, was einige gut erhaltene Fossilien zeigten. Vielleicht diente er dem Träger bei Kämpfen rivalisierender Männchen oder als bunt gefärbtes Signal während der Zeit der Fortpflanzung. Sein Name, der „kleine Kammerechse" bedeutet, bezieht sich auf den ungewöhnlichen Höcker.

Kreide — Obere / Untere
70, 80, 90, 100, 110, 120, 130, 140

Jura — Oberer / Mittlerer / Unterer
150, 160, 170, 180, 190

Trias — Obere / Mittlere / Untere
200, 210, 220, 230, 240, 250

Camptosaurus

Ornithopoda

Ordnung:	**Ornithischia**
Unterordnung:	**Ornithopoda**
Infraordnung:	**Ornithopoda**
Familie:	**Ankylopollexia o. fam. Zuordnung**

Höhe: 3 m
Länge: 3,50–7 m
Gewicht: 0,4–0,7 t
Jahr: Marsh, 1885
Ort: Nordamerika, USA:
1. Morrison Formation, Wyoming; 2. Lakota Formation, South Dakota
Europa:
3. Kimmeridge Clay Formation, Dorset, England
Zeit: Oberer Jura, vor 155–145 Mio. Jahren
Nahrung: Herbivor

Camptosaurus gehörte zu den Iguanodontia, den Leguanzahn-Dinosauriern, die Pflanzen in Bodennähe abweideten. Die „biegsame Echse", was sein Name bedeutet, lief auf zwei kräftigen Beinen, deren Füße Krallen trugen. Seine Hände eigneten sich zum Zugreifen und die Daumenkralle wohl auch zum Graben. Sein niedriger, breiter Schädel war schwer, da die Schädelfenster zwischen den Knochen geschlossen waren, und lief in den zahnlosen Schnabel aus. Weiter hinten im Kiefer saßen meißelförmige Zähne, mit denen er die Nahrung zerkleinerte. Mund- und Nasenraum waren durch ein sekundäres Munddach getrennt, wodurch das Tier gleichzeitig atmen und kauen konnte.

Exemplare des Camptosaurus kamen in Europa und Nordamerika zum Vorschein, was die These unterstützt, nach der beide Kontinente vor 150–140 Millionen Jahren noch miteinander verbunden waren.

Camptosaurus lebte sowohl in Nordamerika als auch in Europa während des Oberen Jura und konnte bis zu 3 m hoch werden.

Corythosaurus gehörte zu den Entenschnabel-Dinosauriern, die hohle Knochengebilde auf dem Schädel trugen. Der halbmondförmige Knochenkamm, der auf Corythosaurus' Kopf saß, wuchs den Tieren erst mit den Jahren. Verschiedene Funde zeigten, dass die Knochenkämme von kleineren und damit vermutlich jüngeren Tieren weitaus geringere Ausmaße besaßen als von erwachsenen Exemplaren oder Männchen.

Corythosaurus' Kamm war innen hohl und mit dem Nasengang verbunden, wodurch er damit vermutlich riechen und auch Töne erzeugen konnte. Mit diesen Lauten konnte das Tier innerhalb der Herde kommunizieren und beispielsweise vor Feinden warnen. Den Männchen nutzte der bunt gefärbte Knochenkamm möglicherweise zur Brautwerbung. Corythosaurus durchstreifte die Wälder in Herden auf der Suche nach Nadel- und Magnolienblättern, Samen und Früchten von Blütenpflanzen. Die Tiere lebten in Wassernähe und konnten vermutlich schwimmen, was ihnen als zusätzlicher Fluchtweg bei einem Angriff von einem Raubsaurier nützlich gewesen wäre.

Ornithopoda	
Ordnung:	**Ornithischia**
Unterordnung:	**Ornithopoda**
Infraordnung:	**Ornithopoda**
Familie:	**Hadrosauridae**

Höhe:	4 m
Länge:	9–10 m
Gewicht:	4 t
Jahr:	Brown, 1914
Ort:	Nordamerika:
	1. Red Deer River, Alberta, Kanada
	2. Montana, USA
Zeit:	Obere Kreide, vor 76–74 Mio. Jahren
Nahrung:	Herbivor

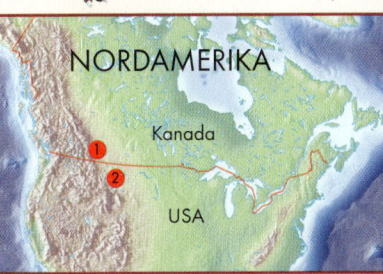

NORDAMERIKA

Kanada

USA

Seinen Namen verdankt Corythosaurus seinem Kopfschmuck, der „Echse mit korinthischem Helm" bedeutet. Damit ist der Helm gemeint, den die Krieger in der Antike trugen.

Draconyx

Ornithopoda
Ordnung: Ornithischia
Unterordnung: Ornithopoda
Infraordnung: Ornithopoda
Gruppe: Ankylopollexia o. fam. Zuordnung

Höhe:	3 m
Länge:	7 m
Gewicht:	2 t
Jahr:	Mateus und Antunes, 2001
Ort:	Europa: Vale Frades, Lourinha, Portugal
Zeit:	Oberer Jura, vor 152–145 Mio. Jahren
Nahrung:	Herbivor

EUROPA

Portugal

Der pflanzenfressende Dinosaurier Draconyx gehörte zu den Iguanodonten, die eine Daumenkralle besaßen. Draconyx bedeutet „Drachenklaue", was auf dieses Merkmal anspielt. Er bildete mit Camptosaurus die Gruppe der Ankylopollexia und war etwa mittelgroß.

Bisher wurden jedoch nur Teilfragmente eines Exemplars in Portugal gefunden. Vom Camptosaurus unterscheidet sich Draconyx durch Details an den Oberschenkelknochen und Füßen. Octávio Mateus und Prof. Miguel Telles Antunes von der Universität Lissabon beschrieben das Tier 2001 und gaben ihm den Speziesnamen *Draconyx loureiroi* zu Ehren des portugiesischen Jesuiten und Pioniers in der Paläontologie, João de Loureiro (1717–1791).

Draconyx trug wie seine Verwandten eine Daumenkralle, die ihm auch seinen Namen gab. Überreste des bis zu 3 m hohen Tieres wurden bisher in Portugal gefunden.

Dryosaurus

Dryosaurus, dessen Name „Eichenbaum-Echse" bedeutet, war ein pflanzenfressender Ornithopode mit Hornschnabel und bezahnten Kiefern. Die Backenzähne schärften sich immer wieder selbst.

Vermutlich lagerte Dryosaurus die Pflanzen in den Backen, bevor er sie ausführlich zerkaute. Er konnte recht schnell auf den beiden langen, dünnen Beinen laufen, während sein steifer Schwanz die Bewegungen ausbalancierte. Die Flucht war sicher die einzige Möglichkeit für den kleinen, agilen Pflanzenfresser, um den Angriffen der Raubsaurier, wie etwa denen des Allosaurus, zu entkommen.

Dryosaurus lebte vermutlich im Herdenverband, legte Eier in Brutnester und kümmerte sich um den Nachwuchs. Aufgrund der Größe seines Gehirns verfügte er über mittelmäßige Intelligenz. Die kürzeren, dünnen Arme endeten in fünf langen Fingern.

Ornithopoda

Ordnung:	**Ornithischia**
Unterordnung:	**Ornithopoda**
Infraordnung:	**Ornithopoda**
Familie:	**Dryosauridae**

Höhe:	1,60 m
Länge:	3–4 m
Gewicht:	90 kg
Jahr:	Marsh, 1894
Ort:	Nordamerika, USA: 1. Utah; 2. Morrison Formation, Wyoming; 3. Morrison Formation, Colorado Europa: 4. England; 5. Rumänien Afrika: 6. Tendaguru Beds, Tansania
Zeit:	Oberer Jura, vor 156–145 Mio. Jahren
Nahrung:	Herbivor

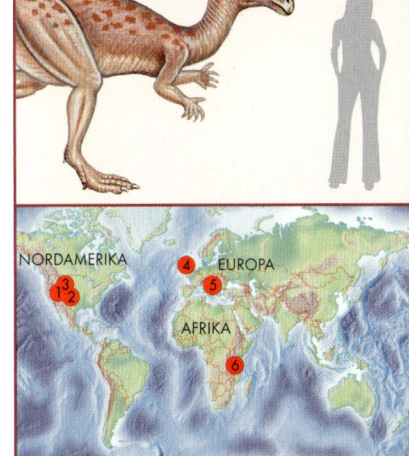

Von Dryosaurus, einem mittelgroßen Iguanodontiden, wurden Fossilien in Nordamerika, Afrika und Europa gefunden. Alle Tiere hatten zur gleichen Zeit gelebt.

Echinodon

Ordnung: Ornithischia
Unterordnung: Ornithopoda
Infraordnung: Ornithopoda
Familie: Heterodontosauridae

Höhe: 0,15 m
Länge: 0,60 m
Gewicht: 2 kg
Jahr: Owen, 1861
Ort: Europa: Middle Pur-
beck Beds, Dorset,
England
Zeit: Oberer Jura,
vor 147 Mio. Jahren
Nahrung: Herbivor

England
EUROPA

Echinodon wurde in Südengland ent-deckt, allerdings nur anhand einiger Kieferfragmente, die von verschiede-nen Exemplaren stammten. In den Kiefern saßen ungewöhnliche Zähne, darunter zwei lange, hundeartige Fangzähne, wie sie die Heterodonto-sauriden tragen. Die Spitzen auf sei-nen Zähnen führten zum Namen „Echinodon", der „dorniger Zahn" bedeutet.

Aufgrund der Knochenplättchen, die am Fundort lagen, galt Echino-don lange als Fabrosaurier, ähnlich Scutellosaurus, der einen kleinen, knöchernen Panzer auf dem Rücken trug, wobei Echinodon aber viel klei-ner war. Andere sahen in ihm einen Vertreter der Thyreophora. Owen beschrieb seine Art bereits 1861, aber erst Sereno ordnete sie 1991 den Heterodontosauriern zu. Nor-man und Barrett ergänzten 2002 die Beschreibung. Das Ungewöhnliche an Echinodon scheint, dass er als Heterodontide viel jünger als seine Verwandten war.

Auch besaß er kürzere Frontzähne. Vielleicht ernährte sich Echinodon neben Wurzeln und Samen zusätz-lich von kleinen Insekten.

Echinodon lebte während des Oberen Jura in der Gegend, die heute zu England gehört. Seine Überreste tauchten bereits Mitte des 19. Jahrhunderts auf.

Edmontosaurus erhielt seinen Namen (wie Edmontonia) nach der kanadischen Stadt Edmonton. Er gehörte zur Familie der Hadrosaurier, die Entenschnäbel trugen und als letztentwickelte große Dinosauriergruppe auf der Erde lebte. Von Edmontosaurus kam außerdem ein besonderer Fund zum Vorschein: zwei komplett mumifizierte Körper, an denen die lederartige Haut und das Muskelfleisch gut zu erkennen waren.

Der Dinosaurier hatte eine breite, schnabelartige Schnauze, mit der er die Pflanzen abzupfte und Nadeln, Zweige, Früchte und Samen fraß. In den hinteren Kiefern saßen mehr als 1000 kleine Reibezähne in dichten Gruppen, die sich immer wieder von selbst erneuerten. Auf seiner Nase lag ein Nasensack, den Edmontosaurus aufblasen konnte, um Töne zu erzeugen. Mit Signalen konnte er sich vielleicht in seinem Lebensraum, den Sumpfgebieten, verständigen. Er lief in der Regel auf zwei Beinen, vor allem während der Flucht vor Raubsauriern.

Ornithopoda	
Ordnung:	**Ornithischia**
Unterordnung:	**Ornithopoda**
Infraordnung:	**Ornithopoda**
Familie:	**Hadrosauridae**

Höhe:	3,50 m
Länge:	13 m
Gewicht:	3–4 t
Jahr:	Lambe, 1917
Ort:	Nordamerika, Kanada: 1. Scollard Formation, Alberta; 2. Frenchman Formation, Saskatchewan Nordamerika, USA: 3. Alaska; 4. Lance Formation, Wyoming; 5. Colorado
Zeit:	Obere Kreide, vor 76–65 Mio. Jahren
Nahrung:	Herbivor

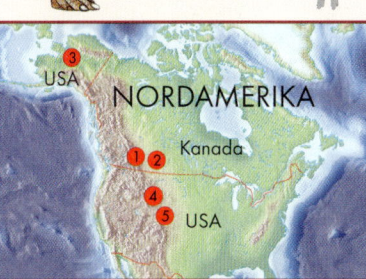

Einige Wissenschaftler sehen ihn als langsames Tier, andere trauen ihm Geschwindigkeiten von 50 km/h zu. Die kürzeren Arme endeten in Händen, an denen nur vier Finger saßen. Sein langer Schwanz war steif. Auf Rücken, Hals und Schwanz durchzogen Buckel die Haut, die vielleicht lebhafte Färbungen aufwiesen.

Das einzige Originalskelett eines Edmontosaurus in Europa steht im Senckenbergmuseum in Deutschland. Früher hieß Edmontosaurus auch Anatosaurus oder Trachodon.

Eolambia

Ornithopoda

Ordnung: Ornithischia
Unterordnung: Ornithopoda
Infraordnung: Ornithopoda
Familie: Iguanodontoidea o. fam. Zuordnung

Höhe: 4,50 m
Länge: 9–12 m
Gewicht: 4 t
Jahr: Kirkland, 1998
Ort: Nordamerika: Upper Cedar Mountain Formation, Utah, USA
Zeit: Untere und Obere Kreide, vor 112–93 Mio. Jahren
Nahrung: Herbivor

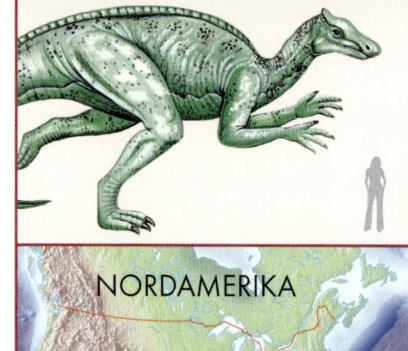

NORDAMERIKA

USA

Eolambia wird heute als Iguanodontide gesehen. Er besaß einen sehr langen, flachen Schädel. In seinen Kiefern saßen beidseitig Zähne und der Schnabel war nicht sehr ausgeprägt.

Seine Vorderbeine waren massiv und lang, die Hüftknochen ähnelten den Iguanodonten. In anderen Bereichen wies er Übereinstimmungen mit den späteren Hadrosauriern auf, weshalb manche Wissenschaftler in ihm einen primitiven, frühen, kammlosen Vertreter der Hadrosaurier sehen. In diesem Zusammenhang erhielt er auch seinen Namen, der „Lambeosaurier der Morgenröte" bedeutet, was sich auf sein frühes Auftreten bezieht.

Eolambia lebte als großer Iguanodontide während der Unteren und Oberen Kreidezeit im Westen Nordamerikas.

Fulgurotherium

Von Fulgurotherium konnten bisher nur wenige Überreste entdeckt werden, so auch ein Oberschenkelknochen, der eine Verwandtschaft zu Hypsilophodon aufwies. Während Hypsilophodon in Nordamerika und Europa heimisch war, lebte Fulgurotherium in Australien.

Vermutlich lag seine Hauptbeschäftigung darin, als kleiner, flinker Pflanzenfresser nach Nahrung zu suchen, die er mit dem kurzen knöchernen Schnabel abrupfte. Als äußerst geschickter Läufer bewegte er sich im Herdenverband, um so besser vor Angriffen geschützt zu sein. Fulgurotherium rannte auf zwei Beinen und balancierte mit dem Schwanz die blitzartige Flucht aus, sobald er von einem Raubsaurier angegriffen wurde. Diese Fähigkeit verhalf ihm auch zu seinem Namen, denn Fulgurotherium bedeutet „blitzartige Bestie", wobei der harmlose Pflanzenfresser anderen Tieren kaum gefährlich werden konnte.

Ornithopoda
Ordnung: Ornithischia
Unterordnung: Ornithopoda
Infraordnung: Ornithopoda
Familie: Euornithopoda o. fam. Zuordn.

Höhe:	0,60 m
Länge:	2 m
Gewicht:	30 kg
Jahr:	von Huene, 1932
Ort:	Australien: Griman Creek Formation, New South Wales
Zeit:	Untere Kreide, vor 130 Mio. Jahren
Nahrung:	Herbivor

AUSTRALIEN

New South Wales

Die Überreste von Fulgurotherium wurden bisher in Australien gefunden und lassen das Tier als harmlosen herbivoren Ornithopoden erkennen.

Kreide
Obere
70
80
90
100
Untere
110
120
130
140
Jura
Oberer
150
160
Mittlerer
170
Unterer
180
190
200
Trias
Obere
210
220
230
Mittlere
240
Untere
250

Hadrosaurus

Ornithopoda

Ordnung:	Ornithischia
Unterordnung:	Ornithopoda
Infraordnung:	Ornithopoda
Familie:	Hadrosauridae

Höhe:	4,50 m
Länge:	6–10 m
Gewicht:	2,5 t
Jahr:	Leidy, 1858
Ort:	Nordamerika: Woodbury Formation, New Jersey, USA
Zeit:	Obere Kreide, vor 84–71 Mio. Jahren
Nahrung:	Herbivor

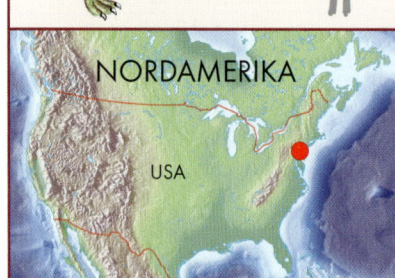

NORDAMERIKA

USA

Von Hadrosaurus kam ein nahezu vollständiges Skelett im Jahre 1857 in den USA zum Vorschein, woraufhin das Tier den Namen „große Echse" erhielt. Dieser Fund führte dazu, dass ausgedehnte Dinosaurier-Expeditionen ins Leben gerufen wurden.

Hadrosaurus lebte gegen Ende der Kreidezeit in Nordamerika. Sein breiter, zahnloser Schnabel führte dazu, dass er und seine Familie heute auch als „Entenschnabel-Dinosaurier" bezeichnet werden. Der Pflanzenfresser lief während der Nahrungssuche am Boden auf allen Vieren, wobei die vorderen Gliedmaßen kürzer als die hinteren waren. Ebenso konnte er auf den Hinterbeinen gehen. Sein steifer Schwanz stand abgespreizt vom Körper ab, gestützt von den Fortsätzen seiner Wirbel.

Auch bei Hadrosaurus saß ein Knochenkamm auf der Nase, der jedoch weniger spektakulär wie bei seinen Verwandten ausfiel. In seinen Kiefern saßen Hunderte leicht gekrümmte Zähne, die durch neue ersetzt wurden, sobald sie sich abgenutzt hatten. Damit zerkaute Hadrosaurus die Pflanzen, die er zuvor mit dem Hornschnabel abgezupft hatte.

Hadrosaurus, ein Entenschnabel-Dinosaurier, nach dem seine Familie benannt wurde, lebte gegen Ende der Kreidezeit in Nordamerika.

Heterodontosaurus

Heterodontosaurus, ein früher Ornithischier, besaß drei verschiedene Zahnarten, was ihm zu seinem Namen verhalf, der „Echse mit vielfältigen Zähnen" bedeutet.

Neben Frontzähnen im Oberkiefer, denen eine Hornleiste im Unterkiefer gegenüberstand, trug er zwei Paar Eckzähne, die in entgegengesetzte Taschen griffen, sowie Backenzähne mit scharfen Kanten. Mit den Vorderzähnen biss Heterodontosaurus die niedrig wachsenden Pflanzen ab und zerschnitt sie mit den hinteren Zähnen. Die Aufgabe der Eckzähne, die denen der Säugetiere ähnelten, ist bis heute ungeklärt. Vielleicht besaßen diese nur die Männchen, um sie bei Revierkämpfen oder der Brautwerbung einzusetzen, zumal nicht alle gefundenen Exemplare mit Eckzähnen und gegenüberliegenden Taschen ausgestattet waren.

Heterodontosaurus war insgesamt ein kleiner Ornithopode, an dessen kürzeren Armen fünf Finger mit Krallen saßen. Vermutlich konnte er sehr schnell auf seinen beiden kräftigen Beinen laufen.

Heterodontosaurus besaß unterschiedliche Zahnarten, ernährte sich aber ausschließlich herbivor. Überreste des kleinen, flinken Ornithopoden fanden sich in Südafrika.

Ornithopoda	
Ordnung:	**Ornithischia**
Unterordnung:	**Ornithopoda**
Infraordnung:	**Ornithopoda**
Familie:	**Heterodontosauridae**

Höhe:	0,40 m
Länge:	1,20 m
Gewicht:	10 kg
Jahr:	Crompton und Charis, 1962
Ort:	Afrika: Upper Elliot und Clarence Formation, Südafrika
Zeit:	Obere Trias, vor 208–200 Mio. Jahren
Nahrung:	Herbivor

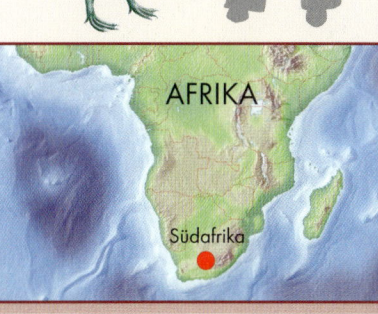

AFRIKA

Südafrika

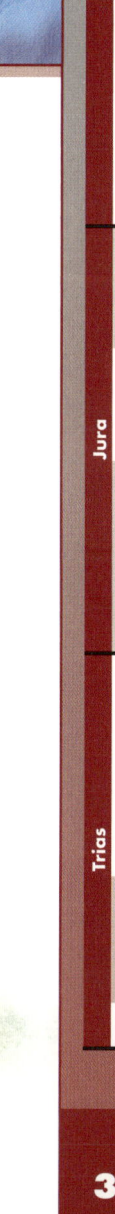

Hypacrosaurus

Ornithopoda
Ordnung: Ornithischia
Unterordnung: Ornithopoda
Infraordnung: Ornithopoda
Familie: Hadrosauridae

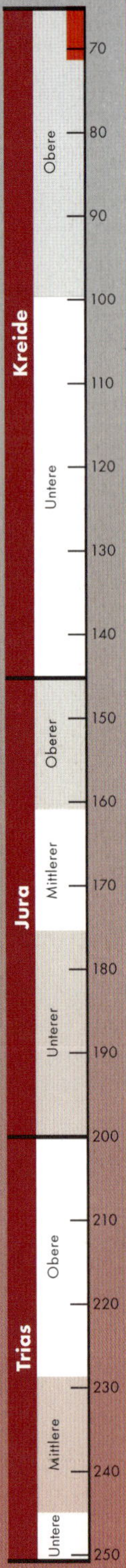

Höhe:	2,50 m
Länge:	9 m
Gewicht:	3,5 t
Jahr:	Brown, 1913
Ort:	Nordamerika: Horseshoe Canyon Formation, Alberta, Kanada
Zeit:	Obere Kreide, vor 71–65 Mio. Jahren
Nahrung:	Herbivor

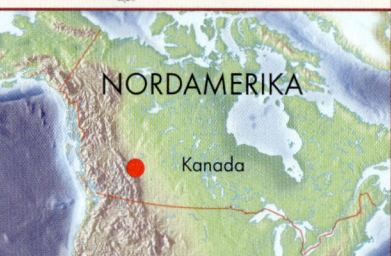

NORDAMERIKA

Kanada

Hypacrosaurus gehörte zu den Hadrosauriern, die sich durch ihren besonderen Kopfschmuck auszeichnen. Auch Hypacrosaurus trug einen großen, halbkreisförmigen Kamm auf dem Kopf. Damit ähnelte er Corythosaurus, dessen Kamm jedoch größer war und der vermutlich – ähnlich wie bei Spinosaurus – vor Hypacrosaurus lebte. Dessen Wirbel hatten lange Dornfortsätze ausgebildet und waren vermutlich von Fleisch oder Haut ummantelt oder formten eine kleines Segel, das eventuell zur Wärmeregulierung diente.

Ansonsten besaß Hypacrosaurus wie alle typischen Entenschnabel-Dinosaurier einen breiten Hornschnabel, mit dem er die Pflanzen abzupfte, von denen er sich ernährte. Sein Name heißt so viel wie „Unter-der-Spitze-Echse".

Hypacrosaurus trug neben dem typischen Hornschnabel einen Rückenschild oder Höcker auf dem Rücken sowie einen Knochenkamm auf dem Kopf, dessen Nutzen noch nicht geklärt wurde.

Hypsilophodon

Der etwa mannshohe Hypsilophodon galt nach den ersten Beschreibungen als Baumbewohner. Erst später erkannten die Wissenschaftler, dass der flinke Ornithopode mit seinen zwei Beinen schnell laufen konnte und perfekt an das Leben auf dem Boden angepasst war. An seinen kürzeren Armen saßen Hände mit fünf Fingern, mit denen er Pflanzen und Äste greifen konnte. Zu seiner Nahrung gehörten Schachtelhalme und Farne. Der Pflanzenfresser rupfte die Pflanzen mit seinem Hornschnabel ab oder biss sie mit den Schneidezähnen im Oberkiefer ab. Dann zerkaute er sie mit den Backenzähnen, die zusammen eine scharfe Schneidekante bildeten und sich selbst schärften. Nach der Form dieser Zähne erhielt er auch seinen Namen, der „Zahn mit hohen Leisten" bedeutet.

Der Verdauungstrakt dehnte sich bei Hypsilophodon weit zum Schwanz hin aus, da Schambein und Sitzbein nach hinten zeigten. Der Schwanz wies Knochensehnen zur Verstrebung auf, sodass sich Oberkörper und Kopf mit dem Schwanz die Balance hielten, da das Körpergleichgewicht unter dem Becken lag.

Ornithopoda	
Ordnung:	Ornithischia
Unterordnung:	Ornithopoda
Infraordnung:	Ornithopoda
Familie:	Euornithopoda o. fam. Zuordnung

Höhe:	1,70 m
Länge:	2–4 m
Gewicht:	70 kg
Jahr:	Huxley, 1870
Ort:	Nordamerika: 1. South Dakota, USA Europa: 2. Isle of Wight, England; 3. Las Zabacheras Beds, Teruel, Spanien; 4. Nehden, bei Brilon, Sauerland, Deutschland
Zeit:	Untere Kreide, vor 120 Mio. Jahren
Nahrung:	Herbivor

Hypsilophodon lebte vermutlich im Herdenverband, was ein Fund mit fossilen Überresten von ungefähr 20 Exemplaren auf der englischen Isle of Wight zeigte. Europa überzog damals in vielen Teilen ein flaches Schelfmeer und eine Flutwelle des Meeres riss vermutlich die Herde in den Tod.

Hypsilophodon war ein schneller Sprinter. Näherte sich ein räuberischer Carnosaurier, blieb dem kleinen Ornithopoden nur die Flucht.

Kreide

Obere

Untere

Jura

Oberer

Mittlerer

Unterer

Trias

Obere

Mittlere

Untere

Das Iguanodon ist heute einer der bekanntesten Dinosaurier. Bereits 1809 kamen die ersten Fossilien und 1819 Zähne zum Vorschein, die Gideon Mantell einem prähistorisches Reptil zuschrieb. Sein Vergleich mit den Zähnen der heutigen Leguane Südamerikas führte zur Benennung des neuen Tieres mit Iguanodon, was „Leguan-Zahn" bedeutet. Iguanodon war zu der Zeit der zweite Dinosaurier überhaupt, der wissenschaftlich beschrieben wurde.

Iguanodon erreichte etwa 10 m Länge und besaß einen pferdeähnlichen Schädel mit einem breiten, zahnlosen Hornschnabel. In den Kiefern saßen Zähne, die bis zu 5 cm lang waren. Die Hinterbeine endeten in dreizehigen Füßen, die kürzeren vorderen Gliedmaßen trugen vier Finger und einen Daumensporn, den Iguanodon vermutlich zur Verteidigung gegen räuberische Angreifer einsetzte. Diesen Dorn setzte Mantell bei der ersten Rekonstruktion 1825 auf die Nase seines urzeitlichen Reptils, das ein drachenähnliches Äußeres besaß, auf vier Beinen lief und den Schwanz hinter sich herschleifte.

Iguanodon

Heute wird das Tier in verschiedenen Positionen rekonstruiert, kann sowohl auf zwei wie auch auf vier Beinen laufen und trägt seinen langen Schwanz steif vom Körper abgespreizt.

Das Iguanodon lebte in Herden und befand sich immer auf der Suche nach Farnen und Schachtelhalmen, die zu den bevorzugten Pflanzen gehörten. Dabei zogen die Herden entlang der Flüsse und rupften mit dem Schnabel die Pflanzen ab. Zahlreiche Fossilien in Europa zeugen von der Verbreitung der Gattung, von der bisher sieben Arten klassifiziert werden konnten.

Das Iguanodon, das seiner Familie den Namen gab, lebte in vielen Gebieten Europas und Amerikas. Zahlreiche Arten wurden bisher entdeckt.

Ornithopoda

Ordnung:	Ornithischia
Unterordnung:	Ornithopoda
Infraordnung:	Ornithopoda
Familie:	Iguanodontoidea o. fam. Zuordnung

Höhe:	5 m
Länge:	7–11 m
Gewicht:	4,5 t
Jahr:	Mantell, 1825
Ort:	Nordamerika: 1. Lakota Formation, South Dakota, USA Europa: 2. Wealden, East Sussex, England; 3. Bernissart, Hennegau, Belgien; 4. Bad Rehburg, Niedersachsen, Deutschland Antarktis: 5. James Ross Insel
Zeit:	Untere Kreide, vor 140–100 Mio. Jahren
Nahrung:	Herbivor

Jinzhousaurus

Ornithopoda
Ordnung: Ornithischia
Unterordnung: Ornithopoda
Infraordnung: Ornithopoda
Familie: Iguanodontoidea o. fam. Zuordnung

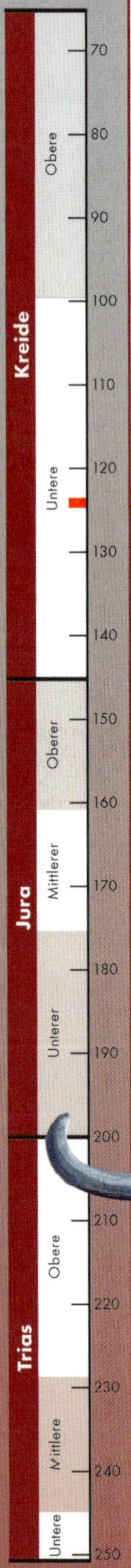

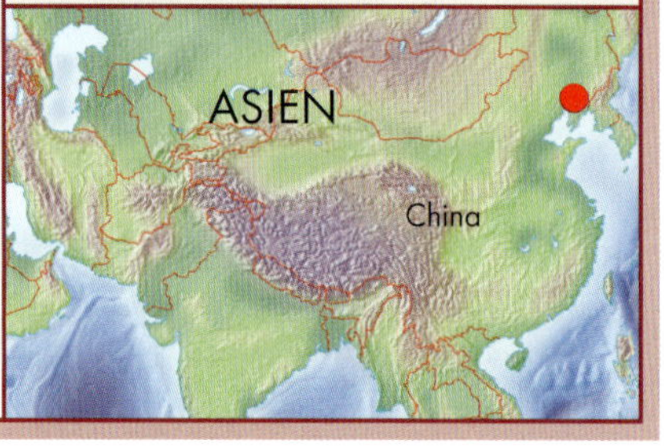

Jinzhousaurus wurde nach dem geographischen Gebiet Jinzhou benannt, das in der chinesischen Provinz Liaoning liegt. Hier kam ein fast komplettes Skelett des Tieres mit Schädel ans Tageslicht. Das etwa 7 m lange Tier besaß einen etwa 50 cm langen und 28 cm hohen Schädel mit spitzer Schnauze. Wie die Hadrosaurier hatte auch Jinzhousaurus keine Antorbitalfenster.

Der Schädel ähnelte sowohl Probactrosaurus als auch Iguanodon, wobei er die typischen Zähne der Iguanodontiden besaß. Einige Wissenschaftler zählen Jinzhousaurus aufgrund der Ähnlichkeiten in vielen Schädelmerkmalen zu den Hadrosauriern.

Höhe:	2 m
Länge:	7 m
Gewicht:	1 t
Jahr:	Wang und Xu, 2001
Ort:	Asien: Yixian Formation, Liaoning, China
Zeit:	Untere Kreide, vor 124 Mio. Jahren
Nahrung:	Herbivor

ASIEN

China

Jinzhousaurus gehörte zu den Iguanodontiden, wobei einige anatomische Merkmale die Klassifizierung erschweren. Bisherige Funde stammen aus China.

Kerberosaurus

Kerberosaurus konnte 2004 vom russischen Paläontologen Yuri Bolotsky, der in der Stadt Blagoveschensk einen ungewöhnlichen Schädel fand, sowie seinem belgischen Kollegen Pascal Godefroit als neue Gattung des Kerberosaurus beschrieben werden. Dieser Fund ist der einzige Dinosaurier, der bisher in der Vor-Amir-Region zum Vorschein kam. Die nahesten Verwandten des Kerberosaurus lebten in Nordamerika. Gemeinsame Vorfahren wanderten demnach über die Beringbrücke nach Asien ein, was als recht ungewöhnlich gilt, da sich zahlreiche Formen von Asien aus in Richtung Amerika verbreiteten.

Kerberosaurus gehörte zu den Hadrosauriern und besaß einen flachen, breiten Schnabel mit den typischen Zahnbatterien im Kiefer. Im Gegensatz zu seinen Verwandten Prosaurolophus und Saurolopus trug er keinen hohen, hohlen Kamm auf dem Kopf, sondern einen flachen, breiten, der nach hinten in einer Spitze auslief.

Ornithopoda	
Ordnung:	**Ornithischia**
Unterordnung:	**Ornithopoda**
Infraordnung:	**Ornithopoda**
Familie:	**Hadrosauridae**

Höhe:	4 m
Länge:	9 m
Gewicht:	3 t
Jahr:	Bolotsky und Godefroit, 2004
Ort:	Asien: Tsagayan Formation, Blagoveschensk, Russland
Zeit:	Obere Kreide, vor 71–65 Mio. Jahren
Nahrung:	Herbivor

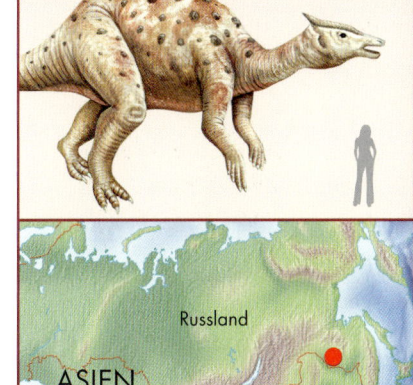

Der große Kerberosaurus scheint äußerlich gefährlich, ernährte sich aber ausschließlich von Pflanzen.

Kritosaurus

Ornithopoda

Ordnung:	**Ornithischia**
Unterordnung:	**Ornithopoda**
Infraordnung:	**Ornithopoda**
Familie:	**Hadrosauridae**

Höhe:	4,50 m
Länge:	8 – 10 m
Gewicht:	2,5 t
Jahr:	Brown, 1910
Ort:	Nordamerika:
	1. Kirtland Formation, New Mexico, USA
	2. Aguja Formation, Texas, USA
Zeit:	Obere Kreide, vor 80 – 75 Mio. Jahren
Nahrung:	Herbivor

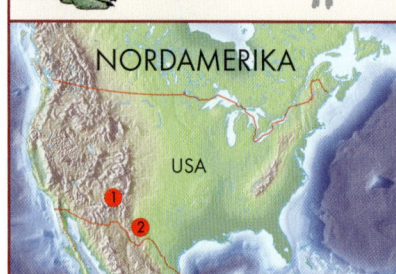

NORDAMERIKA

USA

Kritosaurus war ein Hadrosaurier mit breitem Hornschnabel und einer Zahnbatterie aus tausend Zähnen im Kiefer, die sich erneuerten, sobald sie abgenutzt waren.

Als Pflanzenfresser nahm er faserige Nahrung zu sich und weidete die Büsche und Bäume ab. Er lebte im Herdenverband, betrieb Brutpflege und konnte sowohl auf zwei als auch auf vier Beinen laufen.

Im Gegensatz zu vielen Verwandten trug Kritosaurus keinen Helm auf dem Kopf, sondern einen Nasenhöcker, der vermutlich dem Geruchssinn diente oder eine Rolle bei der Balz spielte. Dieser Höcker ähnelt dem des Hadrosaurus, der ebenfalls zur gleichen Zeit in Nordamerika lebte. Daher ordnen einige Paläontologen beide Tiere einer Gattung zu, zumal bisher nur wenige fossile Reste von Kritosaurus gefunden wurden.

Der gewaltige Kritosaurus gehört zu den größten Hadrosauriern, den friedlich lebenden Entenschnabel-Dinosauriern. Er lebte während der Oberen Kreidezeit.

Lambeosaurus

Lambeosaurus trug auf dem Kopf zwei knöcherne Strukturen: Die eine ragte als rechteckiger hohler Kamm auf der Stirn in die Höhe, die andere saß als Knochenzapfen am Hinterkopf.

Der Stirnkamm war mit den Nasengängen verbunden, wodurch Lambeosaurus vermutlich verschiedene laute Töne erzeugen konnte. Vielleicht dienten sie der Kommunikation innerhalb der Herde oder als farbenprächtiger Schmuck während der Balz. Jedoch verbesserten sie nicht den Geruchssinn, sondern dienten eher der Gehirnkühlung. Den nach hinten ausgerichteten Knochenzapfen besaßen nur Männchen. Seine Funktion ist allerdings unklar. Lambeosaurus besaß einen langen, biegsamen Hals, mit dem er die Bäume und Büsche bequem abweiden konnte. Mehr als 700 Zähne zerkleinerten die Nahrung.

Ornithopoda	
Ordnung:	**Ornithischia**
Unterordnung:	**Ornithopoda**
Infraordnung:	**Ornithopoda**
Familie:	**Hadrosauridae**

Höhe:	4–6 m
Länge:	9–16 m
Gewicht:	6 t
Jahr:	Parks, 1923
Ort:	Nordamerika:
	1. Judith River Group, Alberta, Kanada
	2. El Gallo Formation, Baja California, Mexiko
Zeit:	Obere Kreide, vor 79–74 Mio. Jahren
Nahrung:	Herbivor

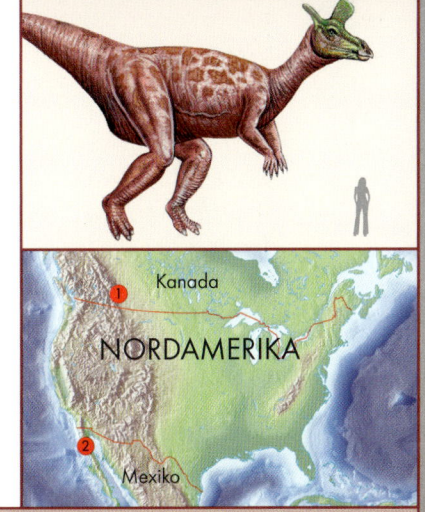

Bisher wurden mehrere Arten des Tieres an verschiedenen Orten gefunden. Die Fragmente der kalifornischen Art deuten darauf hin, dass sie mit einer Länge von 16 m den größten Hadrosaurier repräsentierte.

Seinen Namen erhielt Lambeosaurus nach dem kanadischen Fossilienjäger Lawrence Lambe.

Lanasaurus

Ornithopoda
Ordnung: **Ornithischia**
Unterordnung: **Ornithopoda**
Infraordnung: **Ornithopoda**
Familie: **Heterodontosauridae**

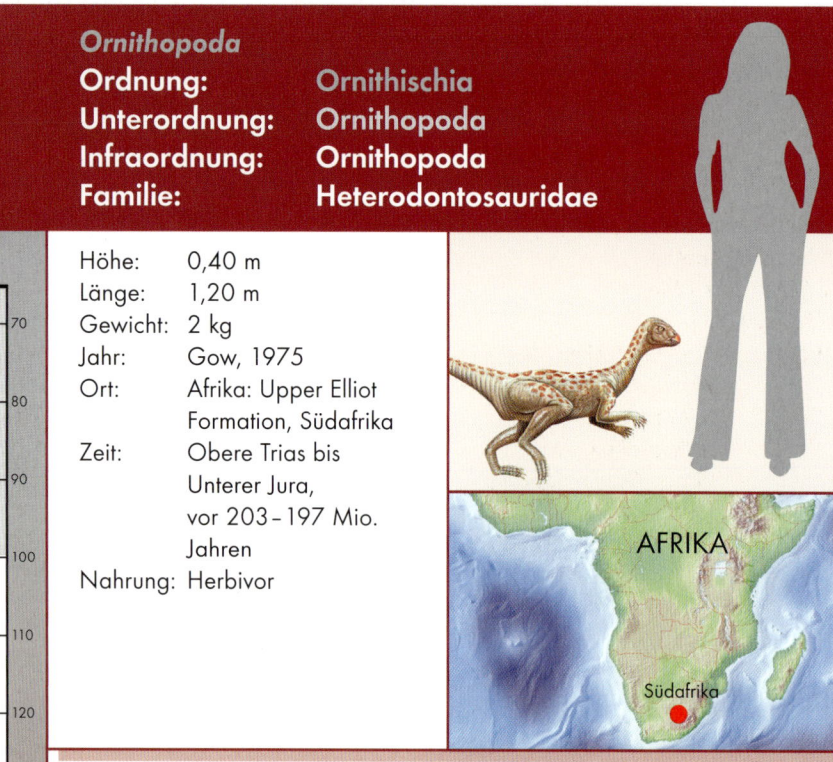

Höhe:	0,40 m
Länge:	1,20 m
Gewicht:	2 kg
Jahr:	Gow, 1975
Ort:	Afrika: Upper Elliot Formation, Südafrika
Zeit:	Obere Trias bis Unterer Jura, vor 203–197 Mio. Jahren
Nahrung:	Herbivor

AFRIKA

Südafrika

Lanasaurus, ein sehr kleiner Ornithopode, wurde in Südafrika gefunden. Seine Arme waren viel kürzer als die Beine, wodurch er sehr gut auf zwei Beinen rennen, aber auch zum Grasen auf allen Vieren laufen konnte. Er besaß kleine, meißelähnliche Zähne, die sich durch das Aneinanderreiben selbst schärften oder ausfielen, sobald sie abgenutzt waren. Die Nachfolger wuchsen in Dreiergruppen nach und nahmen deren Plätze ein. Wie alle Heterodontosaurier verfügte auch er über Fangzähne, die eigentlich nur omnivoren Tieren nützlich waren.

Zudem sind sich die Wissenschaftler nicht einig, ob es sich bei Lanasaurus möglicherweise um Lycorhinus handelte. Seinen Namen erhielt er zu Ehren des Wissenschaftlers A. W. Compton, der die Sammlungen in Südafrika initiierte. Compton trug krauses Haar, weshalb das Tier den Namen Lanasaurus bekam, was „krause (zerzauste) Echse" bedeutet.

*Lanasaurus, ein kleiner Heterodontosauride,
lebte von der Oberen Trias bis zum Unteren
Jura. Bisherige Funde stammen aus Südafrika.*

Leaellynasaura

Der kleine Leaellynasaura lebte während der Kreidezeit in Australien, das noch innerhalb des arktischen Kreises lag, und in der Antarktis, die beide über eine Landbrücke miteinander verbunden waren. Sein Herdenverband gab ihm einigen Schutz vor Räubern und half ihm, die Kälteperioden zu überstehen. Während des polaren Winters fiel das Tier vermutlich in eine Art Kältestarre und hielt Winterschlaf. Auch entwickelte es große Augen und empfindliche Sehnerven, um sich während der etwa 4 Monate dauernden dunklen Zeit zurechtzufinden. Mit seinem relativ großen Gehirn, das ihm das gute Sehen ermöglichte, konnte es in den unwirtlichen klimatischen Bedingungen überleben.

Sollte Leaellynasaura bereits Warmblüter gewesen sein, so konnte er den Winter ohne Kältestarre überstehen. Während der Vegetationszeit ernährte er sich von Koniferen und Farnen, die er mit dem Schnabel abrupfte und mit den sich selbst schärfenden Zähnen zerkaute. Seine Hände an den kurzen Vorderarmen eigneten sich zum Graben nach Wurzeln oder zum Abzupfen von Beeren.

Ornithopoda	
Ordnung:	**Ornithischia**
Unterordnung:	**Ornithopoda**
Infraordnung:	**Ornithopoda**
Familie:	**Euornithopoda o. fam. Zuordn.**

Höhe:	0,60 m
Länge:	1–2 m
Gewicht:	10 kg
Jahr:	Rich und Vickers, 1989
Ort:	1. Antarktis 2. Australien: Otway Group, Dinosaur Cove, Victoria
Zeit:	Untere Kreide, vor 115–110 Mio. Jahren
Nahrung:	Herbivor

AUSTRALIEN

ANTARKTIS

Leaellynasauras Entdecker benannten das Tier nach ihrer Tochter Leaellyn und hängten die weibliche Form „saura" an, die „Echse" bedeutet.

Lophorhothon

Ornithopoda
Ordnung: Ornithischia
Unterordnung: Ornithopoda
Infraordnung: Ornithopoda
Familie: Hadrosauridae

Höhe: 5 m
Länge: 5–8 m
Gewicht: 1 t
Jahr: Langston, 1960
Ort: Nordamerika:
1. Mooreville Chalk, Alabama, USA
2. Black Creek Formation, North Carolina, USA
Zeit: Obere Kreide, vor 83–71 Mio. Jahren
Nahrung: Herbivor

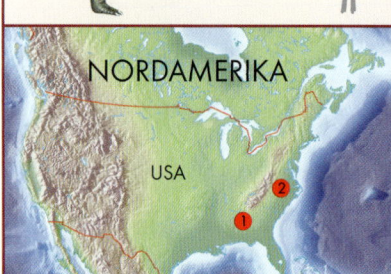

NORDAMERIKA

USA

Lophorhothon lebte wie zahlreiche andere Vertreter seiner Familie der Entenschnabel-Dinosaurier gegen Ende der Kreidezeit in Nordamerika. Er besaß eine relativ kurze Schnauze, auf der ein pyramidenförmiger Kamm saß, der für seinen Namen den Ausschlag gab, denn Lophorhothon bedeutet „Kamm-Schnauze". Seine großen Augenlöcher deuten auf große Augen und damit auf ein gutes Sehvermögen auch bei Dämmerung oder Dunkelheit hin.

Neben seinen fossilen Überresten in Alabama lag auch ein Ei, das nach seinem Fund im Jahre 1970 dreißig Jahre lang im Archiv aufbewahrt wurde, bevor ein Doktorand per Computertomographie herausfand, dass im Inneren ein Jungtier kurz vor dem Schlüpfen stand.

Lophorhothon, einer der größten Hadrosaurier, lebte während der Oberen Kreidezeit im Osten der heutigen USA und trug wie viele seiner Verwandten einen Knochenkamm auf dem Kopf.

Lurdusaurus

Der 1988 als Gravisaurus beschriebene Saurier wurde 1999 von Taquet und Russell als Lurdusaurus neu klassifiziert. Er gehörte zur Familie der Iguanodontiden, jenen Ornithopoden, die eine große Daumenkralle besaßen, die vielleicht zur Verteidigung diente. Als Waffe konnte sie sogar größeren Angreifern gefährliche Verletzungen zufügen.

Lurdusaurus lebte zeitgleich mit Ouranosaurus und gilt als früher Vertreter der Iguanodontiden, was in seiner kompakten und schwerfälligeren Statur zu erkennen war, die an das ausgestorbene Riesenfaultier erinnert.

Ornithopoda

Ordnung:	**Ornithischia**
Unterordnung:	**Ornithopoda**
Infraordnung:	**Ornithopoda**
Familie:	**Iguanodontoidea o. fam. Zuordnung**

Höhe:	4 m
Länge:	9 m
Gewicht:	2 t
Jahr:	Taquet und Russell, 1999
Ort:	Afrika: Gadoufaoua, Niger
Zeit:	Untere Kreide, vor 121 – 112 Mio. Jahren
Nahrung:	Herbivor

Niger

AFRIKA

Lurdusaurus, dessen Überreste in Afrika gefunden wurden, wog 2 t und besaß eine schwerfällige Statur.

Kreide
Obere
Untere
Jura
Oberer
Mittlerer
Unterer
Trias
Obere
Mittlere
Untere

70
80
90
100
110
120
130
140
150
160
170
180
190
200
210
220
230
240
250

Lycorhinus

Ornithopoda

Ordnung:	Ornithischia
Unterordnung:	Ornithopoda
Infraordnung:	Ornithopoda
Familie:	Heterodontosauridae

Höhe: 0,50 m
Länge: 1,20 m
Gewicht: 20 kg
Jahr: Haughton, 1924
Ort: Afrika: Upper Elliot
Formation, Südafrika
Zeit: Unterer Jura,
vor 200–175 Mio.
Jahren
Nahrung: Herbivor

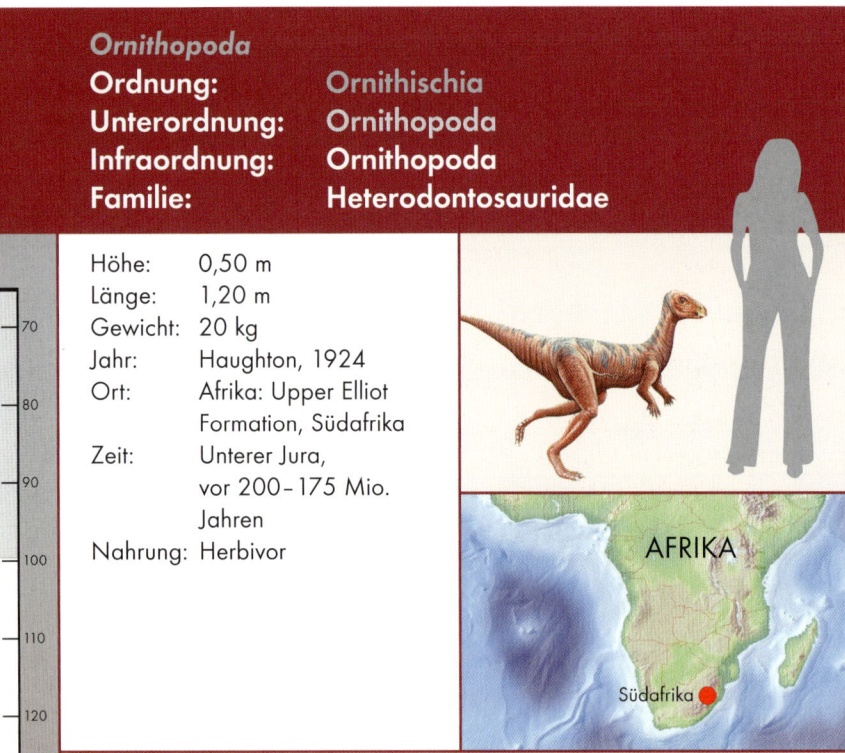

AFRIKA

Südafrika ●

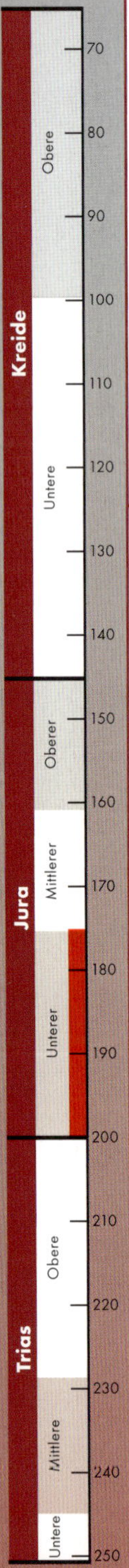

Der kleine Pflanzenfresser Lycorhinus gehörte zu den frühesten bisher gefundenen Dinosauriern in Afrika. Als Heterodontosaurier besaß er unterschiedlich große Zähne, so z. B. neben Backenzähnen auch Fangzähne, deren Funktion bisher nicht geklärt werden konnte. Vielleicht dienten sie zum Graben nach Wurzeln oder kleinen Tieren, falls sich Lycorhinus omnivor ernährte, oder auch zur Verteidigung. Die Zähne gaben den Ausschlag für seinen Namen, der „Wolfsschnauze" bedeutet.

Äußerlich schien Lycorhinus Heterodontosaurus zu ähneln, bisher wurden jedoch nur wenige fossile Überreste, darunter Kiefer, gefunden. Die Heterodonten starben gegen Ende des Jura aus.

Sie besaßen keine Abwehrmechanismen gegen Fleischfresser und stellten sicher eine leichte Beute dar.

Lycorhinus trug die hauerähnlichen Zähne eines Raubtieres, obwohl er sich herbivor ernährte. Seine Überreste wurden in Südafrika gefunden.

Maiasaura

Maiasaura, was „Gute-Mutter-Echse" bedeutet, gehörte zu den bekanntesten Entenschnabel-Dinosauriern und erhielt seinen Namen aufgrund eines spektakulären Fundes. Im Jahre 1978 fanden die Forscher in Montana einen kompletten Nistplatz des Dinosauriers. In einem aus Schlamm gebauten Nest mit 3 m Durchmesser lagen kreisförmig abgelegte Eier. Daneben lagen die Skelette von frisch geschlüpften Jungen mit einer Länge von etwa 50 cm sowie Skelette von Jungtieren und der Mutter. In der Umgebung befanden sich weitere Nester mit noch intakten oder zerbrochenen Eiern. Damit hielten die Paläontologen den Beweis in der Hand, dass Dinosaurier Eier legten und Brutpflege betrieben. Die Mutter legte die Eier sorgfältig ab und bedeckte sie vermutlich mit Sand, damit sie nicht auskühlten und vor Nesträubern geschützt waren.

Da mehrere Nester im Umkreis gefunden wurden, lebten Maiasaurier folglich im Herdenverband. Sie setzten die Nester recht nah nebeneinander mit einem Abstand von etwa 7 m. Da die Muttertiere selbst eine Länge von 9 m erreichten, konnten sie sich noch zwischen den Nestern bewegen. Denkbar ist auch, dass Maiasaurier Jahr für Jahr zum gleichen Nistplatz zurückkehrten, ähnlich den heutigen Meeresschildkröten.

Ornithopoda

Ordnung:	**Ornithischia**
Unterordnung:	**Ornithopoda**
Infraordnung:	**Ornithopoda**
Familie:	**Hadrosauridae**

Höhe:	4 m
Länge:	9 m
Gewicht:	2 t
Jahr:	Horner und Makela, 1979
Ort:	Nordamerika: Upper Two Medicine Formation, Montana, USA
Zeit:	Obere Kreide, vor 80–75 Mio. Jahren
Nahrung:	Herbivor

NORDAMERIKA

USA

Maiasaura besaß einen flachen, fast pferdekopfähnlichen Schädel mit einer Knochenwulst über den Augen. Der Schädel der Jungtiere war wesentlich kürzer, ähnlich wie bei den Säugetieren. Maiasaurier liefen auf vier Beinen, wobei die vorderen Extremitäten kürzer als die hinteren waren.

Muttaburrasaurus

Ornithopoda

Ordnung:	Ornithischia
Unterordnung:	Ornithopoda
Infraordnung:	Ornithopoda
Familie:	Iguanodontoidea o. fam. Zuordnung

Höhe:	3 m
Länge:	7 m
Gewicht:	4 t
Jahr:	Bartholomai und Molnar, 1981
Ort:	Australien: 1. Griman Creek Formation, New South Wales 2. Macunda Formation, Queensland
Zeit:	Untere Kreide, vor 110–100 Mio. Jahren
Nahrung:	Herbivor

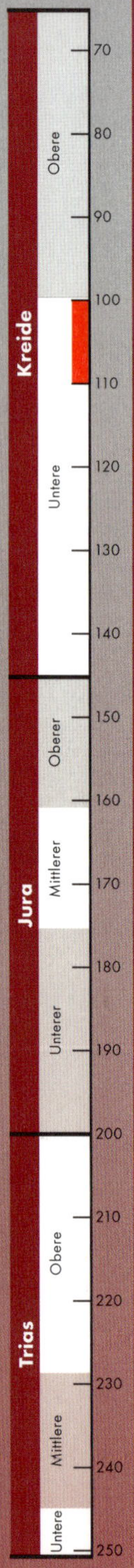

Queensland

AUSTRALIEN

New South Wales

Muttaburrasaurus gehörte zu den australischen Iguanodontiden und kam auf eine Länge von etwa 7 m. Seine Arme waren kürzer als die Beine, sodass er sowohl auf vier Gliedmaßen laufen als auch sich auf die Hinterbeine erheben konnte. An den Händen saßen vier Finger und eine Daumenklaue, die sich zum Verteidigen wie auch zum Graben oder Aufbrechen von Rinden oder Hügeln eignete.

Äußerlich ähnelte er Iguanodon, trug jedoch auf der Nase einen hohlen, wulstartigen Knochenkamm, mit dem er vielleicht Töne erzeugen konnte. Hinter dem zahnlosen Schnabel dienten Backenzähne im Kiefer zum Abbeißen und nicht nur zum Zermahlen. Seinen Namen erhielt er nach dem ersten Fundort, der nahe Muttaburra in Queensland lag.

Muttaburrasaurus war ein mittelgroßer Iguanodontier mit Händen, die sich zum Graben und Greifen eigneten. Am Daumen saß die typische spitze Klaue.

Kreide	Obere	70
		80
		90
		100
	Untere	110
		120
		130
		140
Jura	Oberer	150
		160
	Mittlerer	170
	Unterer	180
		190
		200
Trias	Obere	210
		220
		230
	Mittlere	240
	Untere	250

Othnielia erhielt seinen Namen nach Othniel Charles Marsh, der das Tier zunächst als Nanosaurus bezeichnete. Einhundert Jahre später musste es neu beschrieben werden und trägt nun den Namen des großen Fossilienjägers.

Äußerlich ähnelte das kleine Tier Hypsilophodon, besaß ebensolche hohen Zahnleisten und sich selbst schärfende Backenzähne, die allerdings vollkommen von Schmelz überzogen waren und sich darin wieder unterschieden. In den breiten Backentaschen lagerte der Pflanzenfresser seine Nahrung, um sie später gewissenhaft zerkleinern zu können.

Von leichter Statur und mit kräftigen Laufbeinen ausgestattet, gehörte Othnielia zu den flinken Läufern. Der steife Schwanz balancierte die Laufmanöver aus. An den kurzen Armen saßen klauenbewehrte Finger, die sich zum Greifen und Graben eigneten. Das Tier lebte sicher im Herdenverband, der die kleinen Pflanzenfresser vor den Angriffen der gefährlichen Theropoden schützte.

Ornithopoda	
Ordnung:	**Ornithischia**
Unterordnung:	**Ornithopoda**
Infraordnung:	**Ornithopoda**
Familie:	**Euornithopoda o. fam. Zuordn.**

Höhe:	0,40 m
Länge:	1,10 m
Gewicht:	20 kg
Jahr:	(Marsh, 1877), Galton, 1977
Ort:	Nordamerika: 1. Utah, USA 2. Wyoming, USA 3. Morrison Formation, Colorado, USA
Zeit:	Oberer Jura, vor 152–145 Mio. Jahren
Nahrung:	Herbivor

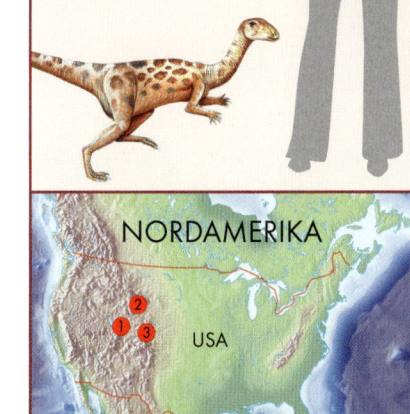

NORDAMERIKA

USA

Die ersten Überreste Othnielias kamen bereits im 19. Jahrhundert in der Morrison Formation in Amerika zum Vorschein und wurden zunächst anders benannt. Erst im 20. Jahrhundert ehielt das Tier den heutigen Namen.

Ouranosaurus

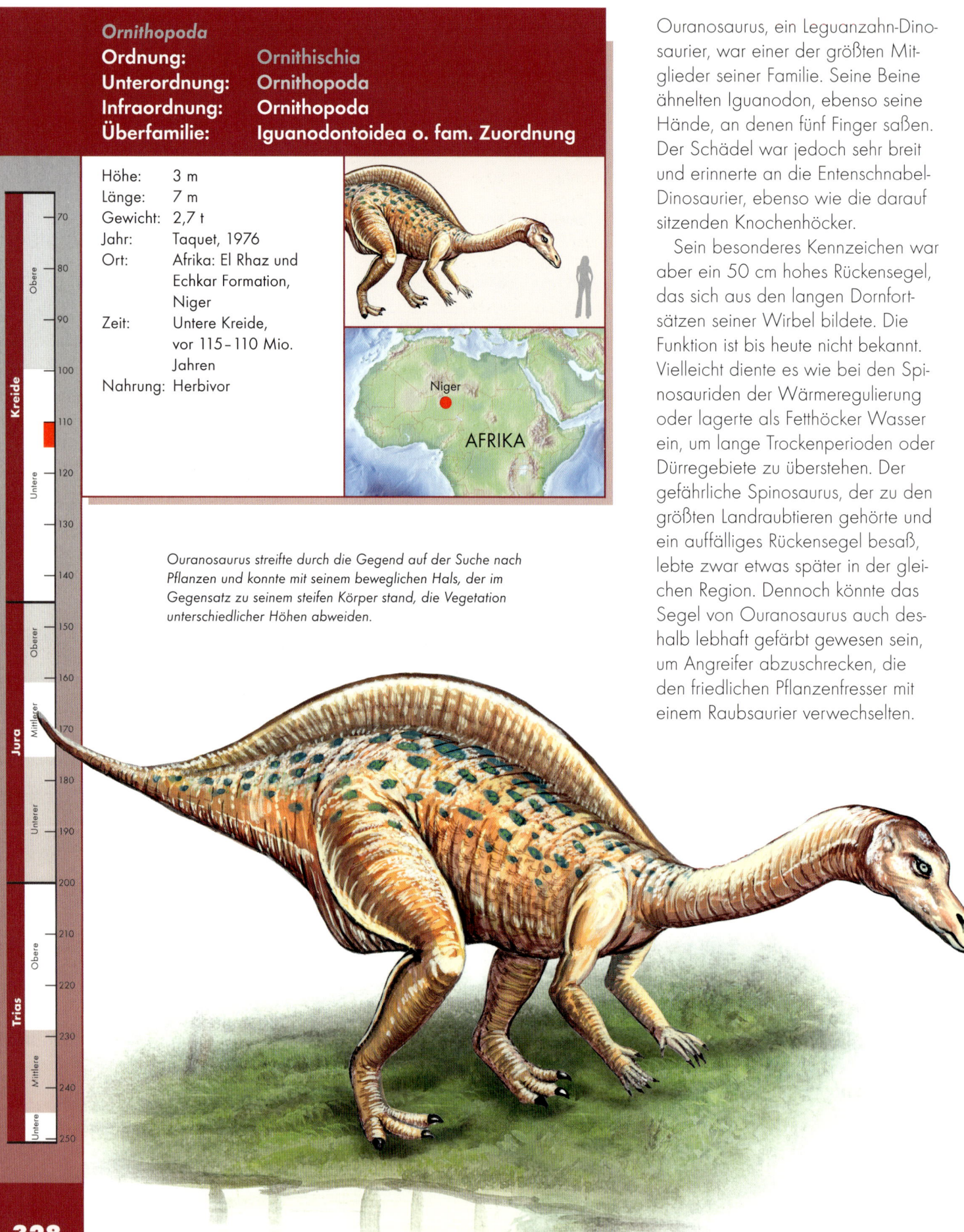

Ornithopoda

Ordnung:	Ornithischia
Unterordnung:	Ornithopoda
Infraordnung:	Ornithopoda
Überfamilie:	Iguanodontoidea o. fam. Zuordnung

Höhe:	3 m
Länge:	7 m
Gewicht:	2,7 t
Jahr:	Taquet, 1976
Ort:	Afrika: El Rhaz und Echkar Formation, Niger
Zeit:	Untere Kreide, vor 115–110 Mio. Jahren
Nahrung:	Herbivor

Niger

AFRIKA

Ouranosaurus streifte durch die Gegend auf der Suche nach Pflanzen und konnte mit seinem beweglichen Hals, der im Gegensatz zu seinem steifen Körper stand, die Vegetation unterschiedlicher Höhen abweiden.

Ouranosaurus, ein Leguanzahn-Dinosaurier, war einer der größten Mitglieder seiner Familie. Seine Beine ähnelten Iguanodon, ebenso seine Hände, an denen fünf Finger saßen. Der Schädel war jedoch sehr breit und erinnerte an die Entenschnabel-Dinosaurier, ebenso wie die darauf sitzenden Knochenhöcker.

Sein besonderes Kennzeichen war aber ein 50 cm hohes Rückensegel, das sich aus den langen Dornfortsätzen seiner Wirbel bildete. Die Funktion ist bis heute nicht bekannt. Vielleicht diente es wie bei den Spinosauriden der Wärmeregulierung oder lagerte als Fetthöcker Wasser ein, um lange Trockenperioden oder Dürregebiete zu überstehen. Der gefährliche Spinosaurus, der zu den größten Landraubtieren gehörte und ein auffälliges Rückensegel besaß, lebte zwar etwas später in der gleichen Region. Dennoch könnte das Segel von Ouranosaurus auch deshalb lebhaft gefärbt gewesen sein, um Angreifer abzuschrecken, die den friedlichen Pflanzenfresser mit einem Raubsaurier verwechselten.

Pararhabdodon

Pararhabdodon, dessen Name „nahe Rhabdodon" bedeutet, wird auch als identisch mit Rhabdodon, einem europäischen Iguanodontiden, gesehen. Die fossilen Reste Pararhabdodons fanden sich an verschiedenen Orten Europas. Anfangs wurde er als Ankylopollexia eingeordnet, später aufgrund neuen Schädelmaterials als Lambeosauriner Hadrosauride, heute als Iguanodontide.

Die Spezies *Pararhabdodon isonensis* lebte gegen Ende der Kreidezeit in den Schelfregionen Europas entlang der Westküste. Dort kamen fossile Fußabdrücke zum Vorschein sowie ausgedehnte Nistplätze mit Eiern, die sowohl von Pararhabdodon als auch von anderen Dinosauriern stammten.

Ornithopoda

Ordnung:	**Ornithischia**
Unterordnung:	**Ornithopoda**
Infraordnung:	**Ornithopoda**
Familie:	**Iguanodontiden o. fam. Zuordnung**

Höhe:	2,20 m
Länge:	5 m
Gewicht:	0,5 t
Jahr:	Casanovas-Cladellas, Santafe-Llopis und Isidro-Llorens, 1993
Ort:	Europa: 1. Sant Roma d'Abella Formation, Lleida, Katalonien, Spanien 2. Corbieres orientales, Aude, Frankreich
Zeit:	Obere Kreide, vor 71–65 Mio. Jahren
Nahrung:	Herbivor

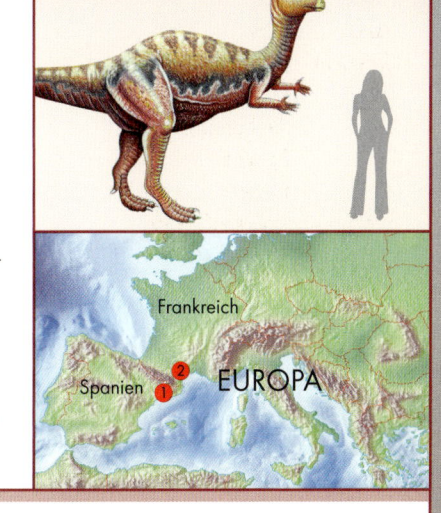

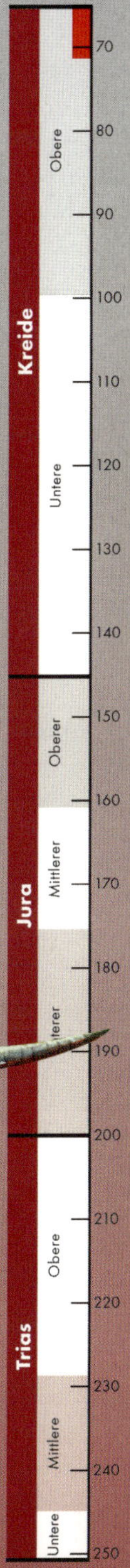

Pararhabdodon lebte in den Gegenden des heutigen Europa während der Oberen Kreidezeit bis zum Aussterben der Dinosaurier.

329

Parasaurolophus

Das charakteristische Merkmal des Entenschnabel-Dinosauriers Parasaurolophus war der bis zu 1,80 m lange, hohle Knochenkamm, den er auf dem Kopf trug. Den schnorchelartigen Kamm verbanden Nasengänge im Inneren mit dem Rachen. Dadurch konnte Parasaurolophus vermutlich trompetenartige Töne erzeugen.

Noch ist nicht geklärt, ob nur die Weibchen oder auch die Männchen diesen speziellen Knochenkamm trugen, mit dem sie kommunizieren konnten. Hob das Tier den Kopf, traf der Knochenkamm auf

Ornithopoda

Ordnung:	Ornithischia
Unterordnung:	Ornithopoda
Infraordnung:	Ornithopoda
Familie:	Hadrosauridae

Höhe:	4 m
Länge:	10 m
Gewicht:	5 t
Jahr:	Parks, 1923
Ort:	Nordamerika:
	1. Judith River Group, Alberta, Kanada
	2. Utah, USA
	3. Fruitland und Kirtland Formation, New Mexico, USA
Zeit:	Obere Kreide, vor 83–65 Mio. Jahren
Nahrung:	Herbivor

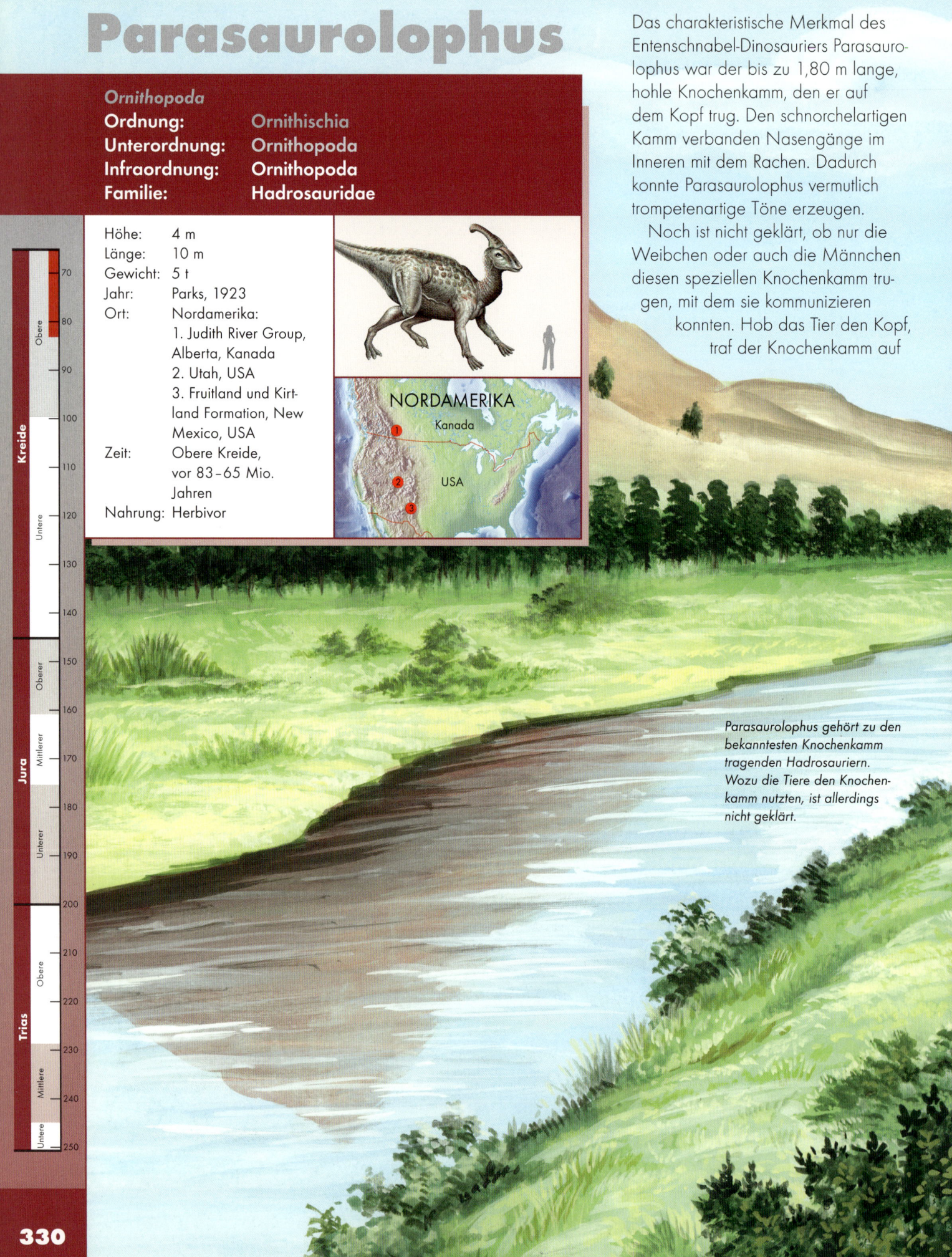

NORDAMERIKA

Kanada

USA

Parasaurolophus gehört zu den bekanntesten Knochenkamm tragenden Hadrosauriern. Wozu die Tiere den Knochenkamm nutzten, ist allerdings nicht geklärt.

dem Rücken auf, der eine Einkerbung in genau dieser Höhe ausgebildet hatte. Legte das Tier den Kamm absichtlich in die Kerbe, nutzte es ihn vielleicht wie ein Werkzeug, indem es sich damit einen Weg durch dichtes Gestrüpp bahnte oder störende Äste wegdrückte. Vielleicht diente der Knochenkamm aber tatsächlich ausschließlich dem Kommunizieren. Jeder Knochenkamm tragende Hadrosaurier, die früher in der Familie der Lambeosaurier zusammengefasst wurden, war mit einer anderen Form versehen, die ihren jeweils spezifischen Ton ermöglichte.

Die zahlreichen Arten gaben demnach solch unterschiedliche Laute von sich, dass sie die nordamerikanischen Wälder der Oberkreide mit lauten Geräuschen erfüllten. Auch der hochrückige Schwanz des Parasaurolophus könnte eine zusätzliche kommunikative Funktion besessen haben. Lebhaft gefärbt, auch am hohen Rückengrad, sendete er vielleicht Signale aus, welche die Brautwerbung beeinflussten.

Parksosaurus

Ornithopoda

Ordnung:	**Ornithischia**
Unterordnung:	**Ornithopoda**
Infraordnung:	**Ornithopoda**
Familie:	**Euornithopoda o. fam. Zuordnung**

Parksosaurus lebte im Herdenverband, der ihm einige Sicherheit vor den Angriffen der Theropoden bot. Gemeinsam durchstreiften die Tiere die nordamerikanischen Wälder der Oberkreide auf der Suche nach niedrig wachsenden Pflanzen. Mit den kegelförmigen Zähnen zermahlten sie die dicken Blätter oder Früchte.

Parksosaurus lief immer auf zwei Beinen, denn seine Arme, die in mit fünf Fingern besetzten Greifhänden endeten, waren sehr viel kürzer. Sein steif nach hinten ausgerichteter Schwanz hielt die Balance, wenn Parksosaurus schnelle Laufmanöver startete. Er war einer der letzten Vertreter seiner Familie und starb am Ende der Kreidezeit mit den anderen großen Wirbeltieren aus.

Seinen Namen erhielt die Echse zu Ehren des kanadischen Paläontologen William A. Parks (1868–1939).

Höhe:	1 m
Länge:	2,50 m
Gewicht:	70 kg
Jahr:	Sternberg, 1937
Ort:	Nordamerika:
	1. Horseshoe Canyon Formation, Alberta, Kanada
	2. Montana, USA
Zeit:	Obere Kreide, vor 71–65 Mio. Jahren
Nahrung:	Herbivor

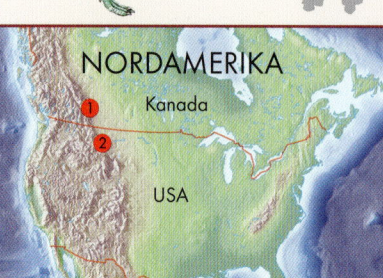

NORDAMERIKA

Kanada

USA

Parksosaurus war ein kleiner Euornithopode, der gegen Ende der Kreidezeit im Westen der heutigen USA und Kanadas lebte.

Planicoxa gehörte zu den Iguanodontia und trug wie diese einen Daumensporn an den Händen. Gemeinsam mit Dryosaurus und Valdosaurus
bildete er die Familie der Dryosauridae. In Utah kamen Teile des
Beckengürtels und der Vorder- und
Hinterbeine ans Tageslicht, die vermutlich zwei verschiedenen Exemplaren gehörten. Planicoxa lebte als
Iguanodontide vermutlich im Herdenverband und weidete als großer
Pflanzenfresser die Vegetation der
nordamerikanischen Wälder und
Buschlandschaften ab.

Ornithopoda

Ordnung:	**Ornithischia**
Unterordnung:	**Ornithopoda**
Infraordnung:	**Ornithopoda**
Familie:	**Dryosauridae**

Höhe:	2 m
Länge:	6 m
Gewicht:	0,5 t
Jahr:	DiCroce und Carpenter, 2001
Ort:	Nordamerika: Cedar Mountain Formation, Utah, USA
Zeit:	Untere Kreide, vor 124 Mio. Jahren
Nahrung:	Herbivor

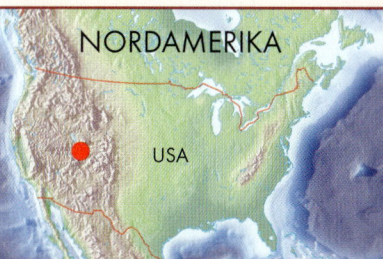

NORDAMERIKA

USA

*Planicoxa, der zur Familie der Dryosauridae
gehörte, ernährte sich wie seine Verwandten
herbivor. Knochenfunde tauchten bisher in
Amerika auf.*

Probactrosaurus

Ornithopoda
Ordnung: Ornithischia
Unterordnung: Ornithopoda
Infraordnung: Ornithopoda
Familie: Iguanodontoidea o. fam. Zuordnung

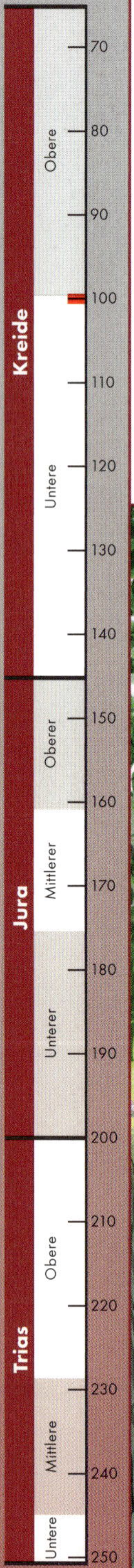

Höhe:	2,5 m
Länge:	6 m
Gewicht:	1 t
Jahr:	Rozhdestvensky, 1966
Ort:	Asien: Dashuigou Formation, Innere Mongolei (A. G.), China
Zeit:	Untere Kreide, vor 100 Mio. Jahren
Nahrung:	Herbivor

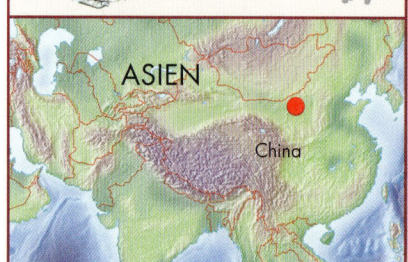

ASIEN

China

Probactrosaurus lebte vor 100 Millionen Jahren, während einer Zeit, als die Iguanodontia noch in ihrer Blüte standen, jedoch langsam der sehr erfolgreichen Tiergruppe der Hadrosaurier Platz machten.

Veränderungen im Habitus deuteten darauf hin, dass sich die Entenschnabel-Dinosaurier aus den Iguanodontia entwickelten. Probactrosaurus wies mit seinem abgeflachten Schädel und breiten Maul bereits Ähnlichkeiten auf. Vielleicht war er einer der Vorfahren der Hadrosaurier. Mit seinem langen, biegsamen Hals erreichte er die unterschiedlichen Pflanzen, die er mit dem Schnabel abzupfte. Die flachen Mahlzähne in seinen Backen wurden durch neue ersetzt, sobald ihm die alten ausfielen.

Probactrosaurus lebte vor etwa 100 Millionen Jahren in Asien. Die Kopfform des Iguanodontiden ähnelt bereits den Hadrosauriern.

Prosaurolophus

Prosaurolophus gehörte zu den frühen und größten Entenschnabel-Dinosauriern. Er lebte in Nordamerika, wo er sich von Kiefernnadeln, Samen, harten Zweigen und anderen Pflanzen ernährte. Aufgrund seiner Größe erreichte er auch höher gelegene Regionen der Wälder.

Er besaß einen eher kurzen Schädel mit einem kleineren Schnabel und einen eher flachen Kamm, der an der Nase begann und auf der Stirn in einem spitz zulaufenden Höcker endete. Seinen Namen Prosaurolophus erhielt er, weil er als Vorfahr des Saurolophus gesehen wird, dem er ähnelte.

Ornithopoda

Ordnung:	**Ornithischia**
Unterordnung:	**Ornithopoda**
Infraordnung:	**Ornithopoda**
Familie:	**Hadrosauridae**

Höhe:	4 m
Länge:	8–9 m
Gewicht:	2 t
Jahr:	Brown, 1916
Ort:	Nordamerika:
	1. Judith River Group, Alberta, Kanada,
	2. Judith River Formation, Montana, USA
Zeit:	Obere Kreide, vor 83–75 Mio. Jahren
Nahrung:	Herbivor

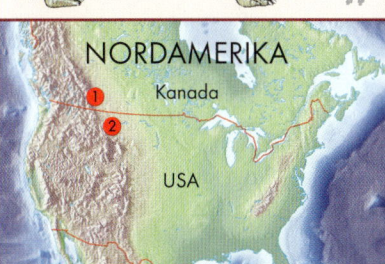

NORDAMERIKA

Kanada

USA

Prosaurolophus trug im Gegensatz zu seinen Verwandten nur einen kleinen Kamm auf dem Kopf, erreichte aber wie diese eine Höhe von 4 m und ein Gewicht von 2 t.

Kreide	Obere	70
		80
		90
		100
	Untere	110
		120
		130
		140
Jura	Oberer	150
		160
	Mittlerer	170
	Unterer	180
		190
		200
Trias	Obere	210
		220
		230
	Mittlere	240
	Untere	250

Protohadros

Ornithopoda

Ordnung: Ornithischia
Unterordnung: Ornithopoda
Infraordnung: Ornithopoda
Familie: Iguanodontoidea o. fam. Zuordnung

Höhe: 1,80 m
Länge: 4,50–6 m
Gewicht: 0,5 t
Jahr: Head, 1999
Ort: Nordamerika:
Woodbine Formation,
Texas, USA
Zeit: Obere Kreide,
vor 95 Mio. Jahren
Nahrung: Herbivor

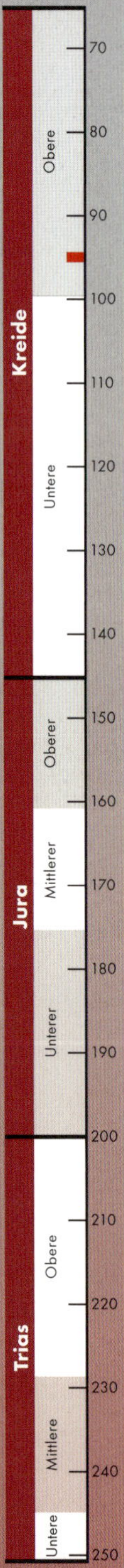

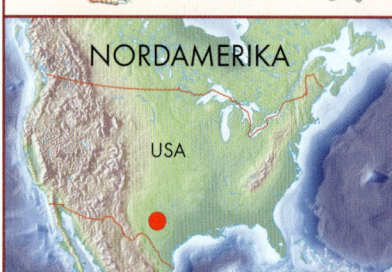

NORDAMERIKA

USA

Protohadros gilt als Vorfahr der Hadrosaurier. Die Entenschnabel-Dinosaurier entwickelten sich aus den Iguanodontoiden, zu denen Protohadros gegenwärtig gezählt wird.

Er lebte vor etwa 95 Millionen Jahren in der Gegend des heutigen Texas, das damals von einem milden, feuchten Klima des Marschlandes geprägt war. Sein Fund stärkte die Theorie, dass sich die Hadrosaurier zuerst in Nordamerika und nicht in Asien entwickelten.

Protohadros konnte auf zwei oder vier Beinen laufen, wobei er den Schwanz in horizontaler Position hielt. Er trug einen zahnlosen Hornschnabel und Backenzähne im hinteren Kiefer. Der Schnabel war so gebaut, dass Protohadros auch Pflanzen aus dem Wasser zupfen und fressen konnte.

Protohadros, ein mittelgroßer Iguanodontier, besaß viele Wangenzähne, mit denen er zähes Pflanzenmaterial zerkauen konnte.

Quantassaurus

Quantassaurus wurde nach der australischen Fluglinie benannt, die beim Transport der Fossilien half, denn der kleine Ornithopode wurde in Australien ausgegraben. Die Fluglinie Quantas hatte auch die Reisen der russischen Dinosaurierausstellung, die zwischen 1993 und 1996 stattfand, unterstützt. Quantassaurus besaß einen langen Schwanz und nur wenige Zähne im Unterkiefer. Kennzeichnend waren seine großen Augen und sein recht großes Gehirn, wodurch sich das Tier vermutlich an die Dunkelperioden angepasst hatte, die damals über einige Monate vorherrschten, denn Australien lag in der Unteren Kreidezeit weit näher am Südpol als heute.

Ornithopoda

Ordnung:	**Ornithischia**
Unterordnung:	**Ornithopoda**
Infraordnung:	**Ornithopoda**
Familie:	**Euornithopoda o. fam. Zuordn.**

Höhe:	0,70 m
Länge:	1,80 m
Gewicht:	40 kg
Jahr:	Rich und Vickers-Rich, 1999
Ort:	Australien: Wonthaggi Formation, Victoria
Zeit:	Untere und Obere Kreide, vor 113–98 Mio. Jahren
Nahrung:	Herbivor

AUSTRALIEN

Victoria

Der in Australien gefundene Quantassaurus besaß große Augen, mit denen er auch in der Dunkelheit gut sehen konnte.

Rhabdodon

Ornithopoda
Ordnung:	**Ornithischia**
Unterordnung:	**Ornithopoda**
Infraordnung:	**Ornithopoda**
Familie:	**Iguanodontiden o. fam. Zuordnung**

Höhe: 1,70 m
Länge: 4,50 m
Gewicht: 0,5 t
Jahr: Matheron, 1869
Ort: Europa: 1. Lleida, Kata-
lonien, Spanien; 2. Mar-
nes Rouges inferieures,
Aude u. a., Frankreich;
3. Gosau Formation,
Österreich; 4. Sânpetru
Formation, Rumänien
Zeit: Obere Kreide,
vor 83 – 65 Mio.
Jahren
Nahrung: Herbivor

EUROPA

Frankreich

③
Österreich

Rumänien
④

②

Spanien
①

Rhabdodon gehörte zu den Iguanodontia, seine familiäre Zuordnung ist
allerdings noch ungeklärt. Er lebte
gegen Ende der Kreidezeit in Mitteleuropa, das damals ein Schelfmeer
bedeckte. Auf den kleinen Inseln weidete er die Pflanzen ab und konnte
sich dazu auch auf seine Hinterbeine
erheben. Die Arme waren etwas kürzer und an den Händen saßen die
typischen Daumendornen. An den
Beinen des Tieres kamen sogenannte
„Wachstumsringe" zum Vorschein,
nach denen Rhabdodon mit 16 Jahren ausgewachsen war.

Sein Name bedeutet „Riegelzahn",
was sich auf die großen Zähne mit
den stumpfen Kauflächen bezieht,
die sich überlappten.

*Rhabdodons Überreste wurden unter anderem in
Rumänien gefunden. Der Iguanodontier lebte
gegen Ende der Kreidezeit über knapp 20 Millionen Jahre in weiten Teilen des heutigen Europa.*

Saurolophus

Der Hadrosaurier Saurolophus besaß wie seine Verwandten einen Knochenkamm, der bei ihm in einer geschwungenen Spitze am Hinterkopf endete. Er war mit der Nasenöffnung verbunden und Nasengänge durchzogen das Gebilde, womit Saurolophus vermutlich Laute erzeugen konnte. Falls er dazu noch einen aufblasbaren Nasensack besaß, konnten die unterschiedlichsten Geräusche und Töne erklingen. Diese dienten der Kommunikation innerhalb der Herde, denn Saurolophus lebte im Familienverband. Mit den anderen Tieren durchstreifte er die Wälder auf der Suche nach Pflanzen. Mit seinen bis zu 12 m Länge erreichte er die Blätter unterschiedlich hoher Bäume. Seine Vorderbeine waren wesentlich kürzer, weshalb er sich mühelos auf den längeren Hinterbeinen aufrichten konnte. Er rupfte die Pflanzen mit seinem zahnlosen, an der Spitze leicht nach oben gebogenen Schnabel ab und zerkaute sie mit den Hunderten Backenzähnen, die im Kiefer steckten.

Ornithopoda
Ordnung:	**Ornithischia**
Unterordnung:	**Ornithopoda**
Infraordnung:	**Ornithopoda**
Familie:	**Hadrosauridae**

Höhe:	4 m
Länge:	10–12 m
Gewicht:	3 t
Jahr:	Brown, 1912
Ort:	Nordamerika: 1. Horseshoe Canyon Formation, Alberta, Kanada 2. Kalifornien, USA Asien: 3. Nemegt Formation, Omnogov, Mongolei
Zeit:	Obere Kreide, vor 74–68 Mio. Jahren
Nahrung:	Herbivor

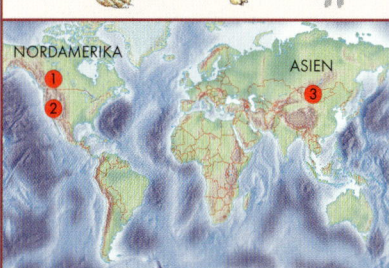

Saurolophus trug wie seine Verwandten einen Knochenkamm auf dem Kopf. Im Herdenverband lebte er in den Wäldern Asiens und Amerikas auf der Suche nach Pflanzenkost.

Secernosaurus

Ornithopoda

Ordnung:	**Ornithischia**
Unterordnung:	**Ornithopoda**
Infraordnung:	**Ornithopoda**
Familie:	**Hadrosauridae**

Höhe:	1,50 m
Länge:	3 m
Gewicht:	150 kg
Jahr:	Brett-Surmann, 1975
Ort:	Südamerika: Bajo Barreal Formation, Rio Negro, Argentinien
Zeit:	Obere Kreide, vor 73–65 Mio. Jahren
Nahrung:	Herbivor

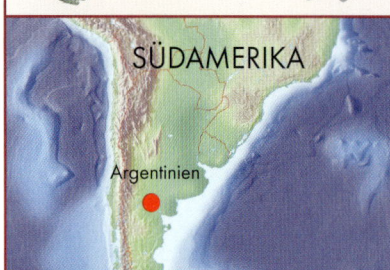

SÜDAMERIKA

Argentinien

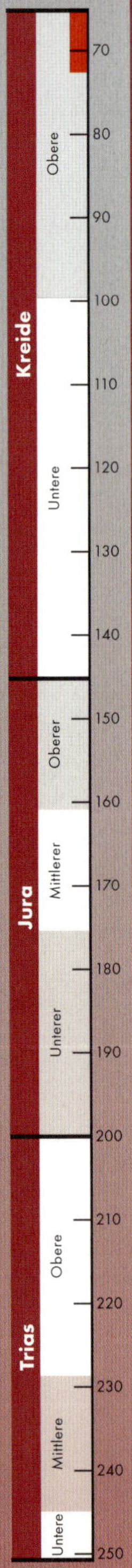

Secernosaurus kam als einziger Vertreter seiner Familie in Südamerika zum Vorschein, denn die Hadrosaurier lebten vor allem in Nordamerika. Vermutlich gab es demnach eine Landbrücke zwischen Nord- und Südteil.

Sein Name, der „getrennte Echse" bedeutet, weist darauf hin. Anhand seiner wenigen fossilen Überreste aus Hüftknochen und Schädelfragmenten ist nicht zu erkennen, ob er einen Kamm trug. Wie andere Hadrosaurier besaß er aber einen breiten Hornschnabel und viele Zähne im Hinterkiefer, mit denen er die pflanzliche Kost zermahlen konnte.

Secernosaurus starb am Ende der Kreidezeit mit den anderen großen Wirbeltieren aus.

Die wenigen Überreste von Secernosaurus ließen erkennen, dass es sich um einen Hadrosaurier handelte, der allerdings im Gegensatz zu seinen Verwandten in Südamerika lebte.

Shantungosaurus

Shantungosaurus war der größte und schwerste bisher gefundene Hadrosaurier, vielleicht sogar der größte Ornithopode. Er wurde in China entdeckt, wo er gegen Ende der Kreidezeit lebte. Sein Name bezieht sich auf den Fundort Shantung (heute Shandong). Der Entenschnabel-Dinosaurier besaß einen flachen Schädel ohne Kamm. Die großen Nasenlöcher deuten jedoch daraufhin, dass dort ein Hautsack gesessen haben könnte, den Shantungosaurus aufblies, um Töne zu erzeugen.

Wie andere Hadrosaurier zupfte er pflanzliche Kost mit seinem zahnlosen Schnabel ab und zerkaute sie mit den mehr als tausend winzigen Mahlzähnen, die im Kiefer steckten.

Ornithopoda

Ordnung:	**Ornithischia**
Unterordnung:	**Ornithopoda**
Infraordnung:	**Ornithopoda**
Familie:	**Hadrosauridae**

Höhe:	7 m
Länge:	10–15 m
Gewicht:	7 t
Jahr:	Hu, 1973
Ort:	Asien: Shanyang Formation, Shaanxi, Shandong, China
Zeit:	Obere Kreide, vor 73–65 Mio. Jahren
Nahrung:	Herbivor

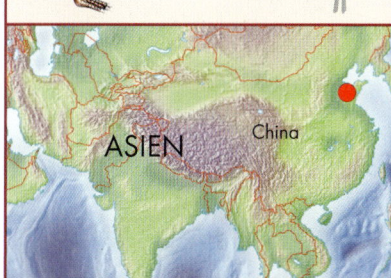

ASIEN   China

Shantungosaurus gilt als einer der größten Ornithopoden. Trotz seiner 7 t Gewicht ernährte er sich ausschließlich herbivor.

Das Skelett von Talenkauen wurde in der dinosaurier-reichen Region Patagoniens gefunden, wo bis jetzt nur wenige Ornithischier, dagegen zahlreiche Sauropoden und zeitweise auch Theropoden der späten Kreidezeit zum Vorschein kamen.

Nach seiner Entdeckung im Jahre 2000 konnte er 2004 als neue Gattung identifiziert, jedoch noch nicht vollständig einer Familie zugeordnet werden.

Talenkauen besaß einen langen Hals und kleinen Kopf, nach dem das Tier benannt wurde, denn sein Name bedeutet in der indianischen Sprache der Aonikenk „kleiner Kopf". Er lebte in einer waldreichen Gegend und ernährte sich von den niedrig wachsenden Pflanzen, womit die Tiere eine Nische in der Natur ausfüllten. Sauropoden grasten vor allem die oberen Regionen bis hin zum Walddach ab, während die kleineren Ornithischier in den unteren

Der kleine Ornithopode Talenkauen lebte am Ende der Dinosaurier-Ära in Südamerika, wo seine Überreste im Jahre 2000 gefunden wurde.

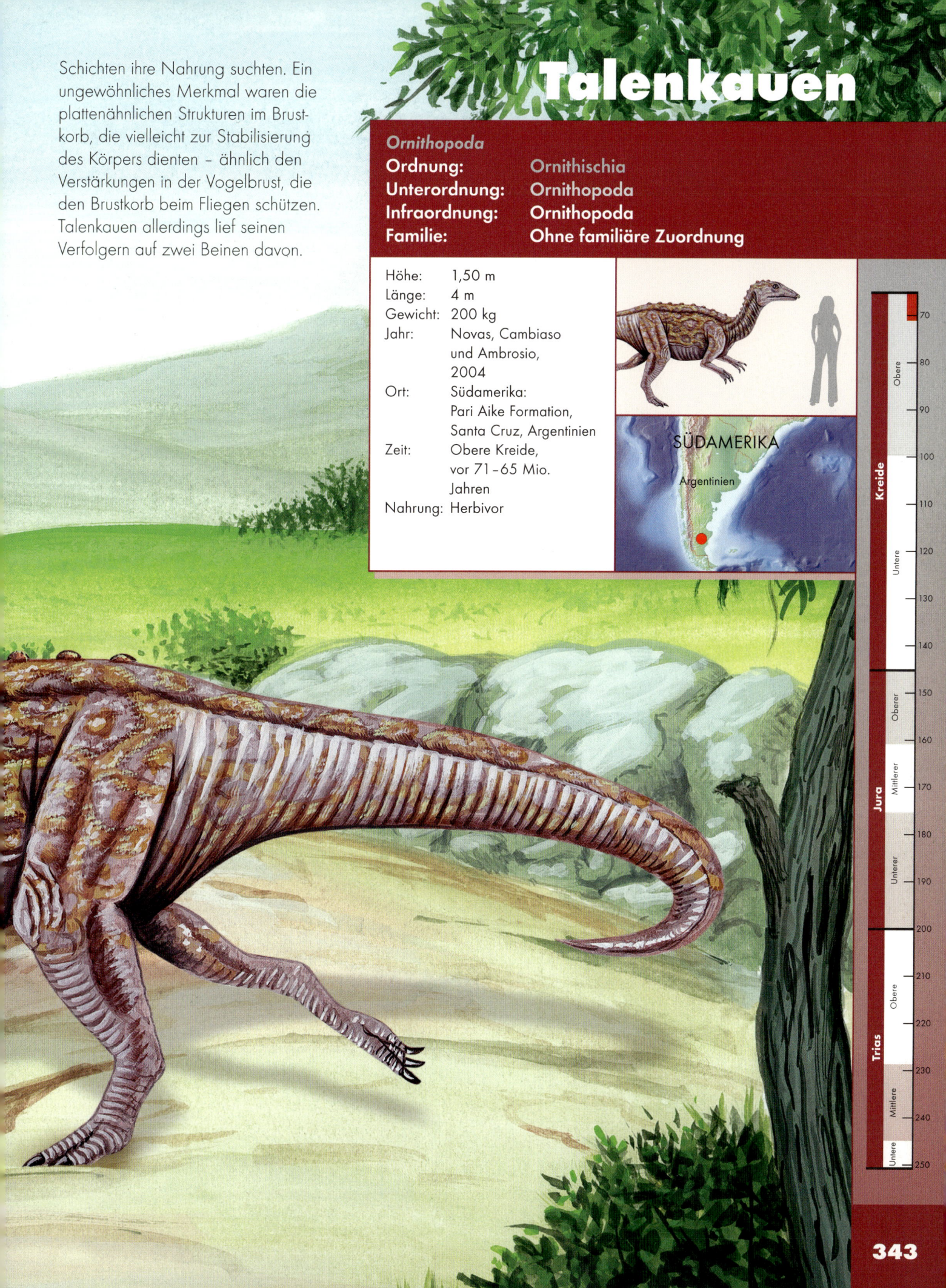

Talenkauen

Schichten ihre Nahrung suchten. Ein ungewöhnliches Merkmal waren die plattenähnlichen Strukturen im Brustkorb, die vielleicht zur Stabilisierung des Körpers dienten – ähnlich den Verstärkungen in der Vogelbrust, die den Brustkorb beim Fliegen schützen. Talenkauen allerdings lief seinen Verfolgern auf zwei Beinen davon.

Ornithopoda

Ordnung:	Ornithischia
Unterordnung:	Ornithopoda
Infraordnung:	Ornithopoda
Familie:	Ohne familiäre Zuordnung

Höhe:	1,50 m
Länge:	4 m
Gewicht:	200 kg
Jahr:	Novas, Cambiaso und Ambrosio, 2004
Ort:	Südamerika: Pari Aike Formation, Santa Cruz, Argentinien
Zeit:	Obere Kreide, vor 71–65 Mio. Jahren
Nahrung:	Herbivor

SÜDAMERIKA

Argentinien

Tanius

Ornithopoda

Ordnung:	**Ornithischia**
Unterordnung:	**Ornithopoda**
Infraordnung:	**Ornithopoda**
Familie:	**Hadrosauridae**

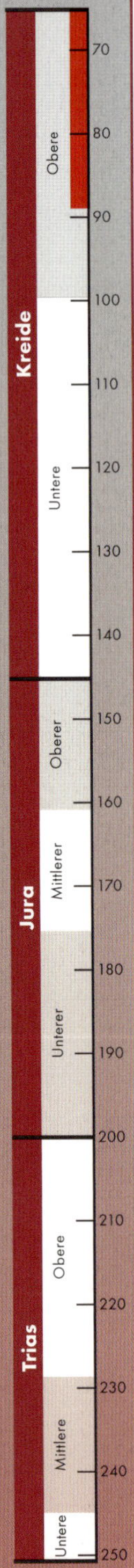

Höhe:	5 m
Länge:	10 m
Gewicht:	3 t
Jahr:	Wiman, 1929
Ort:	Asien:
	1. Kasachstan
	2. Wangshi Series,
	Shandong, China
Zeit:	Obere Kreide,
	vor 89–65 Mio.
	Jahren
Nahrung:	Herbivor

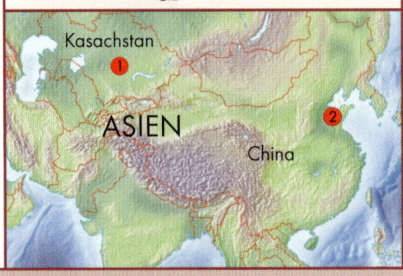

Tanius war ein großer, behäbiger und primitiver Hadrosaurier. Fossile Reste, die ein fast vollständiges Bild des Entenschnabel-Dinosauriers ergaben, wurden in China gefunden, wo er vor mehr als 80 Millionen Jahren lebte. Er besaß einen flachen Schädel ohne Kamm, aber mit einer Knochenwulst zwischen den Augen. Der typische breite Schnabel war zahnlos, in den hinteren Kiefern saßen zahlreiche, sich selbst schärfende Backenzähne, die harte, faserige Pflanzenkost zermahlen konnten. Tanius lief sowohl auf vier als auch auf zwei Beinen. An seinen Händen saßen vier Finger. Seinen Namen erhielt das Tier nach den „Tanga"-Menschen in Südchina.

Tanius, der gegen Ende der Kreidezeit in Asien lebte, erreichte eine Höhe von 5 m und ein Gewicht von etwa 3 t.

Telmatosaurus

Telmatosaurus lebte während der Oberkreide als primitiver Vertreter seiner zu dieser Zeit inzwischen höher entwickelten Familie der Hadrosaurier. Wissenschaftler führen dies darauf zurück, dass Europa damals in der Gegend seines Lebensraumes aus zahlreichen Inseln bestand. Vermutlich bewohnte Telmatosaurus eine Insel, wodurch er sich nicht weiterentwickelte, während sich die Tiere auf den Kontinenten China und Nordamerika stark veränderten und bis zu dreimal größer wurden. Telmatosaurus erreichte nur etwa eine Länge von 5 m, womit er sich vielleicht an den begrenzten Lebensraum angepasst hatte wie zahlreiche andere Tiere, die zur gleichen Zeit in Europa lebten und eine Art Zwergenwuchs ausbildeten. Sein Name, der „Marschland-Echse" bedeutet, bezieht sich auf seinen Lebensraum.

Ornithopoda

Ordnung:	**Ornithischia**
Unterordnung:	**Ornithopoda**
Infraordnung:	**Ornithopoda**
Familie:	**Hadrosauridae**

Höhe:	2 m
Länge:	5 m
Gewicht:	1 t
Jahr:	Nopcsa, 1903
Ort:	Europa:
	1. Lleida, Katalonien, Spanien
	2. Grès de Saint-Chinian, Hérault, Frankreich
	3. Sânpetru Formation, Rumänien
Zeit:	Obere Kreide, vor 81–65 Mio. Jahren
Nahrung:	Herbivor

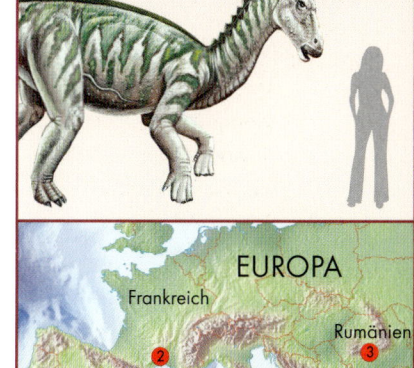

Telmatosaurus besaß statt des typischen Schnabels eine Schnauze. Er lebte gegen Ende der Kreidezeit und war einer der wenigen in Europa gefundenen Hadrosaurier.

Tenontosaurus

Ornithopoda

Ordnung: Ornithischia
Unterordnung: Ornithopoda
Infraordnung: Ornithopoda
Familie: Iguanodontiden o. fam. Zuordnung

Höhe: 2,30 m
Länge: 6,50 m
Gewicht: 0,9 t
Jahr: Ostrom, 1970
Ort: Nordamerika, USA:
1. Cloverly Mountain Formation, Montana;
2. Cedar Mountain Formation, Utah;
3. Antlers Formation, Oklahoma;
4. Twin Mountains Formation, Texas
Zeit: Untere Kreide, vor 110–100 Mio. Jahren
Nahrung: Herbivor

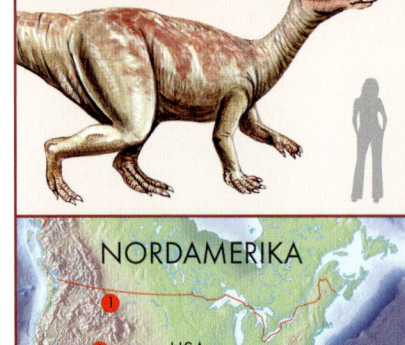

NORDAMERIKA

USA

Tenontosaurus lebte als großer und am weitesten verbreiteter Pflanzenfresser während der Unteren Kreide in Nordamerika. Er besaß einen besonders langen Schwanz, der mehr als die Hälfte der Körperlänge einnahm, zudem hufartige Hand- und Zehenspitzen. Sein Schwanz war wie bei seinen Verwandten durch Sehnen versteift, was sich in seinem Namen wiederfindet, der „Sehnen-Echse" bedeutet. Zwischen Fossilien des Tenontosaurus wurden Zähne des Raubsauriers Deinonychus gefunden, was vermutlich bedeutet, dass der friedliche Pflanzenfresser auf dem Speisezettel des Fleischfressers stand.

Der Iguanodontier Tenontosaurus lebte in vielen Gegenden des heutigen Nordamerika vor etwa 100 Millionen Jahren als friedliebender Pflanzenfresser.

Thescelosaurus

Der zu den Euornithopoden gehörende Thescelosaurus lebte gegen Ende
der Kreidezeit. Er trug im vorderen
Oberkiefer Zähne. An seinen Händen saßen fünf Finger und an seinen
Füßen vier Zehen. Ober- und Unter-
schenkel waren gleich lang, was ihn
von dem nahen Verwandten Hypsilophodon abgrenzt. Da er aufgrund
der Beinproportionen vermutlich kein
schneller Sprinter war und somit nicht
schnell vor Angreifern flüchten konnte,
hatte sich seine Haut auf dem Rücken
zu Knoten verdichtet, die einen gewissen Schutz boten.

In der Nähe von Buffalo gelang
ein sensationeller Fund, wo ein versteinertes Herz mit vier Kammern zum
Vorschein kam. Der Aufbau, der eher
einem Vogel oder Säugetier ähnelt,
deutet darauf hin, dass Thescelosa-
rus bereits als Warmblüter gelebt
haben könnte. Sein Name bedeutet
so viel wie „wunderschöne Echse".

Ornithopoda

Ordnung:	Ornithischia
Unterordnung:	Ornithopoda
Infraordnung:	Ornithopoda
Infraordnung:	Euornithopoda o. fam. Zuordnung

Höhe:	1,50 m
Länge:	3–4 m
Gewicht:	250 kg
Jahr:	Gilmore, 1913
Ort:	Nordamerika, Kanada: 1. Scollard Form., Alberta; 2. Frenchman Form., Saskatchewan Nordamerika, USA: 3. Hell Creek Form., Montana; 4. Lance Form., Wyoming; 5. Buffalo, New York
Zeit:	Obere Kreide, vor 77–65 Mio. Jahren
Nahrung:	Herbivor

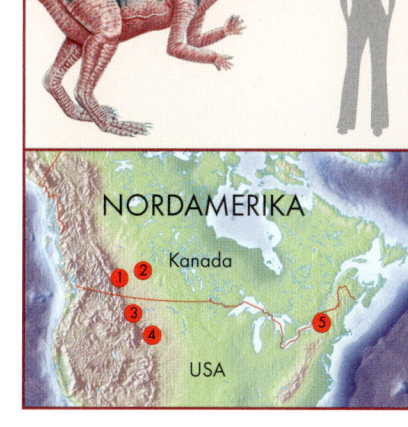

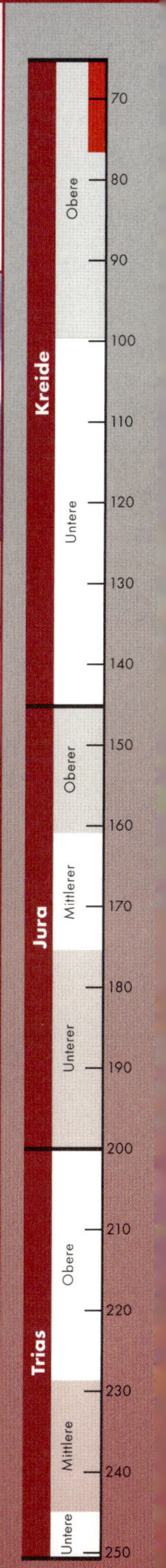

NORDAMERIKA

Kanada

USA

*Thescelosaurus lebte ebenso wie einige seiner
Verwandten in den Wäldern der Kreidezeit in
Nordamerika. Auf dem Rücken trug er kleine
Knochenknötchen zum Schutz vor Angreifern.*

Tsintaosaurus

Ornithopoda

Ordnung:	**Ornithischia**
Unterordnung:	**Ornithopoda**
Infraordnung:	**Ornithopoda**
Familie:	**Hadrosauridae**

Höhe:	4 m
Länge:	7–10 m
Gewicht:	3 t
Jahr:	Young, 1958
Ort:	Asien: Wangshi Series, Shandong, China
Zeit:	Obere Kreide, vor 70 Mio. Jahren
Nahrung:	Herbivor

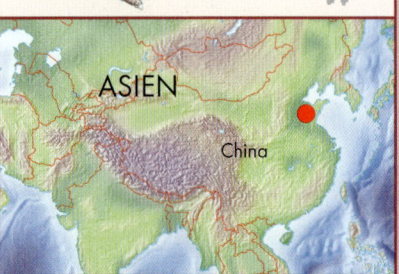

ASIEN

China

Tsintaosaurus lebte in der Oberen Kreidezeit im heutigen China und kam in Tsintao zum Vorschein, wonach er seinen Namen erhielt. Er gehörte zu den Entenschnabel-Dinosauriern, die einen Kopfschmuck trugen. Auf seiner Stirn saß ein bis zu 1 m langer Knochensporn, der an das legendäre Einhorn erinnerte. Die Basis des Knochenzapfens war mit den Nasenlöchern verbunden. Spannte sich nun ein aufblasbarer Hautsack zwischen Horn- und Schnauzenspitze, so konnte Tsintaosaurus vielleicht damit Töne erzeugen, um mit seinen Artgenossen zu kommunizieren. Heute wird allerdings diskutiert, ob sich das Stirnhorn tatsächlich an dieser Stelle befand oder eher nach hinten ausgerichtet und nur falsch rekonstruiert worden war.

Tsintaosaurus kennzeichnete ein langer Knochenzapfen auf dem Kopf. Er besaß einen typischen Entenschnabel und ernährte sich von Pflanzen.

Die „Echse aus Wealden", was Valdosaurus bedeutet, kam in einem spärlichen Fund in der Wealden Formation in England – wie zahlreiche andere Dinosaurier ebenfalls – ans Tageslicht.

Valdosaurus lebte in der Unteren Kreide in Europa, das damals noch zum Großkontinent Laurasia gehörte. Später wurden Überreste eines etwas jüngeren Exemplars in Niger entdeckt, das zur Lebenszeit des Ornithopoden auf dem südlichen Großkontinent Gondwana lag.

Der bipede, herbivore Pflanzenfresser gehörte zu den kleineren Vertretern der Iguanodonten. Er füllte damit eine Nische zwischen den kleinen Hypsilophodonten und den größeren Iguanodonten aus, die ebenfalls dort zur gleichen Zeit lebten und sich von den Pflanzen der Region ernährten.

Ornithopoda	
Ordnung:	**Ornithischia**
Unterordnung:	**Ornithopoda**
Infraordnung:	**Ornithopoda**
Familie:	**Dryosauridae**

Höhe:	1 m
Länge:	3,50 m
Gewicht:	200 kg
Jahr:	Galton, 1977
Ort:	Europa: 1. Wealden Formation, West Sussex, England; 2. Cornet, Bihor, Rumänien Afrika: 3. El Rhaz Formation, Niger
Zeit:	Untere Kreide, vor 119–113 Mio. Jahren
Nahrung:	Herbivor

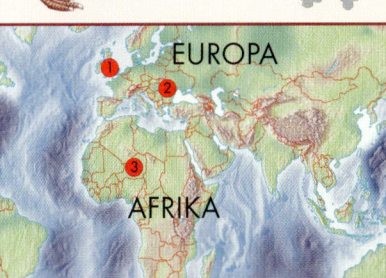

Die Überreste des Valdosaurus tauchten auf verschiedenen Kontinenten auf, was eine Verbindung der beiden Erdteile zur damaligen Zeit vermuten lässt. Der kleine Dryosauride lebte während der Unteren Kreide vor etwa 115 Millionen Jahren.

Zalmoxes

Ornithopoda

Ordnung: Ornithischia
Unterordnung: Ornithopoda
Infraordnung: Ornithopoda
Familie: Iguanodontiden o. fam. Zuordnung

Höhe:	4 m
Länge:	9 m
Gewicht:	4 t
Jahr:	Nopcsa (Weishampel, Jianu, Csiski, Norman, 2003), 1902
Ort:	Europa: Densus Ciula Formation, Hateg Becken, Transsilvanien, Rumänien
Zeit:	Untere Kreide, vor 140 Mio. Jahren
Nahrung:	Herbivor

EUROPA

Rumänien

Der Paläontologe Franz Baron Nopcsa beschrieb die Funde, die in Transsilvanien zum Vorschein kamen, zunächst als *Mochlodon suessi* und *M. robustus*, die später als Spezies von Rhabdodon galten. Genauere Betrachtungen, besonders des Rhabdodon, führten dazu, dass die Funde in Rumänien als neue Gattung Zalmoxes benannt wurden.

Wie Rhabdodon blickten die beiden Spezies des Zalmoxes auf gemeinsame Vorfahren zurück und gelten heute als Iguanodontiden ohne familiäre Zuordnung.

Ihren Namen erhielt die Gattung nach dem einstigen Sklaven des Pythagoras, der, nachdem er freikam, nach Dacia (das alte Rumänien) reiste und bald zu einem Lehrer, Heiler und Hohepriester aufstieg. Die Einwohner verehrten ihn später als Gott des Mysteriösen, der Ekstase sowie der Unterwelt und Unsterblichkeit. Als Namensgeber für den Dinosaurier eignete er sich deshalb, weil die Heimat des mystischen Zalmoxes dort lag, wo das Tier gefunden wurde.

Nopcsa drang in dessen „Unterwelt" ein und hielt die „Unsterblichkeit" des Tieres durch die erste Beschreibung aufrecht.

Zalmoxes' Fossilien wurden im mystischen Transsilvanien gefunden. Das Tier lebte während der Unteren Kreidezeit vor etwa 140 Millionen Jahren.

Zephyrosaurus

Von dem kleinen Ornithopoden Zephyrosaurus, dessen Name „Westwind-Echse" bedeutet, konnten nur wenige Schädelteile und Wirbel ausgegraben werden. Daran war ersichtlich, dass der Euornithopode große Ähnlichkeit mit Hypsilophodon aufwies. Zephyrosaurus lebte während der Unteren Kreidezeit in Nordamerika, wo er Pflanzen abweidete und vermutlich auf dem Speisezettel der größeren Raubsaurier stand. Seine auffällig breiten Backenknochen und das Abnutzungsmuster auf den Zähnen deuten darauf hin, dass das Tier vielleicht nicht nur auf und ab kauen, sondern auch seitliche Kaubewegungen ausführen konnte.

Ornithopoda

Ordnung:	**Ornithischia**
Unterordnung:	**Ornithopoda**
Infraordnung:	**Ornithopoda**
Familie:	**Euornithopoda o. fam. Zuordnung**

Höhe:	0,90 m
Länge:	2 m
Gewicht:	25 kg
Jahr:	Sues, 1980
Ort:	Nordamerika: Cloverly Formation, Montana, USA
Zeit:	Untere Kreide, vor 116 Mio. Jahren
Nahrung:	Herbivor

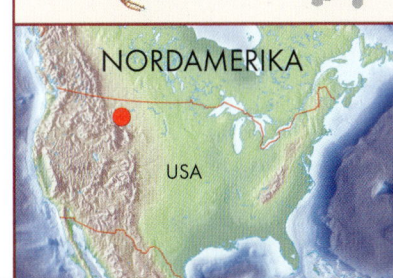

NORDAMERIKA

USA

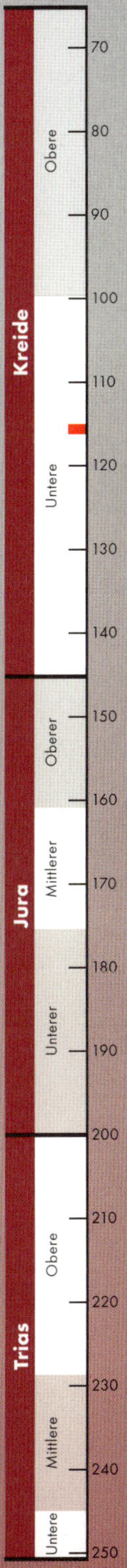

Zephyrosaurus, der nach dem Westwind benannt wurde, war sicher ein flinker Läufer, dessen Überreste bisher nur im westlichen Nordamerika gefunden wurden.

Marginocephalia

Liaoceratops

Psittacosaurus

Pentaceratops

352

Die zu den Ornithischia zählende Unterordnung der Marginocephalosauria („Köpfe mit Rändern-Echsen") ist durch die beiden Gruppen der Pachycephalosauria und der Ceratopsia bestimmt. Gemein ist allen Tieren, dass ihr Schädel in einen Knochenkamm oder eine Wulst ausläuft, was darauf hindeutet, dass sie gemeinsame Vorfahren haben. Während die ersten Vertreter noch kleine Halskrausen trugen, entwickelten sich bei den Ceratopsiern die knöchernen Auswüchse zu gewaltigen Krägen, an denen lange Dornen saßen. Die Pachycephalosauria kennzeichnete ein kuppelförmiges dickes Schädeldach, das am Hinterkopf in eine Wulst auslief. Die Marginocephalia bildeten eine der artenreichsten Pflanzenfresser-Gruppen in der Oberkreide.

Die **Pachycephalosauria** traten zum ersten Mal im Oberen Jura in Asien auf, ihren Artenreichtum entfalteten sie aber in der Oberkreide. Über Landbrücken waren sie nach Nordamerika und Europa gelangt, wo sich verschieden große Gattungen ausbildeten. Das typische Kennzeichen der bipeden Pflanzenfresser war das kuppelförmige Schädeldach. Während man früher annahm, dass die Männchen damit Revierkämpfe ausführten, ergaben genauere Untersuchungen, dass die Schädel bei harten Treffern schwere Verletzungen erlitten hätten. Heute geht man davon aus, dass die Pachycephalosauria Feinde abwehrten, indem sie den Knochenschädel in deren weiche Flanken rammten. Im Maul der Pachycephalosauria saßen kleine, blattförmige Backenzähne. Ihren Schwanz, den knöcherne Sehnen festigten, hielten sie steif vom Körper abgespreizt. Bei einigen Vertretern wie z. B. Prenocephale saßen die Augen seitlich am Kopf, was dem Tier verbunden mit einem gut ausgebildeten Sehnerv zu einem räumlichen Sehen verholfen haben könnte. Die letzten „Dickschädelechsen" starben am Ende der Kreidezeit aus.

Die **Ceratopsia** waren bis auf wenige Ausnahmen quadrupede, herbivore Ornithischia, die neben platten Backenzähnen über einen papageiähnlichen Schnabel verfügten. Sie unterteilten sich in Psittacosauridae und Neoceratopsia. Zwischen Ende Jura und Anfang der Kreidezeit trennten sich die beiden Abstammungslinien, was sich an Liaoceratops, einem der primitivsten Vertreter der Neoceratopsia, zeigt. Bei ihm hatte sich noch nicht der gewaltige Knochenkragen ausgebildet, der für seine Tiergruppe typisch war, während Psittacosaurus nur über eine Knochenleiste, eine Vorstufe der gewaltigen knöchernen Halskrausen, verfügte. Pentaceratops schließlich trug mit seinem 3 m langen Schädel den längsten, den jemals ein Landtier besaß.

Zunächst nahmen die Forscher an, das Nackenschild habe zur Verteidigung gedient. Heute geht man davon aus, dass es einen verbesserten Ansatzpunkt für die Beißmuskulatur bot. Weil die meisten Schilde nicht massiv waren, sondern zwei Knochenfenster enthielten, um das Gewicht zu reduzieren, fassten die Muskeln nur am Rand. Mit der Hilfe des Knochenkragens konnten die Tiere härteste Pflanzenkost vertilgen. Liaoceratops, Vorfahr der späteren riesigen Horngesichter, bekräftigte mit seiner Knochenleiste die Theorie, dass die gewaltigen Krägen der Ceratopsier aus den Stützstrukturen der Kiefernmuskeln hervorgegangen sein können.

Oft trugen die Schilde zusätzliche Dornen und dienten sicher der Abschreckung. Waren sie gut durchblutet, zeichneten sich die Knochenfenster ab. Näherte sich ein Angreifer, so streckten ihm die Tiere ihre Hörner entgegen und konnten diesen dadurch möglicherweise vertreiben. Vielleicht führten sie aber auch Balzrituale und Revierkämpfe durch und stellten die gewaltigen Krägen beim Imponiergehabe zur Schau.

Während vor 70 Millionen Jahren die Ceratopsia noch in Nordamerika lebten, waren die südamerikanischen und vor allem die asiatischen Vertreter bereits ausgestorben.

Goyocephale

Pachycephalosauria
Ordnung: Ornithischia
Unterordnung: Marginocephalia
Infraordnung: Pachycephalosauria
Familie: Goyocephala o. fam. Zuordnung

Höhe:	0,80 m
Länge:	2 m
Gewicht:	70 kg
Jahr:	Perle, Maryanska und Osmólska, 1982
Ort:	Asien: Ovorkhangai, Mongolei
Zeit:	Obere Kreide, vor 85–71 Mio. Jahren
Nahrung:	Herbivor

Mongolei

ASIEN

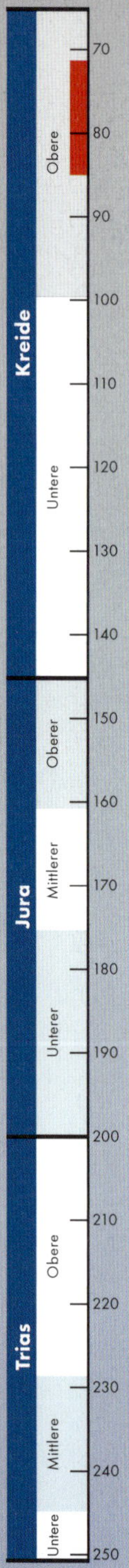

Goyocephale lebte im Gebiet der heutigen Mongolei. Als Pachycephalosaurier besaß er einen dicken Knochenschädel, der bei den asiatischen Vertretern jedoch etwas abgeflacht ausfiel. Sein Name, der „geschmückter Kopf" bedeutet, bezieht sich auf diese Schädelform und den typischen Knochenwulst.

Im Ober- und Unterkiefer saßen kurze, dolchartige Fangzähne, die bei geschlossenem Maul nicht zu sehen waren. Trotzdem ernährte sich Goyocephale vermutlich ausschließlich von Pflanzen. In seinem Herdenverband führte er sicher Balzkämpfe durch, wobei er den knöchernen Schädel aber vor allem zur Abwehr gegen Feinde einsetzte, indem er ihn in die Flanke eines Angreifers rammte.

Vielleicht besaß Goyocephale eine lebhafte Färbung. Sein Schädeldach war im Gegensatz zu den nordamerikanischen Vertretern eher abgeflacht.

Kreide	Obere	70
		80
		90
		100
	Untere	110
		120
		130
		140
Jura	Oberer	150
		160
	Mittlerer	170
		180
	Unterer	190
		200
Trias	Obere	210
		220
		230
	Mittlere	240
	Untere	250

Als Wissenschaftler im Jahre 2003 bekanntes Schädelmaterial noch einmal ausführlich untersuchten, das zuerst Stegoceras zugeschrieben worden war, erkannten sie, dass es sich hierbei um eine neue Gattung handelte. Hanssuesia gehörte zu den Pachycephalosauriden, die einen dicken Knochenschädel besaßen, worunter aber oftmals nur ein kleines Gehirn lag. Die Knochenkuppeln endeten in einem Kranz aus Knötchen und Dornen, der sich über den Hinterkopf und die Wangen zog.

Hanssuesia lebte vermutlich wie seine Verwandten als reiner Pflanzenfresser in der Oberen Kreidezeit, lief auf zwei kräftigen Beinen und erreichte eine Länge von 3 m.

Pachycephalosauria

Ordnung:	Ornithischia
Unterordnung:	Marginocephalia
Infraordnung:	Pachycephalosauria
Familie:	Pachycephalosauridae

Höhe:	1,20 m
Länge:	3 m
Gewicht:	60 kg
Jahr:	Sullivan, 2003
Ort:	Nordamerika: Judith River Formation, Alberta, Kanada
Zeit:	Obere Kreide, vor 83–71 Mio. Jahren
Nahrung:	Herbivor

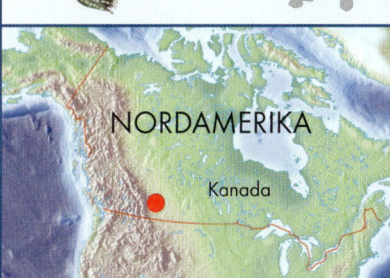

NORDAMERIKA

Kanada

Hanssuesias Überreste wurden in Kanada gefunden und zunächst Stegoceras zugeordnet.

Homalocephale

Pachycephalosauria
Ordnung: Ornithischia
Unterordnung: Marginocephalia
Infraordnung: Pachycephalosauria
Familie: Homalocephaloidea o. fam. Zuordn.

Höhe:	1,20 m
Länge:	3 m
Gewicht:	50 kg
Jahr:	Maryanska und Osmólska, 1974
Ort:	Asien: Nemegt Formation, Omnogov, Mongolei
Zeit:	Obere Kreide, vor 83–65 Mio. Jahren
Nahrung:	Herbivor

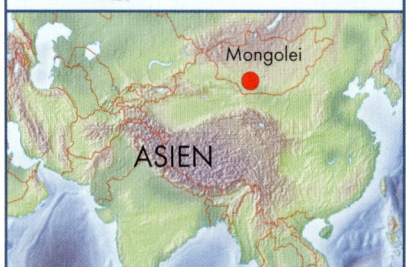

Mongolei

ASIEN

Homalocephale besaß im Gegensatz zu den meisten Pachycephalosauriern keinen kuppelförmigen Schädel, sondern einen abgeflachten Kopf mit gepanzerter Schädeldecke. An deren Rändern, Hinterseiten und Wangen ragten kleine Dornen und Wülste hervor. Darunter saß ein kleines Gehirn. Aber große Augen und ein guter Geruchssinn verhalfen dem Tier, Feinde wie Saurornithoides, Deinocheirus oder Therizinosaurus rechtzeitig zu erkennen und auf seinen langen Beinen zu fliehen.

Dennoch gehörte Homalocephale nicht zu den schnellsten Läufern. Er ernährte sich von der Vegetation seiner Region, vor allem von weichen Pflanzen, Früchten und Samen, die er mit den blattförmigen Zähnen zerkaute. Während des Grasens konnte er auch auf allen Vieren gehen, um die niedrig wachsende Vegetation abzurupfen. In der Regel bewegte sich das Tier aber auf den Hinterbeinen fort und griff mit den Händen nach Zweigen und Blättern.

Der gegen Ende der Kreidezeit in Asien lebende Homalocephale besaß im Gegensatz zu seinen Verwandten ein flaches Schädeldach, das in einer Wulst aus Knötchen endete.

Micropachycephalosaurus

Micropachycephalosaurus, der in der Oberen Kreidezeit in Asien lebte, war von kleiner Statur, was sein Name „kleine, dickköpfige Echse" besagt, der zu den längsten Dinosauriernamen gehört.

Allein nur der Name ist sehr lang, das Tier selbst wurde von dem ähnlich klingenden Knochenschädel-Saurier Pachycephalosaurus fast um ein Zehnfaches überragt. Aber auch der kleine Ornithischier besaß wie seine Verwandten einen dicken, knöchernen Schädel und alle verwandten Merkmale. Er lief auf zwei Beinen und hatte Greifhände an den kürzeren Armen. Als kleiner Pflanzenfresser stand er vermutlich auf dem Speisezettel zahlreicher großer, räuberisch lebender Dinosaurier, vor denen er nur flüchten oder sich im Unterholz verstecken konnte.

Pachycephalosauria

Ordnung:	**Ornithischia**
Unterordnung:	**Marginocephalia**
Infraordnung:	**Pachycephalosauria**
Familie:	**Pachycephalosauridae**

Höhe:	0,20 m
Länge:	0,50 m
Gewicht:	2 kg
Jahr:	Dong, 1978
Ort:	Asien: Wangshi Series, Shandong, China
Zeit:	Obere Kreide, vor 83–73 Mio. Jahren
Nahrung:	Herbivor

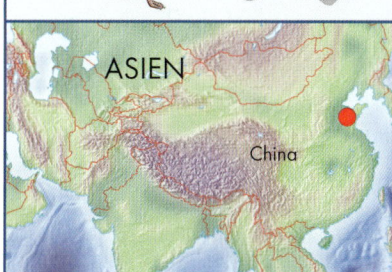

ASIEN

China

Der kleine Micropachycephalosaurus wurde nur etwa 20 cm hoch und lebte vermutlich im Unterholz der asiatischen Kreidelandschaften.

Kreide	Obere	70
		80
		90
	Untere	100
		110
		120
		130
		140
Jura	Oberer	150
		160
	Mittlerer	170
	Unterer	180
		190
		200
Trias	Obere	210
		220
		230
	Mittlere	240
	Untere	250

Pachycephalosaurus

Pachycephalosauria

Ordnung: Ornithischia
Unterordnung: Marginocephalia
Infraordnung: Pachycephalosauria
Familie: Pachycephalosauridae

Höhe: 1,50 m
Länge: 8 m
Gewicht: 1–2 t
Jahr: Brown und Schlaikjer, 1943
Ort: Nordamerika:
1. Hell Creek Formation, Montana, USA
2. Lance Formation, Wyoming, USA
Zeit: Obere Kreide, vor 68–65 Mio. Jahren
Nahrung: Herbivor

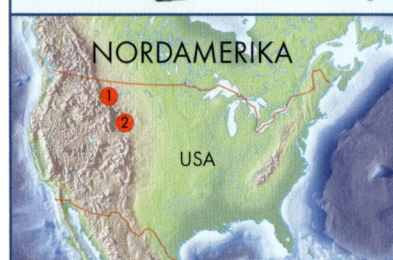

NORDAMERIKA

USA

Pachycephalosaurus, dessen Name „dickköpfige Echse" bedeutet, war der größte Kuppelkopf-Saurier, dessen 25 cm dickes Schädeldach in einem Wulst aus winzigen Höckern an Hinterkopf und Schnauze endete.

Der große Ornithischier nutzte den Knochenschädel wohl weniger für Revierkämpfe, sondern um sich gegen fleischfressende Dinosaurier durchzusetzen, indem er den Kopf in deren weiche Flanken stieß. Vermutlich blieb ihm aber bei den großen Räubern nur die Flucht. Pachycephalosaurus lebte in Herden am Waldrand, wo die Tiere weiche Pflanzen abweideten oder Samen und Früchte fraßen, die sie mit den kleinen, scharfen Zähnen zerbeißen konnten.

Pachycephalosaurus besaß nur ein kleines Gehirn, wohl aber recht große Augen und einen guten Geruchssinn. Er lief auf zwei Beinen, die Arme waren kürzer und der Schwanz steif. William Winkley entdeckte 1938 die ersten Fossilien auf seiner Ranch in Montana.

Pachycephalosaurus wurde im Norden Amerikas entdeckt, lebte am Ende der Kreidezeit und besaß einen dicken Schädel mit einer breiten Wulst aus kleinen Knötchen am Hinterkopf.

Prenocephale

Prenocephale war ein mittelgroßer Vertreter der Knochenschädel-Dinosaurier und besaß einen dicken, stark gewölbten Schädel, den ein Kranz aus Dornen und Knochenhöckern säumte. Darunter saß ein eher kleines Gehirn, was dem Saurier wohl eine eher geringe Intelligenz bescherte. Die Augen saßen seitlich am Kopf, sodass das Tier – verbunden mit einem gut ausgebildeten Sehnerv – zu räumlichem Sehen befähigt gewesen sein könnte. Vor allem räuberisch lebenden Sauriern war die tiefenräumliche Wahrnehmung für einen Angriff sehr hilfreich.

In seinem Maul saßen spitze Zähne, die sich sowohl zum Zerkleinern von harter Pflanzennahrung als auch von Insekten und kleinem Getier eigneten, weshalb immer wieder diskutiert wird, ob sich die Pachycephalosauria nicht auch omnivor ernährt haben könnten. Gastrolithen, kleine Steine im Magen, mit deren Hilfe die Nahrung zu Brei zerkleinert wurde, deuten wiederum auf eine pflanzliche Ernährung hin.

Prenocephale, was „abfallender Schädel" bedeutet, wurde nach der Form seines Kopfes benannt.

Pachycephalosauria

Ordnung:	Ornithischia
Unterordnung:	Marginocephalia
Infraordnung:	Pachycephalosauria
Familie:	Pachycephalosauridae

Höhe:	1,30 m
Länge:	2,50 m
Gewicht:	130 kg
Jahr:	Maryansky, 1974
Ort:	Asien: Nemegt Formation, Omnogov, Mongolei
Zeit:	Obere Kreide, vor 70 Mio. Jahren
Nahrung:	Herbivor (omnivor?)

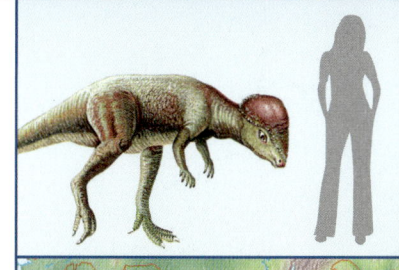

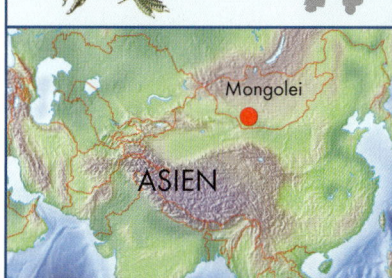

Prenocephale besaß einen typisch geformten, abfallenden Schädel, lebte vor etwa 70 Millionen Jahren in Asien und wurde etwa 1,30 m hoch.

Stegoceras

Pachycephalosauria

Ordnung:	Ornithischia
Unterordnung:	Marginocephalia
Infraordnung:	Pachycephalosauria
Familie:	Pachycephalosauridae

Höhe:	1,20 m
Länge:	2 m
Gewicht:	50–70 kg
Jahr:	Lambe, 1902
Ort:	Nordamerika:
	1. Horseshoe Canyon Formation, Alberta, Kanada
	2. Hell Creek Formation, Montana, USA
Zeit:	Obere Kreide, vor 76–65 Mio. Jahren
Nahrung:	Herbivor

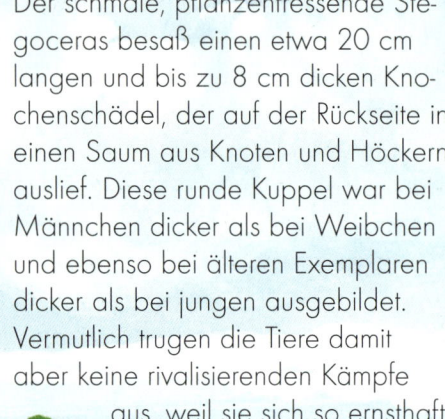

NORDAMERIKA

1

Kanada

2

USA

Der schmale, pflanzenfressende Stegoceras besaß einen etwa 20 cm langen und bis zu 8 cm dicken Knochenschädel, der auf der Rückseite in einen Saum aus Knoten und Höckern auslief. Diese runde Kuppel war bei Männchen dicker als bei Weibchen und ebenso bei älteren Exemplaren dicker als bei jungen ausgebildet. Vermutlich trugen die Tiere damit aber keine rivalisierenden Kämpfe aus, weil sie sich so ernsthaft hätten verletzen können, sondern nutzten die

Knochenschädel, um sich zu verteidigen, die angreifenden Räuber in die weichen, ungeschützten Flanken zu stoßen und zu vertreiben.

Stegoceras besaß lange Hinterbeine und kurze Arme mit Händen, die sich zum Greifen und vielleicht auch Graben eigneten. Mit ihnen und mit seinem schnabelartigen Maul rupfte er die Büsche ab und zerkaute die Pflanzen, denn in seinen Kiefern saßen kleine, scharfe Zähne mit Sägekanten. Vielleicht fraß der schnelle Ornithopode auch Insekten und ernährte sich omnivor.

Die Tiere lebten in kleinen Herden, die ihnen einen gewissen Schutz vor fleischfressenden Dinosauriern gaben. Sie besaßen relativ große Gehirne und Augen, mit denen sie Gefahren vermutlich schnell erkennen und flüchten konnten.

Die ersten Fossilien von Stegoceras kamen bereits 1889 zum Vorschein. Der Name des Kuppelkopf-Dinosauriers bedeutet „horniges Dach".

In den ersten Interpretationen von Stegoceras wurden die Männchen in Kampfpositionen dargestellt, bei denen sie ihre Knochenschädel aufeinanderstoßen ließen. Ob sie allerdings tatsächlich diese Schädelkämpfe ausführten, wird heute unterschiedlich diskutiert. Vielleicht hielt das Knochendach die Wucht des Aufpralls nicht aus und diente eher der Verteidigung gegen Feinde, denen die Stegoceras ihren Schädel in die Flanken rammten und die Raubtiere dadurch verjagten.

Stenopelix

Pachycephalosauria

Ordnung:	Ornithischia
Unterordnung:	Marginocephalia
Infraordnung:	Pachycephalosauria
Familie:	Ohne familiäre Zuordnung

Höhe:	0,75 m
Länge:	1,50 m
Gewicht:	10–20 kg
Jahr:	von Meyer, 1857
Ort:	Europa: Obernkirchener Sandstein, Niedersachsen, Deutschland
Zeit:	Untere Kreide, vor 140 Mio. Jahren
Nahrung:	Herbivor

EUROPA

Deutschland

Dieser in Deutschland gefundene Pachycephalosaurier kam als Hohlform im niedersächsischen Gestein ans Tageslicht. Hinterbeine, Becken und Schwanz veranlassten die Paläontologen dazu, das Tier zunächst als Hypsilophodontiden, später als Psittacosauriden einzuordnen. Der Pflanzenfresser gehörte sicher zu den primitiveren Pachycephalosauriden, aufgrund der spärlichen Fossilien konnte er aber bisher keiner der bestehenden Familien zugeordnet werden. Vermutlich besaß auch er den typischen Knochenschädel, lief recht schnell auf zwei Beinen und ergriff die Flucht, sobald sich Feinde näherten.

Der in Deutschland gefundene Stenopelix lebte in der Unteren Kreide. Sein Name bedeutet „enges Becken".

Stygimoloch

Das auffällige Äußere dieses großen Pachycephalosauriden bescherte ihm seinen Namen, der so viel wie „dorniger Teufel vom Fluss Styx" (Höllenfluss) bedeutet. Als Einziger seiner Familie trug er zahlreiche Höcker im Gesicht und Dornen mit einer Länge von bis zu 15 cm, die seinen Kopf umrahmten. Nach diesem dämonischen Aussehen und der Tatsache, dass er in der Hell Creek Formation in Montana ausgegraben wurde, benannten ihn Galton und Sues mit „Stygimoloch", wobei sich die erste Silbe auf den Fluss Styx bezieht und die zweite in der hebräischen Sprache „Dämon" bedeutet.

Die Dornen dienten dem Dinosaurier vermutlich bei der Brunft als Imponiergehabe, können aber ebenso bei der Abschreckung von Feinden hilfreich gewesen sein.

Pachycephalosauria

Ordnung:	Ornithischia
Unterordnung:	Marginocephalia
Infraordnung:	Pachycephalosauria
Familie:	Pachycephalosauridae

Höhe:	1,80 m
Länge:	2–3 m
Gewicht:	80 kg
Jahr:	Galton und Sues, 1983
Ort:	Nordamerika: 1. Hell Creek Formation, Montana, USA 2. Lance Formation, Wyoming, USA
Zeit:	Obere Kreide, vor 68–65 Mio. Jahren
Nahrung:	Herbivor

NORDAMERIKA

USA

Stygimoloch vedankt seinen Namen seinem furchteinflößenden Äußeren. Das in Nordamerika gefundene Tier lebte als friedlicher Pflanzenfresser gegen Ende der Kreidezeit.

Tylocephale

Pachycephalosauria

Ordnung: Ornithischia
Unterordnung: Marginocephalia
Infraordnung: Pachycephalosauria
Familie: Pachycephalosauridae

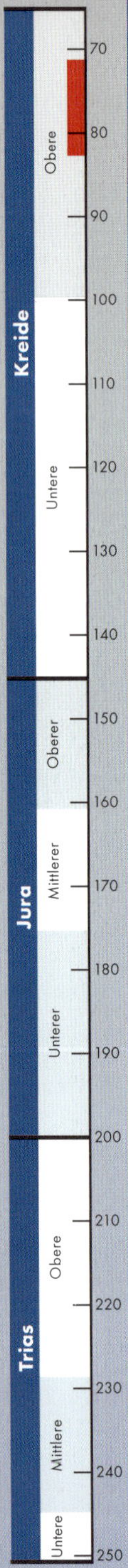

Höhe: 1,10 m
Länge: 2,10 m
Gewicht: 50 kg
Jahr: Maryanska und
Osmólska, 1974
Ort: Asien: Barun Goyot
Formation, Omno-
gov, Mongolei
Zeit: Obere Kreide,
vor 83–71 Mio.
Jahren
Nahrung: Herbivor

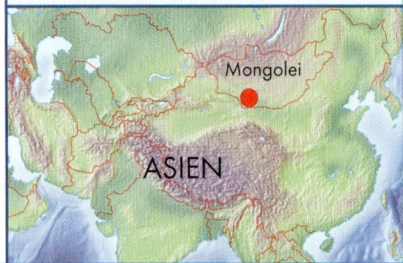

Mongolei

ASIEN

Tylocephale besaß den höchsten Knochenschädel der Pachycephalosaurier. Äußerlich schien er Stegoceras geähnelt zu haben, der höchste Punkt des Kuppelschädels lag aber weiter hinten. Um den Schädel saßen winzige Dornen und Knötchen. Sein Name, der „geschwollener Schädel" bedeutet, weist auf dessen außerordentliche Größe hin. Leider wurde von dem Tier bisher nur fossiles Material des Schädels und der Kiefer gefunden.

Sicher lebte Tylocephale im Gebiet der heutigen Mongolei, wo er sich von der Vegetation ernährte. In seinen Kiefern saßen relativ große Zähne, mit denen er das faserige Pflanzenmaterial zerkauen konnte. Er lief auf zwei starken Hinterbeinen, denn die Arme waren kürzer und endeten in Greifhänden. Der lange, steife Schwanz balancierte sein Gewicht aus.

Tylocephale konnte mit seinen Händen greifen und Pflanzen abrupfen, von denen er sich ernährte. Seine Überreste wurden in der Mongolei entdeckt.

Kreide
Obere
Untere
70
80
90
100
110
120
130
140

Jura
Oberer
Mittlerer
Unterer
150
160
170
180
190
200

Trias
Obere
Mittlere
Untere
210
220
230
240
250

Wannanosaurus

Der etwa hühnergroße Wannanosaurus gehörte zu den kleinsten bekannten Dinosauriern und zählte zu den primitivsten Pachycephalosauriern. Er lebte während der Oberen Kreidezeit in Asien, wo er sich von den Pflanzen der Region ernährte. Sein Knochenschädel war wie bei anderen asiatischen Vertretern (Homalocephaloidea) flach, aber dick und endete am Hinterkopf in einem Knotenkranz. In seinen Kiefern saßen kleine, spitze Zähne und er fraß vor allem Blätter, Früchte und Samen.

Wannanosaurus konnte recht schnell auf zwei Beinen laufen, der schwere, steife Schwanz balancierte die Wendemanöver aus, wenn das kleine Tier vor fleischfressenden Sauriern wie z. B. dem Velociraptor flüchten musste. Lebte es in Herden, so boten diese zusätzlichen Schutz. Die Tiere konnten sich gegenseitig warnen und flüchten oder im Unterholz verstecken.

Pachycephalosauria

Ordnung:	Ornithischia
Unterordnung:	Marginocephalia
Infraordnung:	Pachycephalosauria
Familie:	Ohne familiäre Zuordnung

Höhe:	0,20 m
Länge:	0,60–0,80 m
Gewicht:	1,5 kg
Jahr:	Hou, Chao und Chu, 1977
Ort:	Asien: Xiaoyan Formation, Anhui, China
Zeit:	Obere Kreide, vor 83–73 Mio. Jahren
Nahrung:	Herbivor

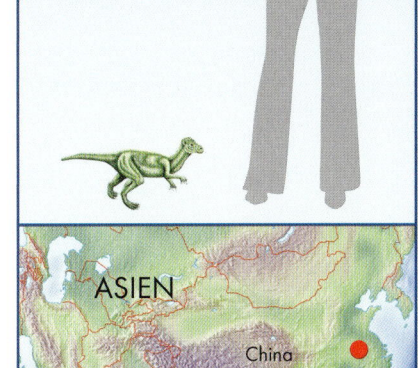

ASIEN

China

Benannt wurde der Saurier („Echse von Wannan") nach seinem Fundort in China, wo nur ein unvollständiges Skelett zum Vorschein kam.

Wannanosaurus gehörte zu den kleinsten Dinosauriern und lebte vermutlich im Herdenverband im Unterholz der asiatischen Landschaft während der Oberen Kreidezeit.

Yaverlandia

Pachycephalosauria

Ordnung:	Ornithischia
Unterordnung:	Marginocephalia
Infraordnung:	Pachycephalosauria
Familie:	Ohne familiäre Zuordnung

Höhe: 0,30 m
Länge: 1 m
Gewicht: 20 kg
Jahr: Galton, 1971
Ort: Europa: Upper Silty Bed, Wessex Formation, Yaverland Point, Isle of Wight, England
Zeit: Untere Kreide, vor 126–121 Mio. Jahren
Nahrung: Herbivor

England

EUROPA

Kreide
Obere
70
80
90
Untere
100
110
120
130
140

Jura
Oberer
150
160
Mittlerer
170
180
Unterer
190
200

Trias
Obere
210
220
Mittlere
230
240
Untere
250

Yaverlandia, ein Vertreter der Pachycephalosauriden, wurde nahe Yaverland Point auf der englischen Insel Wight entdeckt und belegt, dass Kuppeldach-Dinosaurier auch in Europa lebten. Das Tier gilt als deren ältester und recht primitiver Vertreter. Obwohl es schon 1930 entdeckt wurde, konnten die spärlichen Fossilien erst 1971 beschrieben werden.

Europa bestand während der Kreidezeit aus vielen einzelnen Inseln, da ein Flachmeer den späteren Kontinent überspült hatte. Neben Stenopelix, der im Gebiet des heutigen Deutschland lebte, fanden sich auch in Portugal Zahnreste eines vermeintlichen Pachycephalosauriers (Taveiosaurus), was aber in den jüngsten Veröffentlichungen angezweifelt wird. Der Speziesname *Yaverlandia bitholus* bedeutet „Zwillingsdom" und bezieht sich auf die beiden gleichartigen Vorderknochen des Schädels.

Yaverlandia, ein etwa 1 m langer und nur 30 cm hoher Pachycephalosaurier, wurde in England gefunden, wo er vor etwa 125 Millionen Jahren lebte.

Anchiceratops

Ceratopsia
Ordnung:	Ornithischia
Unterordnung:	Marginocephalia
Infraordnung:	Ceratopsia
Familie:	Ceratopsidae

Höhe:	2,50 m
Länge:	4,50–6 m
Gewicht:	2,4 t
Jahr:	Brown, 1914
Ort:	Nordamerika: Red River Formation, Alberta, Kanada
Zeit:	Obere Kreide, vor 83–65 Mio. Jahren
Nahrung:	Herbivor

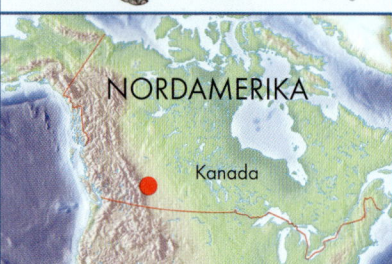

NORDAMERIKA

Kanada

Anchiceratops ähnelte dem etwas größeren Chasmosaurus, besaß aber einen viel kürzeren Schwanz und einen schmaleren, fast rechtwinkligen Nackenschild, den ein Kamm zweiteilte. Auf jeder Seite befand sich eine große ovale Öffnung im Knochen und am oberen Rand dornenartige Fortsätze. Von den drei Hörnern auf seinem Schädel saßen oberhalb der Augen zwei sehr lange, nach vorne gebogene und ein kurzes über der Nase. Sein Name, der „Enghorn-Gesicht" bedeutet, bezieht sich auf die schmale Form des Hornträgers.

Von ihm wurden ein komplettes Skelett und sechs Schädel neben Kohleflözen gefunden, was auf einen sumpfähnlichen Lebensraum schließen lässt.

Vermutlich lebte Anchiceratops in Sumpflandschaften und fraß Sumpfzypressen sowie Farne.

Anchiceratops lebte gegen Ende der Kreidezeit knapp 20 Millionen Jahre in den Gebieten Nordamerikas und trug den typischen großen Schild der Ceratopsia.

Bagaceratops

Bagaceratops gehörte zu den quadrupeden Pflanzenfressern, die als typische Vertreter der Neoceratopsia in der Mongolei lebten, wobei er einer der kleinsten und vermutlich auch primitivsten war. Aber auch er besaß einen schlanken Nackenschild und eine kleine Hornwulst auf der Schnauze. Vermutlich ernährte er sich von hartblättriger Vegetation, worauf seine Backenzähne und sein scharfer Schnabel schließen lassen. Seine Statur war bullig mit einem langen Kopf, in dessen fast dreieckigem Schädel eine extra Öffnung hinter der Nasenöffnung saß, die das Schild leichter machte.

Bagaceratops-Saurier legten ihre Eier in Nester, die sie im Sand bauten, und betrieben Brutpflege. Ein Sandsturm scheint dabei einigen Tieren zum Verhängnis geworden zu sein und sie unter sich begraben zu haben. Dadurch kamen gut erhaltene Fossilien ans Tageslicht.

Vom „kleinen Horngesicht", was sein Name bedeutet, konnten bisher mehrere komplette Schädel und 17 zum Teil unvollständige Skelette gefunden werden.

Ceratopsia	
Ordnung:	**Ornithischia**
Unterordnung:	**Marginocephalia**
Infraordnung:	**Ceratopsia**
Familie:	**Neoceratopsia ohne fam. Zuordnung**

Höhe:	0,50 m
Länge:	1 m
Gewicht:	30 kg
Jahr:	Maryanska und Osmólska, 1975
Ort:	Asien: Barun Goyot Formation, Omnogov, Mongolei
Zeit:	Obere Kreide, vor 84–70 Mio. Jahren
Nahrung:	Herbivor

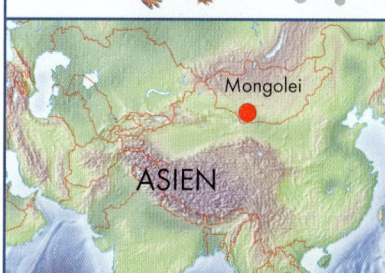

Mongolei

ASIEN

Bagaceratops wurde in Asien entdeckt, wo zahlreiche gut erhaltene Fossilienskelette zum Vorschein kamen. Der kleine Pflanzenfresser lebte dort vor mehr als 80 Millionen Jahren.

Kreide / Obere / Untere / Jura / Oberer / Mittlerer / Unterer / Trias / Obere / Mittlere / Untere

70 80 90 100 110 120 130 140 150 160 170 180 190 200 210 220 230 240 250

Brachyceratops

Ceratopsia
Ordnung:	Ornithischia
Unterordnung:	Marginocephalia
Infraordnung:	Ceratopsia
Familie:	Ceratopsidae

Höhe:	0,75 m
Länge:	1,80 m
Gewicht:	100 kg
Jahr:	Gilmore, 1914
Ort:	Nordamerika: Two Medicine Formation, Montana, USA
Zeit:	Obere Kreide, vor 75 Mio. Jahren
Nahrung:	Herbivor

NORDAMERIKA

USA

Das „Kurzhorn-Gesicht", was der Name Brachyceratops bedeutet, gehörte zu den kleinsten Ceratopsiden und ist nur durch fünf Fossilien bekannt. Er besaß einen kurzen Nackenschild und ein kurzes Horn auf der Nase. Lange wurde über die Funde in Montana gestritten, von denen einige Wissenschaftler annahmen, dass es sich um Überreste von Monoclonius- oder Centrosaurus-Jungtieren handelte, da sie in einigen Merkmalen übereinstimmen. Nachdem Fossilien ausgewachsener Tiere gefunden worden sind, stimmen nun die meisten Wissenschaftler zu, dass sie eine eigene Gattung bilden.

Brachyceratops trat erst einige Millionen Jahre später auf, nachdem Bagaceratops schon die Erde bewohnte, jedoch vermutlich noch bevor sich der gigantische Triceratops entwickelt haben könnte.

Brachyceratops, ein kleinerer Ceratopsier, kam bisher in spärlichen Funden zum Vorschein. Er lebte vor etwa 75 Millionen Jahren im Norden Amerikas, wo er sich von Pflanzen der Kreidezeit ernährte.

Centrosaurus

Der Centrosaurus, ein Ceratopsia, der in der Oberen Kreidezeit in Nordamerika lebte, bekam seinen Namen „Scharfspitzen-Echse" nach seinen äußerlichen Merkmalen. Auf seiner Nase saß ein langes, nach vorne gewölbtes Horn, das an die heute lebenden Rhinozerosse erinnert. In der Mitte des zweigeteilten Nackenschilds fanden sich zwei nach unten gebogene Stacheln und kleine Dornen säumten die Kante. Große Öffnungen zwischen den Knochen sollten das Gewicht reduzieren. Das gesamte Schild war mit gut durchbluteter Haut überzogen. Das kräftige Kugelgelenk zwischen Kopf und Hals ermöglichte Centrosaurus, den Kopf schnell hin und her zu bewegen, was ihm bei der Verteidigung sicherlich zugute kam.

Centrosaurus lebte vermutlich in sumpfigen Waldgebieten und ernährte sich dort von niedrig wachsender Vegetation. Mit seinem scharfen, starken Schnabel riss er selbst hartfaserige Pflanzen ab. Die ausgewachsenen Mitglieder einer Herde konnten sich aufgrund der bulligen Statur und des behornten Schädels sicher gut gegen Angreifer verteidigen. Dagegen scheinen die Jungtiere leichtere Beute für Räuber gewesen zu sein, da bei den vielen Funden bisher nur wenige Jungtiere entdeckt wurden.

Ceratopsia

Ordnung:	Ornithischia
Unterordnung:	Marginocephalia
Infraordnung:	Ceratopsia
Familie:	Ceratopsidae

Höhe:	1,80 m
Länge:	6 m
Gewicht:	3 t
Jahr:	Lambe, 1904
Ort:	Nordamerika:
	1. Judith River Group, Alberta, Kanada
	2. Sandhill Creek, Oldman Formation, Alberta, Kanada
	3. Montana, USA
Zeit:	Obere Kreide, vor 85–75 Mio. Jahren
Nahrung:	Herbivor

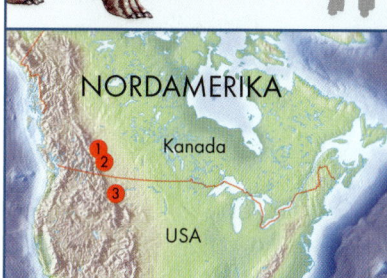

NORDAMERIKA

Kanada

USA

Centrosaurus gehört zu den bekanntesten Dinosauriern. Seine kräftige Statur ist aus zahlreichen Funden von bis zu 200 Skeletten bekannt.

	Kreide	Obere / 70, 80, 90
		Untere / 100, 110, 120, 130, 140
	Jura	Oberer / 150, 160
		Mittlerer / 170, 180
		Unterer / 190, 200
	Trias	Obere / 210, 220
		Mittlere / 230, 240
		Untere / 250

Chaoyangsaurus

Ceratopsia

Ordnung:	Ornithischia
Unterordnung:	Marginocephalia
Infraordnung:	Ceratopsia
Familie:	Neoceratopsia ohne fam. Zuordnung

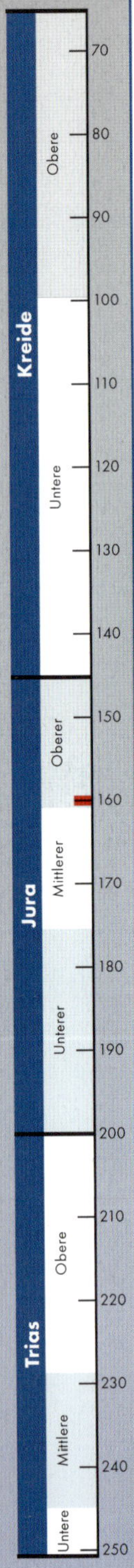

Höhe:	0,50 m
Länge:	1,50–2 m
Gewicht:	40 kg
Jahr:	Zhao, Cheng und Xu, 1999
Ort:	Asien: Tuchengzi Formation, Liaoning, China
Zeit:	Oberer Jura, vor 160 Mio. Jahren
Nahrung:	Herbivor

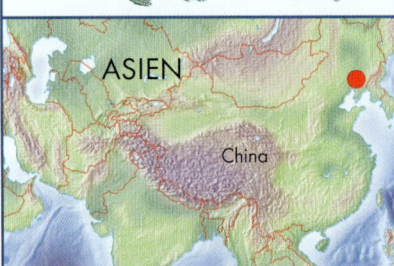

ASIEN

China

Die 1980 gefundene „Echse von Chaoyang", die ihren Namen nach dem Fundort erhielt, gehört heute zu den Neoceratopsia. Als einer der ältesten Vertreter lebte sie bereits im Oberen Jura in Asien und beweist damit, dass die Ceratopsia nicht erst in der Kreidezeit auf der Erde erschienen sind.

Von Chaoyangsaurus kamen Reste eines unvollständigen Skeletts zum Vorschein, anhand derer er einige Ähnlichkeiten sowohl zu den Ceratopsiden als auch zu den Heterodontosauriden aufweist und eine gewisse evolutionäre Verbindung zwischen beiden zu sein scheint. Bisher konnten keine Schilde oder Hörner gefunden werden. Außerdem weist das Tier Ähnlichkeiten zu den Psittacosauriden auf. Chaoyangsaurus ist in älterer Literatur als Chaoyangosaurus oder Chaoyoungosaurus bekannt.

Chaoyangsaurus kam im Gebiet Chaoyang in China ans Tageslicht, lebte bereits im Oberen Jura und unterscheidet sich von seinen Verwandten durch ein fehlendes Schild.

Chasmosaurus

Der rhinozerosähnliche Chasmosaurus gehörte zu den am weitesten verbreiteten Ceratopsiden. Vier Arten konnten bisher identifiziert werden.

Er trug zwei nach oben gebogene Hörner über den Augen und ein kurzes Nasenhorn. Den fast rechteckigen Knochenschild am Hinterkopf säumten an der Seite kleine Dornen. Große Knochenfenster reduzierten das Gewicht. Sein Name „Spalten-Echse" bezieht sich auf diese Öffnungen. Der Nackenschild ließ seinen Kopf größer erscheinen und diente sicherlich der Abschreckung.

Sein bulliger Körper mit dem kurzen Schwanz endete in vier starken Beinen mit hufförmigen Klauen an den Füßen. Die Haut überzogen kleine Höcker, wie fossilisierte Abdrücke zeigen. Mit seinem starken, papageienähnlichen Schnabel konnte Chasmosaurus die Pflanzen abreißen, von denen er sich ernährte.

Wie andere Ceratopsia lebte auch Chasmosaurus in Herden und kümmerte sich um seine Jungen, die aus den Eiern der Gelege schlüpften.

Ceratopsia	
Ordnung:	Ornithischia
Unterordnung:	Marginocephalia
Infraordnung:	Ceratopsia
Familie:	Ceratopsidae

Höhe:	3 m
Länge:	5–8 m
Gewicht:	2–3,5 t
Jahr:	Lambe, 1914
Ort:	Nordamerika:
	1. Judith River Group, Alberta, Kanada
	2. New Mexico, USA
	3. Aguja Formation, Texas, USA
Zeit:	Obere Kreide, vor 76–70 Mio. Jahren
Nahrung:	Herbivor

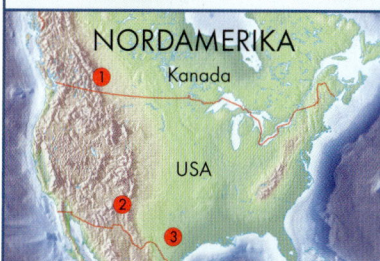

Chasmosaurus lebte in weiten Teilen Amerikas gegen Ende der Kreidezeit. Seine bullige Gestalt, der große Nackenschild und die Hörner verhalfen dem friedlichen Pflanzenfresser zu einem gefährlichen Aussehen.

Einiosaurus

Ceratopsia

Ordnung:	Ornithischia
Unterordnung:	Marginocephalia
Infraordnung:	Ceratopsia
Familie:	Ceratopsidae

Höhe: 2,50 m
Länge: 7 m
Gewicht: 4,5 t
Jahr: Sampson, 1995
Ort: Nordamerika:
Two Medicine Forma-
tion, Montana, USA
Zeit: Obere Kreide,
vor 84–71 Mio.
Jahren
Nahrung: Herbivor

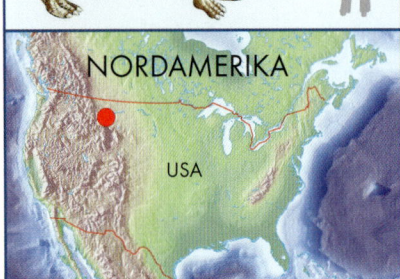

NORDAMERIKA

USA

Der zu den Ceratopsiden gehörende Einiosaurus besaß ein langes Horn auf der Schnauze, das ihm auch seinen Namen gab, der „nach vorne gekrümmtes Horn" bedeutet. Zudem saßen zwei lange und mehrere kleine Knochenhörner am Nackenschild und Knochenkämme über den Augen, was ihm vermutlich ein bedrohliches Äußeres verschafft hat. Das könnte auch bei Brunftkämpfen eine Rolle gespielt haben.

Der Ceratopside lebte im Gebiet des heutigen Nordamerika in der Oberen Kreidezeit, wo er wie seine Verwandten im Herdenverband auf Nahrungssuche ging, die ausschließlich aus pflanzlicher Kost bestand. Dem friedlichen Pflanzenfresser stellten sicherlich die Raubtiere seiner Zeit wie z. B. Tyrannosaurus nach. Griff dieser an, bildeten die ausgewachsenen Ceratopsier vermutlich einen Kreis um die Jungen und Schwachen und reckten dem Feind die Hörner entgegen, um den Angreifer zu vertreiben.

Einiosaurus wurde in einer Formation im amerikanischen Montana gefunden. Den Ceratopsiden kennzeichneten sein gekrümmtes Horn auf der Schnauze und der lange, ovale Nackenschild, den ebenfalls zwei Hörner begrenzten.

Hongshanosaurus

Hongshanosaurus, von dem bisher nur ein Jungtier-Schädel mit Unterkiefer in der chinesischen Provinz Liaoning gefunden wurde, gehörte mit dem etwas höher entwickelten Psittacosaurus zu den Psittacosauriden und lebte wie dieser in der Unteren Kreidezeit. Auch er besaß ein schnabelartiges Maul, mit dem er als reiner Pflanzenfresser die Vegetation der Region abweidete. Den knochigen Schnabel bedeckte vermutlich eine Hornschicht. Dahinter steckten viele kleine Mahlzähne im Kiefer. Hongshanosaurus lief sicher auf zwei Beinen. Seine Hände an den kürzeren Armen eigneten sich vermutlich auch zum Greifen.

Ceratopsia

Ordnung:	**Ornithischia**
Unterordnung:	**Marginocephalia**
Infraordnung:	**Ceratopsia**
Familie:	**Psittacosauridae**

Höhe:	0,80 m
Länge:	2 m
Gewicht:	100 kg
Jahr:	You, Xu und Wang, 2003
Ort:	Asien: Yixian Formation, Liaoning, China
Zeit:	Untere Kreide, vor 126–113 Mio. Jahren
Nahrung:	Herbivor

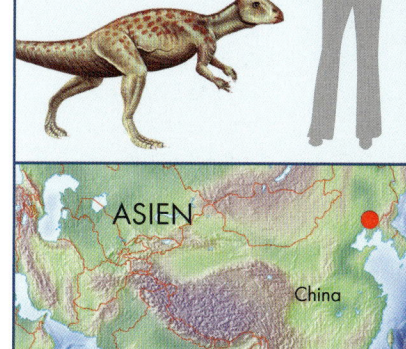

ASIEN

China

Hongshanosaurus wurde erst vor wenigen Jahren mit nur wenigen Fossilien in der chinesischen Provinz Liaoning entdeckt. Er lebte vor mehr als 120 Millionen Jahren in den östlichen Gebieten Asiens.

Kreide	Obere	70
		80
		90
		100
		110
	Untere	120
		130
		140
Jura	Oberer	150
		160
	Mittlerer	170
	Unterer	180
		190
		200
Trias	Obere	210
		220
		230
	Mittlere	240
	Untere	250

Leptoceratops

Ceratopsia

Ordnung:	Ornithischia
Unterordnung:	Marginocephalia
Infraordnung:	Ceratopsia
Familie:	Neoceratopsia ohne fam. Zuordnung

Höhe:	0,75 m
Länge:	2 m
Gewicht:	70 kg
Jahr:	Brown, 1914
Ort:	Nordamerika:
	1. Scollard Formation, Alberta, Kanada
	2. Lance Formation, Wyoming, USA
Zeit:	Obere Kreide, vor 74–65 Mio. Jahren
Nahrung:	Herbivor

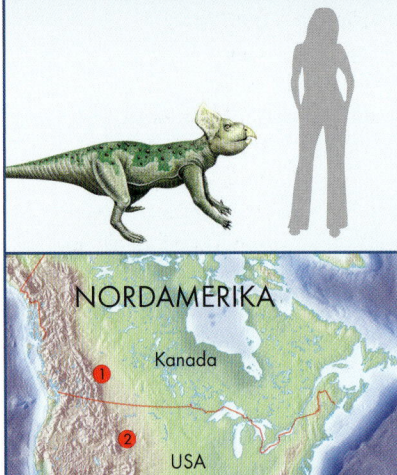

NORDAMERIKA

Kanada

USA

Leptoceratops, der durch fünf Schädel und einiges Knochenmaterial bekannt ist, gehörte zu den Ceratopsia, besaß aber keine Gesichtshörner, worauf sich sein Name „leichtes Horngesicht" bezieht. Obwohl er gegen Ende der Kreidezeit lebte, zeigte er keine der typischen Krägen und Hörner seiner Verwandten. Bei ihm hatte sich aber ein kleines, knochiges Nackenschild ausgebildet, und er war mit einem schnabelartigen Maul versehen. Daher wird vermutet, dass er zwischen Psittacosauriden und Horndinosauriern stand.

Das kleine, schlanke und etwa 2 m lange Tier konnte sowohl auf vier als auch auf zwei Beinen laufen. Sein Lebensraum erstreckte sich über das heutige Nordamerika. Er ernährte sich ausschließlich herbivor, konnte mit den Händen nach Zweigen greifen und seine breiten Zähne halfen ihm beim Zermahlen der Pflanzennahrung.

Leptoceratops, der gegen Ende der Kreidezeit im westlichen Nordamerika lebte, zählt zu den Ceratopsiden, besaß aber den für Psittacosauriden typischen Hornschnabel.

Liaoceratops war einer der kleinsten, primitivsten und ältesten gefundenen Neoceratopsiden. Ansatzstellen von Muskeln am Kragen deuten darauf hin, dass dieser mit den Kiefermuskeln verbunden war und als Gegenlager zu den starken Bewegungen der Kiefer diente. Mit den gewaltigen Kaumuskeln konnte der Pflanzenfresser harte Kost zermahlen.

Dieser älteste Vorfahr der späteren riesigen Horngesichter bekräftigt die Theorie, dass die gewaltigen Krägen der Ceratopsier aus den Stützstrukturen der Kiefermuskeln hervorgegangen sein können. Auch dienten sie vermutlich dem Balzritual oder sollten Rivalen einschüchtern. Die kleineren Hörner oder hornartigen Auswüchse wie die des Liaoceratops nutzten weniger der Verteidigung, sondern eher dem Imponiergehabe. Gegen die gefährlichen fleischfressenden Saurier half vermutlich nur die Flucht. Der Name des kleinen Ceratopsiers ergab sich aus seinem Fundort in der Provinz Liaoning und der Artname *Liaoceratops yanzigouensis* aus deren fossilienreicher Yixian Formation.

Ceratopsia	
Ordnung:	**Ornithischia**
Unterordnung:	**Marginocephalia**
Infraordnung:	**Ceratopsia**
Familie:	**Neoceratopsia o. fam. Z.**

Höhe:	0,30 m
Länge:	1 m
Gewicht:	30 kg
Jahr:	Xu, Makovicky, Wang, Norell und Hou, 2002
Ort:	Asien: Yixian Formation, Liaoning, China
Zeit:	Untere Kreide, vor 139–128 Mio. Jahren
Nahrung:	Herbivor

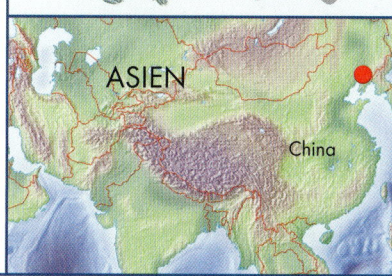

ASIEN

China

Liaoceratops, einer der frühesten Vertreter der Ceratopsia, besaß noch keinen Knochenkragen. Auch fehlen bei ihm die typischen Hörner zur Abwehr von Angreifern.

Monoclonius

Ceratopsia

Ordnung: Ornithischia
Unterordnung: Marginocephalia
Infraordnung: Ceratopsia
Familie: Ceratopsidae

Höhe: 1,80 m
Länge: 5 m
Gewicht: 2,2 t
Jahr: Cope, 1876
Ort: Nordamerika:
1. Judith River Group, Alberta, Kanada
2. Judith River Group, Montana, USA
Zeit: Obere Kreide, vor 76–73 Mio. Jahren
Nahrung: Herbivor

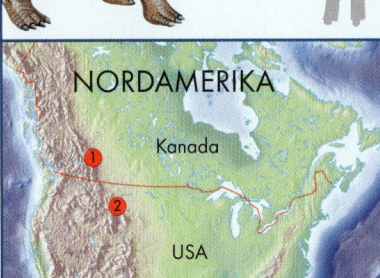

NORDAMERIKA

Kanada

① ②

USA

Monoclonius wurde aufgrund seiner Ähnlichkeit zu Centrosaurus lange Zeit als Jungtier oder anderes Geschlecht der bekannten Funde gesehen.

Monoclonius besaß einen kleineren Kragen und nur ein großes Horn auf der Nase, wonach er seinen Namen erhielt, der „Einhorn" bedeutet. Der Ceratopsier hatte einen gewaltigen Kopf, dessen Schädel mehr als 1,50 m vom Schnabel bis zum Kragenende maß. Auf der Schnauze trug er ein nach vorne gerichtetes Horn, über den beiden Augen jeweils ein kleineres. Das kurze Maul endete in einem papageienähnlichen, zahnlosen Schnabel. In den Backen saßen viele breite Zähne, mit denen er die faserhaltige Pflanzennahrung zerkauen konnte.

Er lief sicher recht langsam auf seinen vier Beinen, deren Füße in hufartigen Zehen endeten, besaß einen bulligen Körper und einen kurzen, dicken, am Ende spitzen Schwanz. Wie andere Ceratopsia lebte er vermutlich im Herdenverband, von dem die Männchen größere Krägen als die Weibchen besessen haben könnten, um sie bei rivalisierenden oder Brunftkämpfen zur Schau zu stellen.

Montanoceratops, den der Fossilienjäger Barnum Brown in Montana als Erster entdeckte, lebte in der Oberkreide in der Gegend des heutigen Nordamerika, weshalb er „Horngesicht aus Montana" genannt wurde. Er besaß nur ein kleines Nasenhorn und einen kleinen Kragen, aber einen großen Kopf, einen bulligen Körper und einen beweglichen Schwanz. Die Männchen trugen vermutlich größere Krägen als die Weibchen und Jungtiere, um sie bei rivalisierenden Kämpfen zur Schau zu stellen.

Wie seine Verwandten bewegte sich Montanoceratops wohl eher langsam auf seinen vier Beinen voran, die in Krallen endeten. Mit dem papageienähnlichen Schnabel rupfte der Pflanzenfresser die Vegetation ab und zerkaute sie mit den Backenzähnen.

Ceratopsia

Ordnung:	Ornithischia
Unterordnung:	Marginocephalia
Infraordnung:	Ceratopsia
Familie:	Neoceratopsia ohne fam. Zuordnung

Höhe:	1,80 m
Länge:	3 m
Gewicht:	0,4 t
Jahr:	Sternberg, 1951
Ort:	Nordamerika:
	1. Alberta, Kanada
	2. St. Mary River Formation, Montana, USA
Zeit:	Obere Kreide, vor 72–65 Mio. Jahren
Nahrung:	Herbivor

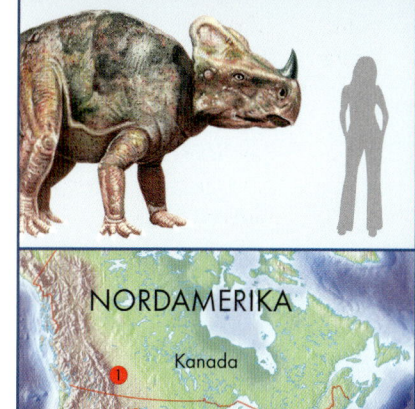

NORDAMERIKA

Kanada

① ②

USA

Montanoceratops lebte in Herden, was fossile Funde, die aus Knochenansammlungen unterschiedlicher Individuen bestanden, zeigten. Auch kamen Nester mit spiralförmig abgelegten Eiern zum Vorschein, wobei in jedem Nest 12 oder mehr Eier lagen.

Kreide — Obere 70 80 90 100, Untere 110 120 130 140
Jura — Oberer 150 160, Mittlerer 170, Unterer 180 190 200
Trias — Obere 210 220, Mittlere 230 240, Untere 250

Pachyrhinosaurus

Ceratopsia
Ordnung: Ornithischia
Unterordnung: Marginocephalia
Infraordnung: Ceratopsia
Familie: Ceratopsidae

Höhe: 2 m
Länge: 6–7 m
Gewicht: 2 t
Jahr: Sternberg, 1950
Ort: Nordamerika:
1. Colville Gruppe, Alaska, USA
2. Horseshoe Canyon Formation, Alberta, Kanada
3. Montana, USA
Zeit: Obere Kreide, vor 72–68 Mio. Jahren
Nahrung: Herbivor

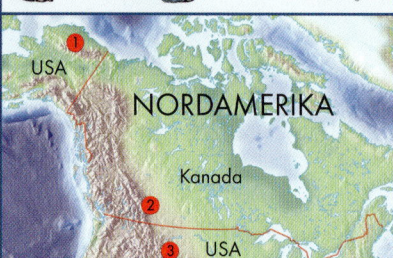

NORDAMERIKA
USA
Kanada
USA

Der ca. 6 m lange Pachyrhinosaurus besaß einen großen, mit Dornen besetzten Knochenkragen. Oberhalb des Schnabels saßen zwei knochige Höcker, worauf sich aber bis heute kein Horn fand. Sein Name, der „dicknasige Echse" bedeutet, bezieht sich auf die ungewöhnlichen Knochenhöcker.

Pachyrhinosaurus lebte vermutlich wie seine Verwandten in Herden, unternahm große jahreszeitliche Wanderungen und betrieb Brutpflege. Näherten sich Feinde, griff er sie vielleicht ähnlich der heute lebenden Rhinozerosse an, die einen Gegner frontal attackieren.

Pachyrhinosaurus war ein reiner Pflanzenfresser. Er ernährte sich von Palmen, Farnen und Zykaden, die er mit dem harten, spitzen Schnabel abrupfte und mit den Backenzähnen zerkaute.

Pachyrhinosaurus, ein Ceratopside der Oberen Kreidezeit, lief auf vier Beinen und konnte vielleicht über kurze Strecken bis 30 km/h schnell laufen, was anhand fossilisierter Fußspuren zu erkennen ist.

Als Pentaceratops entdeckt wurde, dachte man, dass er fünf Hörner besaß, weshalb er den Namen „Fünfhorn-Gesicht" bekam. Tatsächlich trug er aber nur drei echte Hörner: Ein Horn saß über seinem papageienähnlichen Schnabel und zwei über seinen Augen, die vermutlich Feinde abschrecken sollten und auch dem Imponiergehabe dienlich waren. Die beiden hornähnlichen Gebilde, die an den Seiten aus seinem Gesicht hervorragten, waren keine Hörner, sondern erweiterte Backenknochen.

Der große Schädel mit dem gewaltigen Knochenkragen, den kleine Dornen säumten, maß allein 3 m und gilt als der größte Schädel eines Landbewohners, der jemals gefunden wurde.

Pentaceratops lebte wie seine Verwandten in Herden, legte Eier und betrieb Brutpflege. Er ernährte sich von den Pflanzen der Region, die er mit dem scharfen Schnabel abrupfte und mit den Backenzähnen zerkleinerte.

Ceratopsia	
Ordnung:	Ornithischia
Unterordnung:	Marginocephalia
Infraordnung:	Ceratopsia
Familie:	Ceratopsidae

Höhe:	2–3 m
Länge:	6–8 m
Gewicht:	5–8 t
Jahr:	Osborn, 1923
Ort:	Nordamerika: Fruitland und Kirtland Formation, New Mexico, USA
Zeit:	Obere Kreide, vor 83–65 Mio. Jahren
Nahrung:	Herbivor

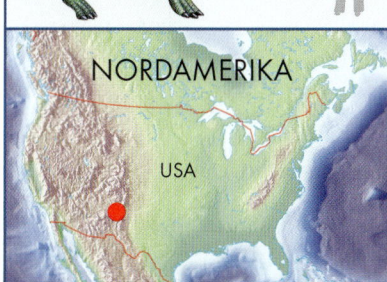

NORDAMERIKA

USA

Pentaceratops besaß ein großes Nackenschild und gewaltige Hörner im Gesicht. Sein bulliger Körper saß auf vier Beinen, die in hufähnlichen Klauen endeten. Der kurze Schwanz lief am Ende spitz zu.

Kreide	Obere	70
		80
		90
		100
	Untere	110
		120
		130
		140
Jura	Oberer	150
		160
	Mittlerer	170
		180
	Unterer	190
		200
Trias	Obere	210
		220
	Mittlere	230
		240
	Untere	250

Protoceratops

Ceratopsia
Ordnung:	Ornithischia
Unterordnung:	Marginocephalia
Infraordnung:	Ceratopsia
Familie:	Neoceratopsia ohne fam. Zuordnung

Höhe: 0,80 m
Länge: 2 m
Gewicht: 180 kg
Jahr: Granger und Gregory, 1923
Ort: Asien: Diadochta Formation, Omnogov, Mongolei
Zeit: Obere Kreide, vor 86–71 Mio. Jahren
Nahrung: Herbivor

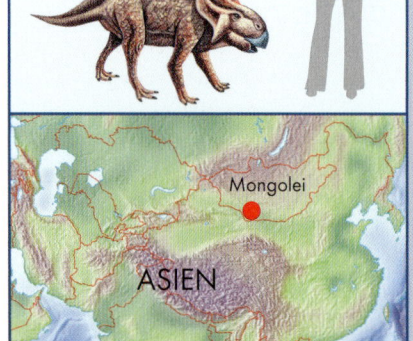

Mongolei

ASIEN

Protoceratops, dessen Name „erstes Horngesicht" bedeutet, wurde in den 20er-Jahren bei einer amerikanischen Expedition in der Mongolei entdeckt. Sein Fund galt als Sensation, weil dabei der erste Nistplatz eines Dinosauriers zutage kam. Die zahlreichen Schädel und Skelette wurden neben Nestern gefunden, in denen die Muttertiere die etwa 20 cm langen Eier spiralförmig abgelegt hatten. Dies zeigte, dass die Tiere in Herden lebten und Eier legten. Man vermutet, dass sie während des Nistens durch herabstürzende Sandlawinen verschüttet wurden.

Protoceratops trug wie seine Verwandten einen großen Knochenschild, jedoch keine Hörner. Auf der Schnauze befand sich aber ein Knochenhöcker, der bei den Männchen größer ausfiel und vielleicht bei Rivalitätskämpfen eine Rolle gespielt haben könnte. Immerhin fanden sich bisher zahlreiche Schädel und Skelette unterschiedlich alter Tiere, die eine Rekonstruktion ermöglichten. Der massive Schild wurde durch zwei Knochenfenster leichter und bot am Rand einen Ansatz für die Kaumuskulatur. Dazu ermöglichten die kräftigen Zähne im Kiefer dem Tier, härtestes Pflanzenmaterial zu zerkleinern. Bei einigen Funden fanden sich Gastrolithen im Magen, die halfen, den Nahrungsbrei weiter zu zerkleinern. Protoceratops' vordere Extremitäten waren etwas schwächer als die hinteren ausgebildet. Vielleicht konnte sich das Tier auf die Hinterbeine erheben, lief aber in der Regel auf allen Vieren.

Ein spektakulärer Fund gelang im Jahre 1971, als die miteinander kämpfenden Überreste eines Velociraptor und Protoceratops entdeckt wurden. Velociraptor stach dabei mit seinen Krallen in den Körper des Gegners und hielt sich am Nackenschild fest, während der etwa schweinsgroße Protoceratops mit seinem Hornschnabel in den Arm des Angreifers biss. In dieser Position wurden sie von einem Sandsturm oder einer Lawine überrascht und kamen ums Leben.

	Kreide	70
		80
Obere		90
		100
Untere		110
		120
		130
		140
Oberer		150
		160
Mittlerer	Jura	170
		180
Unterer		190
		200
Obere		210
		220
	Trias	230
Mittlere		240
Untere		250

Psittacosaurus

Psittacosaurus gehört zu der nach ihm benannten Familie der Psittacosauriden, die sich innerhalb der Ceratopsia von den Neoceratopsiden abspalteten. Sie besaßen einen harten, spitzen Schnabel, mit dem sie die faserigen Pflanzen der Zeit abrupfen konnten. Nach dem papageienartigen Schnabel wurde Psittacosaurus („Papageienechse") auch benannt.

Der eckige Schädel, der Schnabel und eine Knochenwulst am Schädel, die als Ansatzpunkt für die Kaumuskulatur diente, ordnen diesen Ornithischier als frühen Ceratopsiden ein. Die Knochenwulst entwickelte sich bei seinen Verwandten dann Millionen Jahre später zum gewaltigen Kragen. Seine verdickten Wangenknochen scheinen außerdem die Vorläufer der Dornen zu sein, die Horndinosaurier am Nackenschild trugen. Psittacosaurus selbst gilt nicht als deren Vorfahr, wohl aber einer seiner nahen Verwandten.

Ceratopsia

Ordnung:	**Ornithischia**
Unterordnung:	**Marginocephalia**
Infraordnung:	**Ceratopsia**
Familie:	**Psittacosauridae**

Höhe:	0,50 m
Länge:	2 m
Gewicht:	50 kg
Jahr:	Osborn, 1923
Ort:	Asien:
	1. Khukhtetskaya Svita, Övörchangaj, Mongolei
	2. Quingshan Formation, Shandong, China
	3. Khok Kruat Formation, Chaiyaphum, Thailand
Zeit:	Untere Kreide, vor 130–100 Mio. Jahren
Nahrung:	Herbivor

Psittacosaurus lebte in weiten Regionen Asiens, wo er durch die Gegend streifte auf der Suche nach Pflanzen, die er mit seinen Greifhänden, an denen nur noch vier Finger saßen, fassen konnte.

Styracosaurus

Ceratopsia

Ordnung: Ornithischia
Unterordnung: Marginocephalia
Infraordnung: Ceratopsia
Familie: Ceratopsidae

Höhe: 2,50 m
Länge: 5 m
Gewicht: 3 t
Jahr: Lambe, 1913
Ort: Nordamerika:
　　　1. Judith River Group,
　　　Alberta, Kanada
　　　2. Two Medicine For-
　　　mation, Montana, USA
Zeit: Obere Kreide,
　　　vor 80–70 Mio.
　　　Jahren
Nahrung: Herbivor

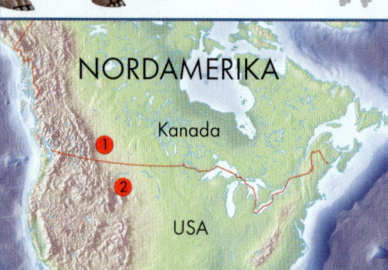

NORDAMERIKA

Kanada

① ②

USA

Styracosaurus besaß einen großen Nackenschild, dessen Gewicht zwei Knochenfenster reduzierten, der aber mit den zahlreichen großen Dornen am Kragenrand dem Tier zu einem gefährlichen Aussehen verhalf. Auf der Nase saß zudem ein langes, aufrechtes Horn, mit dem Styracosaurus selbst einen großen Theropoden in die Flucht schlagen konnte. Rammte er das bis zu 60 cm lange Horn einem Angreifer in die Flanke, so trug dieser sicher schwere Verletzungen davon. Die großen Hörner und Dornen gaben Styracosaurus auch seinen Namen, der „Stachel-Echse" bedeutet.

Der Ceratopside konnte außerdem recht schnell laufen, was ihm bei der Verteidigung half. Die hinteren Beine waren bei ihm kräftiger und länger als die vorderen ausgebildet. Styracosaurus ernährte sich wie seine Verwandten ausschließlich herbivor.

Styracosaurus, ein großer Ceratopside mit gewaltigem Knochenkragen, lebte in der Oberen Kreidezeit in Nordamerika, wo Anfang des 20. Jahrhunderts seine fossilisierten Überreste zum Vorschein kamen.

Torosaurus lebte gegen Ende der Kreidezeit in den Gebieten des heutigen Nordamerika, wo er die Region auf der Suche nach Pflanzen durchstreifte. Er ernährte sich ausschließlich herbivor, besaß aber einen der größten Schädel, die jemals ein Landtier besessen hatte.

Mit einer Länge von 2,60 m konnte der gewaltige Kopf mit dem riesigen Knochenkragen eine bedrohliche Waffe darstellen. Zudem saßen auf der Nase ein kurzes und über den Augen zwei lange Hörner. Senkte der Ceratopsier den Kopf, erschienen die beiden Fensteröffnungen im Nackenschild wie riesige Augenlöcher und könnten Feinde abgeschreckt haben oder beim Imponiergehabe der Männchen vonnutzen gewesen sein. Vor allem aber diente der Nackenschild als Ansatzstelle für die Kaumuskulatur, die Torosaurus beim Zerbeißen hartfaseriger Pflanzen und beim anschließenden Kauen mit seinen Backenzähnen gebrauchte. Sein Name, der „Stier-Echse" bedeutet, bezieht sich auf das bullige Äußere des friedlichen Herdentiers, das als einer der letzten und größten Vertreter der Horndinosaurier auf der Erde lebte.

Ceratopsia	
Ordnung:	**Ornithischia**
Unterordnung:	**Marginocephalia**
Infraordnung:	**Ceratopsia**
Familie:	**Ceratopsidae**

Höhe:	2 m
Länge:	7 m
Gewicht:	7,5 t
Jahr:	Marsh, 1891
Ort:	Nordamerika, Kanada: 1. Frenchman Formation, Saskatchewan Nordamerika, USA: 2. Hell Creek Formation, Montana; 3. Laramie Formation, Colorado; 4. North Horn Form., Utah; 5. Kirtland Shale, New Mexico; 6. Javelina Formation, Texas
Zeit:	Obere Kreide, vor 70 Mio. Jahren
Nahrung:	Herbivor

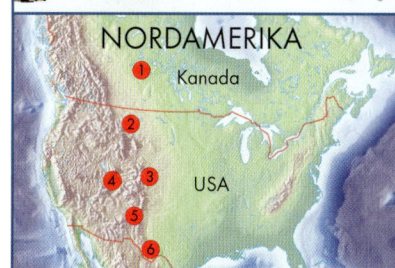

NORDAMERIKA

Kanada

USA

Torosaurus, ein bulliger Ceratopside, der aufgrund zahlreicher Funde gut zu rekonstruieren ist, trug einen gewaltigen Knochenkragen von enormem Gewicht.

Kreide · Obere · Untere
Jura · Oberer · Mittlerer · Unterer
Trias · Obere · Mittlere · Untere

70 · 80 · 90 · 100 · 110 · 120 · 130 · 140 · 150 · 160 · 170 · 180 · 190 · 200 · 210 · 220 · 230 · 240 · 250

Triceratops

Ceratopsia

Ordnung:	Ornithischia
Unterordnung:	Marginocephalia
Infraordnung:	Ceratopsia
Familie:	Ceratopsidae

Höhe:	2–3 m
Länge:	5–9 m
Gewicht:	10 t
Jahr:	Marsh, 1889
Ort:	Nordamerika: 1. Scollard Form., Alberta, Kanada; 2. Frenchman Form., Saskatchewan, Kanada; 3./4. Hell Creek Form., Montana und South Dakota, USA
Zeit:	Obere Kreide, vor 70–65 Mio. Jahren
Nahrung:	Herbivor

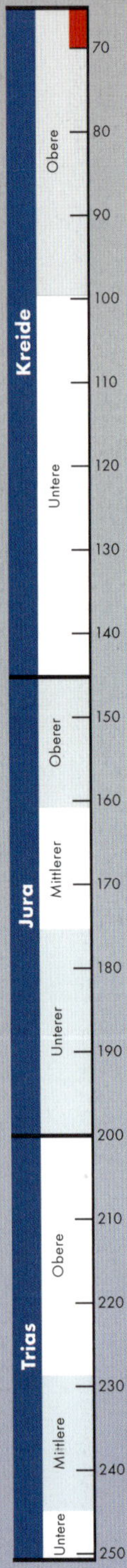

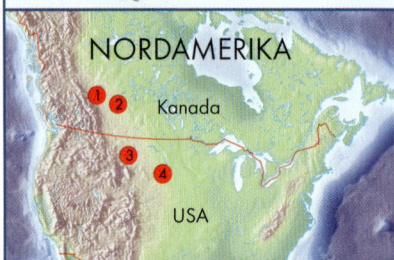

NORDAMERIKA

Kanada

USA

Triceratops bevölkerte gegen Ende der Kreidezeit die offenen Waldgebiete des nordamerikanischen Kontinents und starb als einer der letzten Dinosaurier aus.

Triceratops gehört heute sicher zu den bekanntesten Horngesichtern. Der große Nackenschild mit dem gewellten Rand, der komplett aus Knochen bestand, die beiden Brauenhörner und das kurze Horn auf der Nase verliehen ihm sein typisches, gut erkennbares Äußeres und gaben den Ausschlag für seinen Namen, der „dreigehörntes Gesicht" bedeutet. Der Knochenkragen wurde nicht durch Fenster unterbrochen und diente vermutlich eher der Verteidigung oder Abschreckung als allein dem Ansatz der Kaumuskulatur.

Das Tier besaß einen massigen Körper und brachte es auf eine Lebendmasse von 10 t. Damit übertraf es einen afrikanischen Elefantenbullen. Es ernährte sich ausschließlich von pflanzlicher Kost. Selbst zähe Pflanzen konnte es mit dem harten Schnabel abrupfen und mit den zahlreichen Backenzähnen zermalmen. Vermutlich lebte es wie die anderen Ceratopsiden in Herden. Griff ein Fleischfresser wie *Tyrannosaurus rex* an, richteten sie ihre behörnten Köpfe dem Angreifer entgegen. An den fossilen Schädeln fanden sich tiefe Kratzer, die jedoch auf Kämpfe zwischen rivalisierenden Männchen hinweisen, da die Schilde und deren Verbindung im Nacken für eine aktive Verteidigung vielleicht zu schwach gewesen waren.

Turanoceratops

Der kleine Turanoceratops kam im asiatischen Usbekistan zum Vorschein, wo er während der Oberen Kreidezeit lebte. Die Fossilien verdeutlichten, dass die Ceratopsiden wohl zuerst in Asien und später in Nordamerika erschienen sein könnten.

Turanoceratops ernährte sich wie alle seine Verwandten ausschließlich von den Pflanzen der Region. Sie bestand aus Farnen, Zykaden und Koniferen, die Turanoceratops mit seinem harten, papageienartigen Schnabel, einem typischen Kennzeichen der Neoceratopsiden, abbiss. Turanoceratops lief auf allen Vieren. Näherte sich dem kleinen Schildträger ein Angreifer, blieb ihm vermutlich nur die Möglichkeit, sich im Unterholz zu verstecken.

Ceratopsia	
Ordnung:	Ornithischia
Unterordnung:	Marginocephalia
Infraordnung:	Ceratopsia
Familie:	Neoceratopsia ohne fam. Zuordnung

Höhe:	0,70 m
Länge:	1–1,50 m
Gewicht:	30–50 kg
Jahr:	Nessov und Kaznyshkina, 1989
Ort:	Asien: Kyzylkum Wüste, Usbekistan
Zeit:	Obere Kreide, vor 98–90 Mio. Jahren
Nahrung:	Herbivor

Usbekistan

ASIEN

Turanoceratops, ein kleiner, ungewöhnlicher Neoceratopside, trug einen seltsam geformten Hornschädel, der in einem Schnabel endete.

Udanoceratops

Ceratopsia
Ordnung: Ornithischia
Unterordnung: Marginocephalia
Infraordnung: Ceratopsia
Familie: Neoceratopsia ohne fam. Zuordnung

Höhe: 1,50 m
Länge: 3 m
Gewicht: 50 kg
Jahr: Kurzanov, 1992
Ort: Asien: Diadochta Formation, Udan-Sayr, Övörchangaj, Mongolei
Zeit: Obere Kreide, vor 85–71 Mio. Jahren
Nahrung: Herbivor

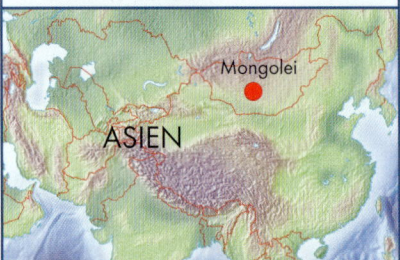

Udanoceratops wurde in der Mongolei gefunden, ähnelte aber dem nordamerikanischen Leptoceratops. Wie dieser trug er weder Hörner noch Kragen, aber ein Knochenschild am Ende des etwa 60 cm langen Schädels.

Mit dem scharfen, papageienartigen Schnabel rupfte er die Sträucher ab. Die harte Pflanzenkost, die aus Farnen, Zykaden und Koniferen bestand, konnte er mit den kräftigen Zähnen zerkauen, von denen weniger im oberen und mehr im unteren Kiefer saßen. Insgesamt scheint er sowohl primitive als auch entwickelte Merkmale zu besitzen. Vielleicht stand er ebenso zwischen den Psittacosauriden und den Neoceratopsiden wie Leptoceratops.

Udanoceratops wurde im mongolischen Udan-Sayr entdeckt und danach benannt. Der Neoceratopside trug einen scharfen, papageienartigen Schnabel und konnte bisher noch keiner Familie eindeutig zugeordnet werden.

Zuniceratops ist der älteste bekannte amerikanische Ceratopside und nimmt deshalb eine Sonderstellung als urtümlicher Vorfahr ein. Vermutlich entwickelten sich die amerikanischen Ceratopsiden früher als angenommen. Zuniceratops scheint mit dem asiatischen Turanoceratops verwandt zu sein. Er trug jedoch bereits Brauenhörner und besaß außergewöhnlich große Antorbitalfenster. Seine einzeiligen Zahnreihen saßen in langen Kiefern.

Er erhielt seinen Namen nach dem indianischen Stamm der Zuni, deren Heimat seit Jahrhunderten in dem Gebiet von New Mexico liegt, in dem der Dinosaurier gefunden wurde. Das Schädel- und Knochenmaterial entdeckte der achtjährige Sohn Christopher des amerikanischen Paläontologen Douglas G. Wolfe, weshalb die Spezies Zuniceratops christopheri genannt wurde.

Ceratopsia	
Ordnung:	Ornithischia
Unterordnung:	Marginocephalia
Infraordnung:	Ceratopsia
Familie:	Neoceratopsia ohne fam. Zuordnung

Höhe:	1–1,50 m
Länge:	3–3,50 m
Gewicht:	250 kg
Jahr:	Wolfe und Kirkland 1998
Ort:	Nordamerika: Moreno Hill Formation, New Mexico, USA
Zeit:	Obere Kreide, vor 92–90 Mio. Jahren
Nahrung:	Herbivor

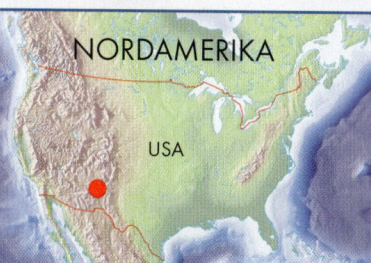

NORDAMERIKA

USA

Zuniceratops wurde in New Mexico gefunden, wo der mehr als 1 m hohe Neoceratopside vor etwa 90 Millionen Jahren lebte.

Museen

390

Museen in Deutschland

Saurierpark
Am Saurierpark 1
02625 Bautzen OT Kleinwelka
Telefon: +49 (0)35935 3036
Telefax: +49 (0)35935 21504
E-Mail: info@saurierpark.de
www.saurierpark.de

Museum für Naturkunde
Leibniz-Institut für Evolutions- und Biodiversitäts-forschung an der Humboldt-Universität zu Berlin
Invalidenstraße 43
10115 Berlin
Telefon: +49 (0)30 2093-8591
Telefax: +49 (0)30 2093-8561
E-Mail: info@museum.hu-berlin.de
www.naturkundemuseum-berlin.de

Dino-Park Münchehagen
Alte Zollstraße 5
31547 Rehburg-Loccum
Info-Hotline: +49 (0)5037 2075
Telefon: +49 (0)5037 2073/2074
Telefax: +49 (0)5037 5739
E-Mail: dino-park@t-online.de
info@dinopark.de
www.dino-park.de

Naturhistorisches Museum Braunschweig
Pockelsstraße 10
38106 Braunschweig
Telefon: +49 (0)531 28892-0
Telefax: +49 (0)531 28892-50
www.naturhistorisches-museum.niedersachsen.de

Ruhr Museum
Zollverein A 14
(Schacht XII, Kohlenwäsche)
Gelsenkirchener Straße 181
45309 Essen
Telefon: +49 (0)201 8845-200
Telefax: +49 (0)201 8845-138
E-Mail: info@ruhrmuseum.de
www.ruhrmuseum.de

Geomuseum
Pferdegasse 3
48143 Münster
Telefon: +49 (0)251 83-29002
Telefax: +49 (0)251 83-29001
E-Mail: geomuseum@uni-muenster.de
www.uni-muenster.de/geomuseum

LWL-Museum für Naturkunde
Westfälisches Landesmuseum mit Planetarium
Sentruper Straße 285
48161 Münster
Telefon: +49 (0)251 591-05
Telefax: +49 (0)251 591-6098
E-Mail: naturkundemuseum@lwl.org
www.lwl.org/LWL/Kultur/WMfN/Museum_Naturkunde

Naturmuseum Senckenberg –
Forschungsinstitut und Naturmuseum
Senckenberganlage 25
60325 Frankfurt
Telefon: +49 (0)69 7542-0
Telefax: +49 (0)69 746238
www.senckenberg.de

Universität Tübingen
Museum des Geologisch-Paläontologischen Instituts in Tübingen
Paläontologische Sammlung
Sigwartstraße 10
72076 Tübingen
Telefon: +49 (0)7071 29-72488
www.uni-tuebingen.de/geo/gpi/sammlung

Urwelt-Museum Hauff
Aichelberger Straße 90
73271 Holzmaden
Telefon: +49 (0)7023 2873
Telefax: +49 (0)7023 4618
E-Mail: hauff@urweltmuseum.de
www.urweltmuseum.de

Naturkundemuseum Karlsruhe

Erbprinzenstraße 13
76133 Karlsruhe
Telefon: +49 (0)721 175-2111
Telefax: +49 (0)721 175-2110
E-Mail: museum@naturkundeka-bw.de
www.smnk.de

Paläontologisches Museum München

Richard-Wagner-Straße 10
80333 München
Telefon: +49 (0)89 218066-30
Telefax: +49 (0)89 218066-01
E-Mail: pal.sammlung@lrz.uni-muenchen.de
www.palmuc.de

Urweltmuseum Neiderhell

Steinbrucker Straße 4
83064 Kleinholzhausen/Obb.
Telefon: +49 (0)8034 1894
Telefax: +49 (0)8034 309144
www.urweltmuseum.com

Jura-Museum Eichstätt

Willibaldsburg
85072 Eichstätt
Telefon: +49 (0)8421 2956
Telefax: +49 (0)8421 89609
E-Mail: sekretariat@jura-museum.de
www.jura-museum.de

Europasaurus-Modell im Dino-Park Münchehagen

Museen in Österreich

Naturhistorisches Museum Wien
Burgring 7
A-1010 Wien
Telefon: +43 (0)1 52177-0
Telefax: +43 (0)1 5235254
www.nhm-wien.ac.at

Styrassic Park
Dinoplatz 1
A-8344 Bad Gleichenberg
Telefon: +43 (0)3159 2875-0
Telefax: +43 (0)3159 2875-16
E-Mail: office@styrassicpark.at
www.styrassicpark.at

Museen in der Schweiz

Naturhistorisches Museum Basel
Augustinergasse 2
CH-4001 Basel
Telefon: +41 (0)61 266-5500
E-Mail: nmb@bs.ch
www.nmb.bs.ch

Naturmuseum Solothurn
Klosterplatz 2
CH-4500 Solothurn
Telefon: +41 (0)032 622-7021
E-Mail: info@naturmuseum-so.ch
www.naturmuseum-so.ch

Sauriermuseum Frick
Schulstraße 22
CH-5070 Frick
Telefon: +41 (0)62 8652806
E-Mail: dino@sauriermuseum-frick.ch
www.sauriermuseum-frick.ch

Kulturama
Museum des Menschen
Englischviertelstraße 9
CH-8032 Zürich
Telefon: +41 (0)44 260-6044
Telefax: +41 (0)44 260-6038
E-Mail: mail@kulturama.ch
www.kulturama.ch

Sauriermuseum Aathal
Zürichstraße 69
CH-8607 Aathal-Seegräben
Info-Hotline: +41 (0)44 932-1468
Telefon: +41 (0)44 932-1418
Telefax: +41 (0)44 932-1488
E-Mail: dino@sauriermuseum.ch
www.sauriermuseum.ch

Museen mit Fundstätten in aller Welt

Europa
- in England: Dinosaur Isle Museum und Dinosaur Farm, Isle of Wight
  www.isleofwight.com/dinosaurfarmmuseum
- in Frankreich: Le Musée des Dinosaures, Espéraza
  www.dinosauria.org
- in Portugal: GEAL – Museu da Lourinhã, Lourinhã
  www.museulourinha.org
- in Spanien: Museo Nacional de Ciencias Naturales, Madrid
  www.mncn.csic.es

Kanada
- Dinosaur Provincial Park, Patricia (Alberta)
  http://tpr.alberta.ca/parks/dinosaur/flashindex.asp
- Royal Tyrrell Museum, Drumheller (Alberta)
  www.tyrrellmuseum.com
- T-Rex Discovery Centre, Eastend (Saskatchewan)
  www.dinocountry.com

Stegosaurus im Royal Tyrrell Museum in Drumheller, Alberta, Kanada

USA

- Cleveland-Lloyd Dinosaur Quarry, Price (Utah)
  www.castlecountry.com/what_to_see/san_rafael_
  swell/dinosaur_quarry.html
- Denver Museum of Natural History, Denver
  (Colorado)
  www.dmns.org
- Dinosaur Hill und Dinosaur Ridge, Morrison (Colorado)
  www.dinoridge.org
- Dinosaur Journey Museum, Fruita (Colorado)
  www.museumofwesternco.com
- Dinosaur Research Expeditions, Havre (Montana)
  www.ohwy.com/mt/d/dinorexp.htm
- Dinosaur Safaris, Shell (Wyoming)
  www.dinosaursafaris.com
- Dinosaur State Park, Rocky Hill (Connecticut)
  www.dinosaurstatepark.org
- Dinosaur Tracksite, Tuba City (Arizona)
- Dinosaur Valley State Park, Glen Rose (Texas)
  www.tpwd.state.tx.us/spdest/findadest/parks/dino
  saur_valley
- Egg Mountain und das Old Trail Museum,
  Choteau (Montana)
  www.oldtrailmuseum.com

- Field Museum, Chicago (Illinois)
  www.fieldmuseum.org
- Fort Worth Museum of Sience & History,
  Fort Worth (Texas)
  www.fwmuseum.org
- Judith River Dinosaur Institut, Billings (Montana)
  www.montanadinosaurdigs.com
- Mill Canyon Dinosaur Trail, Moab (Utah)
  www.utah.com/playgrounds/mill_canyon.htm
- New Mexico Museum of Natural History,
  Albuquerque (New Mexico)
  www.nmnaturalhistory.org
- Pioneer Trails Regional Museum, Bowman
  (North Dakota)
  www.ptrm.org/paleo.html
- St. George Dinosaur Discovery Site at Johnson
  Farm, St. George (Utah)
  www.dinotrax.com
- Timescale Adventures Research Center,
  Bynum (Montana)
  www.timescale.org
- Wyoming Dinosaur Center, Thermopolis (Wyoming)
  www.wyodino.org

Lexikon der Dinosauriernamen

Nachfolgend sind die Namen der derzeit bekannten Dinosaurier aufgelistet mit:

Name
Systematische Einordnung
Fundort
Länge
Zeit des Auftretens

A

Abelisaurus
Saurischia, Ceratosauria
Argentinien
9 m
Kreide, vor 75-70 Mio. Jahren

Abrictosaurus
Ornithischia, Ornithopoda
Lesotho
1,20 m
Trias, Jura, vor 225-195 Mio. Jahren

Abrosaurus
Saurischia, Sauropoda
China
18 m
Kreide, vor 140 Mio. Jahren

Acanthopholis
Ornithischia, Ankylosauria
England
5,50 m
Kreide, vor 110-94 Mio. Jahren

Achelousaurus
Ornithischia, Ceratopsia
USA
6 m
Kreide, vor 83-65 Mio. Jahren

Achillobator
Saurischia, Maniraptora
Mongolei
5 m
Kreide, vor 85-71 Mio. Jahren

Acrocanthosaurus
Saurischia, Tetanurae
USA
13 m
Kreide, vor 110-100 Mio. Jahren

Aegyptosaurus
Saurischia, Sauropoda
Ägypten, Niger
15 m
Kreide, vor 96 Mio. Jahren

Aelosoaurus
Saurischia, Sauropoda
Argentinien
15 m
Kreide, vor 83-65 Mio. Jahren

Aepisaurus
Saurischia, Sauropoda
Frankreich
15 m
Kreide, vor 110-100 Mio. Jahren

Afrovenator
Saurischia, Tetanurae
Niger
9 m
Kreide, vor 130-122 Mio. Jahren

Agilisaurus
Ornithischia, Ornithopoda
China
1,20 m
Jura, vor 165-161 Mio. Jahren

Agustinia
Saurischia, Sauropoda
Argentinien
16 m
Kreide, vor 116 Mio. Jahren

Alamosaurus
Saurischia, Sauropoda
USA
21 m
Kreide, vor 71-65 Mio. Jahren

Albertosaurus
Saurischia, Tetanurae
Kanada, USA
9 m
Kreide, vor 90-65 Mio. Jahren

Alectrosaurus
Saurischia, Tetanurae
Mongolei
6 m
Kreide, vor 92 Mio. Jahren

Alioramus
Saurischia, Tetanurae
Mongolei
6 m
Kreide, vor 73-65 Mio. Jahren

Allosaurus
Saurischia, Tetanurae
Australien, USA, Tansania
8-12m
Jura, vor 147 Mio. Jahren

Altirhinus
Ornithischia, Ornithopoda
Mongolei
8 m
Kreide, vor 110-100 Mio. Jahren

Alxasaurus
Saurischia, Tetanurae
Mongolei
4 m
Kreide, vor 100 Mio. Jahren

Amargasaurus
Saurischia, Sauropoda
Argentinien
9-10 m
Kreide, vor 131-125 Mio. Jahren

Ampelosaurus
Saurischia, Sauropoda
Frankreich
15 m
Kreide, vor 75-65 Mio. Jahren

Amphicoelias
Saurischia, Sauropoda
USA
20 m
Jura, vor 152-145 Mio. Jahren

Amtosaurus
Ornithischia, Ankylosauria
Mongolei
6 m
Kreide, vor 98-90 Mio. Jahren

Amurosaurus
Ornithischia, Ornithopoda
Russland
10 m
Kreide, vor 71-65 Mio. Jahren

Amygdalodon
Saurischia, Sauropoda
Argentinien
15 m
Jura, vor 185-170 Mio. Jahren

Anabisetia
Ornithischia, Ornithopoda
Argentinien
2 m
Kreide, vor 96 Mio. Jahren

Anatotitan
Ornithischia, Ornithopoda
USA
10-12 m
Kreide, vor 70-65 Mio. Jahren

Anchiceratops
Ornithischia, Ceratopsia
Kanada
4,50-6 m
Kreide, vor 83-65 Mio. Jahren

Anchisaurus
Saurischia, Prosauropoda
USA, Südafrika
2-2,50 m
Jura, vor 200-188 Mio. Jahren

Andesaurus
Saurischia, Sauropoda
Argentinien
15 m
Kreide, vor 110-95 Mio. Jahren

Angaturama
Saurischia, Tetanurae
Brasilien
7 m
Kreide, vor 116 Mio. Jahren

Animantarx
Ornithischia, Ankylosauria
USA
3 m
Kreide, vor 98-90 Mio. Jahren

Ankylosaurus
Ornithischia, Ankylosauria
Kanada, USA
10-11 m
Kreide, vor 73-65 Mio. Jahren

Anoplosaurus
Ornithischia, Ankylosauria
England
5 m
Kreide, vor 110-95 Mio. Jahren

Anserimimus
Saurischia, Ornithomimosauria
Mongolei
3,50 m
Kreide, vor 83-65 Mio. Jahren

Antarctosaurus
Saurischia, Sauropoda
Argentinien, Brasilien, Indien, Uruguay
18 m
Kreide, vor 83-65 Mio. Jahren

Apatosaurus
Saurischia, Sauropoda
USA
21 m
Jura, vor 156-145 Mio. Jahren

Aralosaurus
Ornithischia, Ornithopoda
Kasachstan
7 m
Kreide, vor 93-86 Mio. Jahren

Archaeoceratops
Ornithischia, Ceratopsia
China
1 m
Kreide, vor 116 Mio. Jahren

Archaeornithoides
Saurischia, Tetanurae
Mongolei
1 m
Kreide, vor 83-71 Mio. Jahren

Archaeornithomimus
Saurischia, Ornithomimosauria
China, Usbekistan
3,50 m
Kreide, vor 100 Mio. Jahren

Argentinosaurus
Saurischia, Sauropoda
Argentinien
35-40 m
Kreide, vor 100-93 Mio. Jahren

Argyrosaurus
Saurischia, Sauropoda
Argentinien, Uruguay
21 m
Kreide, vor 83-65 Mio. Jahren

Atlasaurus
Saurischia, Sauropoda
Marokko
16 m
Jura, vor 164-159 Mio. Jahren

Atlascopcosaurus
Ornithischia, Ornithopoda
Australien
2,70 m
Kreide, vor 110-100 Mio. Jahren

Austrosaurus
Saurischia, Sauropoda
Australien
15 m
Kreide, vor 100 Mio. Jahren

Avaceratops
Ornithischia, Ceratopsia
USA
3,50-4 m
Kreide, vor 83-71 Mio. Jahren

Avimimus
Saurischia, Maniraptora
Mongolei
1,50 m
Kreide, vor 85-75 Mio. Jahren

Bactrosaurus
Ornithischia, Ornithopoda
China
6 m
Kreide, vor 85-65 Mio. Jahren

Bagaceratops
Ornithischia, Ceratopsia
Mongolei
1 m
Kreide, vor 84-70 Mio. Jahren

Bagaraatan
Saurischia, Tetanurae
Mongolei
3 m
Kreide, vor 83-71 Mio. Jahren

Bahariasaurus
Saurischia, Tetanurae
Ägypten, Niger
8-12 m
Kreide, vor 110-95 Mio. Jahren

Bambiraptor
Saurischia, Maniraptora
USA
1,30 m
Kreide, vor 75-65 Mio. Jahren

Barapasaurus
Saurischia, Sauropoda
Indien
15-18 m
Jura, vor 185-170 Mio. Jahren

Barosaurus
Saurischia, Sauropoda
Tansania, USA
23-27 m
Jura, vor 156-145 Mio. Jahren

Barsboldia
Ornithischia, Ornithopoda
Mongolei
10 m
Kreide, vor 71-65 Mio. Jahren

Baryonyx
Saurischia, Tetanurae
England
8-10 m
Kreide, vor 124-120 Mio. Jahren

Becklespinax
Saurischia, Tetanurae
England
5-8 m
Kreide, vor 124 Mio. Jahren

Beipiaosaurus
Saurischia, Tetanurae
China
2 m
Kreide, vor 124 Mio. Jahren

Bellusaurus
Saurischia, Sauropoda
China
5 m
Jura, vor 169-156 Mio. Jahren

Bienosaurus
Ornithischia, Thyreophora
China
1 m
Jura, vor 203-197 Mio. Jahren

Blikanasaurus
Saurischia, Sauropoda
Südafrika
5 m
Trias, vor 225-210 Mio. Jahren

Borogovia
Saurischia, Maniraptora
Mongolei
2 m
Kreide, vor 83-65 Mio. Jahren

Bothriospondylus
Saurischia, Sauropoda
England, Madagaskar
20 m
Jura, vor 152 Mio. Jahren

Brachiosaurus
Saurischia, Sauropoda
Algerien, Portugal, Tansania, USA
25 m
Jura, Kreide vor 152-130 Mio. Jahre

Brachyceratops
Ornithischia, Ceratopsia
USA
1,80 m
Kreide, vor 75 Mio. Jahren

Brachylophosaurus
Ornithischia, Ornithopoda
Kanada, USA
5-7 m
Kreide, vor 85-71 Mio. Jahren

Bugenasaurus
Ornithischia, Ornithopoda
USA
3 m
Kreide, vor 71-65 Mio. Jahren

Byronosaurus
Saurischia, Maniraptora
Mongolei
1,50 m
Kreide, vor 83-71 Mio. Jahren

C

Caenagnathasia
Saurischia, Maniraptora
Usbekistan
1,20 m
Kreide: vor 92 Mio. Jahren

Camarasaurus
Saurischia, Sauropoda
Portugal, USA
18-20 m
Jura, vor 155-145 Mio. Jahren

Camelotia
Saurischia, Prosauropoda
England
9 m
Jura, vor 209 Mio. Jahren

Camposaurus
Saurischia, Ceratosauria
USA
3 m
Trias, vor 223 Mio. Jahren

Camptosaurus
Ornithischia, Ornithopoda
England, USA
3,50-7 m
Jura, vor 155-145 Mio. Jahren

Carcharodontosaurus
Saurischia, Tetanurae
Ägypten, Algerien, Libyen,
Marokko, Niger, Tunesien
13 m
Kreide, vor 110-95 Mio. Jahren

Cardiodon
Saurischia, Sauropoda
England
16 m
Jura, vor 167 Mio. Jahren

Carnotaurus
Saurischia, Ceratosauria
Argentinien
7 m
Kreide, vor 100-95 Mio. Jahren

Caudipteryx
Saurischia, Maniraptora
China
0,90 m
Kreide, vor 124 Mio. Jahren

Cedarosaurus
Saurischia, Sauropoda
USA
20 m
Kreide, vor 124 Mio. Jahren

Cedarpelta
Saurischia, Ankylosauria
USA
10 m
Kreide, vor 100 Mio. Jahren

Centrosaurus
Ornithischia, Ceratopsia
Kanada, USA
6 m
Kreide, vor 85-75 Mio. Jahren

Ceratosaurus
Saurischia, Ceratosauria
Tansania, USA
4-6 m
Jura, vor 147 Mio. Jahren

Cetiosauriscus
Saurischia, Sauropoda
Deutschland, England, Schweiz
10-15 m
Jura, vor 163-156 Mio. Jahren

Cetiosaurus
Saurischia, Sauropoda
England, Marokko
18 m
Jura, vor 180-170 Mio. Jahren

Chaoyangsaurus
Ornithischia, Ceratopsia
China
1,50-2 m
Jura, vor 160 Mio. Jahren

Charonosaurus
Saurischia, Ornithopoda
China
13 m
Kreide, vor 66 Mio. Jahren

Chasmasaurus
Ornithischia, Ceratopsia
Kanada
5-8 m
Kreide, vor 76-70 Mio. Jahren

Chasmosaurus
Ornithischia, Ceratopsia
Kanada, USA
5-8 m
Kreide, vor 76-70 Mio. Jahren

Chialingosaurus
Ornithischia, Stegosauria
China
4 m
Jura, vor 156 Mio. Jahren

Chindesaurus
Saurischia, Basale Saurischia
USA
3 m
Trias, vor 223 Mio. Jahren

Chirostenotes
Saurischia, Maniraptora
Kanada
2 m
Kreide, vor 83-65 Mio. Jahren

Chuanjiesaurus
Saurischia, Sauropoda
China
18 m
Jura, vor 165-161 Mio. Jahren

Chubutisaurus
Saurischia, Sauropoda
Argentinien
23 m
Kreide, vor 100 Mio. Jahren

Chungkingosaurus
Saurischia, Stegosauria
China
4 m
Jura, vor 156 Mio. Jahren

Citipati
Saurischia, Maniraptora
Mongolei
3 m
Kreide, vor 83-71 Mio. Jahren

Claosaurus
Saurischia, Ornithopoda
USA
4 m
Kreide, vor 83-7 Mio. Jahren

Coelophysis
Saurischia, Ceratosauria
USA
3 m
Trias, vor 225-210 Mio. Jahren

Coelurus
Saurischia, Tetanurae
USA
2 m
Jura, vor 155-145 Mio. Jahren

Coloradisaurus
Saurischia, Prosauropoda
Argentinien
4 m
Trias, Jura, vor 218-211 Mio. Jahren

Compsognathus
Saurischia, Tetanurae
Deutschland, Frankreich
1 m
Jura, vor 147 Mio. Jahren

Conchoraptor
Saurischia, Maniraptora
Mongolei
1,70 m
Kreide, vor 83-71 Mio. Jahren

Corythosaurus
Ornithischia, Ornithopoda
Kanada, USA
9-10 m
Kreide, vor 76-74 Mio. Jahren

Craspedodon
Ornithischia, Ornithopoda
Belgien
unbekannt
Kreide, vor 86-83 Mio. Jahren

Craterosaurus
Saurischia, Stegosauria
England
4 m
Kreide, vor 136-122 Mio. Jahren

Crichtonsaurus
Ornithischia, Ankylosauria
China
3 m
Kreide, vor 98-90 Mio. Jahren

Cristatusaurus
Saurischia, Tetanurae
Marokko
10 m
Kreide, vor 100 Mio. Jahren

Crylophosaurus
Saurischia, Tetanurae
Antarktis
6 m
Jura, vor 192 Mio. Jahren

D

Dacentrurus
Ornithischia, Stegosauria
England, Frankreich, Portugal, Spanien
7 m
Jura, vor 157-150 Mio. Jahren

Daspletosaurus
Saurischia, Tetanurae
Kanada, USA
8-9 m
Kreide, vor 83-71 Mio. Jahren

Datousaurus
Saurischia, Prosauropoda
China
15 m
Jura, vor 170 Mio. Jahren

Deinocheirus
Saurischia, Ornithomimosauria
Mongolei
10-15 m
Kreide, vor 83-65 Mio. Jahren

Deinonychus
Saurischia, Maniraptora
USA
2,50 m
Kreide, vor 113-97 Mio. Jahren

Deltadromeus
Saurischia, Tetanurae
Marokko
8 m
Jura, vor 147 Mio. Jahren

Diceratops
Ornithischia, Ceratopsia
USA
9 m
Kreide, vor 71-65 Mio. Jahren

Dicraeosaurus
Saurischia, Sauropoda
Tansania
20 m
Jura, vor 152 Mio. Jahren

Dilophosaurus
Saurischia, Ceratosauria
China, USA
6 m
Jura, vor 200-191 Mio. Jahren

Dinheirosaurus
Saurischia, Sauropoda
Portugal
25 m
Jura, vor 147 Mio. Jahren

Diplodocus
Saurischia, Sauropoda
USA
27 m
Jura, vor 155-145 Mio. Jahren

Draconyx
Ornithischia, Ornithopoda
Portugal
7 m
Jura, vor 152-145 Mio. Jahren

Dracopelta
Ornithischia, Ankylosauria
Portugal
2 m
Jura, vor 152 Mio. Jahren

Drinker
Ornithischia, Ornithopoda
USA
2 m
Jura, vor 152-145 Mio. Jahren

Dromaeosaurus
Saurischia, Maniraptora
China, Kanada, USA
2 m
Kreide, vor 83-74 Mio. Jahren

Dromiceiomimus
Saurischia, Ornithomimosauria
Kanada, Mongolei
3,50 m
Kreide, vor 83-74 Mio. Jahren

Dryosaurus
Ornithischia, Ornithopoda
England, Rumänien, Tansania, USA
3-4 m
Jura, vor 156-145 Mio. Jahren

Dryptosaurus
Saurischia, Tetanurae
USA
6 m
Kreide, vor 69-65 Mio. Jahren

Dyslocosaurus
Saurischia, Sauropoda
USA
17 m
Jura, vor 152-145 Mio. Jahren

E

Echinodon
Ornithischia, Ornithopoda
England
0,60 m
Jura, vor 147 Mio. Jahren

Edmontonia
Ornithischia, Ankylosauria
Kanada, USA
7 m
Kreide, vor 74-72 Mio. Jahren

Edmontosaurus
Ornithischia, Ornithopoda
Kanada, USA
13 m
Kreide, vor 76-65 Mio. Jahren

Efraasia
Saurischia, Prosauropoda
Deutschland
2,50 m
Trias, Jura, vor 218-211 Mio. Jahren

Einiosaurus
Ornithischia, Ceratopsia
USA
7 m
Kreide, vor 84-71 Mio. Jahren

Elaphrosaurus
Saurischia, Ceratosauria
USA, Tansania
6 m
Jura, Kreide, vor 152-140 Mio. Jahren

Elmisaurus
Saurischia, Maniraptora
Mongolei
2 m
Kreide, vor 71-65 Mio. Jahren

Emausaurus
Ornithischia, Urtümliche Thyreophora
Deutschland
1-2 m
Jura, vor 180 Mio. Jahren

Enigmosaurus
Saurischia, Tetanurae
Mongolei
7 m
Kreide, vor 98-90 Mio. Jahren

Eolambia
Ornithischia, Ornithopoda
USA
9-12 m
Kreide, vor 112-93 Mio. Jahren

Eoraptor
Saurischia, Urtümliche Saurischia
Argentinien
1 m
Trias, vor 228 Mio. Jahren

Eotyrannus
Saurischia, Tetanurae
England
4,50 m
Kreide, vor 124 Mio. Jahren

Epachthosaurus
Saurischia, Sauropoda
Argentinien
20 m
Kreide, vor 96 Mio. Jahren

Equijubus
Ornithischia, Ornithopoda
Mongolei
10 m
Kreide, vor 110-95 Mio. Jahren

Erectopus
Saurischia, Tetanurae
Frankreich
3 m
Kreide, vor 100 Mio. Jahren

Erketu
Saurischia, Sauropoda
Mongolei
12-15 m
unbekannt

Erlianosaurus
Saurischia, Tetanurae
Mongolei
3 m
Kreide, vor 93-71 Mio. Jahren

Erlikosaurus
Saurischia, Tetanurae
Mongolei
5-6 m
Kreide, vor 75 Mio. Jahren

Eshanosaurus
Saurischia, Tetanurae
China
2 m
Jura, vor 203 Mio. Jahren

Euhelopus
Saurischia, Sauropoda
China
15 m
Jura, vor 152 Mio. Jahren

Euoplocephalus
Ornithischia, Ankylosauria
Bolivien, Kanada
6-7 m
Kreide, vor 83-65 Mio. Jahren

Euronychodon
Saurischia, Maniraptora
Portugal
2 m
Kreide, vor 83-65 Mio. Jahren

Europasaurus
Saurischia, Sauropoda
Deutschland
6 m
Jura, vor 152 Mio. Jahren

Euskelosaurus
Saurischia, Prosauropoda
Südafrika
9 m
Trias, vor 225-210 Mio. Jahren

Eustreptospondylus
Saurischia, Tetanurae
England
7 m
Jura, vor 165-162 Mio. Jahren

F

Fabrosaurus
Ornithischia, Frühe Ornithischia
Lesotho
1 m
Trias, Jura, vor 208-196 Mio. Jahren

Falcarius
Saurischia, Tetanurae
USA
4 m
Kreide, vor 126-113 Mio. Jahren

Fukuiraptor
Saurischia, Tetanurae
Japan
4,50 m
Kreide, vor 100 Mio. Jahren

Fukuisaurus
Ornithischia, Ornithopoda
Japan
5 m
Kreide, vor 126-113 Mio. Jahren

Fulgurotherium
Ornithischia, Ornithopoda
Australien
2 m
Kreide, vor 130 Mio. Jahren

G

Gallimimus
Saurischia, Ornithomimosauria
Mongolei
4-6 m
Kreide, vor 74-65 Mio. Jahren

Gargoyleosaurus
Ornithischia, Ankylosauria
USA
3 m
Jura, Kreide, vor 154-144 Mio. Jahren

Garudimimus
Saurischia, Ornithomimosauria
Mongolei
4 m
Kreide, vor 89-84 Mio. Jahren

Gasosaurus
Saurischia, Tetanurae
China
3,50 m
Jura, vor 165-161 Mio. Jahren

Gasparinisaurus
Ornithischia, Ornithopoda
Argentinien
1 m
Kreide, vor 89-84 Mio. Jahren

Gastonia
Ornithischia, Ankylosauria
USA
5 m
Kreide, vor 130-125 Mio. Jahren

Genusaurus
Saurischia, Ceratosauria
Frankreich
3 m
Kreide, vor 100 Mio. Jahren

Giganotosaurus
Saurischia, Tetanurae
Argentinien
14 m
Kreide, vor 100-95 Mio. Jahren

Gilmoreosaurus
Ornithischia, Ornithopoda
China
6-8 m
Kreide, vor 93-71 Mio. Jahren

Gobisaurus
Ornithischia, Ankylosauria
China
6 m
Kreide, vor 110-100 Mio. Jahren

Gondwanatitan
Saurischia, Sauropoda
Brasilien
8 m
Kreide, vor 84 Mio. Jahren

Gongxianosaurus
Saurischia, Sauropoda
China
14 m
Jura, vor 200-191 Mio. Jahren

Gorgosaurus
Saurischia, Tetanurae
USA
8-9 m
Kreide, vor 77-74 Mio. Jahren

Goyocephale
Ornithischia, Pachycephalosauria
Mongolei
2 m
Kreide, vor 85-71 Mio. Jahren

Graciliceratops
Ornithischia, Ceratopsia
Mongolei
0,80 m
Kreide, vor 85-71 Mio. Jahren

Gryposaurus
Ornithischia, Ornithopoda
Kanada
9 m
Kreide, vor 83-71 Mio. Jahren

Guaibasaurus
Saurischia, Basale Saurischia
Brasilien
3 m
Trias, vor 223 Mio. Jahren

H

Hadrosaurus
Ornithischia, Ornithopoda
USA
6-10 m
Kreide, vor 84-71 Mio. Jahren

Halticosaurus
Saurischia, Tetanurae
Deutschland
5,50 m
Trias, vor 222 Mio. Jahren

Hanssuesia
Ornithischia, Pachycephalosauria
Kanada
3 m
Kreide, vor 83-71 Mio. Jahren

Haplocanthosaurus
Saurischia, Sauropoda
USA
21 m
Jura, vor 154-150 Mio. Jahren

Harpymimus
Saurischia, Ornithomimosauria
Mongolei
2 m
Kreide, vor 119-98 Mio. Jahren

Heptasteornis
Saurischia, Maniraptora
Rumänien
1 m
Kreide, vor 71-65 Mio. Jahren

Herrerasaurus
Saurischia, Urtümliche Saurischia
Argentinien
3 m
Trias, vor 228-223 Mio. Jahren

Hesperosaurus
Ornithischia, Stegosauria
USA
7 m
Jura, vor 150 Mio. Jahren

Heterodontosaurus
Ornithischia, Ornithopoda
Südafrika
1,20 m
Trias, vor 208-200 Mio. Jahren

Heyuannia
Saurischia, Maniraptora
China
2 m
Kreide, vor 71-65 Mio. Jahren

Homalocephale
Ornithischia, Pachycephalosauria
Mongolei
3 m
Kreide, vor 83-65 Mio. Jahren

Hongshanosaurus
Ornithischia, Ceratopsia
China
2 m
Kreide, vor 126-113 Mio. Jahren

Huabeisaurus
Saurischia, Sauropoda
China
20 m
Kreide, vor 83-71 Mio. Jahren

Huayangosaurus
Ornithischia, Stegosauria
China
4 m
Jura, vor 175-163 Mio. Jahren

Hudiesaurus
Saurischia, Sauropoda
China
30 m
Jura, vor 152-145 Mio. Jahren

Hylaeosaurus
Ornithischia, Ankylosauria
England, Frankreich
4-6 m
Kreide, vor 159-135 Mio. Jahren

Hypacrosaurus
Ornithischia, Ornithopoda
Kanada
9 m
Kreide, vor 71-65 Mio. Jahren

Hypselosaurus
Saurischia, Sauropoda
Frankreich
12 m
Kreide, vor 71-65 Mio. Jahren

Hypsilophodon
Ornithischia, Ornithopoda
Deutschland, England,
Spanien, USA
2-4 m
Kreide, vor 120 Mio. Jahren

I

Iguanodon
Ornithischia, Ornithopoda
Antarktis, Belgien, Deutschland,
England, USA
7-11 m
Kreide, vor 140-100 Mio. Jahren

Iliosuchus
Saurischia, Tetanurae
England
1,50 m
Jura, vor 167 Mio. Jahren

Ilokelesia
Saurischia, Cerapoda
Argentinien
9 m
Kreide, vor 96 Mio. Jahren

Incisivosaurus
Saurischia, Maniraptora
China
1 m
Kreide, vor 129 Mio. Jahren

Indosaurus
Saurischia, Cerapoda
Indien
11 m
Kreide, vor 71-65 Mio. Jahren

Indosuchus
Saurischia, Ceratosauria
Indien
6 m
Kreide, vor 71-65 Mio. Jahren

Ingenia
Saurischia, Maniraptora
Mongolei
1,50 m
Kreide, vor 83-71 Mio. Jahren

Irritator
Saurischia, Tetanurae
Brasilien
8 m
Kreide, vor 116 Mio. Jahren

Isanosaurus
Saurischia, Sauropoda
Thailand
6,50 m
Trias, vor 210 Mio. Jahren

Itemirus
Saurischia, Tetanurae
Usbekistan
1,50 m
Kreide, vor 92 Mio. Jahren

J

Jainosaurus
Saurischia, Sauropoda
Indien
18 m
Kreide, vor 71-65 Mio. Jahren

Janenschia
Saurischia, Sauropoda
Tansania
24 m
Jura, vor 155-152 Mio. Jahren

Jaxartosaurus
Ornithischia, Ornithopoda
Kasachstan
9 m
Kreide, vor 93-86 Mio. Jahren

Jeholosaurus
Ornithischia, Ornithopoda
China
0,80 m
Kreide, vor 124 Mio. Jahren

Jianshanosaurus
Saurischia, Sauropoda
China
22 m
Kreide, vor 100 Mio. Jahren

Jingshanosaurus
Saurischia, Prosauropoda
China
7,50 m
Jura, vor 203-191 Mio. Jahren

Jinzhousaurus
Ornithischia, Ornithopoda
China
7 m
Kreide, vor 124 Mio. Jahren

Juravenator
Saurischia, Tetanurae
Deutschland
0,80 m
Jura, vor 152 Mio. Jahren

K

Kaijangosaurus
Saurischia, Tetanurae
China
8 m
Jura, vor 165-161 Mio. Jahren

Kakuru
Saurischia, Tetanurae
Australien
2,50 m
Kreide, vor 116 Mio. Jahren

Kelmayisaurus
Saurischia, Tetanurae
China
11 m
Kreide, vor 135-113 Mio. Jahren

Kentrosaurus
Ornithischia, Stegosauria
Tansania
4,50 m
Jura, vor 156-150 Mio. Jahren

Kerberosaurus
Ornithischia, Ornithopoda
Russland
9 m
Kreide, vor 71-65 Mio. Jahren

Khaan
Saurischia, Ornithomimosauria
Mongolei
2 m
Kreide, vor 83-71 Mio. Jahren

Klamelisaurus
Saurischia, Sauropoda
China
17 m
Jura, vor 154 Mio. Jahren

Kotasaurus
Saurischia, Sauropoda
Indien
9 m
Jura, vor 195-188 Mio. Jahren

Kritosaurus
Ornithischia, Ornithopoda
USA
8-10 m
Kreide, vor 80-75 Mio. Jahren

Kulceratops
Ornithischia, Ceratopsia
Usbekistan
1,50 m
Kreide, vor 100 Mio. Jahren

L

Labocania
Saurischia, Tetanurae
Mexico
6-9 m
Kreide, vor 83-73 Mio. Jahren

Laevisuchus
Saurischia, Ceratosauria
Indien
2 m
Kreide, vor 71-65 Mio. Jahren

Lambeosaurus
Ornithischia, Ornithopoda
Kanada, Mexiko
9-16 m
Kreide, vor 79-74 Mio. Jahren

Lanasaurus
Ornithischia, Ornithopoda
Südafrika
1,20 m
Trias, Jura, vor 203-197 Mio. Jahren

Laplatasaurus
Saurischia, Sauropoda
Argentinien, Indien,
Madagaskar, Uruguay
18 m
Kreide, vor 83-65 Mio. Jahren

Leaellynasaura
Ornithischia, Ornithopoda
Antarktis, Australien
1-2 m
Kreide, vor 115-110 Mio. Jahren

Leptoceratops
Ornithischia, Ceratopsia
Kanada, USA
2 m
Kreide, vor 74-65 Mio. Jahren

Lesothosaurus
Ornithischia, Frühe Ornithischia
Lesotho, Venezuela
0,90 m
Trias, vor 213-200 Mio. Jahren

Lessemsaurus
Saurischia, Prosauropoda
Argentinien
10 m
Trias, Jura, vor 218-211 Mio. Jahren

Lexovisaurus
Ornithischia, Stegosauria
England, Frankreich
5 m
Jura, vor 164-151 Mio. Jahren

Liaoceratops
Ornithischia, Ceratopsia
China
1 m
Kreide, vor 139-128 Mio. Jahren

Liaoningosaurus
Ornithischia, Ankylosauria
China
0,34 m (Jungtier)
Kreide, vor 124 Mio. Jahren

Ligabueino
Saurischia, Ceratosauria
Argentinien
0,70 m
Kreide, vor 129 Mio. Jahren

Liliensternus
Saurischia, Ceratosauria
Deutschland, Frankreich
5 m
Trias, vor 225-213 Mio. Jahren

Lirainosaurus
Saurischia, Sauropoda
Spanien
18 m
Kreide, vor 83-65 Mio. Jahren

Lophorhoton
Ornithischia, Ornithopoda
USA
5-8 m
Kreide, vor 83-71 Mio. Jahren

Losillasaurus
Saurischia, Sauropoda
Spanien
23 m
Jura, vor 152-145 Mio. Jahren

Lufengosaurus
Saurischia, Prosauropoda
China
6 m
Trias, Jura, vor 203-191 Mio. Jahren

Lukousaurus
Saurischia, Ceratosauria
China
2 m
Trias, Jura, vor 203-191 Mio. Jahren

Lourinhanosaurus
Saurischia, Tetanurae
Portugal
4,50 m
Jura, vor 152-145 Mio. Jahren

Lourinhasaurus
Saurischia, Sauropoda
Portugal
17 m
Jura, vor 152-145 Mio. Jahren

Lurdusaurus
Ornithischia, Ornithopoda
Niger
9 m
Kreide, vor 121-112 Mio. Jahren

Lusotitan
Saurischia, Sauropoda
Portugal
22 m
Jura, vor 152 Mio. Jahren

Lycorhinus
Ornithischia, Ornithopoda
Südafrika
1,20 m
Jura, vor 200-175 Mio. Jahren

M

Magnosaurus
Saurischia, Tetanurae
England
4 m
Jura, vor 178-170 Mio. Jahren

Magyarosaurus
Saurischia, Sauropoda
Rumänien
6 m
Kreide, vor 71-65 Mio. Jahren

Maiasaura
Ornithischia, Ornithopoda
USA
9 m
Kreide, 80-75 Mio. Jahren

Majungatholus
Saurischia, Ceratosauria
Madagaskar
7-9 m
Kreide, vor 83-71 Mio. Jahren

Malawisaurus
Saurischia, Sauropoda
Malawi
9 m
Kreide, vor 116 Mio. Jahren

Mamenchisaurus
Saurischia, Sauropoda
China
21-25 m
Jura, vor 155-145 Mio. Jahren

Mapusaurus
Saurischia, Tetanurae
Argentinien
12,50 m
Kreide, vor 100 Mio. Jahren

Marshosaurus
Saurischia, Tetanurae
USA
5 m
Jura, vor 151-142 Mio. Jahren

Masiakasaurus
Saurischia, Ceratosauria
Madagaskar
2 m
Kreide, vor 71-65 Mio. Jahren

Massospondylus
Saurischia, Prosauropoda
Lesotho, Simbabwe, Südafrika, USA
4-5 m
Trias, Jura, vor 213-194 Mio. Jahren

Megalosaurus
Saurischia, Tetanurae
England, Frankreich
6-9 m
Jura, vor 184-136 Mio. Jahren

Megapnosaurus
Saurischia, Ceratosauria
USA
3 m
Jura, vor 200-191 Mio. Jahren

Megaraptor
Saurischia, Maniraptora
Argentinien
9 m
Kreide, vor 93-86 Mio. Jahren

Melanorosaurus
Saurischia, Prosauropoda
Südafrika
10-15 m
Trias, vor 231-224 Mio. Jahren

Metriacanthosaurus
Saurischia, Tetanurae
England
7-8 m
Jura, vor 160-154 Mio. Jahren

Micropachycephalosaurus
Ornithischia, Pachycephalosauria
China
0,50 m
Kreide, vor 83-73 Mio. Jahren

Microraptor
Saurischia, Maniraptora
China
0,50 m
Kreide, vor 124 Mio. Jahren

Microvenator
Saurischia, Maniraptora
USA
1,50 m
Kreide, vor 110-100 Mio. Jahren

Minmi
Ornithischia, Ankylosauria
Australien
2-3 m
Kreide, vor 116-110 Mio. Jahren

Monkonosaurus
Ornithischia, Stegosauria
China
5 m
Jura, vor 152 Mio. Jahren

Monoclonius
Ornithischia, Ceratopsia
Kanada , USA
5 m
Kreide, vor 76-73 Mio. Jahren

Monolophosaurus
Saurischia, Tetanurae
China
5 m
Jura, vor 156 Mio. Jahren

Mononykus
Saurischia, Tetanurae
Mongolei
1 m
Kreide, vor 80-65 Mio. Jahren

Montanoceratops
Ornithischia, Ceratopsia
Kanada, USA
3 m
Kreide, vor 72-65 Mio. Jahren

Mussaurus
Saurischia, Prosauropoda
Argentinien
3 m
Trias, vor 218-211 Mio. Jahren

Muttaburrasaurus
Ornithischia, Ornithopoda
Australien
7 m
Kreide, vor 110-100 Mio. Jahren

Mymoorapelta
Ornithischia, Ankylosauria
USA
2,70 m
Jura, vor 152 Mio. Jahren

N

Nanotyrannus
Saurischia, Tetanurae
Australien, USA
5 m
Kreide, vor 75-65 Mio. Jahren

Nanshiungosaurus
Saurischia, Tetanurae
China
4 m
Kreide, vor 83-71 Mio. Jahren

Nanyangosaurus
Ornithischia, Ornithopoda
China
4,50 m
Kreide, vor 100 Mio. Jahren

Nedcorlbertia
Saurischia, Tetanurae
USA
3 m
Kreide, vor 124 Mio. Jahren

Neimongosaurus
Saurischia, Tetanurae
China
2,50 m
Kreide, vor 98-71 Mio. Jahren

Nemegtosaurus
Saurischia, Sauropoda
Mongolei
8-12 m
Kreide, vor 87-65 Mio. Jahren

Neovenator
Saurischia, Tetanurae
England
8 m
Kreide, vor 126-113 Mio. Jahren

Nigersaurus
Saurischia, Sauropoda
Niger
10 m
Kreide, vor 110 Mio. Jahren

Niobrarasaurus
Ornithischia, Ankylosauria
USA
5 m
Kreide, vor 83-71 Mio. Jahren

Nipponosaurus
Ornithischia, Ornithopoda
Russland
8 m
Kreide, vor 89-84 Mio. Jahren

Noasaurus
Saurischia, Ceratosauria
Argentinien
2 m
Kreide, vor 73-70 Mio. Jahren

Nodocephalosaurus
Ornithischia, Ankylosauria
USA
3 m
Kreide, vor 83-71 Mio. Jahren

Nodosaurus
Ornithischia, Ankylosauria
USA
4–6 m
Kreide, vor 113–71 Mio. Jahre

Nomingia
Saurischia, Maniraptora
Mongolei
1,80 m
Kreide, vor 83–65 Mio. Jahren

Nothronychus
Saurischia, Tetanurae
USA
5,50 m
Kreide, vor 92 Mio. Jahren

Notohypsilophodon
Ornithischia, Ornithopoda
Argentinien
1,50 m
Kreide, vor 96 Mio. Jahren

Nqwebasaurus
Saurischia, Tetanurae
Südafrika
0,80 m
Kreide, vor 140 Mio. Jahren

Ohmdenosaurus
Saurischia, Sauropoda
Deutschland
15 m
Jura, vor 185 Mio. Jahren

Olorotitan
Ornithischia, Ornithopoda
Russland
9 m
Kreide, vor 71–65 Mio. Jahren

Omeisaurus
Saurischia, Sauropoda
China
20 m
Jura, vor 188–145 Mio. Jahren

Opisthocoelicaudia
Saurischia, Sauropoda
Mongolei
12 m
Kreide, vor 83–65 Mio. Jahren

Ornitholestes
Saurischia, Tetanurae
USA
2 m
Jura, vor 155–145 Mio. Jahren

Ornithomimus
Saurischia, Ornithomimosauria
Kanada, USA
3,50 m
Kreide, vor 76–65 Mio. Jahren

Ornithopsis
Saurischia, Sauropoda
England
20 m
Kreide, vor 125 Mio. Jahren

Orodromeus
Ornithischia, Ornithopoda
USA
2 m
Kreide, vor 74 Mio. Jahren

Othnielia
Ornithischia, Ornithopoda
USA
1,10 m
Jura, vor 152–145 Mio. Jahren

Ouranosaurus
Ornithischia, Ornithopoda
Niger
7 m
Kreide, vor 115–110 Mio. Jahren

Oviraptor
Saurischia, Maniraptora
Mongolei
2–2,50 m
Kreide, vor 85–73 Mio. Jahren

Ozraptor
Saurischia, Tetanurae
Australien
2 m
Jura, vor 172 Mio. Jahren

Pachycephalosaurus
Ornithischia, Pachycephalosauria
USA
8 m
Kreide, vor 68–65 Mio. Jahren

Pachyrhinosaurus
Ornithischia, Ceratopsia
Kanada, USA
6–7 m
Kreide, vor 72–68 Mio. Jahren

Panoplosaurus
Ornithischia, Ankylosauria
Kanada, USA
4,50–6 m
Kreide, vor 83–73 Mio. Jahren

Paralititan
Saurischia, Sauropoda
Ägypten
28 m
Kreide, vor 96 Mio. Jahren

Paranthodon
Ornithischia, Stegosauria
Südafrika
5 m
Jura, Kreide, vor 149–132 Mio. Jahren

Pararhabdodon
Ornithischia, Ornithopoda
Frankreich, Spanien
5 m
Kreide, vor 71–65 Mio. Jahren

Parasaurolophus
Ornithischia, Ornithopoda
Kanada, USA
10 m
Kreide, vor 83–65 Mio. Jahren

Parksosaurus
Ornithischia, Ornithopoda
Kanada, USA
2,50 m
Kreide, vor 71–65 Mio. Jahren

Patagosaurus
Saurischia, Sauropoda
Argentinien
16 m
Jura, vor 162 Mio. Jahren

Pawpawsaurus
Ornithischia, Ankylosauria
USA
6 m
Kreide, vor 100–97 Mio. Jahren

Pelecanimimus
Saurischia, Ornithomimosauria
Spanien
2 m
Kreide, vor 85–73 Mio. Jahren

Pellegrinisaurus
Saurischia, Sauropoda
Argentinien
25 m
Kreide, vor 83–65 Mio. Jahren

Pelorosaurus
Saurischia, Sauropoda
England
24 m
Kreide, vor 135–113 Mio. Jahren

Pentaceratops
Ornithischia, Ceratopsia
USA
6–8 m
Kreide, vor 83–65 Mio. Jahren

Phuwiangosaurus
Saurischia, Sauropoda
Thailand
22 m
Jura, Kreide, vor 149–138 Mio. Jahren

Piatnitzkysaurus
Saurischia, Tetanurae
Argentinien
4–6 m
Jura, vor 164–154 Mio. Jahren

Pinacosaurus
Ornithischia, Ankylosauria
China, Mongolei
5,50 m
Kreide, vor 85–71 Mio. Jahren

Pisanosaurus
Ornithischia, Frühe Ornithischia
Argentinien
1 m
Trias, vor 228–216 Mio. Jahren

Piveteausaurus
Saurischia, Tetanurae
Frankreich
11 m
Jura, vor 162 Mio. Jahren

Planicoxa
Ornithischia, Ornithopoda
USA
6 m
Kreide, vor 124 Mio. Jahren

Plateosaurus
Saurischia, Prosauropoda
Deutschland, Frankreich
8 m
Trias, vor 218–211 Mio. Jahren

Pleurocoelus
Saurischia, Sauropoda
England, USA
9–10 m
Kreide, vor 119–110 Mio. Jahren

Podokesaurus
Saurischia, Ceratosauria
USA
1 m
Jura, vor 194–182 Mio. Jahren

Poekilopleuron
Saurischia, Tetanurae
Frankreich
9 m
Jura, vor 167 Mio. Jahren

Polacanthus
Ornithischia, Ankylosauria
England
4 m
Kreide, vor 132–100 Mio. Jahren

Prenocephale
Ornithischia, Pachycephalosauria
Mongolei
2,50 m
Kreide, vor 70 Mio. Jahren

Probactrosaurus
Ornithischia, Ornithopoda
China
6 m
Kreide, vor 100 Mio. Jahren

Proceratosaurus
Saurischia, Tetanurae
England
5 m
Jura, vor 167 Mio. Jahren

Procompsognathus
Saurischia, Ceratosauria
Deutschland
1,20 m
Trias, vor 222–211 Mio. Jahren

Prosaurolophus
Ornithischia, Ornithopoda
Kanada, USA
8–9 m
Kreide, vor 83–75 Mio. Jahren

Protoceratops
Ornithischia, Ceratopsia
Mongolei
2 m
Kreide, vor 86–71 Mio. Jahren

Protohadros
Ornithischia, Ornithopoda
USA
4,50-6 m
Kreide, vor 95 Mio. Jahren

Psittacosaurus
Ornithischia, Ceratopsia
China, Mongolei, Thailand
2 m
Kreide, vor 130-100 Mio. Jahren

Pyroraptor
Saurischia, Maniraptora
Frankreich
1,60 m
Kreide, vor 83-65 Mio. Jahren

Quaesitosaurus
Saurischia, Sauropoda
Mongolei
23 m
Kreide, vor 85-70 Mio. Jahren

Quantassaurus
Ornithischia, Ornithopoda
Australien
1,80 m
Kreide, vor 113-98 Mio. Jahren

Quilmesaurus
Saurischia, Tetanurae
Argentinien
9 m
Kreide, vor 83-65 Mio. Jahren

Rajasaurus
Saurischia, Ceratosauria
Indien
9 m
Kreide, vor 65 Mio. Jahren

Rapator
Saurischia, Tetanurae
Australien
9 m
Kreide, vor 100 Mio. Jahren

Rapetosaurus
Saurischia, Sauropoda
Madagaskar
15-17 m
Kreide, vor 70-65 Mio. Jahren

Rayososaurus
Saurischia, Sauropoda
Argentinien
14 m
Kreide, vor 99 Mio. Jahren

Rebbachisaurus
Saurischia, Sauropoda
Argentinien, Marokko
20 m
Kreide, vor 110 Mio. Jahren

Regnosaurus
Ornithischia, Stegosauria
England
4 m
Kreide, vor 137-121 Mio. Jahren

Rhabdodon
Ornithischia, Ornithopoda
Frankreich, Österreich, Rumänien,
Spanien
4,50 m
Kreide, vor 83-65 Mio. Jahren

Rhoetosaurus
Saurischia, Sauropoda
Australien
16-18 m
Jura, vor 181-175 Mio. Jahren

Ricardoestesia
Saurischia, Tetanurae
USA
2 m
Kreide, vor 83-71 Mio. Jahren

Rinchenia
Saurischia, Maniraptora
Mongolei
2,50 m
Kreide, vor 83-65 Mio. Jahren

Rincosaurus
Saurischia, Sauropoda
Argentinien
15 m
Kreide, vor 92 Mio. Jahren

Riojasaurus
Saurischia, Prosauropoda
Argentinien
10 m
Trias, vor 218-211 Mio. Jahren

Rocasaurus
Saurischia, Sauropoda
Argentinien
9 m
Kreide, vor 83-65 Mio. Jahren

Ruehleia
Saurischia, Prosauropoda
Deutschland
8 m
Trias, vor 216-203 Mio. Jahren

Rugops
Saurischia, Tetanurae
Niger
9 m
Kreide, vor 95 Mio. Jahren

Saichania
Ornithischia, Ankylosauria
Mongolei
7 m
Kreide, vor 83-71 Mio. Jahren

Saltasaurus
Saurischia, Sauropoda
Argentinien, Uruguay
12 m
Kreide, vor 83-65 Mio. Jahren

Saltopus
Saurischia, Ceratosauria
Schottland
1 m
Trias, vor 218-211 Mio. Jahren

Santanaraptor
Saurischia, Tetanurae
Brasilien
1,80 m
Kreide, vor 112-99 Mio. Jahren

Sarcolestes
Ornithischia, Ankylosauria
England
3 m
Jura, vor 162-157 Mio. Jahren

Sarcosaurus
Saurischia, Ceratosauria
England
3 m
Jura, vor 162-157 Mio. Jahren

Saturnalia
Saurischia, Prosauropoda
Brasilien
1,50 m
Trias, vor 223 Mio. Jahren

Saurolophus
Ornithischia, Ornithopoda
Kanada, Mongolei, USA
10-12 m
Kreide, vor 74-68 Mio. Jahren

Sauropelta
Ornithischia, Ankylosauria
USA
6-8 m
Kreide, vor 116-91 Mio. Jahren

Saurophaganax
Saurischia, Tetanurae
USA
15 m
Jura, vor 157-145 Mio. Jahren

Sauroposeidon
Saurischia, Sauropoda
USA
30 m
Kreide, vor 110 Mio. Jahren

Saurornithoides
Saurischia, Maniraptora
Mongolei
2-3 m
Kreide, vor 85-71 Mio. Jahren

Saurornitholestes
Saurischia, Maniraptora
Kanada
2 m
Kreide, vor 83-73 Mio. Jahren

Scelidosaurus
Ornithischia, Urtümliche Thyreophora
Großbritannien, Tibet, USA
4 m
Trias, Jura, vor 203-194 Mio. Jahren

Scipionyx
Saurischia, Tetanurae
Italien
2-3 m
Kreide, vor 119-113 Mio. Jahren

Scutellosaurus
Ornithischia, Urtümliche Thyreophora
USA
1,20 m
Jura, vor 213-203 Mio. Jahren

Secernosaurus
Ornithischia, Ornithopoda
Argentinien
3 m
Kreide, vor 73-65 Mio. Jahren

Segisaurus
Saurischia, Ceratosauria
USA
1 m
Jura, vor 194-188 Mio. Jahren

Segnosaurus
Saurischia, Tetanurae
China, Mongolei
6-8 m
Kreide, vor 98-89 Mio. Jahren

Seismosaurus
Saurischia, Sauropoda
USA
40-50 m
Jura, vor 156-145 Mio. Jahren

Sellosaurus
Saurischia, Prosauropoda
Deutschland
6,50 m
Trias, vor 218-211 Mio. Jahren

Shamosaurus
Ornithischia, Ankylosauria
Mongolei
7 m
Kreide, vor 110-100 Mio. Jahren

Shantungosaurus
Ornithischia, Ornithopoda
China
10-15 m
Kreide, vor 73-65 Mio. Jahren

Shanyangosaurus
Saurischia, Tetanurae
China
2,50 m
Kreide, vor 71-65 Mio. Jahren

Shenzhousaurus
Saurischia, Ornithomimosauria
China
2 m
Kreide, vor 25 Mio. Jahren

Shuangmiaosaurus
Ornithischia, Ornithopoda
China
8 m
Kreide, vor 110-94 Mio. Jahren

Shunosaurus
Saurischia, Sauropoda
China
10-14 m
Jura, vor 175-163 Mio. Jahren

Shuvosaurus
Saurischia, Ornithomimosauria
USA
3 m
Trias, vor 223 Mio. Jahren

Shuvuuia
Saurischia, Maniraptora
Mongolei
1 m
Kreide, vor 75 Mio. Jahren

Siamotyrannus
Saurischia, Tetanurae
Thailand
7 m
Kreide, vor 116 Mio. Jahren

Silvisaurus
Ornithischia, Ankylosauria
USA
3,40-3,60 m
Kreide, vor 119-97 Mio. Jahren

Sinornithoides
Saurischia, Maniraptora
China
1 m
Kreide, vor 110-100 Mio. Jahren

Sinornithomimus
Saurischia, Ornithomimosauria
China
2,30 m
Kreide, vor 85-71 Mio. Jahren

Sinornithosaurus
Saurischia, Maniraptora
China
1 m
Kreide, vor 125-119 Mio. Jahren

Sinosauropteryx
Saurischia, Tetanurae
China
0,70-1,30 m
Kreide, vor 124-122 Mio. Jahren

Sinovenator
Saurischia, Maniraptora
China
0,90 m
Kreide, vor 129 Mio. Jahren

Sinraptor
Saurischia, Tetanurae
China
7-8 m
Kreide, vor 155-144 Mio. Jahren

Sinusonasus
Saurischia, Maniraptora
China
1,20 m
Kreide, vor 129 Mio. Jahren

Sonorasaurus
Saurischia, Sauropoda
USA
15 m
Kreide, vor 112-99 Mio. Jahren

Spinosaurus
Saurischia, Tetanurae
Ägypten, Marokko, Niger, Tunesien
12-17 m
Kreide, vor 100-95 Mio. Jahren

Staurikosaurus
Saurischia, Urtümliche Saurischia
Argentinien, Brasilien
2 m
Trias, vor 223 Mio. Jahren

Stegoceras
Ornithischia, Pachycephalosauria
Kanada, USA
2 m
Kreide, vor 76-65 Mio. Jahren

Stegosaurus
Ornithischia, Stegosauria
USA
8-9 m
Jura, Kreide, vor 156-140 Mio. Jahren

Stenopelix
Ornithischia, Pachycephalosauria
Deutschland
1,50 m
Kreide, vor 140 Mio. Jahren

Stokesosaurus
Saurischia, Tetanurae
USA
3 m
Jura, vor 152-145 Mio. Jahren

Streptospondylus
Saurischia, Tetanurae
England
7 m
Jura, vor 162 Mio. Jahren

Struthiomimus
Saurischia, Ornithomimosauria
Kanada
3,50-4 m
Kreide, vor 83-65 Mio. Jahren

Struthiosaurus
Ornithischia, Ankylosauria
Frankreich, Österreich, Rumänien
2 m
Kreide, vor 83-71 Mio. Jahren

Stygimoloch
Ornithischia, Pachycephalosauria
USA
2-3 m
Kreide, vor 68-65 Mio. Jahren

Styracosaurus
Ornithischia, Ceratopsia
Kanada, USA
5 m
Kreide, vor 80-70 Mio. Jahren

Suchomimus
Saurischia, Tetanurae
Niger
11-12 m
Kreide, vor 106 Mio. Jahren

Supersaurus
Saurischia, Sauropoda
USA
42 m
Jura, Kreide, vor 152-144 Mio. Jahren

Suuwassea
Saurischia, Sauropoda
USA
15 m
Jura, vor 147 Mio. Jahren

Szechuanosaurus
Saurischia, Carnosauria
China
4-6 m
Jura, vor 157-140 Mio. Jahren

T

Talarurus
Ornithischia, Ankylosauria
Mongolei
5-6 m
Kreide, vor 96-83 Mio. Jahren

Talenkauen
Ornithischia, Ornithopoda
Argentinien
4 m
Kreide, vor 71-65 Mio. Jahren

Tangvayosaurus
Saurischia, Sauropoda
Laos
15 m
Kreide, vor 110-100 Mio. Jahren

Tanius
Ornithischia, Ornithopoda
China, Kasachstan
10 m
Kreide, vor 89-65 Mio. Jahren

Tarascosaurus
Saurischia, Ceratosauria
Frankreich
10 m
Kreide, vor 83-71 Mio. Jahren

Tarbosaurus
Saurischia, Tetanurae
China, Mongolei
12-14 m
Kreide, vor 71-65 Mio. Jahren

Tarchia
Ornithischia, Ankylosauria
Mongolei
5-7 m
Kreide, vor 83-65 Mio. Jahren

Tatisaurus
Ornithischia, Urtümliche Thyreophora
China
2 m
Jura, vor 203-196 Mio. Jahren

Technosaurus
Ornithischia, Frühe Ornithischia
USA
1,50 m
Trias, vor 223 Mio. Jahren

Tehuelchesaurus
Saurischia, Sauropoda
Argentinien
15 m
Jura, vor 162 Mio. Jahren

Telmatosaurus
Ornithischia, Ornithopoda
Frankreich, Rumänien, Spanien
5 m
Kreide, vor 81-65 Mio. Jahren

Tendaguria
Saurischia, Sauropoda
Tansania
25 m
Jura, vor 152 Mio. Jahren

Tenontosaurus
Ornithischia, Ornithopoda
USA
6,50 m
Kreide, vor 110-100 Mio. Jahren

Texasetes
Ornithischia, Ankylosauria
USA
3 m
Kreide, vor 130-99 Mio. Jahren

Thecodontosaurus
Saurischia, Prosauropoda
England, Südafrika
2 m
Trias, vor 211-209 Mio. Jahren

Therizinosaurus
Saurischia, Tetanurae
Kasachstan, Mongolei, Russland
8-12 m
Kreide, vor 80-65 Mio. Jahren

Thescelosaurus
Ornithischia, Ornithopoda
Kanada, USA
3-4 m
Kreide, vor 77-65 Mio. Jahren

Tianchisaurus
Ornithischia, Ankylosauria
China
3 m
Jura, vor 167 Mio. Jahren

Tiazhenosaurus
Ornithischia, Ankylosauria
China
4 m
Kreide, vor 71-65 Mio. Jahren

Timimus
Saurischia, Tetanurae
Australien
3,50 m
Kreide, vor 119-113 Mio. Jahren

Titanosaurus
Saurischia, Sauropoda
Argentinien, Frankreich, Indien,
Madagaskar, Spanien, Thailand
18 m
Kreide, vor 83–65 Mio. Jahre

Tochisaurus
Saurischia, Maniraptora
Mongolei
2,50 m
Kreide, vor 83–65 Mio. Jahren

Torniera
Saurischia, Sauropoda
Malawi
23 m
Kreide, vor 135–113 Mio. Jahren

Torosaurus
Ornithischia, Ceratopsia
Kanada, USA
7 m
Kreide, vor 70 Mio. Jahren

Torvosaurus
Saurischia, Tetanurae
USA
10–12 m
Jura, Kreide, vor 156–144 Mio. Jahren

Triceratops
Ornithischia, Ceratopsia
Kanada, USA
5–9 m
Kreide, vor 70–65 Mio. Jahren

Troodon
Saurischia, Maniraptora
Kanada, Mexiko, USA
2,50 m
Kreide, vor 83–65 Mio. Jahren

Tsagantegia
Ornithischia, Ankylosauria
Mongolei
7 m
Kreide, vor 98–90 Mio. Jahren

Tsintaosaurus
Ornithischia, Ornithopoda
China
7–10 m
Kreide, vor 70 Mio. Jahren

Tugulusaurus
Saurischia, Tetanurae
China
3 m
Kreide, vor 135–113 Mio. Jahren

Tuojiangosaurus
Ornithischia, Stegosauria
China
7 m
Jura, vor 152–145 Mio. Jahren

Turanoceratops
Ornithischia, Ceratopsia
Usbekistan
1–1,50 m
Kreide, vor 98–90 Mio. Jahren

Tylocephale
Ornithischia, Pachycephalosauria
Mongolei
2,10 m
Kreide, vor 83–71 Mio. Jahren

Tyrannosaurus
Saurischia, Tetanurae
Kanada, USA
12–13 m
Kreide, vor 80–65 Mio. Jahren

Tyrannotitan
Saurischia, Tetanurae
Argentinien
13 m
Kreide, vor 116 Mio. Jahren

 U

Udanoceratops
Ornithischia, Ceratopsia
Mongolei
3 m
Kreide, vor 85–71 Mio. Jahren

Ultrasaurus
Saurischia, Sauropoda
Südkorea
25 m
Kreide, vor 110–100 Mio. Jahren

Unaysaurus
Saurischia, Prosauropoda
Brasilien
2,50 m
Trias, vor 225–200 Mio. Jahren

Utahraptor
Saurischia, Maniraptora
USA
6,50–7 m
Kreide, vor 125 Mio. Jahren

 V

Valdoraptor
Saurischia, Tetanurae
England
5 m
Kreide, vor 124 Mio. Jahren

Valdosaurus
Ornithischia, Ornithopoda
England, Niger, Rumänien
3,50 m
Kreide, vor 119–113 Mio. Jahren

Variraptor
Saurischia, Maniraptora
Frankreich
2,70 m
Kreide, vor 83–65 Mio. Jahren

Velociraptor
Saurischia, Maniraptora
China, Mongolei
1,80 m
Kreide, vor 84–70 Mio. Jahren

Velocisaurus
Saurischia, Ceratosauria
Argentinien
1,50 m
Kreide, vor 87 Mio. Jahren

Venenosaurus
Saurischia, Sauropoda
USA
10 m
Kreide, vor 110–100 Mio. Jahren

Volkheimeria
Saurischia, Sauropoda
Argentinien
9 m
Jura, vor 162 Mio. Jahren

Vulcanodon
Saurischia, Sauropoda
Simbabwe
6,50 m
Trias, vor 213–203 Mio. Jahren

 W

Wannanosaurus
Ornithischia, Pachycephalosauria
China
0,60–0,80 m
Kreide, vor 83–73 Mio. Jahren

Wuerhosaurus
Ornithischia, Stegosauria
China
6–8 m
Kreide, vor 130–120 Mio. Jahren

 X

Xenotarsosaurus
Saurischia, Ceratosauria
Argentinien
8 m
Kreide, vor 83–65 Mio. Jahren

Xiaosaurus
Ornithischia
China
1 m
Jura, vor 169–163 Mio. Jahren

Xinjiangovenator
Saurischia, Maniraptora
China
3 m
Kreide, vor 135–99 Mio. Jahren

Xuanhanosaurus
Saurischia, Tetanurae
China
6 m
Jura, vor 165–161 Mio. Jahren

 Y

Yandusaurus
Ornithischia, Ornithopoda
China
1,20 m
Jura, vor 165–161 Mio. Jahren

Yangchuanosaurus
Saurischia, Tetanurae
China
10 m
Jura, vor 156 Mio. Jahren

Yaverlandia
Ornithischia, Pachycephalosauria
England
1 m
Kreide, vor 126–121 Mio. Jahren

Yimenosaurus
Saurischia, Prosauropoda
China
9 m
Jura, vor 198 Mio. Jahren

Yingshanosaurus
Ornithischia, Stegosauria
China
5 m
Jura, vor 147 Mio. Jahren

Yixianosaurus
Saurischia, Maniraptora
China
0,40 m
Jura, vor 147 Mio. Jahren

Yunnanosaurus
Saurischia, Prosauropoda
China
7 m
Trias, Jura, vor 203–191 Mio. Jahren

 Z

Zalmoxes
Ornithischia, Ornithopoda
Rumänien
9 m
Kreide, vor 140 Mio. Jahren

Zephyrosaurus
Ornithischia, Ornithopoda
USA
2 m
Kreide, vor 116 Mio. Jahren

Zizhongosaurus
Saurischia, Sauropoda
China
9 m
Jura, vor 185 Mio. Jahren

Zuniceratops
Ornithischia, Ceratopsia
USA
3–3,50 m
Kreide, vor 92–90 Mio. Jahren

Zupaysaurus
Saurischia, Tetanurae
Argentinien
5 m
Trias, Jura, vor 218–211 Mio. Jahren

Register

© 2009 SAMMÜLLER KREATIV GmbH

Genehmigte Lizenzausgabe
EDITION XXL GmbH
Fränkisch-Crumbach 2009
www.edition-xxl.de

Produktion: Palmamedia s.l.

Idee und Projektleitung: Sonja Sammüller
Layout, Satz und Umschlaggestaltung:
SAMMÜLLER KREATIV GmbH

ISBN (13) 978-3-89736-343-4
ISBN (10)   3-89736-343-7

Bildnachweis:

Dino-Park Münchehagen: 63, 391
Dr. Ron Blakey 32, 34, 36
Gerhard Boegemann: 10, 11, 26, 27, 48, 49, 56, 57
Joanna Hegemann: 14, 15, 16, 17, 18, 19, 22, 23, 24,
25, 28, 29, 30, 31, 38, 39, 44, 45, 52, 53
NASA: 40, 41
Nate Murphy, Judith River Dinosaur Institut: 47, 51 o.,
58, 59, 60
Royal Tyrrell Museum: 62, 392
Senckenberg, Forschungsinstitut und Naturmuseum:
20, 61
Alle weiteren Illustrationen: Vinod Jain